普通高等教育土建学科“十四五”系列教材

建筑工程概预算

JIANZHU GONGCHENG GAIYUSUAN

◎主　编　武　乾
◎副主编　李卢燕　王　莉
◎参　编　王婉莹　李　晨
王　桃　王　楠

http://www.hustp.com
中国·武汉

内 容 简 介

建筑工程概预算是研究建筑产品生产成果与资源消耗之间的科学关系和客观规律，合理确定建筑产品价格的一门学科。该课程具有实践性、技术性、专业性、综合性、政策性、区域性较强等特点，是土木工程专业的一门主干专业课程，还是造价工程师、建造师、监理工程师等执业资格考试的核心内容。本书依据《建设工程工程量清单计价规范》(GB 50500—2013)、《房屋建筑与装饰工程工程量计算规范》(GB 50854—2013)、《住房城乡建设部 财政部关于印发〈建筑安装工程费用项目组成〉的通知》(建标〔2013〕44 号)、《建筑工程建筑面积计算规范》(GB/T 50353—2013)，结合财政部、国家税务总局《关于全面推开营业税改征增值税试点的通知》(财税〔2016〕36号)和《住房城乡建设部办公厅关于做好建筑业营改增建设工程计价依据调整准备工作的通知》(建办标〔2016〕4号)“营改增”政策，融入最前沿的造价信息，按照土木工程专业的培养目标、培养计划及课程标准要求，以学生能力培养和职业素养形成为重点编写而成。

本书共十章，系统介绍了建筑安装工程施工定额、预算定额、概算定额、概算指标和投资估算指标的内涵和编制方法，详细阐述了投资估算、设计概算、施工图预算和工程量清单计量的编制步骤和审查，具体介绍了房屋建筑与装饰工程工程量计量方法。

为了方便教学，本书还配有电子课件等教学资源包，可以登录“我们爱读书”网(www.ibook4us.com)浏览，或者发邮件至 husttujian@163.com 索取。

图书在版编目(CIP)数据

建筑工程概预算/武乾主编. —武汉：华中科技大学出版社，2018.1(2024.7 重印)
ISBN 978-7-5680-2820-2

Ⅰ.①建… Ⅱ.①武… Ⅲ.①建筑概算定额-高等学校-教材 ②建筑预算定额-高等学校-教材
Ⅳ.①TU723.3

中国版本图书馆 CIP 数据核字(2017)第 105825 号

建筑工程概预算 武 乾 主编
Jianzhu Gongcheng Gaiyusuan

策划编辑：康 序
责任编辑：舒 慧
封面设计：孢 子
责任监印：朱 玢
出版发行：华中科技大学出版社(中国·武汉) 电话：(027)81321913
武汉市东湖新技术开发区华工科技园 邮编：430223
录 排：武汉正风天下文化发展有限公司
印 刷：武汉开心印印刷有限公司
开 本：787mm×1092mm 1/16
印 张：21.5
字 数：577 千字
版 次：2024 年 7 月第 1 版第 4 次印刷
定 价：55.00 元

Introduction

主编简介

武乾

1965年12月生

博士/教授

硕士研究生导师

研究方向：土木工程建造与管理

中国建筑学会建筑经济分会第七届理事会常务理事

中国灾害防御协会风险分析专业委员会第四届理事会常务理事

陕西高等学校科研管理协会秘书长

陕西省高等院校科学技术协会联合会第一届理事会理事

陕西省金属学会副秘书长

西安建筑科技大学国家技术转移示范机构主任

西安建筑科技大学学术委员会委员

主持国家自然科学基金项目2项及省部级科研项目10余项，编著《旧工业建筑再生利用危机管理概论》、《陕西旧工业建筑保护与再利用》2部，主编全国BIM技术应用校企合作系列规划教材《BIM模型项目管理应用》、副主编《冶金建设工程》等，参编教材10余部，发表专业学术论文50余篇，培养研究生50余名，曾被授予“陕西省新长征突击手”称号，并多次获得教学优秀成果奖，以及各类荣誉10余项。

建筑工程概预算是研究建筑产品生产成果与资源消耗之间的科学关系和客观规律，合理确定建筑产品价格的一门学科。该课程具有实践性、技术性、专业性、综合性、政策性、区域性较强等特点，是土木工程专业的一门主干专业课程，还是造价工程师、建造师、监理工程师等执业资格考试的核心内容。本书依据《建设工程工程量清单计价规范》(GB 50500—2013)、《房屋建筑与装饰工程工程量计算规范》(GB 50854—2013)、《住房城乡建设部　财政部关于印发〈建筑安装工程费用项目组成〉的通知》(建标〔2013〕44 号)、《建筑工程建筑面积计算规范》(GB/T 50353—2013)，结合财政部、国家税务总局《关于全面推开营业税改征增值税试点的通知》(财税〔2016〕36 号)和《住房城乡建设部办公厅关于做好建筑业营改增建设工程计价依据调整准备工作的通知》(建办标〔2016〕4 号)“营改增”政策，融入最前沿的造价信息，按照土木工程专业的培养目标、培养计划及课程标准要求，以学生能力培养和职业素养形成为重点编写而成。

本书共十章，系统介绍了建筑安装工程施工定额、预算定额、概算定额、概算指标和投资估算指标的内涵和编制方法，详细阐述了投资估算、设计概算、施工图预算和工程量清单计量的编制步骤和审查，具体介绍了房屋建筑与装饰工程工程量计量方法。为了对知识进行融会贯通，书中随章节列举了大量习题，并在最后一章给出了工程量清单编制的具体实例。本书的特点是：内容翔实，对建筑工程计价中使用的概念、原理，各种费用的分类、组成，估算、概算、预算、结算和决算等均做了明确的解释和系统的介绍；本书时效性和适用性较强，编写中紧跟时代步伐，深入贯彻行业新规，尽力做到介绍工程估价领域的最新发展动态和研究成果，使学生能够及时掌握最前沿的政策法规和一线知识；为加强学生理论知识的应用，编写中以典型的案例分析培养学生解决实际问题的能力，案例力求新颖，追求真实工程情境，设计案例时以建筑工程概预算的职业能力需求为基础，使学生就业时很好地实现与工程实践的无缝对接。

本书由西安建筑科技大学武乾任主编，李卢燕、王莉任副主编。各章编写分工如下：第 1、9 章由王婉莹编写，第 2 章由武乾、李卢燕编写，第 3 章由王桃、武乾编写，第 4、7 章由李卢燕编写，第 5 章由李晨编写，第 6 章由武乾、李晨编写，第 8 章由武乾、王莉编写，第 10 章由王楠、武乾编写。

本书编写得到了国家自然科学基金项目——绿色节能导向的旧工业建筑功能转型机理研究(项目编号：51678479)的支持。在本书编写过程中，本书编者参阅了大量的文献和资料，在此对这些文献的作者及资料的提供者表示深深的谢意。

为了方便教学，本书还配有电子课件等教学资源包，可以登录“我们爱读书”网(www.ibook4us.com)浏览，或者发邮件至 husttujian@163.com 索取。

本书编者力图向全国土木工程专业和其他工程类专业的老师、同学，以及从事工程造价管理的工程技术人员提供一本理论丰富、注重实践的教材，但限于学识、专业水平和实践经验，书中难免有错误和疏漏之处，敬请广大读者、专家和同行批评指正。

编　者

2021 年 12 月

目
录
CONTENTS

Chapter 1

第1章 绪　论

知识点

本章主要介绍了基本建设的概念和作用、基本建设项目的组成、基本建设程序、工程造价的概念和特点、工程造价的确定和控制、我国造价工程师执业资格制度。通过本章学习，应了解工程造价的特点和我国造价工程师执业资格制度，熟悉基本建设的概念、内容和程序，掌握基本建设项目的组成和工程造价的计价特征，掌握工程造价合理确定和有效控制的基本原理。

重点

基本建设的概念、基本建设项目的组成、基本建设程序、工程造价的合理确定和有效控制。

1.1 基本建设与基本建设项目

1.1.1 固定资产及基本建设的概念

1. 固定资产

固定资产是指可供长期使用的，并在使用过程中保持其实物形态不变的劳动资料，如建筑物、构筑物、机械设备，以及其他与生产经营有关的设备、工器具等。

我国新会计准则对固定资产的概念和范围有如下界定。固定资产是指同时具有下列特征的有形资产：①为生产商品提供劳务、出租或经营管理而特有的，变更了原制度中关于生产企业非生产经营主要设备需达到单位价值2 000元以上，行政事业单位设备单位价值需达到500元以上的价值量判断的硬性标准；②使用寿命超过一个会计年度。有些设备虽然使用寿命未到一年整，但跨过了一个会计年度，也可以纳入固定资产的核算范围。例如，某企业某年九月三十日购入一台设备，按旧准则规定，至少到下一年的九月三十日才能将这台设备列入固定资产核算，但按新准则规定，这台设备的使用寿命只需超过当年的十二月三十一日即可列入固定资产核算。

2. 基本建设

基本建设就是形成固定资产的生产活动，或是对一定固定资产的建筑、购置、安装，以及与此相关联的其他经济活动的总称。如工厂、矿井、铁路、桥梁、港口、电站、医院、学校、住宅和商店等的新建、改建、扩建和恢复工程，以及车辆、机器设备等的购置与安装等都属于基本建设。

1.1.2 基本建设的内容

1. 固定资产的建造

固定资产的建造包括建筑物和构筑物的营造与设备的安装两部分。建筑物和构筑物的营造工作主要包括各类房屋及构筑物的建造工程、管道及输电线路的敷设工程、水利工程、炼铁及炼焦炉的砌筑工程,设备的安装工作主要包括生产、动力、起重、运输、传动和医疗、试验、检验等各种需要安装的设备的装配和装置工程。

2. 固定资产的购置

固定资产的购置包括符合固定资产条件的设备、工具、器具等的购置。固定资产不是根据其物质的技术性质决定的,而是根据其经济用途决定的。设备购置是流通过程,也是形成固定资产的一条途径。因此,固定资产的购置是基本建设的重要内容。

3. 其他基本建设工作

其他基本建设工作指除固定资产的建造、固定资产的购置以外的其他基本建设工作,包括勘察设计、土地征用、职工培训、建设单位管理等工作。这些工作是进行基本建设所不可缺少的,所以它们也是基本建设的重要内容。

1.1.3 基本建设项目的分类

1. 按建设性质分类

(1) 新建项目,指原来没有现在开始建设的项目,或对原有规模较小的项目扩大建设规模,其新增固定资产价值超过原固定资产价值三倍以上的项目。

(2) 扩建项目,指原企事业单位为扩大原有主要产品的生产能力或增加新产品生产能力,在原有固定资产的基础上,兴建一些主要车间或工程的项目。

(3) 改建项目,指原企事业单位为了改进产品质量或产品方向,对原有固定资产进行整体性技术改造的项目。此外,为提高综合生产能力,增加一些附属辅助车间或非生产性工程,也属改建项目。

(4) 恢复项目,指对因重大自然灾害或战争而遭受破坏的固定资产,按原来规模重新建设或在重建的同时进行扩建的项目。

(5) 迁建项目,指为改变生产力布局或由于其他原因,将原有单位迁至异地重建的项目,不论其是否维持原来规模,均称为迁建项目。

2. 按建设项目用途分类

基本建设项目按建设项目用途分为生产性基本建设和非生产性基本建设。

(1) 生产性基本建设是用于物质生产和直接为物质生产服务的项目的建设,包括工业、农业、林业、邮电、通信、气象、水利、商业和物资供应设施建设,地质资源勘探建设等。

(2) 非生产性基本建设是用于人民物质和文化生活项目的建设,包括住宅、学校、医院、托儿所、影剧院,以及国家行政机关和金融保险业的建设等。

3. 按建设规模分类

基本建设项目按建设项目总规模和投资的不同,可分为大型项目、中型项目和小型项目。其划分的标准各行业不相同，一般情况下，生产单一产品的企业按产品的设计能力来划分，生产多种产品的企业按主要产品的设计能力来划分，难以按生产能力划分的企业按其全部投资额划分。

4. 按建设阶段分类

基本建设项目按建设阶段可分为预备项目、筹建项目、在建项目、投产项目、收尾项目等。

(1) 预备项目：按照中长期投资计划拟建而又未立项的工程项目，只做初步可行性研究，不进行实际建设准备工作。

(2) 筹建项目：经批准立项，正在进行建设准备，还未开始施工的项目。

(3) 在建项目：指计划年度内正在建设的项目，包括新开工项目和续建项目。

(4) 投产项目：指计划年度内按设计文件规定建成主体工程和相应配套工程，经验收合格并正式投产或交付使用的项目，包括全部投产项目、部分投产项目和建成投产单项工程。

(5) 收尾项目：以前年度已经全部建成投产，但尚有少量不影响正常生产或使用的辅助工程或非生产性工程在本年内继续施工的项目。

1.1.4 基本建设的作用

1. 实现社会扩大再生产

通过大规模的基本建设，极大地提高了工业、农业、运输等物质生产部门的生产能力和使用效益，调整并改善了国民经济的产业结构、产品结构、技术结构和地区布局等宏观计划基础，对国民经济各部门增加新的固定资产和生产能力，促进生产力的合理配置，提高生产技术水平等具有重要的作用。

2. 促进国民经济发展

基本建设是国民经济建设的主体，影响诸多产业的发展，通过基本建设可以促进国民经济的快速发展，增强国家经济实力。

3. 改善和提高人民的生活水平

大量住宅、科研、文教卫生设施及城市基础设施建设，对改善和提高人民的物质文化生活水平具有直接的作用。据资料统计，全社会每亿元固定资产带来的国民收入增加额为0.39亿。

1.1.5 基本建设项目的组成

为了对基本建设项目实行统一管理和分级管理，国家统计部门统一规定将建设项目划分为若干个单项工程。一个单项工程由若干个单位工程组成，一个单位工程由若干个分部工程组成，一个分部工程由若干个分项工程组成。

1. 建设项目

建设项目是指按照一个总体设计进行建造，经济上实行独立核算，行政上具有独立的组织形式的建设工程。从行政角度而言，它是编制和执行基本建设计划的单位，所以建设项目也称建设单位。一个建设项目可以是一个独立工程，也可能包括更多的工程，一般以一个企事业单位或独立的工程作为建设项目。例如，一座工厂、一所学校或一所医院即为一个建设项目。一个建设项目由若干个单项工程组成。

2. 单项工程

单项工程是建设项目的组成部分，是指在一个建设项目中具有独立的设计文件，建成后能够独立发挥生产能力或效益的工程。工业建设项目的单项工程，一般是指各个生产车间、办公楼等；非工业建设项目中，每栋住宅楼、剧院、商店、教学楼、图书馆、办公楼等各为一个单项工程。

3. 单位工程

单位工程是单项工程的组成部分，是指具有独立组织施工条件及单独作为计算成本对象，但建成后不能独立进行生产或发挥效益的工程。

民用项目的单位工程较容易划分。以一栋住宅楼为例，其中一般土建工程、给排水、采暖、通风、照明工程等各为一个单位工程。工业项目由于工程内容复杂，且有时出现交叉，因此单位工程的划分比较困难。以一个车间为例，其中土建工程、机电设备安装、工艺设备安装、工业管道安装、给排水、采暖、通风、电器安装、自控仪表安装等各为一个单位工程。

从投资构成角度而言，一个单项工程可以划分为建筑工程、安装工程、设备及工器具购置等单位工程。

4. 分部工程

分部工程是单位工程的组成部分，一般是按单位工程的结构部位、使用的材料、工种或设备种类和型号等的不同而划分的工程。例如，一般土建工程可以划分为土石方工程、打桩工程、砖石工程、混凝土及钢筋混凝土工程、木结构工程、楼地面工程、屋面工程、装饰工程等分部工程。

5. 分项工程

分项工程是分部工程的组成部分，一般是按照不同的施工方法、不同的材料及构件规格，将分部工程分解为一些简单的施工过程，是建设工程中最基本的工程单位，即通常所指的各种实物工程量。如土方分部工程可以分为人工平整场地、人工挖土方、人工挖地槽地坑等分项工程。安装工程的情况比较特殊，通常只能将分部分项工程合并成一个概念来表达工程实物量。

1.1.6 基本建设程序

工程项目建设程序是指项目在建设过程中，各项工作必须遵循的先后顺序。建设程序是对基本建设工作的科学总结，是项目建设过程中所固有的客观规律的集中体现。

我国工程项目建设程序通常可分为以下内容。

1. 编报项目建议书

项目建议书是拟建项目单位向国家提出的要求建设某一项目的建设文件，是对工程项目建设的轮廓设想和立项的先导。项目建议书经国家计划部门初步审查和挑选后，便可委托有关单位对项目进行可行性研究。

2. 编报可行性研究报告

可行性研究是基本建设工作的首要环节，其目的是论证项目在技术上是否先进、实用和可靠，在经济上是否合理，在财务上是否盈利，在生产力布局上是否有利，使项目的确立具有可靠的科学依据，以减少项目决策的盲目性，防止失误。开展可行性研究以前，首先要进行必要的资源、工程地质及水文地质的勘察，工艺技术试验或论证，以及气象、地震、环境和技术经济资料的收集等工作，尽量使可行性研究建立在科学可靠的基础上。可行性研究一般应做多方案比较，并推荐出最佳方案，作为编制设计任务书的依据。

3. 设计阶段

我国的工程项目一般多采用两段设计，即扩大初步设计（包括编制设计概算）和施工图设计

(包括编制施工图预算)两个阶段。对于技术上复杂而又缺乏设计经验的项目,可采用三段设计,即初步设计、技术设计(包括编制修正概算)及施工图设计三个阶段。

初步设计的目的是最终确定项目在指定地点和规定期限内进行建设的可能性及合理性,从技术上及经济上对项目做出通盘规划,对建设方案做出基本的技术决定,并通过编制概算确定总的建设费用。

技术设计是对初步设计的补充、修正和深化。在技术设计阶段需要最终确定项目的生产工艺流程和产品方案,校正设备的选型和数量,以及其他的技术决策。根据技术设计可对大型专用设备进行订货。

施工图设计是初步设计或技术设计的具体化,其内容应详细具体,它是组织建筑安装施工、制造非标准设备及加工各种构配件的依据。在该阶段通过编制施工图预算可最终确定出工程造价。

4. 列入年度固定资产投资计划

工程项目的初步设计及总概算经批准后,即可列入年度基本建设计划。批准的年度基本建设计划是进行基本建设拨款和贷款的依据。根据国家计委规定,大型项目的基本建设计划由国家审批,小型工程项目按照隶属关系由主管部门审批,用自筹资金建设的项目也要在国家控制的指标内纳入统一的计划安排。对于多年建成的项目,建设单位应合理地安排各年度的实施计划,各年的建设内容应与当年分配的投资、设备及材料等相适应,并保证建设工程的连续性。

5. 建设准备

项目在开工建设之前要做好各项准备工作,其主要内容包括:征地、拆迁和场地平整;完成施工用水、电、通信、道路等的接通工作;组织招标,选择工程监理单位、承包单位及设备、材料供应商;准备必要的施工图纸。建设单位完成准备工作并具备开工条件后,应及时办理工程质量监督手续和施工许可证。

6. 施工安装阶段

工程项目只有已列入年度基本建设计划,并已做好施工准备,具备开工条件,开工报告经主管机关批准以后,才允许正式施工。施工过程中,应加强全面质量管理,加强对施工过程的全面控制。控制包括检查与调节两种职能。检查是为了寻找问题与差距,调节则是针对检查结果提出改进措施。控制的重点是保证工期和质量,降低工程成本。

在施工阶段,建设单位应做好各方面的协调工作,做到计划、设计和施工三者相互衔接,工程内容、资金和物资供应相互配套,为建筑安装施工的顺利进行创造条件。

7. 生产准备

为了保证项目建成后能及时投产,建设单位在建设阶段应积极做好生产准备工作,如培训生产人员,组织生产职工参加设备的安装和调试,制订生产操作规程,开展与生产有关的试验研究,积累生产技术资料等。

8. 竣工验收,交付使用

工程项目按照设计文件规定的内容建成,工业项目经负荷试运转能生产出合格产品,非工业项目符合设计要求,能正常使用,工程已达到地净、水通、灯亮和暖风设备运转正常,即可根据国家有关规定,评定质量等级,进行交工验收。大型联合企业可以分期分批验收,交付使用。验收时应有验收报告及验收资料。验收资料一般应包括竣工项目一览表、设备清单、工程竣工图、材料及构件的检验合格证明、隐蔽工程验收记录、工程质量事故处理记录、工程定位测量资料等。

工程验收分单项工程验收及整个建设项目验收两种。一个单项工程全部建成可由承发包单位签订交工验收证书，由设计单位报请上级主管部门批准；一个工程项目全部建成达到竣工验收标准，再签署项目交工验收证书，报请上级主管部门批准。重点工程项目有时需报请国家验收，并成立专门的交工验收机构。

竣工验收后，建设单位要及时办理工程竣工决算，分析概算的执行情况，考核基本建设投资的经济效益。

9. 项目后评价

项目后评价是工程项目实施阶段管理的延伸。工程项目竣工验收或通过销售交付使用，只是工程建设完成的标志，而不是工程项目管理的终结。工程项目建设和运营是否达到投资决策时所确定的目标，只有经过生产经营或销售取得实际投资效果后，才能进行正确的判断；也只有在这时，才能对工程项目进行总结和评估，才能综合反映工程项目建设和工程项目管理各环节工作的成效和存在的问题，并为以后改进工程项目管理、提高工程项目管理水平、制订科学的工程项目建设计划提供依据。

1.2 工程造价的确定与控制

1.2.1 工程造价的概念和特点

1. 工程造价的概念

工程造价有两方面含义：一是从投资者角度看，工程造价就是建设一项工程的总投资，即通过建设活动形成相应的固定资产、无形资产所需一次性费用的总和，它是建设项目的建设成本，因而也叫建设成本造价或工程全费用造价；二是从市场交易角度看，工程造价即为建设一项工程，在土地市场、设备市场、技术劳务市场及工程发承包市场等交易活动中所形成的建筑安装工程价格或建设工程总价格。通常将工程造价的第二种含义认定为工程发承包价格。它是在建筑市场通过招投标，由需求主体（投资者）和供给主体（建筑商）共同认可的价格。这一含义又因工程发承包方式及管理模式的不同，价格内容不尽相同。

2. 工程造价的特点

1）工程造价的大额性

工程建设项目造价数额较大，许多项目造价高达数亿元，特大项目的造价可达千亿元。如地铁工程每公里造价高达 6 亿～7 亿元。

2）工程造价的差异性

由于一项工程的功能、结构、造型等的差异较大，因此每项工程的造价差异也较大。即使同一类型的工程，其造价水平及材料消耗量也存在差异。如同样为图书馆项目，造价可以由数百万元至数亿元，单位建筑面积含钢量可以从三十千克到一百多千克不等。

3）工程造价的动态性

一项工程从决策到竣工交付使用，有一个较长的建设期，在建设期内，存在许多影响工程造价的动态因素，如建筑材料在不同时期价格差异很大。所以，工程造价处于不确定状态，直至竣工决算后才能最终确定工程的实际造价。

4）工程造价的复杂性

工程项目构成复杂，影响造价因素多，造价项目内容繁多，导致了计价过程和计价方法的独特性和复杂性。

1.2.2 工程造价管理的概念

工程造价管理就是合理地确定工程造价和有效地控制工程造价。

工程造价管理的目的不仅在于合理地确定和有效地控制工程造价，更积极的意义在于合理使用人力、物力、财力，以取得最大的投资效益。我国是一个处在社会主义初级阶段的发展中国家，如何将有限的物力、财力资源得到最有效、最合理的利用，切实发挥投资经济效益和社会效益是人们关注的首要问题。当前，在建设领域，概算超估算、预算超概算、决算超预算的三超现象十分普遍，导致投资规模失控，工程造价失真，严重影响投资效益。加之建设项目从筹建到竣工，经过的环节多，影响因素多，情况复杂，使工程建设既具有商品生产的一般属性，又不同于一般商品的生产，它是一个复杂的系统工程。建设工期、建设规模、建设标准、设计施工规范、技术标准、质量要求等交织在一起，相互影响，诸因素综合反映在工程造价问题上。因此，抓住工程造价管理这一环节，以合理确定和有效控制工程造价为目标，实行全过程、全方位的管理，有利于提高投资的经济效益和社会效益。

1.2.3 工程造价的确定

工程造价的合理确定，也称计价，就是在项目建设各阶段，根据有关计价依据和特定方法，对建设过程中所支出的各项费用进行准确、合理地计算和确定。

1. 工程造价的计价特征

1）单件性计价

工程项目生产过程的单件性及工程产品的固定性，导致了其不能像一般商品那样统一定价。每一项工程都有其专门的功能和用途，都是按不同的用户要求、建设规模、标准等，单独设计，单独生产的。即使用途相同，按同一标准设计和生产的产品，也会因其具体建设地点的水文地质及气候等条件的不同，引起结构及其他方面的变化。这就造成工程项目在建造过程中，所消耗的活劳动和物化劳动差别很大，其价值也必然不同。为衡量其投资效果，就需要对每项工程产品进行单独定价。其次，每一项工程，其建造地点在空间上是固定不动的，这势必导致施工生产的流动性。施工企业必须在不同的建设地点组织施工，各地不同的自然条件和技术经济条件，使构成工程产品价格的各种要素变化很大，诸如地区材料价格、工人工资标准、运输条件等。另外，工程项目建设周期长、程序复杂、环节多、涉及面广，在项目建设周期的不同阶段，构成产品价格的各种要素差异较大，最终导致工程造价的千差万别。总之，工程项目在实物形态上的差别和构成产品价格要素的变化，使工程产品不同于一般商品，不能统一定价，只能就各个项目，通过特殊的程序和方法单件计价。

2）分阶段多次计价

工程项目的建造过程是一个周期长、工程量大的生产消费过程。对其工作的科学总结及其客观规律性的集中体现就是项目建设程序。由于在项目建设程序的不同阶段，工作深度不同，计价所依据的资料需逐步细化，所以需要采用分阶段多次计价的办法，即项目建议书和可行性研究阶段要编制投资估算，初步设计阶段要编制设计概算，施工图设计阶段要编制施工图预算，竣工验收阶段要编制竣工结算和竣工决算。这是工程造价管理的客观要求，其过程如图 1-1 所示，这是一个由粗到细，由浅到深，最终确定工程实际造价的过程。

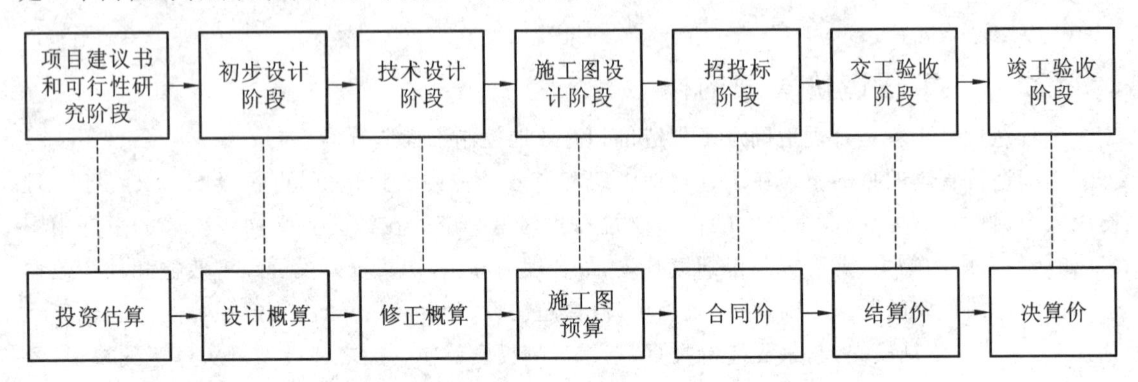

图 1-1　分阶段多次计价

3）分部组合计价

一个建设项目由若干个单项工程组成，单项工程又可分解为若干个单位工程，单位工程可进一步划分为若干个分部工程，而每一个分部工程又可划分为若干个分项工程。分项工程是能用较为简单的施工过程生产出来的，是可以用计量单位计算并便于测定的工程基本构造要素。对于不同的工程项目，完成相同计量单位的分项工程所需消耗的人工、材料、机械台班量基本是相同的，因而对其工料消耗可以制订统一的概预算定额。有了分项工程概预算定额，再根据其他资料，就可以确定出分项工程造价。再以分项工程为对象，依次形成分部工程造价和单位工程造价，再考虑到工程建设其他费用等，形成单项工程造价和建设项目总造价。其计算过程和计算顺序是：分部分项工程造价—单位工程造价—单项工程造价—建设项目总造价。

4）计价方法的多样性

工程造价的计价方法较多。从计价模式上讲，有定额计价法和清单计价法；从合同形式上讲，有固定单价法、固定总价法、可调单价法和可调总价法；从建设程序上讲，有概算编制法、估算编制法、预算编制法、结算和决算编制法；造价具体计算方法有单价法和实物法等。

5）计价依据的复杂性

由于影响造价的因素多，因此计价依据复杂繁多，主要包括计价规范，可行性研究报告，设计文件，概预算定额，人工、材料、机械台班单价，相关的费用定额，法律法规文件，工程造价指数等。

2. 各阶段造价文件的内容和作用

工程造价文件的主要内容和作用在建设程序的不同阶段需分别确定投资估算、设计概算、施工图预算、施工预算、工程结算和竣工决算，各阶段造价文件的主要内容和作用如下。

1）投资估算

投资估算是指在项目投资决策过程中，依据现有的资料和一定的方法，对建设项目的投资数额进行的粗略估计。由于投资决策过程可进一步分为项目建议书阶段、可行性研究阶段和可行性研究报告审批阶段，所以投资估算工作也相应分为上述几个阶段。不同阶段所具备的条件和掌握的资料不同，投资估算的准确程度不同，进而每个阶段投资估算所起的作用也不同。项目建议书阶段应编制初步投资估算，作为有权部门审批项目建议书的依据之一；可行性研究阶段的投资估算，经有权部门批准后，是编制投资计划、进行资金筹措及申请贷款的主要依据，也是控制初步设计概算的依据。

2）设计概算

设计概算是指在初步设计或扩大初步设计阶段，由设计单位根据初步设计图纸、概算定额或概算指标、设备预算价格、各项费用定额或取费标准、建设地区的技术经济条件等资料，预先对工程造价进行的概略计算，是设计文件的组成部分，其内容包括建设项目从筹建到竣工验收的全部建设费用。设计概算是确定和控制建设项目总投资的依据，是编制基本建设计划的依据，是筹措项目建设资金的依据，是评价设计方案的经济合理性、选择最优设计方案的重要尺度，同时也是控制施工图预算、考核建设成本和投资效果的依据。

当基本建设工程采用三阶段设计时，在技术设计阶段，随着设计内容的具体化，建设规模、结构性质、设备类型和数量等方面内容与初步设计相比可能有出入，为此，设计单位应对投资进行具体核算，对初步设计概算进行修正，这时形成的经济文件叫作修正概算。

3）施工图预算

施工图预算是指在施工图设计阶段，根据施工图纸、预算定额、取费标准、建设地区技术经济条件，以及其他有关规定等编制的用来确定建筑安装工程全部建设费用的文件。施工图预算是落实和调整年度基本建设投资计划的依据，是设计单位评价设计方案的经济尺度，是发包单位编制招标控制价的依据，是施工单位加强经营管理，以及进行施工准备、编制投标报价的依据。

4）施工预算

施工预算是施工前，在施工图预算或合同价的控制下，根据施工图纸、施工定额、施工组织设计，以及现场实际情况等，由施工单位编制的，反映完成一个单位工程所需费用的文件。施工预算是施工企业内部的一种技术经济文件，是施工企业计算施工用工、材料数量及施工机械台班需要量的依据，是进行施工准备、编制施工作业计划、加强内部经济核算的依据，是向班组签发施工任务单、考核单位用工、限额领料的依据，也是企业开展经济活动分析、进行“两算”对比、控制工程成本的主要依据。

5）工程结算

工程结算是施工单位与建设单位清算工程款的一项日常性工作。按工程施工阶段的不同，工程结算有中间结算与竣工结算之分。

（1）中间结算。中间结算是由施工单位按月度或季度工程统计报表列明的当期已完工程实物量，经建设单位核定认可，以合同价为依据，向建设单位办理工程价款结算的一种过渡性结算，待将来工程竣工后，再做全面的最终结算。

（2）竣工结算。竣工结算是在施工单位完成所承包的工程项目，并经建设单位和有关部门验收合格后，施工企业根据施工时现场实际情况记录、工程变更通知书、现场签证等资料，在原有预算造价的基础上编制的向建设单位办理最后应收取工程价款的文件。工程竣工结算是施工单位核算工程成本、劳动力和机械设备耗用情况的依据，是施工企业取得最终收入，用以补偿资金耗费的依据，也是建设单位编制工程竣工决算和核算工程建设费用的主要依据之一。

6）竣工决算

竣工决算是在整个建设项目或单项工程完工并验收合格后，由建设单位根据竣工结算等资料编制的反映整个建设项目或单项工程从筹建到竣工交付使用全过程实际支付的建设费用的文件。竣工决算是基本建设经济效果的全面反映，是核定新增固定资产价值和办理固定资产交付使用的依据，是考核竣工项目概预算与基建计划执行水平的基础资料。

由此可见，投资估算、设计概算、施工图预算、施工预算是一个建设项目或单项工程在不同建设阶段的预算造价，工程结算是承发包工程在建筑市场的预期交换价和实际交换价，竣工决算是一个建设项目或单项工程的实际总造价。

1.2.4 工程造价控制

1. 工程造价控制的概念

工程造价的有效控制是在投资决策阶段、设计阶段、建设项目发包阶段和建设实施阶段，把建设工程造价的发生控制在批准的限额以内，随时纠正发生的偏差，以保证项目造价管理目标的实现，以求在各个建设项目中能合理使用人力、物力、财力，取得较好的投资效益和社会效益。

工程建设的不同主体对工程造价进行控制的对象、目标、方法及手段都是不同的。建设单位作为工程项目的投资者，对工程项目从筹建直到竣工验收所花费的全部费用进行控制。设计单位对工程造价的控制是在满足建设单位提出的建设要求的基础上，将工程造价限制在批准的投资限额之内。施工单位对工程造价的控制是在特定的技术、质量、进度的前提下，使生产的实际成本小于预期成本。工程造价管理部门通过制定有关法律法规和各种规章制度、规范等参与工程建设的各个主体的行为，使工程造价管理工作步入良性发展的轨道。

2. 工程造价控制的基本原理

工程造价控制的基本原理是在工程项目建设过程中，首先确定造价控制目标，制订工程费用支出计划，在计划执行过程中对其进行跟踪检查，收集有关反映费用支出的数据，将实际费用支出额与计划费用支出额进行比较，通过比较发现实际费用支出额与计划费用支出额之间的偏差，然后分析产生偏差的原因，并采取有效措施加以控制，以保证造价控制目标的实现。工程造价控制的基本原理如图 1-2 所示。

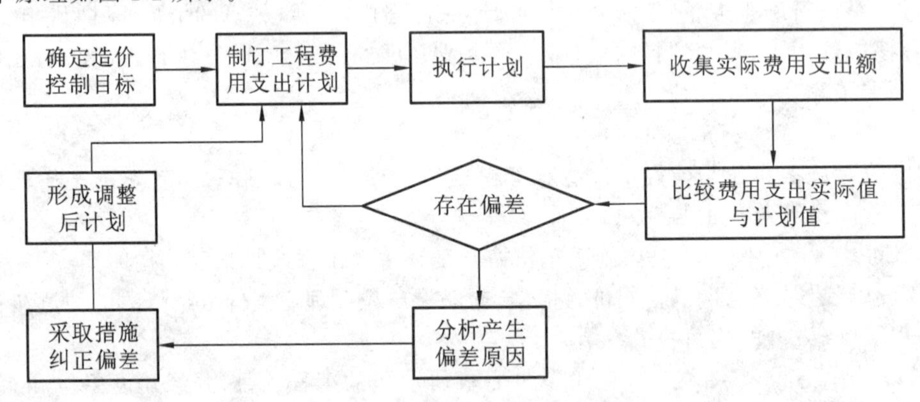

图 1-2 工程造价控制的基本原理

3. 工程造价控制应遵循的原则

工程造价的有效控制应遵循以下原则。

(1) 合理设置建设工程造价控制目标。工程造价控制目标的设置应随工程项目建设过程的不断深入而分阶段进行。投资估算是进行初步设计的造价控制目标，设计概算是施工图设计的造价控制目标，建筑安装工程承包合同价是施工阶段控制建筑安装工程造价的目标。

(2) 以投资决策和设计阶段为重点的建设全过程控制。据统计分析，咨询设计费一般只相当于工程总费用的1%以下，但正是这少于1%的费用对工程造价的影响度占90%以上。由此可见，要想有效地控制工程造价，关键在于投资决策和设计阶段，只有把控制重点转移到建设前期上来，才能取得事半功倍的效果。

(3) 对工程造价进行主动控制。长期以来，人们一直把控制理解为目标值与实际值的比较，以及当实际值偏离目标值时，分析产生偏差的原因，并确定下一步的对策。但这种控制方法是一种被动控制。只有立足于事先主动采取措施，以尽可能地减少以至避免目标值与实际值的偏离，这才是积极的控制方法，也是进行工程造价控制的基本指导思想。

(4) 技术与经济相结合进行工程造价的控制。要有效地控制工程造价，应从组织、技术、经济、合同及信息管理等多方面采取措施。

4. 工程造价控制的基本内容

工程造价控制贯穿项目建设全过程，各阶段工程造价控制的主要内容如下。

(1) 决策阶段工程造价的控制。进行项目可行性研究，编制项目投资估算。

(2) 设计阶段工程造价的控制。开展工程设计招标和设计方案竞选，推行限额设计和标准设计，编制和审查设计概算及施工图预算。

(3) 施工承发包阶段工程造价的控制。主要内容有：建设单位编制招标文件，确定招标控制价；承包单位编制投标文件，确定投标报价；通过评标定标，选择中标单位，并确定承包合同价。

(4) 施工阶段工程造价的控制。

① 建设单位在控制工程造价方面应做好的主要工作有：仔细审查合同价和工程量清单单价及其他有关文件；编制资金使用计划；正确进行工程计量，复核工程付款账单，按规定进行工程价款结算；严格控制设计变更，合理进行现场签证；审核承包商编制的施工组织设计。

② 施工承包商在控制工程造价方面应做好的主要工作有：编制施工组织设计，选择可行合理的施工方案；以承包合同价为造价控制目标，进行造价控制目标分解，编制施工单位费用支出计划；进行跟踪，检查计划执行情况，分析出现偏差的原因，并采取针对性的纠偏措施；正确处理工期、质量、造价三者之间的关系，在保证工程质量的前提下，节省费用支出，缩短工期；按规定进行工程价款结算。

(5) 竣工验收阶段工程造价的控制。该阶段工程造价控制工作的主要内容有：建设单位应及时组织竣工验收，及时准确地编报竣工决算。施工单位认真做好项目回访与保修工作，以使项目达到最佳的使用状况，发挥最大的经济效益。

1.3 我国造价工程师执业资格制度

执业资格制度是市场经济国家对专业技术人才管理的通用规划。随着我国市场经济的发展和经济全球化进程的加快，我国的执业资格制度得到了长足的发展，其中建筑行业涉及的执业资格主要有建筑师、规划师、结构工程师、设备工程师、建造师、监理工程师、造价工程师、房地产估价师等多个执业资格制度，形成了具有中国特色的建筑行业执业资格体系。

《中华人民共和国建筑法》第十四条：从事建筑活动的专业技术人员，应当依法取得相应的执业资格证书，并在执业资格证书许可范围内从事建筑活动。这从法律规定上推动了我国建筑行业执业资格制度的发展。

1.3.1 我国造价工程师执业资格制度

我国每年基本建设投资达几十万亿元，从事工程造价业务活动的人员近100万人，这支队伍在专业和技术方面对管好用好基本建设投资发挥了重要的作用。为了加强建设工程造价专业技术人员的执业准入管理，确保建设工程造价管理工作的质量，维护国家和社会公共利益，1996年8月，国家人事部、建设部联合发布了《造价工程师执业资格制度暂行规定》，明确了国家在工程造价领域实施造价工程师执业资格制度。凡从事工程建设活动的建设、设计、施工、工程造价咨询、工程造价管理等单位和部门，必须在计价、评估、审查、控制及管理等岗位配备有造价工程师执业资格的专业技术人员。

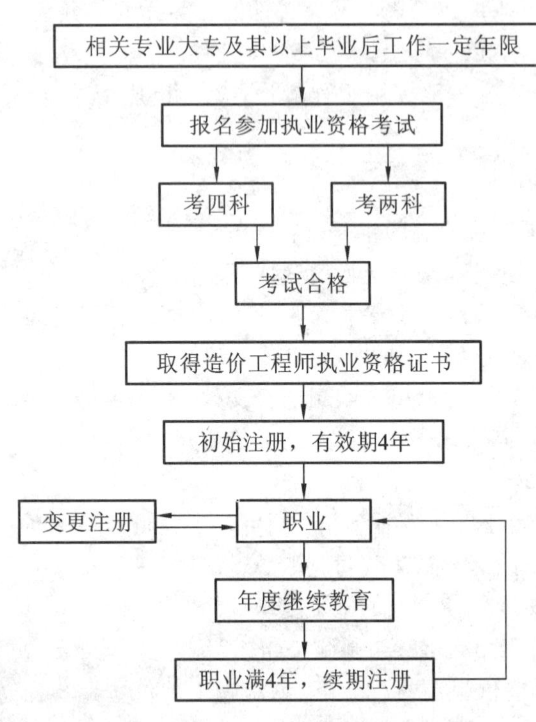

图1-3 造价工程师执业资格制度简图

在实施全国统一考试之前，国家建设部和人事部联合对已从事工程造价管理工作并具有高级专业技术职务的人员，分别于1997年和1998年分两批通过考核认定了1 853名工程造价管理专业人员具有造价工程师执业资格。同时，于1997年组织了九省市试点考试。全国造价工程师执业资格统一考试从1998年开始，除1999年外，2000年及其以后的各年均举行了全国统一考试。

为了加强对造价工程师的注册管理，规范造价工程师的执业行为，建设部颁布了《注册造价工程师继续教育实施暂行办法》和《造价工程师职业道德行为准则》，使造价工程师执业资格制度得到逐步完善。造价工程师执业资格制度简图如图1-3所示。

1.3.2 造价工程师的执业资格考试

造价工程师执业资格考试实行全国统一考试大纲、统一命题、统一组织的办法，原则上每年举行一次。

(1) 报考条件。凡中华人民共和国公民，工程造价或相关专业大专及以上学历毕业，从事工程造价业务工作一定年限后，均可申请参加造价工程师执业资格考试。

(2) 考试科目。造价工程师执业资格考试分为4个科目："建设工程造价管理""建设工程计价""建设工程技术与计量"(土建或安装)和"建设工程造价案例分析"。

对于长期从事工程造价业务工作的专业技术人员，符合一定的学历和专业年限条件的，可面试"建设工程造价管理基础理论与相关法规""建设工程技术与计量"两个科目，只参加"建设工程造价计价与控制"和"建设工程造价案例分析"两个科目的考试。

造价工程师四个科目分别单独考试、单独计分。参加全部科目考试的人员，须在连续的两个考试年度通过；参加免试部分考试科目的人员，须在一个考试年度内通过应试科目。

(3) 证书取得。造价工程师执业资格考试合格者，由省、自治区、直辖市人事部门颁发国家人事部统一印制、国家人事部和建设部统一用印的造价工程师执业资格证书，该证书在全国范围内有效，并作为造价工程师注册的凭证。

1.3.3 造价工程师执业权利和义务

《造价工程师注册管理办法》对造价工程师执业权利和义务规定如下。

(1) 造价工程师只能在一个单位执业。

(2) 造价工程师的执业范围包括：

① 建设项目投资估算的编制、审核及经济评价；

② 工程概算、工程预算、工程结算、竣工决算、工程招标标底价、投标报价的编制、审核；

③ 工程变更及合同价款的调整索赔费用的计算；

④ 建设项目各阶段的工程造价控制；

⑤ 工程经济纠纷的鉴定；

⑥ 工程造价计价依据的编制、审核；

⑦ 与工程造价业务有关的其他事项。

(3) 造价工程师享有下列权利：

① 使用造价工程师名称；

② 依法独立执行业务；

③ 签署工程造价文件，加盖执业专用章；

④ 申请设立工程造价咨询单位；

⑤ 对违反国家法律、法规的不正当计价行为，有权向有关部门举报。

(4) 造价工程师应履行下列义务：

① 遵守法律、法规，恪守职业道德；

② 接受继续教育，提高业务技术水平；

③ 在执业中保守技术、经济秘密；

④ 不得允许他人以本人名义执业；

⑤ 按照有关规定提供工程造价资料。

1.3.4 英国工料测量师执业资格制度简介

造价工程师在英国称为工料测量师。特许工料测量师的称号是由英国皇家特许测量师学会(RICS)经过严格程序而授予该会的专业会员(MRICS)和资深会员(FRICS)的，整个程序如图1-4所示。

工料测量专业本科毕业生可直接去申请工料测量师专业工作能力培养和考核的资格；而对于具有高中毕业水平的一般人员，或学习其他专业的大学毕业生，可申请技术员资格培养和考核的资格。

工料测量专业本科毕业生(含硕士、博士学位获得者)以及经过专业知识考试合格的人员，还要通过皇家特许测量师学会组织的专业工作能力考核，即通过2年以上的工作实践，在学会规定的各项专业能力考核科目范围内，获得某几项较丰富的工作经验，经考核合格后，即由皇家特许测量师学会颁发合格证书并吸收为学会专业会员(MRICS)，也就是有了特许工料测量师资格。

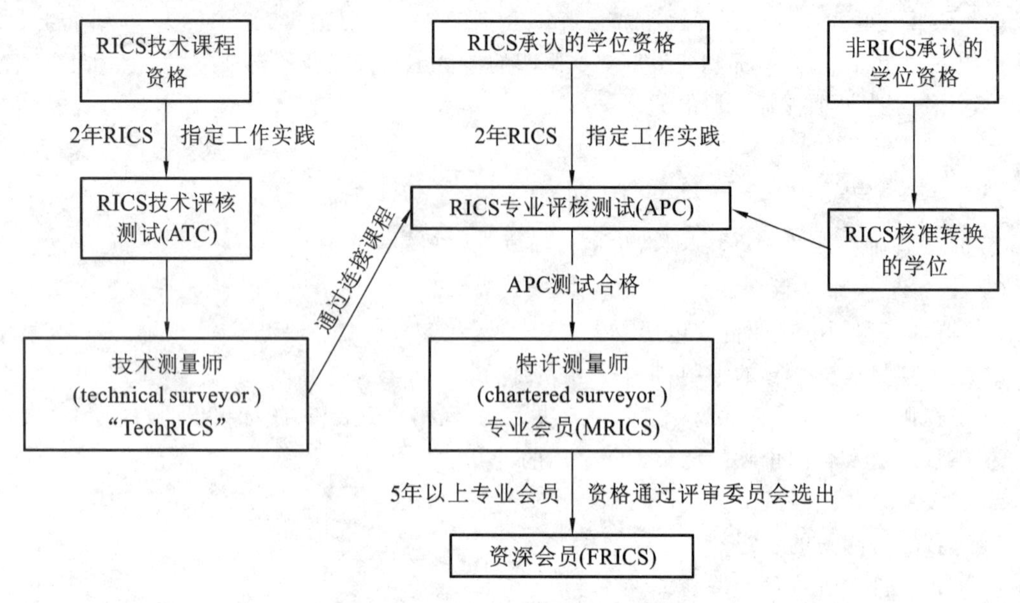

图 1-4 英国工料测量师授予程序图

注：① RICS：royal institution of chartered surveyors；
② APC：assessment of professional competence；
③ ATC：assessment of technical competence。

特许工料测量师(工料估价师)可以签署有关估算、概算、预算、结算和决算文件，也可独立开业，承揽有关业务，再从事 12 年本专业工作，或者在预算公司等单位中承担重要职务(如董事)5 年以上者，经学会的资深委员评审委员会批准，即可被吸收为资深会员(FRICS)。

英国的工料测量师被认为是工程建设经济师，全过程参与工程建设造价管理，按照既定工程项目确定投资，在实施的各个阶段、各项活动中控制造价，使最终造价不超过规定的投资额。英国的工料测量师被称为“建筑业的百科全书”，享有很高的社会地位。

思考题

1. 基本建设项目的组成是什么？
2. 简述工程造价的概念和特点。
3. 建设程序各阶段造价文件的内容和作用分别是什么？
4. 简述工程造价控制的基本原理。

Chapter 2

第2章 建设工程造价构成

知识点

本章详细介绍了建设工程造价的费用构成及其各组成部分的相关概念和计算方法。通过本章学习，应掌握建设工程造价的费用构成，熟悉工程建设其他费用和铺底流动资金，重点掌握建筑安装工程费用两种划分方法下的构成要素和相关计算，包括“营改增”后建筑安装工程费用构成要素的增值税的相关概念和计算，理解“营改增”后计价依据调整原理和税制变化对工程计价费用要素的影响；掌握设备及工器具购置费用的概念和构成、预备费和建设期贷款利息的计算方法。

重点

建设工程造价的费用构成，建筑安装工程费用两种划分方法下的构成要素和相关计算，“营改增”后增值税的相关概念和计算，设备及工器具购置费用的概念和构成，预备费和建设期贷款利息的计算方法。

难点

建筑安装工程费用两种划分方法下的相关计算，设备及工器具购置费用中进口设备抵岸价的构成，“营改增”后增值税的相关计算，税制变化对工程计价费用要素的影响。

建设项目总投资是指投资主体为获取预期收益，在选定的建设项目上所需投入的全部资金。生产性建设项目总投资包括固定资产投资和铺底流动资金两部分；而非生产性建设项目总投资只有固定资产投资，不包括铺底流动资金。

固定资产投资包括工程建设投资和建设期贷款利息。工程建设投资包括工程费用、工程建设其他费用和预备费三部分。

建筑安装工程费用是指建设单位用于建筑和安装工程方面的投资，它由建筑工程费用和安装工程费用两部分组成。建筑工程费用是指建设工程涉及范围内的建筑物，构筑物，场地平整，道路、室外管道铺设，大型土石方工程费用等。安装工程费用是指主要生产、辅助生产、公用工程等单项工程中需要安装的机械设备、电器设备、专用设备、仪器仪表等的安装及配件工程费用，以及工艺、供热、供水等各种管道、配件、闸门和供电外线安装工程费用等。工程费用指直接构成固定资产实体的各种费用，可分为建筑安装工程费用和设备及工器具购置费用。设备及工器具购置费用是指建设单位(或其委托单位)按照建设工程设计文件要求购置或自制达到固定资产标准的设备和新、扩建项目配置的首套工器具及生产家具所需的费用。

工程建设其他费用是指未纳入以上两项的，根据设计文件要求和国家有关规定应由项目投资支付的，为保证工程建设顺利完成和交付使用后能够正常发挥效用而发生的一些费用。

预备费是为了保证项目顺利实施，避免在难以预料的情况下造成投资不足而预先安排的费用，由基本预备费和涨价预备费构成。

铺底流动资金是指生产性建设项目为保证生产和经营正常进行，按规定应列入建设项目总投资的流动资金，一般按流动资金的30%计算。

固定资产投资可以分为静态投资部分和动态投资部分。静态投资部分由建筑安装工程费用、设备及工器具购置费用、工程建设其他费用和基本预备费构成；动态投资部分是指在建设期内，因建设期利息和国家新批准的税费、汇率、利率变动及建设期价格变动引起的建设投资增加额，包括涨价预备费、建设期利息等。

从投资者的角度看，固定资产投资就是建设工程造价，即建设项目的建设成本，它也是从市场交易角度定义的工程价格。这就是工程造价的两种含义，详见1.2节。

建设项目总投资的构成内容如图2-1所示。

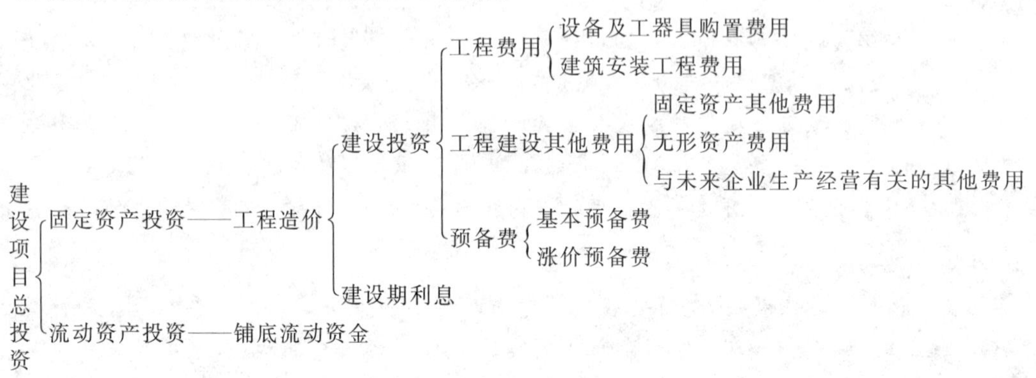

图2-1 建设项目总投资的构成内容

2.1 建筑安装工程费用的分类

为适应深化工程计价改革的需要，住房城乡建设部、财政部于2013年03月21日下发了建标〔2013〕44号文件《关于印发〈建筑安装工程费用项目组成〉的通知》，现行的建筑安装工程费用构成内容有两种划分方法。

2.1.1 按费用构成要素划分

按照费用构成要素划分，建筑安装工程费用由人工费、材料（包含工程设备）费、施工机具使用费、企业管理费、利润、规费和税金组成。其中，人工费、材料费、施工机具使用费、企业管理费和利润包含在分部分项工程费、措施项目费、其他项目费中，如图2-2所示。

1. 人工费

人工费是指按工资总额构成规定，支付给从事建筑安装工程施工的生产工人和附属生产单位工人的各项费用，内容包括：

(1) 计时工资或计件工资：计时工资是指按照劳动者的技术水平或岗位等级预先规定的工资标准，并以劳动者的实际工作时间支付劳动报酬的一种工资形式；计件工资是按照劳动者生产合格产品的数量和预先规定的计件单价计量和支付劳动报酬的一种工资形式。

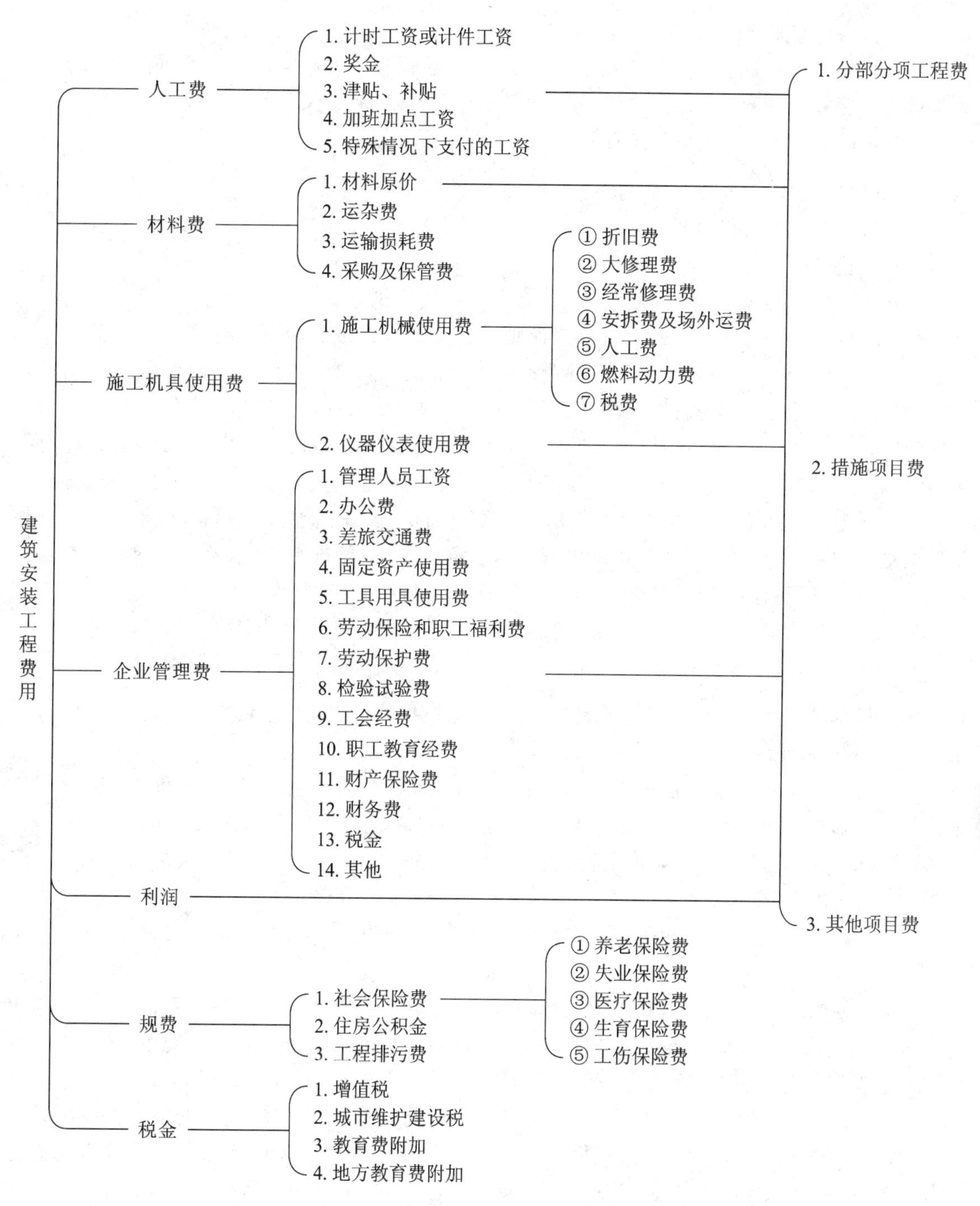

图 2-2　按费用构成要素划分的建筑安装工程费用项目组成

(2) 奖金:是指支付给职工的超额劳动报酬和增收节支的劳动报酬,如节约奖、劳动竞赛奖等。

(3) 津贴、补贴:是指为了补偿职工特殊或额外的劳动消耗和因其他特殊原因支付给个人的津贴,以及为了保证职工工资水平不受物价影响而支付给个人的物价补贴,如流动施工津贴、特殊地区施工津贴、高温(寒)作业临时津贴、高空津贴等。

(4) 加班加点工资:是指按规定支付的在法定节假日工作的加班工资和在法定日工作时间

外延时工作的加点工资。

(5) 特殊情况下支付的工资：是指根据国家法律、法规和政策规定，因病、工伤、产假、计划生育假、婚丧假、事假、探亲假、定期休假、停工学习、执行国家或社会义务等原因按计时工资标准或计时工资标准的一定比例支付的工资。

2. 材料费

材料费是指施工过程中耗费的原材料、辅助材料、构配件、零件、半成品或成品、工程设备的费用，内容包括：

(1) 材料原价：是指材料、工程设备的出厂价格或商家供应价格。

(2) 运杂费：是指材料、工程设备自来源地运至工地仓库或指定堆放地点所发生的全部费用，一般包括调车和驳船费、装卸费、运输费和附加工作(搬运、分类堆放、整理)费等。

(3) 运输损耗费：是指材料在运输、装卸过程中不可避免的损耗所产生的费用。

(4) 采购及保管费：是指组织采购、供应和保管材料、工程设备的过程中所需要的各项费用，包括采购费、仓储费、工地保管费、仓储损耗费。

工程设备是指构成或计划构成永久工程一部分的机电设备、金属结构设备、仪器装置及其他类似的设备和装置，包括附属工程中的电气、采暖、通风空调、给排水、通信及建筑智能等为房屋功能服务的设备，不包括工艺设备，具体划分标准见《建设工程计价设备材料划分标准》(GB/T 50531—2009)。明确由建设单位提供的建筑设备，其设备费用不作为计取税金的基数。

3. 施工机具使用费

施工机具使用费是指施工作业所发生的施工机械、仪器仪表使用费或其租赁费，内容包括：

1) 施工机械使用费

施工机械使用费是指施工过程中使用施工机械所发生的各项费用，以施工机械台班耗用量乘以施工机械台班单价表示。施工机械台班单价应由下列七项费用组成。

(1) 折旧费：折旧是对机械损耗价值进行补偿的一种方式；折旧费是指施工机械在规定的使用年限内，陆续收回其原值的费用。

(2) 大修理费：是指施工机械按规定的大修理间隔台班进行必要的大修理，以恢复其正常功能所需的费用。

(3) 经常修理费：是指施工机械除大修理以外的各级保养和临时故障排除所需的费用，包括为保障施工机械正常运转所需的替换设备与随机配备工具附具的摊销和维护费用、施工机械运转中日常保养所需的润滑与擦拭的材料费用及施工机械停滞期间的维护和保养费用等。

(4) 安拆费及场外运费：安拆费指施工机械(大型机械除外)在现场进行安装与拆卸所需的人工、材料、机械和试运转费用以及机械辅助设施的折旧、搭设、拆除等费用；场外运费指施工机械整体或分体自停放地点运至施工现场或由一施工地点运至另一施工地点的运输、装卸、辅助材料及架线等费用。

(5) 人工费：是指机上司机(司炉)和其他操作人员的人工费。

(6) 燃料动力费：是指施工机械在运转作业中所消耗的各种燃料及水、电等产生的费用等。

(7) 税费：是指施工机械按照规定应缴纳的车船使用税、保险费及年检费等。

2) 仪器仪表使用费

仪器仪表使用费是指工程施工所需使用的仪器仪表的摊销及维修费用。

4. 企业管理费

企业管理费是指建筑安装企业组织施工生产和经营管理所需的费用，内容包括：

(1) 管理人员工资：是指按规定支付给管理人员的计时工资、奖金、津贴补贴、加班加点工资及特殊情况下支付的工资等。

(2) 办公费：是指企业管理办公用的文具、纸张、账表、印刷、邮电、书报、办公软件、现场监控、会议、水电、烧水和集体取暖降温(包括现场临时宿舍取暖降温)等所产生的费用。

(3) 差旅交通费：是指职工因公出差、调动工作的差旅费、住勤补助费，市内交通费和误餐补助费，职工探亲路费，劳动力招募费，职工退休、退职一次性路费，工伤人员就医路费，工地转移费以及管理部门使用的交通工具的油料、燃料等费用。

(4) 固定资产使用费：是指管理和试验部门及附属生产单位使用的属于固定资产的房屋、设备、仪器等的折旧、大修、维修或租赁费。

(5) 工具用具使用费：是指企业施工生产和管理使用的不属于固定资产的工具、器具、家具、交通工具和检验、试验、测绘、消防用具等的购置、维修和摊销费。

(6) 劳动保险和职工福利费：是指由企业支付的职工退职金、按规定支付给离休干部的经费、集体福利费、夏季防暑降温费、冬季取暖补贴、上下班交通补贴等。

(7) 劳动保护费：是指企业按规定发放的劳动保护用品的支出费用，如工作服、手套、防暑降温饮料费用，以及在有碍身体健康的环境中施工的保健费用等。

(8) 检验试验费：是指施工企业按照有关标准规定，对建筑以及材料、构件和建筑安装物进行一般鉴定、检查所发生的费用，包括自设试验室进行试验所耗用的材料等费用，不包括新结构、新材料的试验费，对构件做破坏性试验及其他特殊要求检验试验的费用和建设单位委托检测机构进行检测的费用，对于此类检测发生的费用，由建设单位在工程建设其他费用中列支；对施工企业提供的具有合格证明的材料进行检测但不合格的，该检测费用由施工企业支付。

(9) 工会经费：是指企业按《中华人民共和国工会法》规定的全部职工工资总额比例计提的工会经费。

(10) 职工教育经费：是指按职工工资总额的规定比例计提，企业为职工进行专业技术和职业技能培训、专业技术人员继续教育、职工职业技能鉴定、职业资格认定，以及根据需要对职工进行各类文化教育所发生的费用。

(11) 财产保险费：是指施工管理用财产、车辆等的保险费用。

(12) 财务费：是指企业为施工生产筹集资金或提供预付款担保、履约担保、职工工资支付担保等所发生的各种费用。

(13) 税金：是指企业按规定缴纳的房产税、车船使用税、土地使用税、印花税等。

(14) 其他：包括技术转让费、技术开发费、投标费、业务招待费、绿化费、广告费、公证费、法律顾问费、审计费、咨询费、保险费等。

5. 利润

利润是指施工企业完成所承包工程而获得的盈利。施工企业根据企业自身需求并结合建筑市场实际自主确定，列入报价中。

6. 规费

规费是指按国家法律、法规规定，由省级政府和省级有关权力部门规定必须缴纳或计取的费用，包括：

(1) 社会保险费。

① 养老保险费:是指企业按照规定标准为职工缴纳的基本养老保险费。

② 失业保险费:是指企业按照规定标准为职工缴纳的失业保险费。

③ 医疗保险费:是指企业按照规定标准为职工缴纳的基本医疗保险费。

④ 生育保险费:是指企业按照规定标准为职工缴纳的生育保险费。

⑤ 工伤保险费:是指企业按照规定标准为职工缴纳的工伤保险费。

(2) 住房公积金:是指企业按照规定标准为职工缴纳的住房公积金。

(3) 工程排污费:是指企业按规定缴纳的施工现场工程排污费。

其他应列而未列入的规费,按实际发生计取。

7. 税金

税收是政府依照法律规定,按照预先规定的标准,对个人或组织无偿征收实物或货币的总称,是国家财政收入的一种形式,是国家参与国民收入分配和再分配的工具。

国家"营改增"政策实施后,工程造价中的税金是指按国家税法规定应计入建筑安装工程造价内的增值税应纳税额、城市维护建设税、教育费附加及地方教育费附加,后三者统称为附加税。

(1) 增值税:是对在我国境内销售货物或者提供加工、修理修配劳务及进口货物的单位和个人就其实现的增值额征收的一个税种,属于价外税。从计税原理上说,增值税是对商品生产、流通、劳务服务中多个环节的新增价值或商品的附加值征收的一种流转税。根据财税〔2016〕36 号文件,自 2016 年 5 月 1 日起,建筑业纳入营业税改增值税试点范围,由缴纳营业税改为缴纳增值税。计入建筑安装工程造价内的增值税为增值税销项税额。

(2) 附加税。

① 城市维护建设税:简称城建税,是我国为了加强城市的维护建设,扩大和稳定城市维护建设资金的来源而开征的一个税种。

② 教育费附加:是国家为扶持和加快地方教育事业发展,扩大地方教育经费的资金来源而征收的一种专用基金。教育费附加作为专项收入,由教育部门统筹安排使用。

③ 地方教育费附加:2010 年财政部下发了《关于统一地方教育附加政策有关问题的通知》(财综〔2010〕98 号),要求各地统一开征地方教育费附加。地方教育费附加是指根据国家有关规定,为实施"科教兴省"战略,增加地方教育的资金投入,促进各省、自治区、直辖市教育事业的发展而开征的一项地方政府性基金。该收入主要用于各地方的教育经费的投入补充。

2.1.2 按工程造价形成过程划分

建筑安装工程费用按照工程造价形成过程划分为分部分项工程费、措施项目费、其他项目费、规费、税金五部分。其中,分部分项工程费、措施项目费、其他项目费包含人工费、材料费、施工机具使用费、企业管理费和利润,如图 2-3 所示。

1. 分部分项工程费

分部分项工程费是指各专业工程的分部分项工程应予列支的各项费用。

(1) 专业工程:是指按现行国家计量规范划分的房屋建筑与装饰工程、仿古建筑工程、通用安装工程、市政工程、园林绿化工程、矿山工程、构筑物工程、城市轨道交通工程、爆破工程等各类工程。

(2) 分部分项工程:是指按现行国家计量规范对各专业工程划分的项目,如房屋建筑与装饰

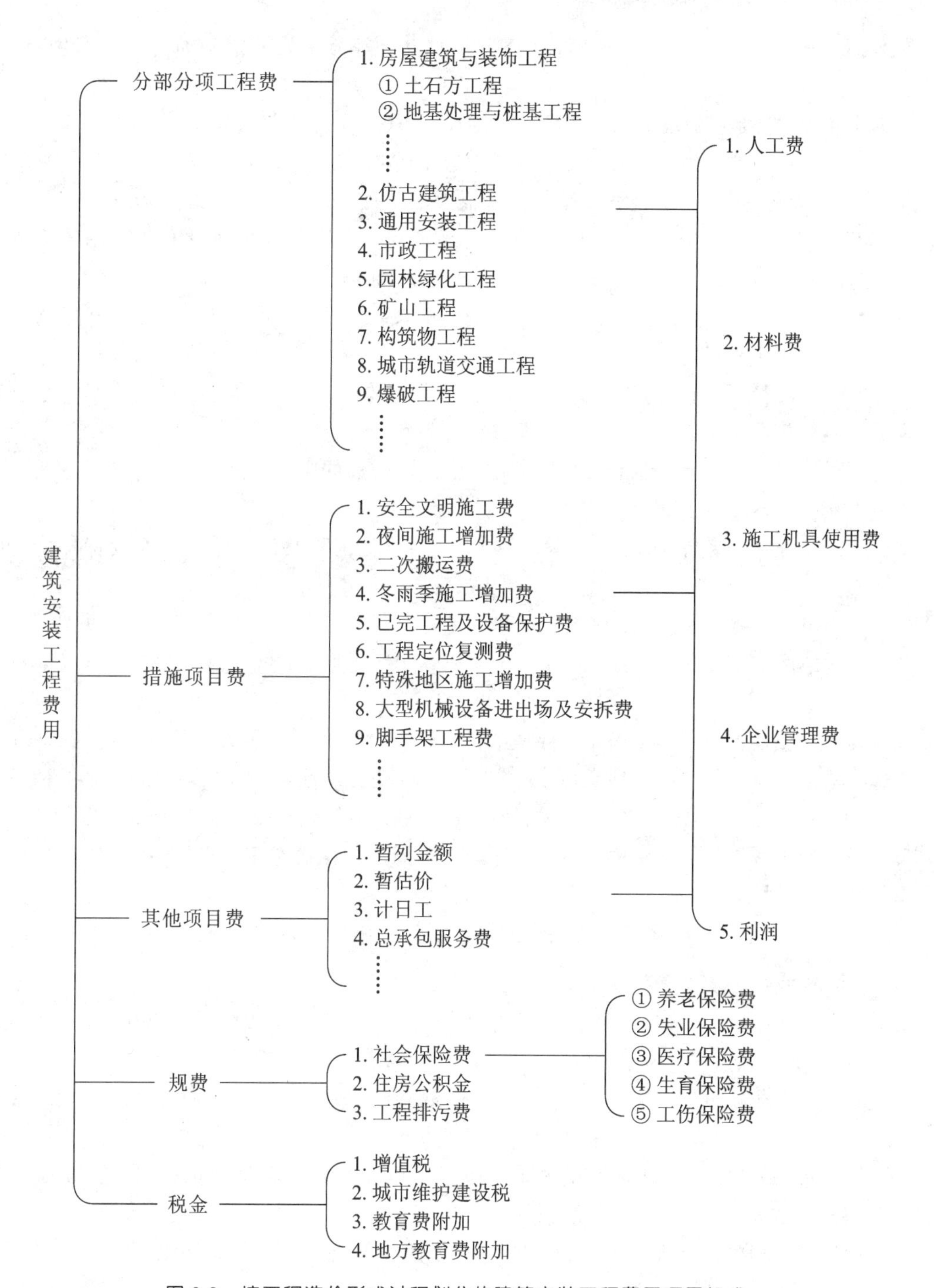

图 2-3　按工程造价形成过程划分的建筑安装工程费用项目组成

工程划分的土石方工程、地基处理与桩基工程、砌筑工程、钢筋及钢筋混凝土工程等。

各类专业工程的分部分项工程划分见现行国家或行业计量规范。

2. 措施项目费

措施项目费是指为完成建设工程施工，发生于该工程施工前和施工过程中的技术、生活、安全、环境保护等方面的费用，内容包括：

(1) 安全文明施工费：在合同履行过程中，承包人按照国家法律、法规、标准等规定，为保证安全施工、文明施工，保护现场内外环境和搭拆临时设施等所采用的措施而发生的费用，包括以下四个部分。

① 环境保护费：是指施工现场为达到环保部门要求所需要的各项费用。

② 文明施工费：是指施工现场文明施工所需要的各项费用。

③ 安全施工费：是指施工现场安全施工所需要的各项费用。

④ 临时设施费：是指施工企业为进行建设工程施工所必须搭设的生活和生产用的临时建筑物、构筑物和其他临时设施费用，包括临时设施的搭设、维修、拆除、清理费或摊销费等。

(2) 夜间施工增加费：是指因夜间施工所发生的夜班补助费、夜间施工降效、夜间施工照明设备摊销及照明用电等费用。

(3) 二次搬运费：是指因施工场地条件限制而发生的材料、构配件、半成品等一次运输不能到达堆放地点，必须进行二次或多次搬运所发生的费用。

(4) 冬雨季施工增加费：是指在冬季或雨季施工需增加的临时设施、防滑、排除雨雪、人工及施工机械效率降低等费用。

(5) 已完工程及设备保护费：是指竣工验收前，对已完工程及设备采取的必要保护措施所发生的费用。

(6) 工程定位复测费：是指工程施工过程中进行全部施工测量放线和复测工作的费用。

(7) 特殊地区施工增加费：是指工程在沙漠或其边缘地区、高海拔、高寒、原始森林等特殊地区施工而增加的费用。

(8) 大型机械设备进出场及安拆费：是指机械设备整体或分体自停放场地运至施工现场或由一个施工地点运至另一个施工地点所发生的机械设备进出场运输和转移费用，以及机械设备在施工现场进行安装、拆卸所需的人工费、材料费、机械费、试运转费和安装所需的辅助设施的费用。

(9) 脚手架工程费：是指施工需要的各种脚手架搭、拆、运输费用，以及脚手架购置费的摊销或租赁费用。

措施项目及其包含的内容详见各类专业工程的现行国家或行业计量规范。

3. 其他项目费

(1) 暂列金额：是指建设单位在工程量清单中暂定并包含在工程合同价款中的一笔款项，用于施工合同签订时尚未确定或者不可预见的所需材料、工程设备、服务的采购，施工中可能发生的工程变更、合同约定调整因素出现时的工程价款调整，以及发生的索赔、现场签证确认等的费用。

(2) 暂估价：是指招标人在工程量清单中提供的用于支付必然发生但暂时不能确定价格的材料、工程设备的单价，以及需另行发包的专业工程的金额。

(3) 计日工：是指在施工过程中，施工企业完成建设单位提出的施工图纸以外的零星项目或工作所需的费用。

(4) 总承包服务费：是指总承包人为配合、协调建设单位进行的专业工程发包，对建设单位自行采购的材料、工程设备等进行保管及施工现场管理、竣工资料汇总整理等服务所需的费用。

4. 规费

规费同“按费用构成要素划分”。

5. 税金

税金同“按费用构成要素划分”。

2.2 建筑安装工程费用计算方法

建筑安装工程费用的划分方法不同，其计算方法也不同，建标〔2013〕44 号文件对计价方法的建议如下。

2.2.1 建筑安装工程各费用构成要素计算

1. 人工费

$$人工费 = \sum 工日消耗量 \times 日工资单价 \tag{2-1}$$

$$人工费 = \sum 工程工日消耗量 \times 日工资单价 \tag{2-2}$$

公式(2-1)主要适用于施工企业投标报价时自主确定人工费，也是工程造价管理机构编制计价定额时确定定额人工单价或发布人工成本信息的参考依据。

公式(2-2)适用于工程造价管理机构编制计价定额时确定定额人工费，是施工企业投标报价的参考依据。

2. 材料费

1）材料费

$$材料费 = \sum 材料消耗量 \times 材料单价 \tag{2-3}$$

$$材料单价=[(材料原价+运杂费)\times(1+运输损耗率)]\times(1+采购及保管费费率) \tag{2-4}$$

2）工程设备费

$$工程设备费 = \sum 工程设备量 \times 工程设备单价 \tag{2-5}$$

$$工程设备单价=(设备原价+运杂费)\times(1+采购及保管费费率) \tag{2-6}$$

“营改增”后，材料单价和工程设备单价如含增值税，应进行除税处理。

3. 施工机具使用费

1）施工机械使用费

$$施工机械使用费 = \sum 施工机械台班消耗量 \times 机械台班单价 \tag{2-7}$$

$$\begin{aligned}机械台班单价=&台班折旧费+台班大修费+台班经常修理费\\&+台班安拆费及场外运费+台班人工费\\&+台班燃料动力费+台班车船税费\end{aligned} \tag{2-8}$$

“营改增”后，机械台班单价如含增值税，应进行除税处理。

工程造价管理机构在确定计价定额中的施工机械使用费时，应根据《建设工程施工机械台班费用编制规则》，结合市场调查编制施工机械台班单价。施工企业可以参考工程造价管理机构发布的台班单价，自主确定施工机械使用费的报价。如为租赁的施工机械，施工机械使用费为

$$施工机械使用费 = \sum 施工机械台班消耗量 \times 机械台班除税租赁单价 \tag{2-9}$$

$$机械台班除税租赁单价=机械台班含税租赁单价\div(1+增值税税率) \tag{2-10}$$

2）仪器仪表使用费

$$仪器仪表使用费=工程使用的仪器仪表摊销费+维修费 \tag{2-11}$$

"营改增"后,仪器仪表摊销费、维修费如含增值税,均应进行除税处理。

4. 企业管理费

根据计费依据的不同,企业管理费的确定一般分三种情形。

1) 以直接工程费为计算基础

$$企业管理费=直接工程费\times企业管理费费率 \tag{2-12}$$

$$直接工程费=人工费+材料费+机械费 \tag{2-13}$$

$$企业管理费费率=\frac{生产工人年平均管理费}{年有效施工天数\times人工单价}\times人工费占直接工程费比例 \tag{2-14}$$

2) 以人工费和机械费的合计为计算基础

$$企业管理费=(人工费+机械费)\times企业管理费费率 \tag{2-15}$$

$$企业管理费费率=\frac{生产工人年平均管理费}{年有效施工天数\times(人工单价+每工日机械使用费)}\times100\% \tag{2-16}$$

3) 以人工费为计算基础

$$企业管理费=人工费\times企业管理费费率 \tag{2-17}$$

$$企业管理费费率=\frac{生产工人年平均管理费}{年有效施工天数\times人工单价}\times100\% \tag{2-18}$$

为满足建筑业"营改增"后计价需要,上述公式所涉及的价格均为不含增值税价格。

上述公式适用于施工企业投标报价时自主确定管理费,是工程造价管理机构编制计价定额时确定企业管理费的参考依据。

工程造价管理机构在确定计价定额中的企业管理费时,应以定额人工费或(定额人工费+定额机械费)作为计算基数,其费率根据历年工程造价积累的资料,辅以调查数据确定,列入分部分项工程和措施项目中。

5. 利润

根据计算基础的不同,利润的计算分三种情形。

1) 以直接工程费和企业管理费的合计为计算基础

$$利润=(直接工程费+企业管理费)\times相应利润率 \tag{2-19}$$

2) 以人工费和机械费的合计为计算基础

$$利润=(人工费+机械费)\times相应利润率 \tag{2-20}$$

3) 以人工费为计算基础

$$利润=人工费\times相应利润率 \tag{2-21}$$

施工企业根据企业自身需求并结合建筑市场实际自主确定,列入报价中。

工程造价管理机构在确定计价定额中的利润时,应以定额人工费或(定额人工费+定额机械费)作为计算基数,其费率根据历年工程造价积累的资料,并结合建筑市场实际确定,以单位(单项)工程测算。利润在税前建筑安装工程费用中的比重可按不低于5%且不高于7%的费率计算。利润应列入分部分项工程和措施项目中。

6. 规费

1) 社会保险费和住房公积金

社会保险费和住房公积金应以定额人工费为计算基础,根据工程所在地(省、自治区、直辖市)或行业建设主管部门规定的费率计算。

$$社会保险费和住房公积金 = \sum(工程定额人工费 \times 社会保险费和住房公积金费率) \quad (2\text{-}22)$$

式中，社会保险费和住房公积金费率可按每万元发承包价的生产工人人工费、管理人员工资含量与工程所在地规定的缴纳标准综合分析取定。

2）工程排污费

工程排污费等其他应列而未列入的规费应按工程所在地环境保护等部门规定的标准缴纳，按实计取列入。

7. 税金

工程计价时，税金不得作为竞争性费用。建筑安装工程费用构成要素中的税金主要包括增值税和附加税。

1）增值税

（1）“营改增”发展进程。

2012年1月1日，交通运输业和部分现代服务业“营改增”在上海率先试点；2012年9月1日，交通运输业和部分现代服务业“营改增”试点范围分批扩大至北京市、天津市、江苏省等8省和直辖市；2013年8月1日，交通运输业和部分现代服务业“营改增”试点在全国范围内开展；2014年1月1日，“营改增”试点行业范围进一步扩大，铁路运输业和邮政服务业纳入全国“营改增”试点范围；2016年3月23日，财政部与国家税务总局正式下发财税〔2016〕36号文件《关于全面推开营业税改征增值税试点的通知》；自2016年5月1日起，全面推开“营改增”试点，将建筑业、房地产业等纳入试点范围。

“营改增”是指原缴纳营业税的应税劳务改为缴纳增值税。全面实行增值税后，企业采购环节通过取得增值税专用发票用于抵扣，所以实施增值税后，通过进项抵扣制度可以减少重复征税，平衡行业税负。

（2）增值税纳税人分类。

单位以承包、承租、挂靠方式经营，承包人、承租人、挂靠人（以下统称承包人）以发包人、出租人、被挂靠人（以下统称发包人）名义对外经营并由发包人承担相关法律责任，以该发包人为纳税人；否则，以承包人为纳税人。

建筑业增值税的纳税人是提供建筑服务的企业，征税对象是建筑服务的增值额。增值税的纳税人分为一般纳税人和小规模纳税人。

① 一般纳税人。

一般纳税人是指提供“营改增”应税行为（如建筑服务）的年应征增值税（简称年应税）销售额超过规定标准500万元（含500万元）的纳税人。年应税销售额未超过规定标准的纳税人，如会计核算健全，能够提供准确税务资料的，可以向主管税务机关办理资格登记，成为一般纳税人。应税服务年销售额超过规定标准的其他个人不属于一般纳税人。

② 小规模纳税人。

小规模纳税人是指提供“营改增”应税行为的年应税销售额未超过规定标准500万元，并且会计核算不健全，不能按规定报送会计资料的纳税人。应税服务年销售额超过规定标准，但不经常提供应税服务的单位和个体工商户，可选择按照小规模纳税人纳税。

一般纳税人和小规模纳税人的比较如表2-1所示。

表 2-1 一般纳税人和小规模纳税人的比较

区别＼分类		一般纳税人	小规模纳税人
税制使用		适用于增值税税率为 17%、13%、11%、6%，其进项税额可以抵扣	适用于增值税征收率为 3%，其进项税额不得抵扣
税收待遇	发票开具	可以自行开具增值税专用发票	不能自行开具增值税专用发票，如购买方索取，可向税务机关申请代开增值税征收率为 3%的专用发票
	税款抵扣	凭取得的专用发票按规定抵扣税款	不享有税款抵扣权
	计税方法	适用一般计税方法计税	适用简易计税方法计税
财务处理		计征复杂、征管严格	简单、易行

(3) 增值税计税方法。

① 一般计税方法。

一般纳税人提供应税服务适用一般计税方法计税。

$$\text{应纳税额}=\text{当期销项税额}-\text{当期进项税额} \tag{2-23}$$

$$\text{当期销项税额}=\text{当期销售额}\times\text{增值税税率} \tag{2-24}$$

销项税额是指纳税人销售货物或者提供应税劳务，按照销售额和适用税率计算并向购买方收取的增值税额。进项税额是指纳税人当期购进货物或者接受应税劳务所支付或者负担的增值税额。销售额是指纳税人发生应税行为时取得的全部价款和价外费用(建筑企业计算增值税的销售额为发生应税建筑行为向发包人或业主收取的全部价款和价外费用)，不包括收取的销项税额。税率是指增值税应纳税额与征税对象数额之间的比例。

$$(\text{不含税})\text{销售额}=(\text{含税})\text{销售额}/(1+\text{税率}) \tag{2-25}$$

$$\text{当期销项税额}=(\text{含税})\text{销售额}/(1+\text{税率})\times\text{税率} \tag{2-26}$$

如当期销项税额小于当期进项税额而不足抵扣，其不足部分可以结转下期继续抵扣。增值税一般纳税人取得增值税专用发票超过法定认证期限 180 日或取得增值税普通发票，均不得进行进项抵扣。

② 简易计税方法。

小规模纳税人提供应税服务适用简易计税方法计税。简易计税方法的应纳税额，是指按照销售额和增值税征收率计算的增值税税额，不得抵扣进项税额。

$$\text{应纳税额}=\text{销售额}\times\text{征收率}(3\%) \tag{2-27}$$

销售额是指纳税人提供建筑服务取得的全部价款和价外费用扣除支付分包款后的余额。征收率是指在纳税人因财务会计核算制度不健全，不能提供税法规定的课税对象和计税依据等资料的条件下，由税务机关经调查核定，按与课税对象和计税依据相关的其他数据计算应纳税额的比例。简易计税的增值税征收率为 3%。

$$\text{应税销售额}=(\text{工程总价款}-\text{专业(劳务)分包款})/(1+3\%) \tag{2-28}$$

除国家税务总局另有规定外，纳税人一经认定为一般纳税人后，不得转为小规模纳税人。一般纳税人提供财政部和国家税务总局规定的特定应税服务，可以选择适用简易计税方法计税，但一经选择，36 个月内不得变更。

（4）增值税税率与征收率。

① 一般纳税人的比例税率具体如下。

a. 17%税率：销售或进口货物，提供加工、修理修配劳务，租赁有形动产。建筑业中钢材、水泥、设备、商品混凝土的销售，设备租赁，电费缴纳等适用增值税税率为 17%。

b. 13%税率：销售或者进口基本生活必需品，包括建设活动可能涉及的自来水、苗木等。

c. 11%税率：提供交通运输、邮政、基础电信、建筑、不动产租赁服务，销售不动产，转让土地使用权。其中，建筑服务包括工程服务、安装服务、修缮服务、装饰服务和其他建筑服务。

d. 6%税率：勘察设计、咨询、检测、劳务派遣等部分现代服务业（含增值电信服务）。

② 增值税征收率的适用范围。

a. 小规模纳税人销售货物或提供应税劳务，增值税征收率为 3%。

b. 一般纳税人提供特定应税服务，选择简易计税方法计税的，适用增值税征收率 3%。

（5）适用简易计税方法的建筑服务范围。

① 小规模纳税人发生应税行为适用简易计税方法计税。

② 一般纳税人以清包工方式提供的建筑服务，可选择简易计税方法计税。

以清包工方式提供建筑服务，是指施工方不采购建筑工程所需的材料或只采购辅助材料，并收取人工费、管理费或者其他费用的建筑服务。

③ 一般纳税人为甲供工程提供的建筑服务，可选择简易计税方法计税。

甲供工程是指全部或部分设备、材料、动力由工程发包方自行采购的建筑工程。

④ 一般纳税人为建筑工程老项目提供的建筑服务，可选择简易计税方法计税。

建筑工程老项目界定原则：

a.《建筑工程施工许可证》注明的开工日期在 2016 年 4 月 30 日前的建筑工程项目。

b. 未取得《建筑工程施工许可证》的，建筑工程承包合同注明的开工日期在 2016 年 4 月 30 日前的建筑工程项目。

（6）纳税义务发生时间的确定。

① 不论是否收取款项或提供服务，当纳税人发生应税行为时先开具发票，其纳税义务为开具发票的当天。

② 除了提供建筑服务、租赁服务采取预收款方式之外，在应税行为之前收到的款项不属于收讫销售款项，不能按照时间确认缴纳义务发生。

③ 签订了书面合同且书面合同确定了付款日期（约定的明确付款日期或可以明确推断的具体日期）的，按照书面合同确定的付款日期的当天确认纳税义务的发生；未签订书面合同或书面合同未确定付款日期的，按照应税服务完成的当天确认纳税义务的发生。

发包人在书面合同约定的付款日期之前付款的，建筑企业的纳税义务发生时间以实际付款时间为准；发包人在书面合同约定的付款日期之后付款或违约未付款的，建筑企业均应以书面合同约定的付款日期作为纳税义务发生时间。

建筑企业未签订书面合同或书面合同未确定付款日期，纳税义务发生时间为建筑工程项目竣工验收的当天。

（7）纳税地点的规定。

① 对于固定业户，总机构和分支机构不在同一县（市）的，应当分别向各自所在地的主管税务机关申报纳税；经财政和税务机关批准，可以由总机构汇总向总机构所在地的主管税务机关申

报纳税。

② 非固定业户应当在应税行为发生地申报纳税；未申报纳税的，由其机构所在地或居住地主管税务机关补征税款。

③ 其他个人提供建筑服务，销售或租赁不动产，转让自然资源使用权，应向建筑服务发生地、不动产所在地、自然资源所在地主管税务机关申报纳税。

④ 扣缴义务人应当向其机构所在地或居住地主管税务机关申报缴纳扣缴的税款。

(8) 建筑业增值税的预缴与申报。

① 采用一般计税方法时的预缴与申报。

一般纳税人跨县(市)提供建筑服务，适用一般计税方法计税的，应以取得的全部价款和价外费用扣除支付的分包款后的余额，按照2%的预征率在建筑服务发生地预缴税款后，并向机构所在地主管税务机关进行纳税申报。

$$预缴增值税额=(全部价款和价外费用-支付的分包款)/(1+11\%)\times 2\% \tag{2-29}$$

② 采用简易计税方法时的预缴与申报。

跨县(市)提供建筑服务，选择简易计税方法计税的一般纳税人与小规模纳税人，应以取得的全部价款和价外费用扣除支付的分包款后的余额为销售额，按照3%的征收率在建筑服务发生地预缴税款后，向机构所在地主管税务机关进行纳税申报。

$$预缴增值税额=(全部价款和价外费用-支付的分包款)/(1+3\%)\times 3\% \tag{2-30}$$

③ 暂停预缴增值税的情形。

一般纳税人跨省(自治区、直辖市或者计划单列市)提供建筑服务或者销售、出租取得的与机构所在地不在同一省(自治区、直辖市或者计划单列市)的不动产，在机构所在地申报纳税时，计算的应纳税额小于已预缴税额，且差额较大的，由国家税务总局通知建筑服务发生地或者不动产所在地省级税务机关，在一定时期内暂停预缴增值税。

例 2-1 某小型工程当期结算工程款400万元，建筑企业采购材料物资发生进项税额13.6万元，支付分包商工程款90万元。若建筑企业为小规模纳税人，试计算该工程当期应纳增值税额。

解 当期应纳增值税额=(400-90)/(1+3%)×3%万元=9.03万元

建筑企业为小规模纳税人，不享有进项税额抵扣权，故当期发生的进项税额13.6万元不得抵扣。

例 2-2 某企业委托一建筑承包企业承建一游乐场项目，工程总承包合同造价为1 800万元。建筑部分1 000万元，其中含甲供材350万元；安装部分800万元，建筑企业将其中的200万元机电安装工程分包给一家专业承包企业。已知该建筑承包企业和专业承包企业均为一般纳税人，试分别计算在增值税两种计税方法下，该建筑承包企业应缴纳的增值税额。

解 一般计税方法下应纳增值税额为

[(1 800-350)/(1+11%)×11%-(1 000-350)/(1+11%)×17%-200/(1+11%)×11%]万元=24.32万元

简易计税方法下应纳增值税额为

(1 800-350-200)/(1+3%)×3%万元=36.41万元

例 2-3 某建筑企业为一般纳税人，机构所在地为A地。2016年8月，该企业承接B地的一项工程项目，同年11月取得该项目的建筑服务价款600万元，同时支付给劳务分包企业120万元。已知该分包企业为一般纳税人，提供的为清包工服务，未选择简易计税方法。试计算该建筑企业应向 B 地主管税务机关预缴的增值税额。

该建筑企业应向 B 地主管税务机关预缴的增值税额为

$$(600-120)/(1+11\%)\times 2\%\text{万元}=8.65\text{ 万元}$$

在本案例中，如分包企业选择简易计税方法计税，则该建筑企业依然按照上述公式计算应预缴的增值税额。并且，此预缴行为与建筑企业和分包企业之间如何开具发票，即开具增值税专用发票或增值税普通发票没有关系。

2）附加税

增值税附加税以增值税的存在和征收为前提和依据，通常按照增值税税额的一定比例征收，具体包括城市维护建设税、教育费附加、地方教育费附加等。根据《中华人民共和国城市维护建设税暂行条例》《中华人民共和国城市维护建设税暂行条例实施细则》和《中华人民共和国征收教育费附加的暂行规定》，凡缴纳增值税的单位和个人，都应当缴纳城市维护建设税和教育费附加。

(1) 附加税率。

城市维护建设税、教育费附加和地方教育费附加以纳税人实际缴纳的增值税额为计税依据。

① 城市维护建设税率。

城市维护建设税实行分区域的差别比例税率：

a. 纳税人所在地在市区者，为其计税依据的 7%；

b. 纳税人所在地在县城、镇者，为其计税依据的 5%；

c. 纳税人所在地不在市区、县城或镇者，为其计税依据的 1%；

d. 在外地发生缴纳增值税者，按纳税发生地的适用税率计征。

$$\text{城市维护建设税}=\text{应纳增值税额}\times\text{地区适用税率} \tag{2-31}$$

② 教育费附加税率。

教育费附加税率为 3%。

$$\text{教育费附加}=\text{应纳增值税额}\times\text{教育费附加税率} \tag{2-32}$$

③ 地方教育费附加税率。

地方教育费附加税率为 2%。

$$\text{地方教育费附加}=\text{应纳增值税额}\times\text{地方教育费附加税率} \tag{2-33}$$

以纳税人所在地在市区为例计算综合附加税率，即

$$\begin{aligned}\text{综合附加税率}&=\text{城市维护建设税率}(7\%)+\text{教育费附加税率}(3\%)\\&\quad+\text{地方教育费附加税率}(2\%)=12\%\end{aligned} \tag{2-34}$$

同理，纳税地点在县城、镇，则综合附加税率＝10%；纳税地点不在市区、县城或镇，则综合附加税率＝6%。

(2) 附加税的计取方式。

由于各地区计价程序不同，实践中对附加税的计取通常有以下三种处理方式。

① 以应纳增值税额为依据计算。

$$\text{附加税}=\text{城市维护建设税}+\text{教育费附加}+\text{地方教育费附加}=\text{应纳增值税额}\times\text{综合附加税率} \tag{2-35}$$

② 纳入企业管理费开支。

增值税下的城市维护建设税、教育费附加和地方教育费附加等附加税费纳入企业管理费开支时，采取与企业管理费合并的综合费率方式计取。

$$\text{企业管理费和附加费合计}=\text{计算基础}\times(\text{含附加税})\text{企业管理费费率} \tag{2-36}$$

③ 以营业税下不含税工程造价为计税依据。

附加税＝营业税下不含税工程造价×税率 (2-37)

营业税下不含税工程造价＝分部分项工程费＋措施项目费＋其他项目费＋规费 (2-38)

其中，税率依据纳税人所在地不同而有差异。

(3) 附加税的缴纳。

城市维护建设税和教育费附加应与增值税同时缴纳。根据财税〔2016〕74号文件，纳税人异地预缴增值税涉及的城市维护建设税和教育费附加按如下政策执行。

① 附加税的异地预缴。

纳税人跨地区提供建筑服务、销售和出租不动产，应在建筑服务发生地、不动产所在地预缴增值税时，以预缴增值税税额为计税依据，并按预缴增值税所在地的城市维护建设税适用税率和教育费附加征收率就地计算、缴纳城市维护建设税和教育费附加。

② 附加税的申报缴纳。

预缴增值税的纳税人在其机构所在地申报缴纳增值税时，以其实际缴纳的增值税税额为计税依据，并按机构所在地的城市维护建设税适用税率和教育费附加征收率就地计算、缴纳城市维护建设税和教育费附加。申报缴纳增值税额为应纳增值税额抵减预缴税额之差。

当本期存在留抵，不需要缴纳增值税时，附加税费也不需要缴纳。

例2-4 某建筑企业为一般纳税人，机构所在地为A市。该企业在B市承接一工程项目，取得工程价款500万元。已知该企业为甲供工程提供建筑服务，若该企业选择简易计税方法计税，试计算该企业应向B市主管税务机关缴纳的增值税附加税费。

解 该企业应向B市主管税务机关预缴的增值税额为

$$500/(1+3\%)\times 3\%万元=14.56万元$$

该企业在B市缴纳的城市维护建设税为

$$14.56\times 7\%万元=1.02万元$$

该企业在B市缴纳的教育费附加为

$$14.56\times 3\%万元=0.44万元$$

该企业在B市缴纳的地方教育费附加为

$$14.56\times 2\%万元=0.29万元$$

故该企业应向B市主管税务机关缴纳的增值税附加税费为

$$(1.02+0.44+0.29)万元=1.75万元$$

2.2.2 建筑安装工程计价公式

1. 分部分项工程费

$$分部分项工程费=\sum 分部分项工程量\times 综合单价 \quad (2\text{-}39)$$

式中，综合单价包括人工费、材料费、施工机具使用费、企业管理费和利润，以及一定范围的风险费用。“营改增”后，构成综合单价的各费用项目如含增值税，均应进行除税处理。综合单价的计算详见4.3节。

2. 措施项目费

(1) 国家计量规范规定应予以计量的措施项目，其计算公式为

$$措施项目费 = \sum 措施项目工程量 \times 综合单价 \tag{2-40}$$

综合单价的费用组成和计算要求同上。

(2) 国家计量规范规定不宜计量的措施项目,其计算方法如下。

① 安全文明施工费。

$$安全文明施工费 = 计算基数 \times 安全文明施工费费率 \tag{2-41}$$

计算基数应为定额基价(定额分部分项工程费+定额中可以计量的措施项目费)、定额人工费或(定额人工费+定额机械费),其费率由工程造价管理机构根据各专业工程的特点综合确定。

② 夜间施工增加费。

$$夜间施工增加费 = 计算基数 \times 夜间施工增加费费率 \tag{2-42}$$

③ 二次搬运费。

$$二次搬运费 = 计算基数 \times 二次搬运费费率 \tag{2-43}$$

④ 冬雨季施工增加费。

$$冬雨季施工增加费 = 计算基数 \times 冬雨季施工增加费费率 \tag{2-44}$$

⑤ 已完工程及设备保护费。

$$已完工程及设备保护费 = 计算基数 \times 已完工程及设备保护费费率 \tag{2-45}$$

上述②～⑤项措施项目的计费基数应为定额人工费或(定额人工费+定额机械费),其费率由工程造价管理机构根据各专业工程的特点和调查资料综合分析后确定。"营改增"后,以费率计算的各措施项目由于计费基数发生变化,费率应做相应的调整,按照"营改增"前后费用水平(发生额)无显著变化考虑调整费率。

3. 其他项目费

(1) 暂列金额由发包人根据工程特点,按有关计价规定估算,施工过程中由发包人掌握使用,扣除合同价款调整后如有余额,归发包人。

(2) 计日工由发包人和承包人按施工过程中的签证计价。

(3) 总承包服务费由发包人在招标控制价中根据总包服务范围和有关计价规定编制,承包人投标时自主报价,施工过程中按签约合同价执行。

材料(工程设备)暂估价、确认价均应为除税单价,专业工程暂估价应为"营改增"后不含进项税额的税前工程造价。

4. 规费和税金

发包人和承包人均应按照省、自治区、直辖市或行业建设主管部门发布的标准计算规费和税金,不得作为竞争性费用。

2.3 建筑业"营改增"后计价依据调整说明

为适应建筑业"营改增"的需要,住房和城乡建设部办公厅于2016年2月19日印发了《关于做好建筑业营改增建设工程计价依据调整准备工作的通知》(建办标〔2016〕4号),该文件对建筑业实施"营改增"后工程造价构成各项费用和税金计算方法做了调整。

2.3.1 “营改增”后计价依据调整原理

由于增值税为价外税，按照“价税分离”的调整原理，工程造价可按以下公式计算：工程造价=税前工程造价×(1+11%)。其中，11%为建筑业拟征增值税税率，税前工程造价为人工费、材料费、施工机具使用费、企业管理费、利润和规费之和，各费用项目均以不包含增值税可抵扣进项税额的价格计算，相应计价依据按上述方法调整。即如果各费用项目为含税价格，均需按照适用税率进行除税处理。在进行工程造价计算时，需注意以下内容。

(1) 工程造价中所含增值税额仅仅指建筑企业提供建筑服务时向发包人或业主收取的销项税额，并不涉及进项税额抵扣，故有

$$\text{工程造价}=\text{不含税造价}+\text{增值税销项税额} \tag{2-46}$$

$$\text{销项税额}=\text{不含税造价}\times\text{增值税税率} \tag{2-47}$$

或

$$\text{销项税额}=\text{工程造价}\div(1+\text{增值税税率})\times\text{增值税税率} \tag{2-48}$$

(2) 甲供材料和甲供设备费用不属于承包方销售货物或应税劳务向发包方收取的全部价款和价外费用范围之内。因此，在计算工程造价时，甲供材料和甲供设备费用应在计取甲供材料和甲供设备的现场保管费后，在税前扣除。

如将附加税费调整放入企业管理费开支中，按照“价税分离”原理的工程造价构成如图 2-4 所示。

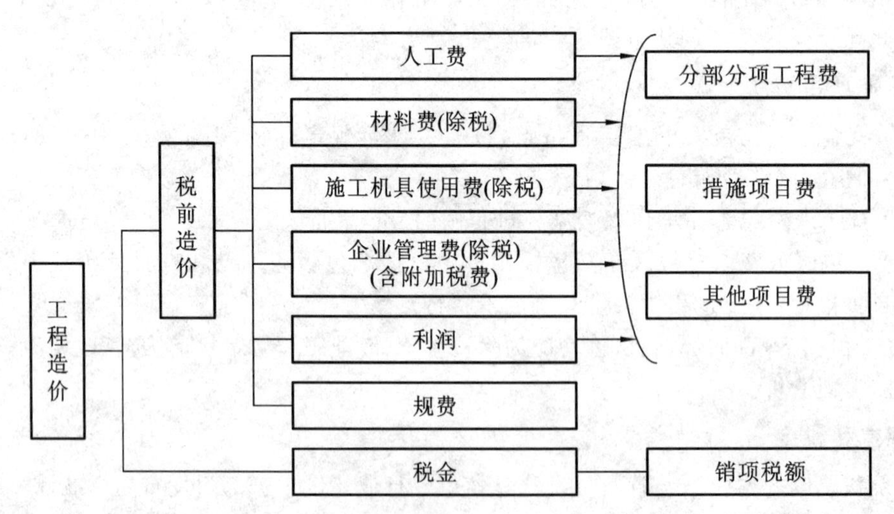

图 2-4 按照“价税分离”原理的工程造价构成

2.3.2 “营改增”对工程计价费用要素的影响

建筑业实施“营改增”后，工程计价六大要素——人工费、材料费、施工机具使用费、企业管理费、利润和规费均以不包含增值税可抵扣进项税额的价格进行计价。其中，增值税下的人工费、利润和规费与营业税下的人工费、利润和规费的组成内容和计价方法相同，不存在可抵扣的进项税额，不需要调整；而材料费、施工机具使用费、企业管理费均按扣除增值税可抵扣的进项税额后的价格(即除税价格)计入工程造价。由于计费基础发生变化，实践中应对企业管理费、利润、规费、总价措施项目费费率做相应调整。

1. 材料单价

材料单价包括材料原价、运杂费、运输损耗费和采购及保管费等。“营改增”后，对各组成内容的调整如下。

(1) 材料原价：以购进货物适用的增值税税率(17%或13%)或增值税征收率(3%)进行扣减。

(2) 运杂费：以接受交通运输业服务适用的增值税税率(11%)进行扣减。

(3) 运输损耗费：以材料原价和运杂费的合计为计算基础，按运输损耗率计算，随着材料原价和运杂费的扣减而扣减。

(4) 采购及保管费：以“营改增”前后费用水平(发生额)无显著变化为调整原则，由于其计算基础(材料原价、运杂费和运输损耗费之和)降低的影响，费率一般依具体情况适当调增。

2. 施工机械台班单价

施工机械台班单价由折旧费、大修理费、经常修理费、安拆费及场外运输费、机上人工费、燃料动力费、税费等七项内容组成。“营改增”后，各组成内容的调整方法如下。

(1) 台班折旧费：以购进货物适用的增值税税率(17%)或增值税征收率(3%)进行扣减；如果构成材料预算价格的各环节，如采购、运输等适用的税率不同，应分别除税。

(2) 台班大修理费：外修部分以接受修理修配劳务适用的增值税税率(17%)进行扣减，自修部分不考虑扣减。

(3) 台班经常修理费：考虑部分外修和购买零配件费用，以接受修理修配劳务和购进货物适用的增值税税率(17%)进行扣减，自修部分不考虑扣减。

(4) 台班安拆费：视具体情况而定，如按自行安拆考虑，一般不予扣减。

(5) 台班场外运输费：以接受交通运输业服务适用的增值税税率(11%)进行扣减。

(6) 机上人工费：组成内容为工资总额，不予扣减。

(7) 台班燃料动力费：以购进货物适用的增值税税率(17%或13%)或增值税征收率(3%)进行扣减，其中自来水税率为13%或征收率为3%，县级及县级以下小型水力发电单位生产的电力征收率为3%，其他燃料动力的适用税率一般为17%。

(8) 税费：税收费用不予扣减。

3. 企业管理费

企业管理费中的办公费、固定资产使用费、工具用具使用费、检验试验费等四项内容所包含的进项税额应予以扣除。

4. 总价措施项目

总价措施项目中的安全文明施工费、夜间施工增加费、二次搬运费、冬雨季施工增加费、已完工程及设备保护费等措施项目费中包含进项税额，计价时应进行除税处理。按照“营改增”前后费用水平(发生额)无显著变化考虑，调整总价措施项目相应费率。

2.4 设备及工器具购置费用

设备及工器具购置费用由设备购置费和工器具及生产家具购置费组成。在工业建设工程项目中，设备及工器具购置费用与资本的有机构成相联系，设备及工器具购置费用占投资费用的比例大小，意味着生产技术的进步和资本有机构成的程度。它是固定资产投资中的积极部分。

2.4.1 设备购置费的组成和计算

设备购置费是指为建设工程项目购置或自制的达到固定资产标准的设备、工具、器具的费用。新建项目和扩建项目的新建车间购置或自制的全部设备、工具、器具，不论是否达到固定资产标准，均计入设备及工器具购置费用中。设备购置费的计算公式为

设备购置费＝设备原价＋设备运杂费 (2-49)

式中，设备原价是指国产标准设备原价、国产非标准设备原价、进口设备抵岸价；设备运杂费是指设备原价中未包括的包装和包装材料费、运输费、装卸费、采购费，以及仓库保管费、供销部门手续费等，如果设备是由设备成套公司供应的，设备成套公司的服务费也应计入设备运杂费中。

1. 国产设备原价

国产设备原价是指国产设备出厂价，即设备制造厂的交货价或订货合同价，分为国产标准设备原价和国产非标准设备原价。

1）国产标准设备原价

国产标准设备是指按照主管部门颁布的标准图纸和技术要求，由设备生产厂批量生产的，符合国家质量检测标准的设备。国产标准设备原价一般指设备制造厂的交货价。如设备由设备成套公司供应，则以订货合同价为国产标准设备原价。国产标准设备原价有两种，即带有备件的原价和不带备件的原价。在计算时，一般采用带有备件的原价。

2）国产非标准设备原价

国产非标准设备是指国家尚无定型标准，各设备生产厂不可能在工艺过程中采用批量生产，只能按一次订货，并根据具体的设计图纸制造的设备。国产非标准设备原价有多种不同的计算方法，下面以成本估价法为例计算国产非标准设备原价。

单台国产非标准设备原价可用下面公式计算

国产非标准设备原价＝{[（材料费＋加工费＋辅助材料费）×（1＋专用工具费费率）×（1＋废品损失费费率）＋外购配套件费]×（1＋包装费费率）－外购配套件费}×（1＋利润率）＋销项税额＋国产非标准设备设计费＋外购配套件费 (2-50)

2. 进口设备抵岸价

进口设备抵岸价是指进口设备抵达买方边境港口或边境车站，且交完关税等税费后形成的价格。

1）进口设备的交货方式

进口设备的交货方式可分为内陆交货类、目的地交货类和装运港交货类。

(1) 内陆交货类，即卖方在出口国内陆的某个地点完成交货任务。在交货地点，卖方及时提交合同规定的货物和有关凭证，并承担交货前的一切费用和风险；买方按时接受货物，交付货款，承担接货后的一切费用和风险，并自行办理出口手续和装运出口。货物的所有权也在交货后由卖方转移给买方。

(2) 目的地交货类，即卖方要在进口国的港口或内地交货，包括目的港船上交货价（DES）、目的港船边交货价（FOS）、目的港码头交货价（关税已付）及完税后交货价（进口国目的地的指定地点）。它们的特点是：买卖双方承担的责任、费用和风险是以目的地约定交货点为分界线的，只有当卖方在交货点将货物置于买方控制下方算交货，方能向买方收取货款。这类交货价对于卖

方来说承担的风险较大，在国际贸易中卖方一般不愿意采用这类交货方式。

(3) 装运港交货类，即卖方在出口国装运港完成交货任务，主要有装运港船上交货价(FOB)，习惯称为离岸价；运费在内价(CFR)；运费、保险费在内价(CIF)，习惯称为到岸价。它们的特点主要是：卖方按照约定的时间在装运港交货，只要卖方把合同规定的货物装船后提供货运单据便完成交货任务，并可凭单据收回货款。装运港船上交货是我国进口设备采用最多的一种交货方式。

2) 进口设备抵岸价的形成

进口设备采用最多的是装运港船上交货价，其抵岸价通常由进口设备到岸价和进口设备从属费构成。各费用构成如下。

$$进口设备抵岸价=进口设备到岸价+进口设备从属费 \tag{2-51}$$

$$进口设备到岸价=货价+国外运费+国外运输保险费 \tag{2-52}$$

$$进口设备从属费=银行财务费+外贸手续费+进口关税+增值税+消费税+海关监管手续费 \tag{2-53}$$

即

$$进口设备抵岸价=货价+国外运费+国外运输保险费+银行财务费+外贸手续费+进口关税+增值税+消费税+海关监管手续费 \tag{2-54}$$

(1) 货价：分为原币货价和人民币货价，原币货价一律折算为美元表示，人民币货价按原币货价乘以外汇市场美元兑换人民币中间价确定，一般采用下列公式计算

$$货价=离岸价\times人民币外汇牌价 \tag{2-55}$$

(2) 国外运费：从装运港(站)到达我国抵达港(站)的运费。我国进口设备大部分采用海洋运输方式，少部分采用铁路运输方式，个别采用航空运输方式。

$$国外运费=离岸价\times运费费率 \tag{2-56}$$

或

$$国外运费=运量\times单位运价 \tag{2-57}$$

式中，运费费率或单位运价参照有关部门或进出口公司的规定。计算进口设备抵岸价时，再将国外运费换算为人民币。

(3) 国外运输保险费：由保险人(保险公司)与被保险人(出口人或进口人)订立保险契约，在被保险人交付议定的保险费后，保险人根据保险契约的规定对货物在运输过程中发生的承保责任范围内的损失给予经济上的补偿，计算公式为

$$国外运输保险费=\frac{(离岸价+国外运费)}{1-国外运输保险费费率}\times国外运输保险费费率 \tag{2-58}$$

计算进口设备抵岸价时，再将国外运输保险费换算为人民币。

(4) 银行财务费：一般指中国银行手续费，计算公式为

$$银行财务费=离岸价\times人民币外汇牌价\times银行财务费费率 \tag{2-59}$$

银行财务费费率一般为0.4%～0.5%。

(5) 外贸手续费：是指按商务部规定的外贸手续费费率计取的费用，外贸手续费费率一般取1.5%，计算公式为

$$外贸手续费=进口设备到岸价\times人民币外汇牌价\times外贸手续费费率 \tag{2-60}$$

(6) 进口关税：由海关对进出国境的货物和物品征收的一种税，属于流转性课税，计算公式为

$$进口关税=进口产品到岸价\times人民币外汇牌价\times进口关税税率 \tag{2-61}$$

(7) 增值税：是我国政府对从事进口贸易的单位和个人，在进口产品报关进口后征收的税种。我国增值税条例规定，进口应税产品均按组成计税价格，依税率直接计算应纳税额，不扣除任何项目的金额或已纳税额，即

$$进口产品增值税额=组成计税价格\times增值税税率 \tag{2-62}$$

$$组成计税价格=进口产品到岸价\times人民币外汇牌价+进口关税+消费税 \tag{2-63}$$

式中，增值税税率为17％。

(8) 消费税：对部分进口产品(如轿车等)征收的税种，计算公式为

$$消费税=\frac{进口产品到岸价\times人民币外汇牌价+进口关税}{1-消费税税率}\times消费税税率 \tag{2-64}$$

(9) 海关监督手续费：是指海关对发生减免进口税或实行保税的进口设备，实施监督和提供服务收取的手续费。全额收取进口关税的设备，不收取海关监督手续费。海关监督手续费的计算公式为

$$海关监督手续费=进口设备到岸价\times人民币外汇牌价\times海关监督手续费费率 \tag{2-65}$$

3. 设备运杂费

1) 设备运杂费的构成

国产标准设备运杂费是指由设备制造厂交货地点起至工地仓库(或施工组织设计指定的需要安装设备的堆放地点)止所发生的运费和装卸费。进口设备运杂费是指由我国到岸港口、边境车站起至工地仓库(或施工组织设计指定的需要安装设备的堆放地点)止所发生的运费和装卸费。

设备运杂费一般由下列各项构成。

(1) 运输和装卸费。

(2) 包装费：在设备出厂价格中没有包含的设备包装和包装材料器具费，应计入设备运杂费中；在设备出厂价或进口设备价格中如已包括此项费用，则不应重复计算。

(3) 供销部门的手续费：按有关部门规定的统一费率计算。

(4) 采购及仓库保管费：建设单位(或工程承包公司)的采购与仓库保管费，它是指采购、验收、保管和收发设备所发生的各种费用，包括设备采购、保管和管理人员工资、工资附加费、办公费、差旅交通费、设备供应部门办公和仓库所占固定资产使用费、工具用具使用费、劳动保护费、检验试验费等。这些费用可按主管部门规定的采购及仓库保管费费率计算。

2) 设备运杂费的计算

设备运杂费按设备原价乘以设备运杂费费率计算，其计算公式为

$$设备运杂费=设备原价\times设备运杂费费率 \tag{2-66}$$

式中，设备运杂费费率按各部门及省、市等的规定计取。

一般来讲，沿海和交通便利的地区，设备运杂费费率相对低一些；内地和交通不便利的地区，设备运杂费费率就要相对高一些；边远省份则要更高一些。对于非标准设备来讲，应尽量就近委托设备制造厂，以大幅度降低设备运杂费。进口设备由于原价较高，国内运距较短，因而设备运杂费费率应适当降低。

2.4.2 工器具及生产家具购置费的组成及计算

工器具及生产家具购置费是指新建项目或扩建项目初步设计规定的，为保证初期正常生产

所必须购置的不够固定资产标准的设备、仪器、工卡模具、器具、生产家具和备品备件的费用，其计算公式一般为

$$工器具及生产家具购置费=设备购置费\times定额费率 \tag{2-67}$$

2.5 工程建设其他费用

工程建设其他费用是指从工程筹建起到工程竣工验收交付使用止的整个建设期间，除建筑安装工程费用和设备及工器具购置费用以外的，为保证工程建设顺利完成和交付使用后能够正常发挥效用而发生的各项费用。工程建设其他费用按其内容大体可分为三类：固定资产其他费用、无形资产费用、与未来企业生产经营有关的其他费用。

2.5.1 固定资产其他费用

固定资产其他费用是指工程建设费用中除建筑安装工程费用、设备购置费以外的按规定形成固定资产的其他费用。

1. 建设单位管理费

建设单位管理费是指建设项目从立项筹建、建设、联合试运转、竣工验收到交付使用等的全过程中管理所需的费用，包括建设单位开办费和建设单位经费。建设单位开办费指新建项目为保证筹建和建设工作正常进行所需的办公设备、生活家具、用具、交通工具等的购置费用。建设单位经费包括工作人员的基本工资、工资性补贴、职工福利费、劳动保护费、劳动保险费、办公费、差旅交通费、工会经费、职工教育经费、固定资产使用费、工具用具使用费、技术图书资料费、生产人员招募费、工程招标费、合同契约公证费、工程质量监督检测费、工程咨询费、法律顾问费、审计费、业务招待费、排污费、竣工交付使用清理及竣工验收费、建设项目后评估费等费用，不包括应计入设备、材料预算价格的建设单位采购及保管设备所需的费用。建设单位管理费按照单项工程费用之和（包括设备及工器具购置费用和建筑安装工程费用）乘以建设单位管理费费率计算，其计算公式为

$$建设单位管理费=工程费用\times建设单位管理费费率 \tag{2-68}$$

2. 工程建设监理费

工程建设监理费是项目法人依据签订的工程建设监理合同支付给监理单位的监理酬金，是工程建设的一种技术性服务费。工程建设监理费根据委托监理业务的范围和工程规模以及工作条件等情况，按所监理工作概预算的百分比计收，或按照参与监理工作的年度平均人数计算，或由建设单位和监理单位按商定的其他方法计收。

3. 建设用地费

建设用地费是指按照《中华人民共和国土地管理法》等规定，建设单位为获得建设用地使用权而征用土地或租用土地时应支付的费用。

1）建设用地使用权的产生方式

土地使用权是建设单位因项目建设需要而使用国有土地的权利。建设用地使用权只存在于国有土地上，不包括集体所有的农村土地。国有土地上设立的建设用地使用权的产生方式包括以下几种。

(1) 划拨方式。划拨土地使用权是指经县级以上人民政府依法批准，在土地使用者缴纳补偿、安置等费用后取得的国有土地使用权，或经县级以上人民政府依法批准后无偿取得的国有土地使用权。通过划拨方式取得的建设用地包括：国家机关用地、军事用地、城市基础设施和公益事业用地，以及法律规定的其他用地。

(2) 出让方式。建设用地使用权出让是国家以土地所有人身份将建设用地使用权在一定期限内让于土地使用者，并由土地使用者向国家支付建设用地使用权出让金的行为。

(3) 流转方式。建设用地使用权流转是指土地使用人将建设用地使用权再转移的行为，如转让、互换、出资、赠予等。

集体所有的土地依照《中华人民共和国土地管理法》的规定，其土地使用权不得出让、转让或出租于非农业建设。集体所有的土地只有在经过征收转化为国家所有之后才能设立建设用地使用权，而在集体所有土地上的建筑物的建造，应当依照《中华人民共和国土地管理法》的有关规定办理审批手续。

2) 建设用地费

建设用地费的支付一般有两种情形：通过土地使用权划拨方式取得土地使用权而支付的土地征用及迁移补偿费和通过土地使用权出让方式取得土地使用权而支付的土地使用权出让金等。

(1) 土地征用及迁移补偿费。

土地征用及迁移补偿费是指建设项目通过划拨方式取得有限期的土地使用权，依照《中华人民共和国土地管理法》等规定所支付的费用，其内容包括土地补偿费、安置补助费、地上附着物和青苗的补偿费、新菜地开发建设基金等。

① 土地补偿费。

土地补偿费是指建设用地单位取得土地使用权时，向土地集体所有单位支付有关开发、投入的补偿。土地补偿费标准同土地质量及年产值有关。根据规定，征收耕地的土地补偿费，为该耕地被征收前三年平均年产值的6～10倍；征收其他土地的土地补偿费，由省、自治区、直辖市参照征收耕地的土地补偿费的标准规定。

② 安置补助费。

安置补助费是建设用地单位向被征地单位支付的为安置好以土地为主要生产资料的农业人口生产、生活所需的补助费用。征用耕地的安置补助费，按照需要安置的农业人口计算。需要安置的农业人口数，按照被征用的耕地数量除以征地前被征用单位平均每人占有耕地的数量计算。每一个需要安置的农业人口的安置补助费标准，为该耕地被征用前三年平均年产值的4～6倍。但是，每公顷被征用耕地的安置补助费，最高不得超过该耕地被征用前三年平均年产值的15倍。

③ 地上附着物和青苗的补偿费。

地上附着物和青苗的补偿费标准由省、自治区、直辖市规定。

④ 新菜地开发建设基金。

新菜地开发建设基金是指为了稳定菜地面积，保证城市居民吃菜，加强菜地开发建设，土地行政主管部门在办理征用城市郊区连续三年以上常年种菜的集体所有商品菜地和精养鱼塘征地手续时，向建设用地单位收取的用于开发、补充、建设新菜地的专项费用。

(2) 土地使用权出让金。

土地使用权出让金是指建设项目通过土地使用权出让方式取得有限期的土地使用权，依照《中华人民共和国城镇国有土地使用权出让和转让暂行条例》规定支付的土地使用权出让金。

① 建设用地使用权出让有协议、招标和公开拍卖等方式。

协议方式适用于市政工程、公益事业用地，以及需要减免地价的机关、部队用地和需要重点扶持、优先发展的产业用地。

招标方式适用于一般工程建设用地。

公开拍卖适用于盈利高的行业用地。

② 关于政府有偿出让土地使用权的年限，各地可根据时间、区位等各种条件做不同的规定，一般为30～70年。按照地面附属建筑物的折旧年限来看，以50年为宜。

4. 研究试验费

研究试验费是指为建设项目提供和验证设计参数、数据、资料等所进行的必要的试验费用，以及规定在施工中必须进行的试验、验证所需的费用。

5. 可行性研究及勘察设计费

可行性研究及勘察设计费是指委托有关咨询单位进行可行性研究、项目评估等工作按规定支付的前期工作费用，或委托勘察设计单位进行勘察设计工作按规定支付的勘察设计费用，或在规定的范围内由建设单位自行完成有关的可行性研究或勘察设计工作所需的有关费用。可行性研究及勘察设计费按照有关规定和标准确定。

6. 环境影响评价费

环境影响评价费是指按照《中华人民共和国环境保护法》和《中华人民共和国环境影响评价法》等规定，为评价建设项目对环境可能产生的污染或造成的重大影响所需的费用。

7. 劳动安全卫生评价费

劳动安全卫生评价费是指按照我国《建设项目劳动安全卫生监察规定》和《建设项目(工程)劳动安全卫生预评价管理办法》的规定，为预测和分析建设项目存在的职业危险、危害因素和危害程度，并提出科学可行的劳动安全卫生技术和管理对策所需的费用。

8. 场地准备及临时设施费

(1) 场地准备费：指建设项目为达到工程开工条件而进行的场地平整和对建设场地余留的有碍于施工的设施进行拆除清理的费用。

(2) 临时设施费：指为满足施工建设需要而供到场地界区的未列入工程费用的临时水、电、路、气、通信、房屋等工程费用，以及施工期间专用路桥的加固、养护、维修等费用，不包括由施工单位承担的场区内的临时设施费。

9. 引进技术和引进设备其他费

引进技术和引进设备其他费包括引进项目图纸资料翻译复制费、备品备件测绘费、出国人员费用、来华人员费用、银行担保及承诺费、技术引进费、分期或延期付款利息、进口设备检验鉴定费用。

10. 工程保险费

工程保险费是指建设项目在建设期间根据工程需要实施工程保险所需的费用，包括以各种建筑工程及其在施工过程中的物料、机器设备为保险标准的建筑工程一切险，以安装工程中的各种物料、机器设备为保险标准的安装工程一切险，以及机器损坏保险等所支出的保险费用。该项费用一般根据不同的工程类别，按照其建筑安装工程费用乘以相应的建筑安装工程保险费费率计算。

11. 联合试运转费

联合试运转费是指新建项目或新增加生产能力的工程，在交付生产前按照设计所规定的工程质量标准和技术要求，进行整个生产线或装置的负荷联合试运转或局部联动试车所发生的费用，内容包括试运转所需要的原料、燃料动力费，机械使用费，低值易耗品及其他物品的购置费和施工单位参加联合试运转人员的工资等，不包括应由设备安装工程费用开支的单台设备调试费及无负荷联动试运转费用，以单项工程费用总和为基础，按项目不同规模的试运转费费率计算。

12. 特殊设备安全监督检验费

特殊设备安全监督检验费是指在施工现场组装的锅炉及压力容器、压力管道、消防设备、燃气设备、电梯等特殊设备和设施，由安全监察部门按照有关安全监察条例和实施细则以及设计技术要求进行安全检验，应由建设项目支付的、向安全监察部门缴纳的费用。

13. 市政公用设施费

市政公用设施费是指使用市政公用设施的建设项目，按照项目所在地的省一级人民政府的有关规定建设或缴纳的市政公用设施建设配套费用，以及绿化工程补偿费用。

2.5.2 无形资产费用

无形资产是指企业拥有或控制的没有实物形态的可辨认的非货币性资产。无形资产费用指直接形成无形资产的建设投资，主要是指专利及专有技术使用费。专利及专有技术使用费的主要内容包括：

(1) 国外设计及技术资料费，引进有效专利、专有技术使用费和技术保密费；

(2) 国内有效专利、专有技术使用费；

(3) 商标权、商誉和特许经营权费等。

2.5.3 与未来企业生产经营有关的其他费用

与未来企业生产经营有关的其他费用指建设投资中除形成固定资产和无形资产以外的其他费用，主要包括生产准备费及办公和生活家具及工器具购置费等。

1. 生产准备费

生产准备费指新建企业为保证竣工交付使用而进行必要的生产准备所发生的费用，以及必备的生产办公、生活家具及工器具等的购置费用，费用内容包括以下方面：

(1) 生产人员培训费，包括培训人员的工资、工资性补贴、职工福利费、差旅交通费、劳动保护费、培训及教学实习费等。

(2) 生产单位提前进厂参加设备安装调试、熟悉工艺流程及设备性能等人员的工资、工资性补贴、职工福利费、差旅交通费、劳动保护费等。

生产准备费一般根据需要培训和提前进厂人员的人数及培训时间按生产准备费指标进行估算。

2. 办公和生活家具及工器具购置费

办公和生活家具及工器具购置费是指为保证项目初期正常生产、使用和管理所需购置的办公和生活家具及工器具的费用。这项费用按照设计定员人数乘以综合指标计算或按各部门人数计算。

2.6 预备费、建设期利息

2.6.1 预备费

按我国现行规定，预备费包括基本预备费和涨价预备费。

1. 基本预备费

基本预备费又称不可预见费，是指在项目实施过程中可能发生的难以预料的支出，需要预先预留的费用，包括以下方面。

(1) 在批准的初步设计范围内，施工图设计阶段及施工过程中所增加的工程费用，以及设计变更、局部地基处理等增加的费用。

(2) 一般自然灾害造成的损失和预防自然灾害所采取的措施费用。

(3) 竣工验收时为鉴定工程质量对隐蔽工程进行必要的挖掘和修复费用。

基本预备费是以设备及工器具购置费用、建筑安装工程费用和工程建设其他费用三者之和为计取基础，乘以基本预备费费率来计算的，计算公式为

基本预备费＝(设备及工器具购置费用＋建筑安装工程费用＋工程建设其他费用)×基本预备费费率 (2-69)

其中，基本预备费费率的取值应执行国家及部门的有关规定。

2. 涨价预备费

涨价预备费是项目在建设期内可能发生的因材料、人工、设备、施工机械等价格的上涨，以及由费率、利率、汇率变化引起项目投资增加而需要事先预留的费用，亦称价差预备费。涨价预备费以建筑安装工程费用、设备及工器具购置费用之和为计算基数，计算公式为

$$PC = \sum_{t=1}^{n} I_t[(1+f)^t - 1] \tag{2-70}$$

式中：PC——涨价预备费；

I_t——第 t 年的建筑安装工程费用、设备及工器具购置费用之和；

n——建设期；

f——建设期价格上涨指数。

例 2-5 某建设工程项目在建设期的建筑安装工程费用、设备及工器具购置费用为5 000万元。按本项目实施进度计划，项目建设期为三年，投资分年使用比例为第一年 25%，第二年 45%，第三年 30%，建设期内预计年平均价格总水平上涨率为 5%，试计算该项目建设期的涨价预备费。

解 第一年末的涨价预备费＝5 000×25%×[$(1+0.05)^1-1$]万元＝62.5 万元

第二年末的涨价预备费＝5 000×45%×[$(1+0.05)^2-1$]万元＝230.63 万元

第三年末的涨价预备费＝5 000×30%×[$(1+0.05)^3-1$]万元＝236.44 万元

该项目建设期的涨价预备费＝(62.5＋230.63＋236.44)万元＝529.57 万元

2.6.2 建设期利息

建设期利息是指工程项目在建设期间内发生并计入固定资产的利息，主要是建设期发生的

支付银行贷款、出口信贷、债券等的借款利息和融资费用。国内银行借款按现行贷款规定计算，国外贷款利息按协议书或贷款意向书确定的利率计算。

(1) 贷款一次贷出且利率固定时，利息的计算为

$$I=P(1+i)^n-P \tag{2-71}$$

式中：I——建设期末利息和；

P——贷款金额；

i——年利率；

n——贷款期限。

(2) 贷款分年均衡发放时，利息的计算如下。

为了简化计算，通常假定借款均在每年的年中支用，借款第一年按半年计息，其余各年份按全年计息，计算公式为

$$Q_j=(P_{j-1}+A_j/2)i \tag{2-72}$$

式中：Q_j——建设期第 j 年应计利息；

P_{j-1}——建设期 $j-1$ 年末贷款累计金额与利息累计金额之和；

A_j——建设期第 j 年贷款金额；

i——年利率。

例 2-6 某新建项目建设期为三年，共向银行贷款 1 400 万元，贷款分别为第一年 500 万元，第二年 600 万元，第三年 300 万元，年利率为 8%，建设期贷款利息只计息不支付，试计算建设期贷款利息。

解 在建设期，各年的利息计算如下

$Q_1=A_1/2\cdot i=500/2\times 8\%$万元$=20$ 万元

$Q_2=(P_1+A_2/2)\cdot i=(500+20+600/2)\times 8\%$万元$=65.60$ 万元

$Q_3=(P_2+A_3/2)\cdot i=(500+20+600+65.60+300/2)\times 8\%$万元$=106.85$ 万元

建设期贷款利息$=(20+65.60+106.85)$万元$=192.45$ 万元

思考题

1. 建设项目总投资的构成内容是什么？
2. 建设工程造价费用的构成有哪些？其中，建设投资包括哪些内容？
3. 建筑安装工程费用在两种划分方法下的构成要素分别是什么？
4. 建筑安装工程费用的计算方法是什么？
5. 增值税一般纳税人和小规模纳税人有什么区别？
6. 增值税的一般计税方法和简易计税方法各有何特点？
7. 适用简易计税方法的建筑服务范围有哪些？
8. 建筑业增值税预缴与申报的法律规定是什么？
9. 实践中附加税费怎么计算？
10. “营改增”后工程计价依据调整原理是什么？
11. “营改增”对工程计价各费用要素造成哪些影响？

12. 设备购置费中设备原价包括哪些内容？

13. 进口设备抵岸价的费用构成是什么？

14. 设备购置费和工器具及生产家具购置费的计算公式是什么？

15. 工程建设其他费用的组成内容有哪些？

16. 基本预备费包括哪些内容？

17. 甲建筑公司为增值税一般纳税人，2016 年 5 月 1 日承接工程项目 A，5 月 30 日发包方按进度支付工程价款 222 万元。该项目当月发生工程成本 100 万元，其中因购买材料、动力、机械等而取得的增值税专用发票上注明的金额为 50 万元。对于工程项目 A，甲建筑公司选择一般计税方法计算应纳税额，则该公司 5 月需缴纳多少增值税？

18. 甲建筑公司为增值税一般纳税人，2016 年 5 月 1 日以清包工方式承接工程项目 A，5 月 30 日发包方按工程进度支付工程价款 222 万元。该项目当月发生工程成本为 100 万元，其中因购买材料、动力、机械等而取得的增值税专用发票上注明的金额为 50 万元。对于工程项目 A，甲建筑公司选用简易计税方法计算应纳税额，则该公司 5 月需缴纳多少增值税？

19. 某项目建设期为三年，第一年贷款 500 万元，第二年贷款 300 万元，第三年贷款 50 万元，年利率为 10%，建设期贷款利息只计息不支付，试计算建设期贷款利息。

Chapter 3

第3章 工程造价计价依据

知识点

本章介绍了建筑工程定额的概念，建筑工程定额的编制原理，施工定额、预算定额、概算定额、概算指标及投资估算指标的概念、编制原理及编制依据。通过本章学习，应掌握建筑工程定额的概念、特性和作用，掌握建筑工程定额的编制原理和方法，熟悉企业定额、施工定额、预算定额、概算定额、概算指标、投资估算指标的概念、编制原理及编制依据，掌握它们之间的区别与联系。

重点

施工定额的概念，劳动定额、材料消耗定额、机械台班消耗定额的概念，劳动定额、材料消耗定额、机械台班消耗定额的编制方法；预算定额的概念及作用；预算定额中人工、机械台班、材料消耗量的概念及其确定，以及日工资标准、材料预算价格、施工机械台班预算价格的概念及其确定；概算定额与概算指标的概念及应用。

难点

劳动定额、材料消耗定额、机械台班消耗定额的编制方法；预算定额中人工、机械台班、材料消耗量的确定，以及日工资标准、材料预算价格、施工机械台班预算价格的确定；单位估价表的编制；概算定额与概算指标的应用。

3.1 建筑工程定额概述

3.1.1 定额的产生和发展

定额是一种规定的额度，是在工程施工过程中，完成某一工程项目或结构构件所需的人力、物力和财力等资源的消耗量，是随着施工对象、施工方式和施工条件的变化而变化的。建筑工程定额是指在工程建设中单位产品上的人工、材料、机械等消耗的规定额度。它除了规定各种资源和资金的消耗量外，还规定了应完成的工作内容、达到的质量标准和安全要求。定额作为加强企业经营管理、组织施工、决定分配的工具，主要作用表现为：它是建设系统作为计划管理、宏观调控、确定工程造价、对设计方案进行技术经济评价、贯彻按劳分配原则、实行经济核算的依据，是衡量劳动生产率的尺度，是总结、分析和改进施工方法的重要手段。它属于生产消费定额的性质。这种规定的数量额度所反映的是，在一定的社会生产力发展水平的条件下，完成工程建设中的某项产品与各种生产消费之间特有的数量管理。

尽管管理科学在不断发展，但它仍然离不开定额。没有定额提供可靠的基本管理数据，任何好的管理和手段也不能取得理想的结果。所以，定额虽然是科学管理发展初期的产物，但它在企业管理中一直占有主要地位。定额是企业管理科学化的产物，也是科学管理的基础。在社会物质生产的不同部门，定额的含义不尽相同。建筑工程定额是在正常施工条件下，完成单位合格建筑安装产品所必须消耗的人工、材料、机械台班的数量标准。例如，砌 10 m^3 砖的基础消耗：人工 11.790 工日，标准砖 5 236 块，M10 水泥砂浆 2.360 m^3，水 2.5 m^3，200 L 灰浆搅拌机 0.393 台班。

我国建筑工程定额经历了一个从无到有，从不完善到逐步完善，从分散到集中，统一领导与分级管理相结合的发展过程，现已逐步完善，在经济建设中发挥着越来越重要的作用。近年来，为了将定额工作纳入标准化管理的轨道，国家相继编制了一系列定额。1955 年原劳动部和原建筑工程部联合第一次编制了《全国统一建筑安装工程劳动定额》；1962 年、1966 年原建筑工程部先后两次修订并颁发了《全国建筑安装统一劳动定额》；“文革”期间定额管理制度被取消；“文革”后，国家主管部门为恢复和加强定额工作，1979 年编制并颁发了《建筑安装工程统一劳动定额》，在此基础上各地区编制了本地区的《建筑工程施工定额》；1985 年原城乡建设环境保护部编制颁发了《全国建筑安装工程统一劳动定额》；1994 年原劳动部和原建设部颁布了《建筑安装工程劳动定额、建筑装饰工程劳动定额》；1995 年 12 月 15 日，原建设部颁发了《全国统一建筑工程基础定额》(土建工程)和《全国统一建筑工程预算工程量计算规则》；1997 年原劳动部和原建设部发布了《市政工程劳动定额》；2003 年建设部颁发了《建设工程工程量清单计价规范》(GB 50500—2003)；2008 年建设部颁发了《建设工程工程量清单计价规范》(GB 50500—2008)；2009 年 1 月 8 日，经住房和城乡建设部、人力资源和社会保障部审查批准，以人社部发〔2009〕10 号文件联合发布了《建设工程劳动定额》，自 2009 年 3 月 1 日开始实施。

随着工程预算制度的建立，1955 年原建筑工程部编制了《全国统一建筑工程预算定额》，1957 年国家建委在此基础上进行了修订并颁发全国统一的《建筑工程预算定额》，之后国家建委通知将建筑工程预算定额的编制和管理工作下放到省、市、自治区。1981 年国家建委组织编制了《建筑工程预算定额》，各地区在此基础上于 1984 年、1985 年先后编制了适合本地区的《建筑安装工程预算定额》。1995 年原建设部发布了《全国统一建筑工程基础定额》，2002 年颁布了《全国统一建筑装饰装修工程消耗量定额》，2006 年发布了《全国统一安装工程基础定额》。2003 年实行工程量清单计价后，各地区一般仍有其预算定额或消耗量定额，它们依然是编制招标控制价或投标报价的主要依据之一。2013 年建设部颁发的《建设工程工程量清单计价规范》(GB 50500—2013)实行“量”“价”分离的原则，使建筑产品的计价模式进一步适应市场经济体制，使定额成为生产、分配和管理的重要科学依据。

建筑工程定额的编制与管理是工程计价管理工作的重要方面，它对提高工程项目投资效益，促进我国经济实现又好又快发展有着十分重要的意义。

3.1.2 建筑工程定额的分类

建筑工程定额是建筑工程中各类定额的总称。它包括许多定额种类，可以按照不同的原则和方法对它进行科学的分类。

1. 按生产要素分类

建筑工程定额按其生产要素分类，可分为劳动消耗定额、材料消耗定额和机械消耗定额，如图 3-1 所示。

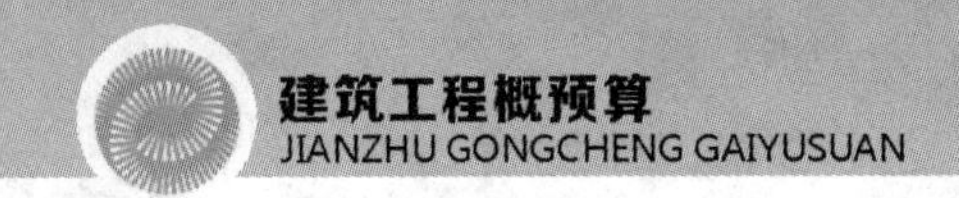

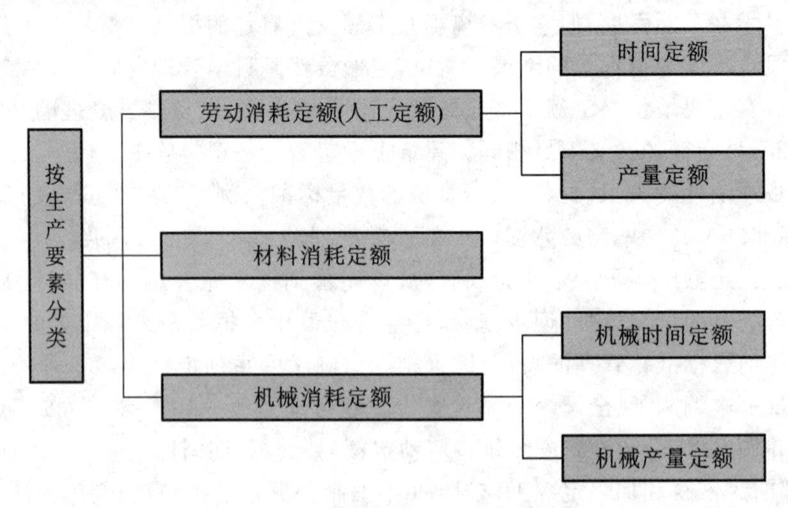

图 3-1　建筑工程定额按生产要素分类

1）劳动消耗定额

劳动消耗定额简称劳动定额(也称人工定额),是指在正常的施工技术组织条件下,完成单位合格产品所规定的劳动消耗的数量标准。为了便于综合和核算,劳动定额大多采用工作时间消耗量来计算劳动消耗的数量。劳动定额根据表达公式分为时间定额和产量定额两种。时间定额和产量定额互为倒数。

2）材料消耗定额

材料消耗定额简称材料定额,是指完成一定计量单位的合格产品所需消耗的材料、成品、半成品、构配件、燃料动力等资源的数量标准。材料是工程建设中使用的原材料、成品、半成品、构配件、燃料,以及水、电等动力资源的统称。材料作为劳动对象构成工程的实体,需用数量很大,种类很多。所以,材料消耗量的多少直接影响着产品价格和工程成本。

3）机械消耗定额

机械消耗定额又称机械台班使用定额,是指为完成一定计量单位的合格产品所需消耗的施工机械台班的数量标准。机械消耗定额按其表现形式,可分为机械时间定额和机械产量定额。

2. 按编制程序和用途分类

建筑工程定额按编制程序和用途分类,可分为施工定额、预算定额、概算定额、概算指标、投资估算指标等,如图 3-2 所示。

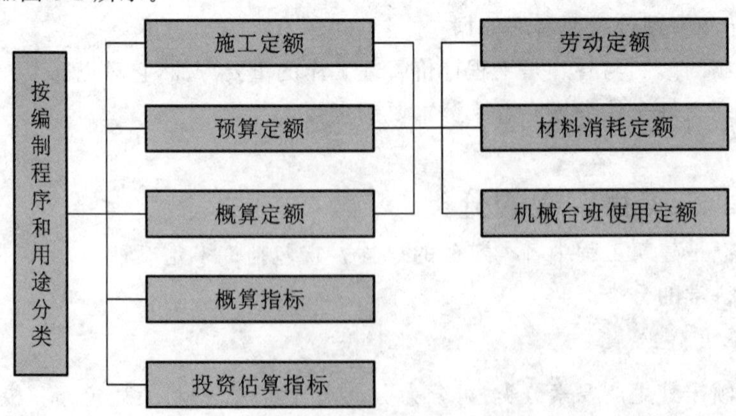

图 3-2　建筑工程定额按编制程序和用途分类

1）施工定额

施工定额是以同一性质的施工过程——工序作为研究对象，为表示生产产品数量与生产要素消耗综合关系而编制的定额。施工定额是施工企业为组织施工生产和加强管理而在企业内部使用的一种定额，属于企业定额的性质。为了适应组织生产和管理的需要，施工定额是在正常的施工技术和组织条件下，按平均先进水平制订的为完成单位合格产品所需消耗的人工、材料、机械台班的数量标准。施工定额是工程建设定额中分项最细、定额子目最多的一种定额，也是工程建设定额中的基础性定额。

施工定额由劳动定额、机械定额和材料定额三个相对独立的部分组成，主要作为编制工程的施工组织设计、施工预算、施工作业计划，签发施工任务单，限额领料及结算计件工资或计量奖励工资等的依据，同时也是编制预算定额的基础。

2）预算定额

预算定额是以建筑物或构筑物的各个分项工程和结构构件为对象编制的定额。预算定额的内容包括劳动定额、材料定额和机械定额三个组成部分，它是一种计价性定额。从编制程序上看，预算定额是以施工定额为基础综合扩大编制的，同时它也是编制概算定额的基础。

预算定额是在编制施工图预算阶段，计算工程造价和计算工程中所需劳动力、机械台班、材料数量时使用的一种定额，是确定工程预算和工程造价的重要基础，也可作为编制施工组织设计、施工技术财务计划的依据。

3）概算定额

概算定额是以扩大的分项工程和结构构件为对象编制的，是计算和确定劳动力、机械台班、材料消耗量所使用的定额，也是一种计价定额。从编制程序上看，概算定额是在预算定额的基础上综合扩大而成的，每一综合分项概算定额都包含了数项预算定额的内容。概算定额的内容也包括劳动定额、材料定额和机械定额三个组成部分。

概算定额是编制扩大初步设计概算时，计算和确定工程概算造价，计算劳动力、机械台班、材料需要量所使用的定额，是确定建设项目投资额的依据。

4）概算指标

概算指标是概算定额的扩大与合并，它是以整个建筑物和构筑物为对象，以更为扩大的计量单位来编制的。概算指标的内容包括劳动定额、材料定额和机械定额三个基本部分，同时还列出了各结构分部的工程量及单位建筑工程的造价，是一种计价指标。概算指标是在初步设计阶段，计算和确定工程的初步设计概算造价，计算劳动力、机械台班、材料需要量时所采用的一种指标，是编制年度任务计划、建设计划的参考，也是编制投资估算指标的依据。

5）投资估算指标

投资估算指标是以独立的单项工程或完整的工程项目为对象，根据历史形成的预决算资料编制的一种指标，内容一般可分为建设项目综合指标、单项工程指标和单位工程指标三个层次。

投资估算指标也是一种计价指标，它是在项目建议书和可行性研究阶段编制投资估算、计算投资需要量时使用的定额。

上述各种定额的相互联系与区别参见表 3-1。

3. 按编制单位和执行范围分类

建筑工程定额按编制单位和执行范围分类，可分为全国统一定额、行业统一定额、地方统一定额、企业定额和补充定额，如图 3-3 所示。

表 3-1 各种定额的比较

定额分类	施工定额	预算定额	概算定额	概算指标	投资估算指标
对象	工序	分部分项工程	扩大的分部分项工程	单位工程或单项工程	单项工程或完整的建设项目
用途	编制施工预算	编制施工图预算	编制设计概算	编制初步设计概算	编制投资估算
项目划分	最细	细	较粗	粗	很粗
定额水平	平均先进	平均	平均	平均	平均
定额性质	生产性定额	计价性定额			

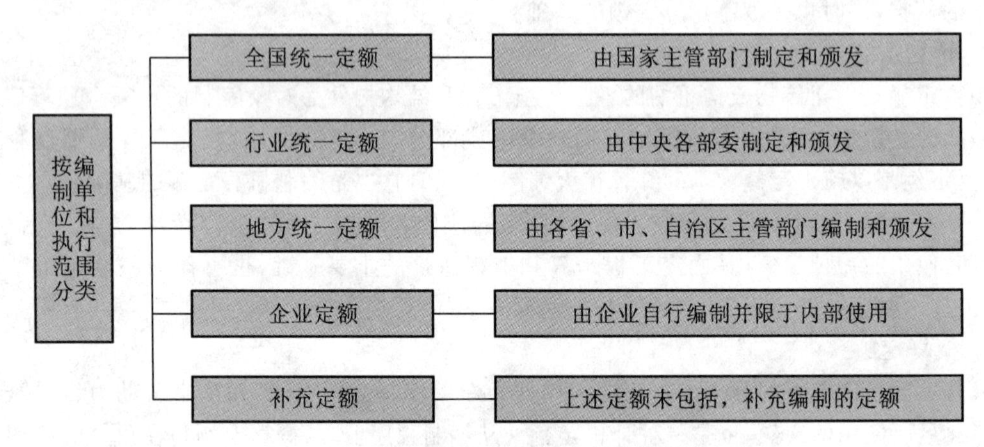

图 3-3 建筑工程定额按编制单位和执行范围分类

1）全国统一定额

全国统一定额是由国家建设行政主管部门综合全国工程建设中技术和施工组织管理的情况编制，并在全国范围内执行的定额，如《全国统一安装工程定额》《全国统一市政工程预算定额》等。

2）行业统一定额

行业统一定额是考虑到各行业部门专业技术特点，以及施工生产和管理水平编制的，一般是在本行业和相同专业性质的范围内使用的专业定额，如《煤炭建设工程概预算定额》《冶金工业建设工程预算定额》等。

3）地方统一定额

地方统一定额包括省、自治区、直辖市定额。地方统一定额主要是考虑地区性特点，对全国统一定额水平做适当调整和补充编制，如《上海市建筑和装饰工程预算定额》《陕西省建筑、装饰工程消耗量定额》等。

4）企业定额

企业定额是指由施工企业考虑本企业具体情况，参照国家、部门或地区定额的水平制定的定额，只在企业内部使用，是企业素质的一个标志。企业定额水平一般应高于国家现行定额，这样才能满足生产技术发展、企业管理和市场竞争的需要。在工程量清单方式下，企业定额正发挥着越来越大的作用。

5）补充定额

补充定额是指随着设计、施工技术的发展，现行定额不能满足需要的情况下，为了补充缺陷所编制的定额。补充定额只能在指定的范围内使用，可以作为以后修订定额的基础。

上述各种定额虽然适用于不同的情况和用途，但是它们是一个互相联系的有机的整体，在实际工作中配合使用。

4. 按投资费用的性质分类

按投资费用的性质分类，可将工程建设定额分为建筑工程定额、设备安装工程定额、建筑安装工程费用定额、工器具定额及工程建设其他费用定额等。

1）建筑工程定额

建筑工程定额是建筑工程的施工定额、预算定额、概算定额和概算指标的统称。建筑工程一般理解为房屋和构筑物工程，具体包括一般土建工程、电气工程（动力、照明、弱电）、卫生技术工程（水、暖、通风）、工业管道工程、特殊构筑物工程等。广义上它也被理解为除房屋和构筑物外还包含其他各类工程，如道路、铁路、桥梁、隧道、运河、堤坝、港口、电站、机场等工程。建筑工程定额在整个工程建设定额中是一种非常重要的定额，在定额管理中占有突出的地位。

2）设备安装工程定额

设备安装工程是对需要安装的设备进行定位、组合、校正、调试等工作的工程。在工业项目中，机械设备安装和电气设备安装工程占有重要地位。因为生产设备大多要安装后才能运转，不需要安装的设备很少。在非生产性的建设项目中，由于社会生活和城市设施的日益现代化，设备安装工程量也在不断增加。设备安装工程定额是安装工程施工定额、预算定额、概算定额和概算指标的统称。所以，设备安装工程定额也是工程建设定额中的重要部分。

3）建筑安装工程费用定额

建筑安装工程费用定额一般包括以下两部分内容。

（1）措施费用定额：是指预算定额分项内容以外，为完成工程项目施工，发生于该工程施工前和施工过程中的非工程实体项目费用的开支标准，且与建筑安装施工生产直接有关的各项费用开支标准。措施费用定额由于其费用发生的特点不同，因此只能独立于预算定额之外，它也是编制施工图预算和概算的依据。

（2）间接费定额：是指与建筑安装施工生产的个别产品无关，而为企业生产全部产品、为维持企业的经营管理活动所必须发生的各项费用开支的标准。由于间接费中许多费用的发生与施工任务的大小没有直接关系，因此，通过间接费定额的工具有效地控制间接费的发生是十分必要的。

4）工器具定额

工器具定额是为新建或扩建项目投产运转首次配置的工具、器具的数量标准。工具和器具是指按照有关规定不够固定资产标准而起劳动手段作用的工具、器具和生产用家具，如翻砂用模型、工具箱、计量器、容器、仪器等。

5）工程建设其他费用定额

工程建设其他费用定额是独立于建筑安装工程费用、设备及工器具购置费用之外的其他费用开支的额度标准。工程建设的其他费用的发生和整个项目的建设密切相关，它一般要占项目总投资的10%左右。工程建设其他费用定额是按各项独立费用分别制订的，以便合理控制这些费用的开支。

5. 按专业性质分类

建筑工程定额分为全国通用定额、行业通用定额和专业专用定额三种。全国通用定额是指在部门间和地区间都可以使用的定额；行业通用定额是指具有专业特点，在行业部门内可以通用的定额；专业专用定额是指特殊专业的定额，只能在指定范围内使用。

3.1.3 定额的特性

建筑工程定额作为工程项目建设过程中的生产消耗定额，具有以下特性。

1. 科学性

建筑工程定额的科学性包括两重含义：其一是指建筑工程定额和生产力发展水平相适应，反映出工程建设中生产消费的客观规律；其二是指建筑工程定额管理在理论、方法和手段上适应现代科学技术和信息社会发展的需要。

建筑工程定额的科学性：第一，表现在用科学的态度制订定额，尊重客观实际，力求定额水平合理；第二，表现在制订定额的技术方法上，利用现代科学管理的成果，形成一套系统的、完整的、在实践中行之有效的方法；第三，表现在定额制订和贯彻的一体化上，制订是为了提供贯彻的依据，贯彻是为了实现管理的目标，也是对定额的信息反馈。

2. 系统性

建筑工程定额是相对独立的系统，它是由多种定额结合而成的有机整体，它的结构复杂、层次鲜明、目标明确。

建筑工程定额的系统性是由工程建设的特点决定的。工程建设是庞大的实体系统，它本身的多种类、多层次决定了以它为服务对象的工程定额的多种类、多层次。

3. 统一性

建筑工程定额的统一性，主要是由国家对经济发展有计划的宏观调控职能所决定的。为了使国民经济按照既定的目标发展，就需要借助于某些标准、定额、参数等，对工程建设进行规划、组织、调节、控制。

建筑工程定额的统一性按照其影响力和执行范围来看，有全国统一定额、地方统一定额和行业统一定额等；按照定额的制订、颁布和贯彻使用来看，有统一的程序、统一的原则、统一的要求和统一的用途。

4. 指导性

随着我国建设市场的不断成熟和规范，建筑工程定额原本具备的法令性逐渐弱化，对建设产品交易不再具有强制性，只具有指导作用。

建筑工程定额的指导性的客观基础是定额的科学性。只有科学的定额才能正确地指导客观的交易行为。建筑工程定额的指导性体现在两个方面：第一，建筑工程定额作为国家各地区和行业颁布的指导性依据，可以规范建设市场的交易行为，在具体的建设产品定价过程中也可起到相应的参考性作用，同时统一定额还可以作为政府投资项目定价以及造价控制的重要依据；第二，在现行的工程量清单计价方式下，体现交易双方自主定价的特点，承包商报价的主要依据是企业定额，但企业定额的编制和完善仍然离不开统一定额的指导。

5. 稳定性与时效性

建筑工程定额中的任何一种定额都是一定时期技术发展和管理水平的反映，因而在一段时间内都表现出稳定的状态。稳定的时间有长有短，一般为 5～10 年。保持定额的稳定性是维护定额的权威性所必需的，更是有效地贯彻定额所必要的。如果某种定额处于经常修改变动之中，那么必然造成执行的困难和混乱，丧失它的权威性。但定额的稳定性是相对的，当生产力发展时，定额就会与生产力不相适应，需要重新编制或修订。

3.2 施工定额与企业定额

3.2.1 施工定额概述

施工定额是指在正常的施工条件下，以施工过程为标定对象而规定的单位合格产品所需消耗的劳动力、材料和机械台班的数量标准。施工定额是施工企业组织生产和加强管理，在企业内部使用的一种定额。施工定额是计算工人劳动报酬的根据，是编制施工预算，加强企业成本管理和经济核算的基础。

施工定额不同于预算定额和综合预算定额，它是制订预算定额的基础。

1. 施工定额的编制原则

为了保证施工定额编制的质量和良好的适用性，应遵循以下原则。

1）平均先进性原则

施工定额的水平应直接反映劳动生产率水平，也反映劳动和物质消耗水平。确定施工定额水平，必须贯彻平均先进性原则，也就是说，在正常施工条件下，大多数生产者经过努力能够达到或超过的水平，是一种可以鼓励先进、勉励中间、鞭策落后的定额水平。一般来说，它应低于先进水平，而略高于平均水平。施工定额水平既要反映先进，反映已经成熟并得到推广的先进技术和先进经验，又要从实际出发，认真分析各种有利和不利因素，做到合理可行。

2）简明适用原则

施工定额的内容和形式要便于定额的贯彻和执行，要有多方面的适应性，既要能满足组织施工生产和计算工人劳动报酬等各种需要，同时又要简单明了，便于工人掌握；要做到定额项目设置齐全，项目划分合理，定额步距要适当。

所谓定额步距，是指同类一组定额相互之间的间隔。如砌筑砖墙的一组定额，其步距可以按砖墙厚度分为 1/4 砖墙、1/2 砖墙、3/4 砖墙、1 砖墙、$1\frac{1}{2}$ 砖墙、2 砖墙等。这样，步距就保持在(1/4～1/2)砖墙厚之间。但也可以将步距适当扩大，将步距保持在(1/2～1)砖墙厚之间。显然，步距小，定额细；步距大，定额粗。定额细，精确度较高；而定额粗，综合程度大，精确度将会降低。

为了使定额项目划分和步距合理，对于主要工种、常用的工程项目，定额要划分细一些，步距小一些；对于不常用的次要项目，定额可以划分粗一些，步距大一些。

在贯彻简明适用原则时，正确选择产品和材料的计量单位，定额手册中章、节的编排，尽可能同施工过程一致，做到便于组织施工，便于计算工程量，便于施工企业的使用。

3）以专家为主编制定额原则

贯彻专群结合，以专为主的原则。施工定额的编制具有很强的技术性和政策性，要求由有一定政策水平、经验丰富的专家队伍负责组织编制。同时，必须走群众路线，因为广大建筑安装工人是施工生产的实践者，又是定额的执行者，最了解施工定额的执行情况及存在的问题。

2. 施工定额的分类

(1) 根据工程性质的不同，施工定额的分类如图 3-4 所示。

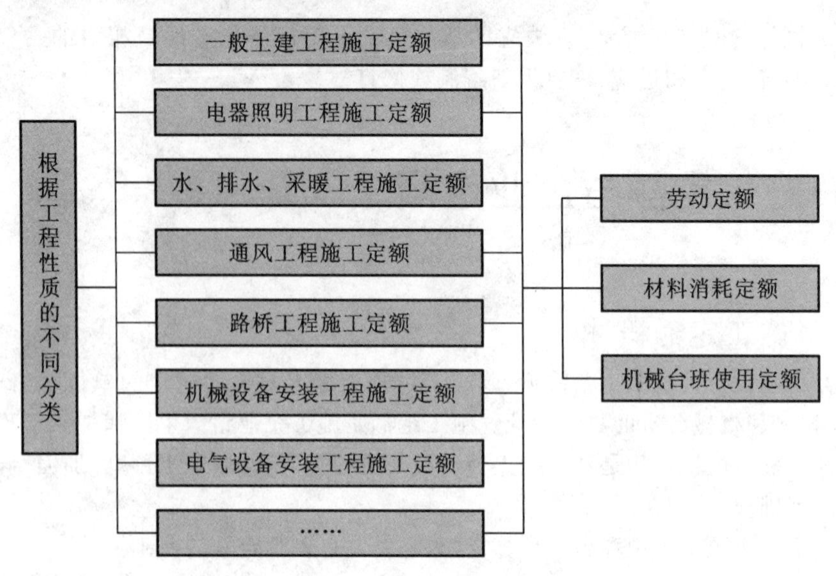

图 3-4　施工定额的分类

(2) 根据物质内容的不同,施工定额可划分为劳动定额、材料定额、机械定额,劳动定额和机械定额又有时间定额和产量定额两种表达形式。

3. 施工定额的编制依据

(1) 经济政策和劳动制度:编制施工定额必须以党和国家的有关方针、政策为依据。

(2) 技术依据:主要指各类技术规范规程、标准和技术测定数据、统计资料等。

(3) 经济依据:主要是指日常积累的有关材料、机械台班、能源消耗等资料。

3.2.2　工作时间研究的分析

1. 工作时间研究的概念

工作时间研究,也就是将劳动者在整个生产过程中所消耗的工作时间,根据性质、范围和具体情况,予以科学的划分、归纳,明确哪些属于定额时间,哪些属于非定额时间,找出造成非定额时间的原因,以便采取技术和组织措施,消除产生非定额时间的因素,以充分利用工作时间,提高劳动效率。

所谓工作时间,就是工作班的延续时间。

2. 工人工作时间的分类

工人在工作班内消耗的工作时间,按其消耗的性质,基本可以分为两大类:必须消耗的时间(定额时间)和损失时间(非定额时间)。

必须消耗的时间是工人在正常施工条件下,为完成一定产品(工作任务)所消耗的时间,它是制订定额的主要依据。

损失时间是和产品生产无关,而和施工组织和技术上的缺点有关,与工人在施工过程中的个人过失或某些偶然因素有关的时间消耗。

工人工作时间的分类如图 3-5 所示。

1) 定额时间

从图 3-5 中可以看出,必须消耗的时间包括有效工作时间、休息时间、不可避免的中断时间。

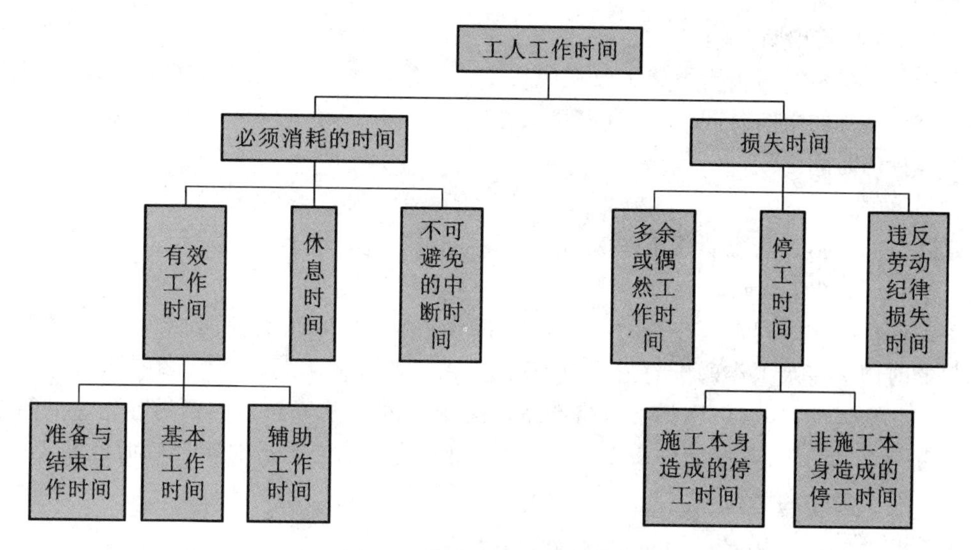

图 3-5　工人工作时间的分类

(1) 有效工作时间。

有效工作时间是从生产效果来看，与产品生产直接有关的时间消耗，其中包括基本工作时间、辅助工作时间、准备与结束工作时间。

① 基本工作时间：是指直接与施工过程的技术作业发生关系的时间消耗，例如砌砖工作中，从选砖开始直至将砖铺放到砌体上的全部时间消耗。通过基本工作，使劳动对象直接发生变化；可以使材料改变外形，如钢筋煨弯等；可以改变材料的结构和性质，如混凝土制品的生产；可以改变产品的位置，如预制混凝土或金属构配件的安装；可以改变产品外部及表面的性质，如粉刷、油漆等。基本工作时间的消耗与生产工艺、操作方法、工人的技术熟练程度有关，并与任务的大小成正比。

② 辅助工作时间：是为保证基本工作能顺利完成所做的辅助性工作消耗的时间，而与施工过程的技术作业没有直接关系。在辅助工作时间里，不能使产品的形状大小、性质或位置发生变化。例如，工作过程中工具的校正和小修、机械的调整、机械上油、移动人字梯等所消耗的工作时间。辅助工作时间的结束，往往是基本工作时间的开始。辅助工作时间的长短与工作量的大小有关。

③ 准备与结束工作时间：是执行任务前或任务完成后所消耗的工作时间，如工作地点、劳动工具和劳动对象的准备工作时间，工作结束后的整理工作时间等。准备与结束工作时间的长短与所担负的工作量的大小无关，但往往和工作内容有关。所以，准备与结束工作时间一般分为班内的准备与结束工作时间和任务内的准备与结束工作时间两种。

班内的准备与结束工作时间包括工人每天领取料具、布置工作地点、检查安全技术措施、机器开动前的观察和试车、清理工地、交接班等时间消耗。

任务内的准备与结束工作时间与每个工作日交替无关，但与具体任务有关，例如接受任务书、熟悉施工图纸、进行技术交底等。

(2) 休息时间。

休息时间是工人在工作过程中为恢复体力必须短时间休息，以及生理需要所必须消耗的时间。这种时间是为了保证工人精力充沛地进行工作，在定额时间中必须进行的。休息时间的长短与劳动强度、工作条件、工作性质等有关。例如在高温、重体力、有毒性等条件下，休息时间就应长一些。

(3) 不可避免的中断时间。

不可避免的中断时间是指由施工过程中技术或组织的原因，以及独有的特性而引起的不可避免的或难以避免的中断时间，例如汽车司机在等待装、卸货时消耗的时间，起重机吊预制构件时安装工等待的时间。

2) 非定额时间

非定额时间包括多余或偶然工作时间、停工时间、违反劳动纪律损失时间。

(1) 多余或偶然工作时间。

多余或偶然工作时间是指在正常施工条件下不应发生的时间消耗，或由意外情况引起的工作所消耗的时间。多余工作的工时损失，一般都是由工程技术人员和工人的差错引起的修补废品和多余加工造成的，如返工质量不合格产品，对已磨光的水磨石进行多余的磨光等。偶然工作也是在任务外进行的工作，但能够获得一定产品，如安装工安装管道时需要临时在墙上开洞，抹灰工不得不补上遗留的墙洞等。

(2) 停工时间。

停工时间按其性质可分为施工本身造成的停工时间和非施工本身造成的停工时间。施工本身造成的停工，是由于施工组织不善、材料供应不及时、施工准备工作做得不好等而引起的停工。非施工本身造成的停工，是由气候条件、施工图不能及时到达、水电中断所造成的停工损失时间，这是由外部原因的影响，而非施工单位的责任而引起的停工。

(3) 违反劳动纪律损失时间。

违反劳动纪律损失时间是指工人不遵守劳动纪律而造成的时间损失，如迟到、早退、擅自离开工作岗位、工作时间聊天、个别工人违反劳动纪律而影响其他工人无法工作的时间损失。

上述非定额时间在确定定额水平时，均不予考虑。

3. 机械工作时间的分类

机械工作时间的消耗和工人工作时间的消耗有许多相同之处，但也具有其特点。

机械工作时间按其性质可做如下分类，如图 3-6 所示。

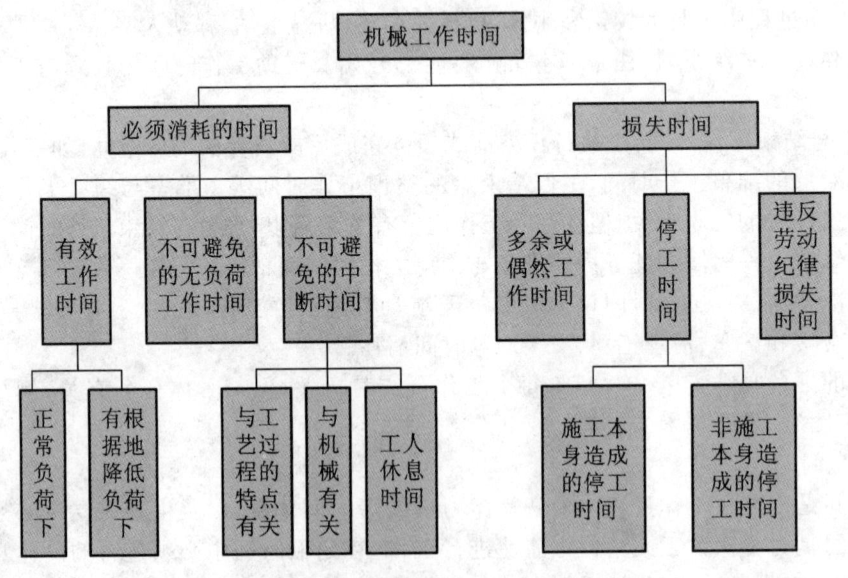

图 3-6 机械工作时间的分类

从图 3-6 中可以看出，机械工作时间可以分为必须消耗的时间（定额时间）和损失时间（非定额时间）。

1）定额时间

定额时间包括有效工作时间、不可避免的无负荷工作时间、不可避免的中断时间。

（1）有效工作时间。

有效工作时间包括正常负荷下两种工作时间消耗。

① 正常负荷下的工作时间：是指机械在与机械说明书规定的负荷相等的情况下进行工作的时间。在个别情况下，由于技术上的原因，机械在低于规定负荷的情况下工作的时间也称为有效工作时间。如汽车运载重量轻而体积大的货物时，不能充分利用汽车的载重吨位；起重机吊装薄大构件时，不能充分利用其起重能力，因而不得不降低负荷工作。这些情况也视为正常负荷下工作。

② 低负荷下的工作时间：是指由于工人或技术人员的过错，以及机械陈旧或发生故障等原因，使机械在低负荷下进行工作的时间。

（2）不可避免的无负荷工作时间。

不可避免的无负荷工作时间是指由施工过程的特点和机械结构的特点造成的机械无负荷工作时间，例如铲运机返回铲土地点，载重汽车在工作班时间运土返回时的空行等。

（3）不可避免的中断时间。

不可避免的中断时间是指由施工过程的技术和组织的特性造成的机械工作中断时间。

① 与操作有关的不可避免的中断时间：通常有循环的和定时的两种。循环的不可避免的中断时间是指机械工作的每一个循环中重复一次的中断时间，如汽车装载、卸载的停歇时间。定时的不可避免的中断时间，是指经过一定时间重复一次的中断时间，如把喷浆器、锯木机由一个工作地点转移到另一个工作地点时的中断时间。

② 与机械有关的不可避免的中断时间：是指工人进行准备与结束工作或辅助工作时使机械暂停的中断时间，它是与机械的使用与保养有关的不可避免的中断时间。

③ 工人休息时间：是指工人必需的休息时间。

2）非定额时间

非定额时间包括多余或偶然工作时间、停工时间、违反劳动纪律损失时间。

（1）多余或偶然工作时间。

多余或偶然工作时间，是指机械进行任务内和工艺过程内未包括的工作而延续的时间，如混凝土搅拌机搅拌混凝土时超过规定的搅拌时间，工人没有及时供料而使机械空转的时间。

（2）停工时间。

停工时间按其性质可分为以下两种。

① 施工本身造成的停工时间：是由于施工组织得不好而引起的机械停工时间，如未及时供给机械水、电、燃料而引起的停工时间。

② 非施工本身造成的停工时间：是由外部的影响引起的机械停工时间，如气候条件的影响，非施工原因——水源、电源中断而引起的机械停工时间。

（3）违反劳动纪律损失时间。

违反劳动纪律损失时间是指由于操作工人迟到、早退或擅离岗位等原因而引起的机械停工时间。

4. 测定时间消耗的基本方法——计时观察法

计时观察法是研究工作时间消耗的一种技术测定方法。它以研究工时消耗为对象，以观察测时为手段，通过密集抽样和粗放抽样等技术进行直接的时间研究，在机械水平不太高的建筑施工中得到较为广泛的应用。

对施工过程进行观察、测时，计算实物和劳务产量，记录施工过程所处的施工条件和确定影响工时消耗的因素，是计时观察法的三项主要内容和要求。计时观察法的种类很多，其中最主要的有三种，如图 3-7 所示。

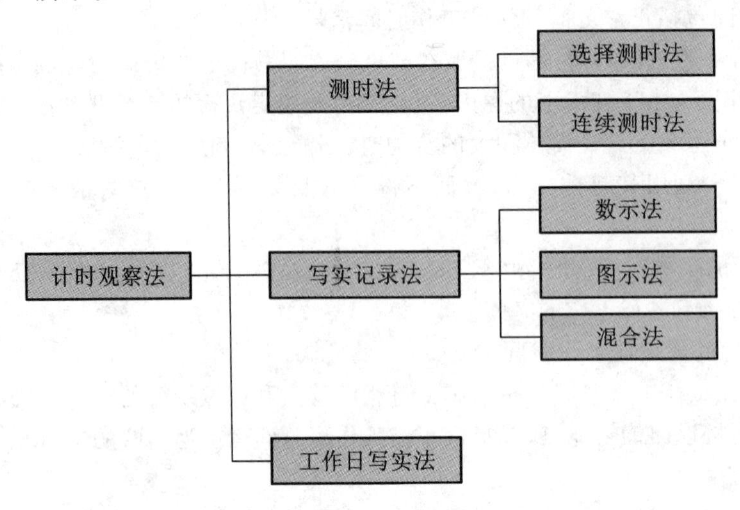

图 3-7　计时观察法的种类框图

1）测时法

测时法主要适用于测定那些定时重复的循环工作的工时消耗，是精确度比较高的一种计时观察法。测时法按记录时间的方法的不同，分为选择测时法和连续测时法两种。

（1）选择测时法。

采用选择测时法时，当被观察的某一循环工作的组成部分开始时，观察者立即开动秒表，到预定的定时点时，即停止秒表，此刻显示的时间即为所测组成部分的延续时间。当下一组成部分开始时，再开动秒表，如此循环测定。

这种方法比较容易掌握，使用比较广泛。它的缺点是测定起始和结束点的时刻时，容易发生读数的偏差。

（2）连续测时法。

连续测时法又叫接续测时法，它较选择测时法准确、完善，但观察技术也较之复杂。连续测时法所测定的时间包括了施工过程中的全部循环时间，是在各组成部分相互联系中求出每一组成部分的延续时间，这样，各组成部分延续时间之间的误差可以相互抵消。它的特点是：在工作进行中和非循环组成部分出现之前一直不停止秒表，秒针走动过程中，观察者根据各组成部分之间的定时点，记录它的终止时间。由于这个特点，在观察时要使用双秒针表，以便使其辅助针停止在某一组成部分的结束时间上。

2）写实记录法

写实记录法可用以研究所有种类的工作时间消耗。通过写实记录，可以获得分析工作时间消耗和制订定额时所必需的全部资料，精确程度能达到 0.5～1 min。

写实记录法的观察对象可以是一个工人，也可以是一个工人小组，测时用普通表进行。写实记录法按记录时间的方法的不同，分为数示法、图示法和混合法三种。

(1) 数示法。

数示法是三种写实记录法中精确度较高的一种，技术上比较复杂，使用也较少。它可以同时对两个工人进行观察，但不能超过两人。观察的工时消耗记录在专门的数示法写实记录表中。数示法用来对整个工作班或半个工作班进行长时间观察，因此能反映工人或机械工作日的全部情况。

(2) 图示法。

图示法用图表的形式记录时间，记录时间的精确度可达0.5～1 min，适用于观察三个以内的工人共同完成某一产品的施工过程。此种方法与数示法比较有许多优点，主要是记录技术简单，时间记录一目了然，原始记录整理方便。因此，在实际工作中，图示法较数示法的使用更为普遍。

(3) 混合法。

混合法吸取了图示法和数示法的优点，记录观察资料的表格采用图示法写实记录表。填写表格时，各组成部分的延续时间用图示法填写，完成每一组成部分的工人人数则用数字填写在该组成部分线段的上面。这种方法适用于同时观察三个以上工人工作时的集体写实记录。它的优点是比较经济，这一点是数示法和图示法都不能做到的。

3) 工作日写实法

工作日写实法是对工人在整个工作日中的工时利用情况，按照时间消耗的顺序进行实地观察、记录和分析研究的一种测定方法。它侧重于研究工作日的工时利用情况，总结、推广先进生产者或先进班组的工时利用经验，同时还可以为制订劳动定额提供必需的准备与结束工作时间、休息时间和不可避免的中断时间的资料。

工作日写实法与测时法、写实记录法相比，具有技术简便、费力不多、应用面广和资料全面的优点，在我国是一种采用较广的编制定额的方法。

工作日写实法利用写实记录表记录观察资料，记录方法同图示法或混合法，记录时间时不需要将有效工作时间分为各个组成部分的有效工作时间，只需划分为适合于技术水平和不适合于技术水平两类。但是工时消耗还需要按性质分类记录。

上述为计时观察的主要方法。在实际工作中，有时为了减少测时工作量，往往采取某种简化的方法。这在制订一些次要的、补充的和一次性的定额时，是很可取的。在查明大幅度超额和完不成定额的原因时，采用简化方法也比较经济。简化的最主要途径是合并组成部分的项目。

3.2.3 劳动定额

1. 劳动定额的概念

劳动定额也称人工定额。它是在正常的施工技术组织条件下，完成单位合格产品所必需的劳动消耗标准。这个标准是国家和企业对工人在单位时间内完成产品的数量和质量的综合要求。

劳动定额是表示建筑安装工人劳动生产率的一个先进合理的指标，反映的是建筑安装工人劳动生产率的社会平均先进水平，是施工定额的重要组成部分。

劳动定额根据表达方式分为时间定额和产量定额两种。

1) 时间定额

时间定额是指某工种、某种技术等级的工人班组或个人，在合理的劳动组织、材料使用，以及施工机械同时配合的条件下，完成单位合格产品所必须消耗的工作时间。

时间定额一般采用工日为计量单位，即工日/m^3、工日/m^2、工日/t、工日/根等，每个工日工作时间按法定制定规定为8小时，其计算方法如下

$$单位产品的时间定额(工日)=\frac{1}{每工产量} \tag{3-1}$$

或

$$单位产品的时间定额(工日)=\frac{小组成员工日数总和}{小组台班产量} \tag{3-2}$$

例如，某砌筑小组由六人组成，砌一砖基础，两天内砌完28 m^3，则由式(3-2)可得

$$时间定额=\frac{6\times2}{28}\ 工日/m^3=0.429\ 工日/m^3$$

即砌筑1 m^3 合格的砖基础约需0.429工日。

2）产量定额

产量定额是指某工种、某种技术等级的工人班组或个人，在合理的劳动组织、材料使用，以及施工机械同时配合的条件下，在单位时间（工日）内所完成合格产品的数量。

产量定额的计量单位通常是以一个工日完成合格产品数量来表示的，即m/工日、m^2/工日、m^3/工日、t/工日、根/工日等，其计算方法如下

$$每工产量=\frac{1}{单位产品的时间定额} \tag{3-3}$$

或

$$小组台班产量=\frac{小组成员工日数总和}{单位产品的时间定额} \tag{3-4}$$

3）时间定额和产量定额的关系

从时间定额和产量定额的概念和计算公式可以看出，时间定额和产量定额两者之间互为倒数关系，即

$$时间定额=\frac{1}{产量定额}$$

$$时间定额\times产量定额=1 \tag{3-5}$$

例如，劳动定额规定了砌一砖厚墙（双面清水），每砌1 m^3 需要1.2工日，而每一工日产量为0.833 m^3，即

$$1.2\times0.833=1$$

$$时间定额=1/0.833\ 工日/m^3=1.2\ 工日/m^3$$

$$产量定额=1/1.2\ m^3/工日=0.833\ m^3/工日$$

由时间定额和产量定额的关系表达式可知：当时间定额减少时，产量定额就相应地增加；当时间定额增加时，产量定额就相应地减少了；但它们增减的百分比并不相同。例如，当时间定额减少10%时，产量定额则增加11.1%，其计算如下

$$产量定额=\frac{1}{时间定额}$$

时间定额减少10%后，相应的产量定额为

$$产量定额=\frac{1}{(1-10\%)时间定额}$$

故

$$产量定额增量=\frac{1}{(1-10\%)时间定额}-\frac{1}{时间定额}$$

$$=\frac{0.1}{(1-10\%)时间定额}$$

$$=\frac{11.1\%}{时间定额}$$

2. 劳动定额的确定办法

时间定额和产量定额是劳动定额的两种表现形式。拟订出时间定额，也就可以计算出产量定额。时间定额和产量定额互为倒数。

时间定额是在拟订基本工作时间、辅助工作时间、不可避免的中断时间、准备与结束工作时间，以及休息时间的基础上制订的。

(1) 拟订基本工作时间。基本工作时间在必须消耗的工作时间中所占的比重最大。在确定基本工作时间时，必须细致、精确。基本工作时间一般采用计时观察资料来确定。

(2) 拟订辅助工作时间和准备与结束工作时间。辅助工作时间和准备与结束工作时间的确定方法有两种：方法一同基本工作时间的确定方法，即采用计时观察资料来确定；方法二采用工时规范或经验数据来确定(如果在及时观察时不能取得足够的资料)。

(3) 拟订不可避免的中断时间。在确定不可避免的中断时间的定额时，必须注意由工艺特点所引起的不可避免的中断时间才可列入工作过程的时间定额。不可避免的中断时间的确定方法有两种：方法一同基本工作时间的确定方法，即采用计时观察资料来确定；方法二根据工时规范或经验数据，以占工作日的百分比表示此项工时消耗的时间定额。

(4) 拟订休息时间。休息时间应根据工作班作息制度、经验资料、计时观察资料，以及对工作的疲劳程度做全面分析来确定。同时，应考虑尽可能利用不可避免的中断时间作为休息时间。从事不同工种、不同工作的工人，疲劳程度有很大的区别。在我国往往按工作轻重、工作条件的好坏，将各种工作划分为不同的等级，以此划分出疲劳程度的等级，就可以合理规定休息所需要的时间。

(5) 拟订时间定额。可根据计时观察资料和工时规范两种方法来确定时间定额。

方法一：根据计时观察资料确定时间定额。即确定的基本工作时间、辅助工作时间、不可避免的中断时间、准备与结束工作时间和休息时间之和，就是劳动定额的时间定额。根据时间定额可以计算出产量定额，时间定额和产量定额互为倒数。计算公式是

时间定额＝基本工作时间＋辅助工作时间＋不可避免的中断时间＋准备与结束工作时间＋休息时间 (3-6)

方法二：利用工时规范计算时间定额。计算公式是

作业时间＝基本工作时间＋辅助工作时间 (3-7)

规范时间＝不可避免的中断时间＋准备与结束工作时间＋休息时间 (3-8)

工序作业时间＝基本工作时间＋辅助工作时间
＝基本工作时间÷(1－辅助工作时间%) (3-9)

例 3-1 某外墙外挂花岗岩工程，测定资料表明，挂贴 1 m^2 需消耗基本工作时间 80 min，辅助工作时间占工作延续时间的 3%，准备与结束工作时间占工作延续时间的 2%，不可避免的中断时间占 2%，休息时间占 13%。试计算出时间定额和产量定额。

解 各项时间之和即时间定额为

$$\frac{80}{1-(3\%+2\%+2\%+13\%)}\ \mathrm{min/m^2}=100\ \mathrm{min/m^2}$$

$$100\div 60\div 8\ 工日/\mathrm{m^2}=0.208\ 工日/\mathrm{m^2}$$

产量定额为

$$1/0.208\ \mathrm{m^2}/工日=4.8\ \mathrm{m^2}/工日$$

3. 劳动定额的作用

1）劳动定额是计划管理的基础

劳动定额不仅是编制计划的依据，而且在计划实施中，又是合理、均衡地调配和使用劳动力，确保计划实现的基础。例如，编制施工进度计划时，首先是根据施工图计算出分部分项工程的工程量，然后根据劳动定额计算出劳动量，再据此按计划工期合理安排施工进度，组成生产劳动。

2）劳动定额是贯彻按劳分配和推行经济责任制的依据

贯彻按劳分配原则，应以劳动定额为依据，按劳动者劳动的数量和质量来进行分配，这体现了多劳多得的分配原则。推选经济责任制，明确了各部门的职责范围，使计划、生产、成果和分配统一起来，使每一个劳动者的物质利益与企业的经济效益挂钩，从而调动了广大劳动者的积极性，促进劳动者努力提高劳动生产率。

3）劳动定额是衡量劳动生产率的标准

劳动定额可用以衡量劳动生产率的高低，从中发现问题，找出影响定额水平的因素，使其随着施工工艺、技术、工具、设备及操作方法的改进和劳动生产率的提高而相应地调整，以显示建筑业的发展。

4）劳动定额是确定定员标准和合理组织生产的依据

劳动定额为各工种和各类人员的配备比例提供了比较科学的数据。只有依据劳动定额，合理地确定定员、组织生产，才能保证每一施工生产过程连续地、均衡地、有节奏地进行。

5）劳动定额是企业经济核算的依据

建筑企业以劳动定额为依据进行人工消耗量的核算，对人工消耗进行有效的控制，尽可能减少单位产品的工时消耗，对实行经济核算、降低工程成本、增加积累具有十分重要的意义。

3.2.4 材料消耗定额

1. 材料消耗定额的概念

材料消耗定额是指在合理使用和节约材料的条件下，生产单位质量合格的建筑产品所必须消耗一定品种、规格的建筑材料、构配件、半成品、燃料及不可避免的损耗量等的数量标准。它是企业核算材料消耗、考核材料节约或浪费的指标。

在我国建筑产品的成本中，材料费约占70%左右，材料消耗量的多少直接影响着产品价格和工程成本。合理地编制材料消耗定额，不仅能促进企业降低材料消耗和施工成本，而且对合理利用有限资源也有很大意义。

1）材料消耗定额的组成

合理确定材料消耗定额，必须研究和区分材料在施工过程中消耗的性质。施工过程中材料的消耗可分为必须消耗的材料和损失的材料两类。

必须消耗的材料是指在合理用料的条件下，生产合格产品所必须消耗的材料。它包括直接用于建筑和安装工程的材料、不可避免的施工废料、不可避免的材料损耗。必须消耗的材料属于施工正常消耗，是确定材料消耗定额的基本数据。其中：直接用于建筑和安装工程的材料，编制材料净用量定额；不可避免的施工废料和材料损耗，编制材料损耗定额。所以，材料消耗定额由材料净用量定额和材料损耗定额两部分组成。

所以，单位合格产品中某种材料的消耗量等于该材料的净用量和损耗量之和，即

$$材料消耗量=材料净用量+材料损耗量 \tag{3-10}$$

材料损耗量由材料损耗率来表示，即

$$材料损耗率=\frac{材料损耗量}{材料消耗量}\times 100\% \tag{3-11}$$

为了计算简便，式中的材料消耗量用材料净用量替代。

$$材料消耗量=材料净用量\times(1+材料损耗率) \tag{3-12}$$

2）材料消耗定额的作用

（1）材料消耗定额是企业确定材料需要量和储备量的依据。

（2）材料消耗定额是企业签发限额领料单，考核、分析材料利用情况的依据。

（3）材料消耗定额是编制预算定额的依据。

（4）材料消耗定额是实行经济核算、推行经济责任制、保证合理使用和节约材料的有力措施。

（5）材料消耗定额是反映企业生产技术管理水平的重要标志。

2. 材料消耗定额的编制方法

根据材料使用次数的不同，建筑材料分为实体材料和非实体材料两类。

1）实体材料消耗量的制订

实体材料也称为直接性材料。它是指在建筑工程施工中，为了直接构成工程实体，一次性消耗的材料。这种材料的消耗量由两部分组成：一部分是构成工程实体的消耗量，另一部分是不可避免的废料和损耗消耗量。

确定材料净用量和材料损耗量的计算数据，是通过现场技术测定、实验室模拟试验、现场统计和理论计算等方法获得的。

（1）观察法。

观察法是指在合理与节约使用材料的条件下，对施工中实际完成的建筑产品数量与所消耗的各种材料数量，进行现场观察测定的方法。

采用这种方法时，首先要选择观察对象。观察对象应符合下列条件：

① 工程项目是典型的；

② 施工符合技术规范要求；

③ 材料品种、型号和质量符合设计要求；

④ 被测工人能合理、节约使用材料和保证产品质量。

其次要做好观察前的准备工作，如准备好标准运输工具、称量设备，并采取减少材料损耗的必要措施。

观察法主要适用于制订材料损耗定额。

（2）试验法。

试验法是指在实验室，通过试验深入、详细地研究各种因素对材料消耗的影响，给变质材料消耗定额提供有技术根据的、比较精确的计算数据。但由于不在施工现场，无法估计在施工中某

些因素对材料消耗的影响。

(3) 统计法。

统计法是以现场积累的分部分项工程拨付材料数量、完工后剩余的材料量及总共完成产品的数量进行统计分析，以此为基础计算出材料消耗定额的方法。这种方法简单易行，不需组织专人测定或试验，但有时因统计资料缺少真实性和系统性，使得定额的精确度偏低。

(4) 计算法。

计算法是根据施工图纸和有关的技术资料，运用一定的数学公式计算材料消耗定额的方法。这种方法主要适用于计算板块、卷筒状产品的材料净用量，由国家有关部门通过观测和统计确定出材料的损耗率。

① 每立方米砌体材料消耗量的计算。

$$砖净用量(块)=\frac{墙厚的砖数\times 2}{墙厚\times(砖长+灰缝)\times(砖厚+灰缝)} \tag{3-13}$$

$$砖消耗量=砖净用量\times(1+砖损耗率)$$

$$砂浆消耗量(m^3)=(1-砖净用量\times 每块砖体积)\times(1+砂浆损耗率)$$

砂浆实体积折合为虚体积的系数为 1.07。

例 3-2 计算 1/4 标准砖外墙每立方米砌体砖和砂浆的消耗量。砖与砂浆损耗率均为 1%。

解

$$砖净用量=\frac{1/4\times 2}{0.053\times(0.24+0.01)\times(0.053+0.01)}块=599 块$$

$$砖消耗量=599\times(1+0.01)块=605 块$$

$$砂浆消耗量=(1-599\times 0.24\times 0.115\times 0.053)\times(1+0.01)\ m^3=0.125\ m^3$$

例 3-3 计算 1.5 标准砖外墙每立方米砌体砖和砂浆的消耗量。砖与砂浆损耗率均为 1%，灰缝 0.01 m。

解 每立方米砌体标准砖的净用量$=\frac{2\times 墙厚的砖数}{墙厚\times(砖长+灰缝)\times(砖厚+灰缝)}$，则

$$砖净用量=\frac{1.5\times 2}{0.365\times(0.24+0.01)\times(0.053+0.01)}块=522 块$$

$$砖消耗量=砖净用量\times(1+砖损耗率)=522\times(1+1\%)块=528 块$$

$$\begin{aligned}砂浆消耗量&=(1-砖净用量\times 每块砖体积)\times(1+砂浆损耗率)\\&=(1-522\times 0.24\times 0.115\times 0.053)\times(1+1\%)\ m^3\\&=0.239\ m^3\end{aligned}$$

几种常见厚度的砖墙每立方米砌体的砖净用量和砂浆消耗量如表 3-2 所示。标准砖墙体厚度如表 3-3 所示。

表 3-2 几种常见厚度的砖墙每立方米砌体的砖净用量和砂浆消耗量

墙厚	1/4 砖	1/2 砖	1 砖	$1\frac{1}{2}$砖	2 砖	$2\frac{1}{2}$砖
砖净用量/块	599	552	529	522	518	516
砂浆消耗量/m^3	0.125	0.193	0.228	0.239	0.242	0.245

表 3-3 标准砖墙体厚度

墙　　厚	1/4 砖	1/2 砖	3/4 砖	1 砖	$1\frac{1}{2}$砖	2 砖	$2\frac{1}{2}$砖	3 砖
计算厚度/mm	53	115	180	240	365	490	615	740

② 100 m^2 块料面层材料消耗量的计算。块料面层一般指瓷砖、锦砖、预制水磨石、大理石、地板砖等，通常以 100 m^2 为计量单位，其计算公式如下

$$面层用量=\frac{100}{(块料长+灰缝)\times(块料宽+灰缝)}\times(1+损耗率) \quad (3\text{-}14)$$

例 3-4 墙面瓷砖规格为 150 mm×150 mm×5 mm，灰缝为 1 mm，结合层厚度为 10 mm，瓷砖损耗率为 1.5%，砂浆损耗率为 1%，试计算 100 m^2 墙面瓷砖和砂浆的消耗量。

解 瓷砖净用量$=\frac{100}{(0.15+0.001)\times(0.15+0.001)}$块$=4\ 386$ 块

瓷砖消耗量$=4\ 386\times(1+0.015)$块$=4\ 452$ 块

砂浆净用量＝结合层砂浆净用量＋灰缝砂浆净用量

$=[100\times0.01+(100-4\ 386\times0.15\times0.15)\times0.005]\ m^3$

$=(1+0.006\ 6)\ m^3$

$=1.006\ 6\ m^3$

砂浆消耗量$=1.006\ 6\times(1+1\%)\ m^3=1.016\ 7\ m^3$

③ 每 100 m^2 卷材防潮、防水层卷材净用量的计算。

$$卷材净用量=\frac{100}{(卷材宽-顺向搭接宽)\times(每卷卷材长-横向搭接宽)}\times每卷卷材面积\times层数 \quad (3\text{-}15)$$

例 3-5 若采用 350 号石油沥青油毡，按规定油毡搭接长度，长边搭接宽为 80 mm，短边搭接宽为 125 mm，求每 100 m^2 二毡三油卷材屋面油毡的净用量。其中，油毡规格为宽 915 mm，长 21.86 m。

解 每 100 m^2 卷材净用量$=\frac{100}{(0.915-0.08)\times(21.86-0.125)}\times20\times2\ m^2=220.40\ m^2$

2）非实体材料消耗量的制订

非实体材料也称为周转性材料，是指在施工过程中，能多次使用、逐渐消耗的材料，如脚手架、挡土板、临时支撑、混凝土工程的模板等。这类材料在施工过程中不是一次消耗完，而是每次使用时有些消耗，经过修补，反复周转使用的工具性材料。

在编制材料消耗定额时，应按多次使用、分次摊销的办法确定。为使周转性材料周转次数的确定接近合理，应根据工程类型和使用条件，采用各种测定手段进行实地观察，结合有关的原始记录、经验数据加以综合取定。影响周转次数的主要因素有以下几个方面：

① 材质及功能对周转次数的影响，如金属制的周转性材料比木制的周转性材料的周转次数多 10 倍，甚至百倍；

② 使用条件的好坏对周转次数的影响；

③ 施工速度的快慢对周转次数的影响；

④ 周转性材料的保管、保养和维修的好坏，对周转次数的影响。

以混凝土模板为例，确定方法如下。

① 现浇混凝土构件木模板用量的计算。

a. 计算一次使用量。

一次使用量是指周转性材料使用一次的投入量。计算方法如下

$$一次使用量=\frac{10\ m^3\ 混凝土和模板的接触面积\times 1\ m^2\ 接触面积模板的用量}{1-模板制装损耗率} \tag{3-16}$$

b. 计算周转次数。

周转次数是指周转性材料可以重复使用的次数,用观察法或统计法测定。

c. 计算损耗率。

损耗率是指周转性材料每使用一次后,为了下一次正常使用,必须用相同数量的周转性材料对上次的损失进行修补,所需补充损失的材料数量占一次使用量的百分比。

$$损耗率=\frac{平均每次损耗量}{一次使用量}\times 100\% \tag{3-17}$$

d. 计算周转使用量。

周转使用量是指在周转使用和补充消耗的条件下,周转性材料每周转一次的平均消耗量,它等于使用周期内的总耗量与周转次数之比。

$$\begin{aligned}周转使用量&=\frac{一次使用量+一次使用量\times(周转次数-1)\times损耗率}{周转次数}\\&=\frac{一次使用量\times[1+(周转次数-1)\times损耗率]}{周转次数}\end{aligned} \tag{3-18}$$

e. 计算材料回收量。

回收量是指周转性材料去掉损耗后,平均分摊到每次可以回收的量。

$$材料回收量=\frac{一次使用量\times(1-损耗率)}{周转次数} \tag{3-19}$$

f. 计算材料摊销量。

摊销量是指周转性材料每使用一次分摊到单位产品上的消耗量,它等于每次周转使用量与材料回收量之差。

$$材料摊销量=周转使用量-回收量\times回收价值率 \tag{3-20}$$

例 3-6 现浇钢筋混凝土矩形柱选定的模板设计图纸为:混凝土模板的接触面为 $100\ m^2/10\ m^3$,$10\ m^2$ 接触面积需木材 $0.7\ m^3$,每次周转损耗率为 10%,周转次数为 6 次,模板制作损耗率为 4%,回收价值率为 50%。试计算模板的周转使用量、回收量及摊销量。

解

$$一次使用量=\frac{10\ m^3\ 混凝土和模板的接触面积\times 1\ m^2\ 接触面积模板的用量}{1-模板制装损耗率}$$

$$=(100\times 0.7/10)/(1-4\%)\ m^3=7.29\ m^3$$

$$周转使用量=一次使用量\times[1+(周转次数-1)\times损耗率]/周转次数$$

$$=7.29\times[1+(6-1)\times 10\%]/6\ m^3$$

$$=1.823\ m^3$$

$$回收量=一次使用量\times(1-损耗率)/周转次数$$

$$=7.29\times(1-10\%)/6\ m^3$$

$$=1.094\ m^3$$

$$摊销量=周转使用量-回收量\times回收价值率$$

$$=(1.823-1.094\times 50\%)\ m^3$$

$$=1.276\ m^3$$

② 预制混凝土构件木模板用量的计算。

预制混凝土构件模板每次损耗较小，周转次数较多，在计算模板消耗指标时，可以不考虑损耗和回收。模板摊销量计算公式为

$$摊销量=\frac{一次使用量}{周转次数} \tag{3-21}$$

例 3-7 预制钢筋混凝土方桩，选定的设计图纸为：10 m^3 方桩的模板接触面积为 75 m^2，10 m^2 接触面积需木材 0.928 m^3，模板周转次数为 20 次，制作损耗率为 5%。试计算模板的摊销量。

解 一次使用量＝(75×0.928/10)/(1－5%) m^3＝7.33 m^3

摊销量＝一次使用量/周转次数＝7.33/20 m^3＝0.367 m^3

③ 组合钢模板用量的计算。

组合钢模板损耗率较小，不分现浇与预制，摊销量按下式计算

$$摊销量=\frac{一次使用量}{周转次数} \tag{3-22}$$

3.2.5 机械台班使用定额

1. 机械台班使用定额的概念

机械台班使用定额也称为机械台班消耗定额，它是指在正常的施工条件下，某种施工机械为完成单位合格产品所必须消耗的机械台班的数量标准。

一台机械工作一个工作班(8 h)称为一个台班。如两台机械共同工作一个工作班，或者一台机械工作两个工作班，则称为二个台班。

机械台班使用定额按其表现形式，可分为机械时间定额和机械产量定额。

1) 机械时间定额

机械时间定额就是在正常的施工条件和劳动组织的条件下，使用某种规定的机械，完成单位合格产品所必须消耗的台班数量，即

$$机械时间定额=\frac{1}{机械台班产量定额(台班)} \tag{3-23}$$

由于机械必须由工人小组操作，所以要计算完成单位合格产品的时间定额，须列出人工时间定额。

$$人工时间定额=\frac{机械台班内工人的工日数}{机械台班产量定额} \tag{3-24}$$

2) 机械台班产量定额

机械台班产量定额就是在正常的施工条件和劳动组织的条件下，某种机械在一个台班时间内必须完成的单位合格产品的数量，即

$$机械台班产量定额(台班)=\frac{1}{机械时间定额} \tag{3-25}$$

$$机械台班产量定额(工日)=\frac{机械台班内工人的工日数}{人工时间定额} \tag{3-26}$$

例 3-8 斗容量为 1 m^3 的正铲挖土机挖二类土，深度在 2 m 以内，装车小组成员二人。已知机械台班产量定额为 5(定额单位为 100 m^3)，计算其人工时间定额和机械时间定额。

解 挖 100 m^3 土的人工时间定额＝2/5 工日＝0.4 工日

挖 100 m^3 土的机械时间定额＝1/5 台班＝0.2 台班

机械台班使用定额在《全国建筑安装工程统一劳动定额》中通常有两种表达形式：$\frac{\text{时间定额}}{\text{产量定额}}$和$\frac{\text{时间定额}}{\text{产量定额}}$台班车次。

2. 机械台班使用定额的编制方法

1）确定正常的施工条件

拟订机械工作正常条件，主要是拟订工作地点的合理组织和合理的工人编制。

工作地点的合理组织，就是对施工地点机械和材料的放置位置、工人从事操作的场所，做出科学合理的平面布置和空间安排。它要求施工机械和操纵机械的工人在最小范围内移动，但又不阻碍机械运转和工人操作。应使机械的开关和操纵装置尽可能集中地安装在操纵工人的近旁，以节省工作时间和减轻劳动强度，应最大限度地发挥机械的效能，减少工人的手工操作。

拟订合理的工人编制，就是根据施工机械的性能和设计能力、工人的专业分工和劳动工效，合理确定操作机械的工人和直接参加机械化施工过程的工人的编制人数。

拟订合理的工人编制，应要求保持机械的正常生产率和工人的正常劳动工效。

2）确定机械纯工作一小时正常生产率

确定机构正常生产率时，必须首先确定出机械纯工作一小时正常生产率。

机械纯工作时间就是指机械的必须消耗时间。机械纯工作一小时正常生产率，就是在正常施工组织条件下，具有必需的知识和技能的技术工人操纵机械一小时的生产率。

根据机械工作特点的不同，机械纯工作一小时正常生产率的确定方法也有所不同。对于按照同样次序，定期重复着固定的工作与非工作组成部分的循环动作机械，确定机械纯工作一小时正常生产率的计算公式如下

$$\text{机械一次循环的正常延续时间} = \sum \text{循环各组成部分正常延续时间} - \text{交叠时间} \tag{3-27}$$

$$\text{机械纯工作一小时循环次数} = \frac{60 \times 60}{\text{一次循环的正常延续时间}} \tag{3-28}$$

$$\text{机械纯工作一小时正常生产率} = \text{机械纯工作一小时正常循环次数} \times \text{一次循环生产的产品数量} \tag{3-29}$$

由上述公式可以看到，计算循环机械纯工作一小时正常生产率的步骤是：根据现场观察资料和机械说明书确定循环各组成部分正常延续时间；将循环各组成部分正常延续时间相加，减去各组成部分之间的交叠时间，求出循环过程的正常延续时间；计算机械纯工作一小时正常生产率。

对于工作中只做某一动作的连续动作机械，确定机械纯工作一小时正常生产率时，要根据机械的类型和结构特征，以及工作过程的特点来进行。计算公式如下

$$\text{连续动作机械纯工作一小时正常生产率} = \frac{\text{工作时间内生产的产品数量}}{\text{工作时间(小时)}} \tag{3-30}$$

工作时间内生产的产品数量和工作时间的消耗，要通过多次现场观察和机械说明书来取得数据。

对于同一机械进行属于不同的工作过程的作业，如挖掘机所挖土壤的类别不同，碎石机所破碎的石块硬度和粒径不同，均需分别确定其纯工作一小时正常生产率。

3）确定施工机械的正常利用系数

施工机械的正常利用系数，是指机械在工作班内对工作时间的利用率。机械的正常利用系数和机械在工作班内的工作状况有着密切的关系。所以，要确定机械的正常利用系数，首先要拟订

机械工作班的正常工作状况。拟订机械工作班的正常工作状况，关键是如何保证合理利用工时。

确定机械的正常利用系数时，要计算工作班正常状况下准备与结束工作，机械启动、机械维护等工作所必须消耗的时间，以及机械有效工作的开始与结束时间，从而进一步计算出机械在工作班内的纯工作时间和机械的正常利用系数。

4）计算施工机械定额

计算施工机械定额是编制机械定额工作的最后一步。在确定了机械工作正常条件、机械纯工作一小时正常生产率和机械的正常利用系数之后，采用下列公式计算施工机械定额

$$\text{施工机械台班产量定额}=\text{机械纯工作一小时正常生产率}\times\text{工作班延续时间}\times\text{机械的正常利用系数} \tag{3-31}$$

或

$$\text{施工机械时间定额}=\frac{1}{\text{施工机械台班产量定额}} \tag{3-32}$$

例 3-9 某沟槽采用斗容量为 0.5 m^3 的反铲挖掘机挖土，假设挖掘机的铲斗充盈系数为 1.0，每循环一次时间为 2 min，机械的正常利用系数为 0.85，则所选挖掘机的产量定额和时间定额是多少？

解 每小时循环次数为

$$60/2\ \text{次}=30\ \text{次}$$

每小时生产率为

$$30\times0.5\times1\ m^3/h=15\ m^3/h$$

台班产量定额为

$$15\times8\times0.85\ m^3/\text{台班}=102\ m^3/\text{台班}$$

时间定额为

$$1/102\ \text{台班}/m^3=0.009\ 8\ \text{台班}/m^3$$

3.2.6 企业定额

1. 企业定额的概念

企业定额是指建筑安装企业根据自身的技术水平和管理水平确定的完成单位合格产品所必须消耗的人工、材料和施工机械台班的数量标准。企业定额的实质就是施工企业的“施工定额”，它反映了企业的施工投入与产出之间的数量关系。企业的技术和管理水平不同，企业定额的水平也就不同。因此，企业定额人工、材料、机械消耗量要比社会平均水平低，这样能够表现本企业在某些方面的技术优势和管理优势，能够体现本企业的综合生产能力水平。

2. 企业定额的作用

(1) 企业定额是施工企业内部编制施工预算、进行施工管理的重要标准，也是施工企业对招标工程进行投标报价的重要依据。

(2) 企业定额是企业生产力和生产水平的综合反映，是加强企业内部监控、进行成本核算的基础依据，是有效控制工程造价的手段。

(3) 企业定额是施工企业编制施工组织设计、制订施工计划和作业计划的依据。

3. 企业定额与政府施工定额的区别

企业定额在编制原则和方法等方面与政府编制颁布的施工定额相似，它们的主要区别如表

3-4 所示。

表 3-4　企业定额与施工定额的比较

比较内容	企业定额	施工定额
编制主体	企业	地区、行业
使用范围	企业内部	地区、行业
作用与性质	兼具生产性和计价性	生产性定额
定额水平	企业平均先进	社会平均先进

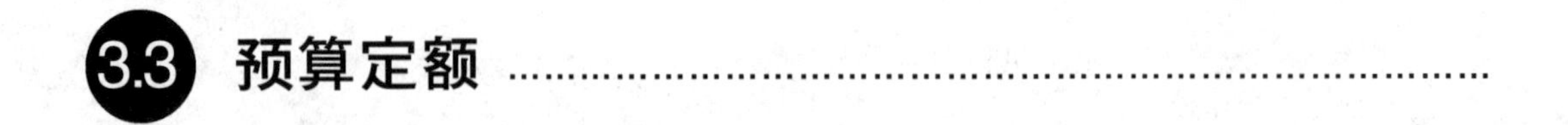

3.3 预算定额

3.3.1　预算定额的概念及作用

1. 预算定额的概念

预算定额是指在合理的施工组织和正常施工条件下，按社会平均水平编制的完成一定计量单位合格产品所需的人工、材料和机械台班的消耗量标准。预算定额是工程建设中的一个重要的技术经济文件，是编制施工图预算的主要依据，是确定和控制工程造价的基础。

预算定额是工程建设中的一个重要的技术经济文件，它的各项指标反映了完成规定计量单位且符合设计标准和验收规范的分项工程消耗的活劳动和物化劳动的数量限度。这种限度最终决定着单项工程和单位工程的成本和造价。

预算定额与施工定额的性质不同。施工定额是企业内部使用的定额，而预算定额是一种计价性的定额，它用来确定建筑安装产品的计划价格，并作为对外结算的依据。但从编制程序看，施工定额是预算定额的编制基础，而预算定额是概算定额或概算指标的编制基础。可以说，预算定额在计价定额中也是基础性定额。

2. 预算定额的作用

预算定额规定了生产一个规定计量单位合格结构件、分项工程所需的人工、材料、机械台班的社会平均消耗量标准。预算定额是工程建设中的一个重要的技术经济文件，是编制施工图预算的主要依据，是确定和控制工程造价的基础。预算定额的主要作用有以下几点。

(1) 预算定额是编制施工图预算、确定建筑安装工程造价的基础。

施工图设计完成以后，工程预算就取决于预算定额水平，人工、材料及机械台班的单价，取费标准等因素。预算定额起着控制劳动消耗、材料消耗和机械台班使用的作用，进而控制着建筑产品价格。

(2) 预算定额是编制施工组织设计的依据。

施工组织设计的重要任务之一是确定施工中人工、材料、机械的供求量，并做出最佳安排。施工单位在缺乏企业定额的情况下，根据预算定额也能较准确地计算出施工中各项资源的需要量，为有计划地组织材料采购和预制构件加工、劳动力和施工机械的调配，提供了可靠的计算依据。

(3) 预算定额是工程结算的依据。

工程结算是建设单位和施工单位按照工程进度对已完成的分部分项工程实现货币支付的行为。按进度支付工程款,需要根据预算定额将已完工程的造价计算出来。单位工程验收后,再按竣工工程量、预算定额和施工合同规定进行竣工结算,以保证建设单位建设资金的合理使用和施工单位的经济收入。

(4) 预算定额是施工单位进行经济活动分析的依据。

预算定额规定的人工、材料、机械的消耗指标是施工单位在生产经营中允许消耗的最高标准。目前,预算定额决定着施工单位的收入,施工单位就必须以预算定额作为评价企业工作的重要标准,作为努力实现的具体目标。只有在施工中尽量降低劳动消耗、采用新技术、提高劳动者的素质、提高劳动生产率,才能取得较好的经济效果。

(5) 预算定额是编制概算定额的基础。

概算定额是在预算定额的基础上经综合扩大而编制的。利用预算定额作为编制依据,不但可以节约编制工作所需的大量的人力、物力、时间,收到事半功倍的效果,还可以使概算定额在定额的水平上保持一致。

(6) 预算定额是合理编制招标控制价、拦标价、投标报价的基础。

在招投标阶段,建设单位所编制的招标控制价、拦标价,须参照预算定额编制。随着工程造价管理的不断深化改革,对于施工单位来说,预算定额作为指令性的作用正日益削弱,施工企业的报价按照企业定额来编制。只是现在施工单位无企业定额,还在参照预算定额编制投标报价。因此,预算定额作为编制标底的依据和施工企业报价的基础性作用仍将存在,这是由它本身的科学性和权威性决定的。

3.3.2 预算定额的编制原则及依据

1. 预算定额的编制原则

1) 社会平均水平的原则

预算定额是在正常的生产条件下,在社会平均的劳动熟练程度和劳动强度下,以大多数施工单位的社会平均水平为基础编制的。

2) 简明适用的原则

编制预算定额时,在项目划分、计算单位的选择、工程量的计算、项目步距的确定等方面,要主次分明、粗细合理、简明适用。

3) 统一性和差别性相结合的原则

统一性就是由建设行政主管部门负责全国统一定额的制定或修订;差别性就是在统一性的基础上,各部门和各地区主管部门可以在自己的管辖范围内,根据本部门和地区的具体情况,制定部门和地区性定额和管理办法。

2. 预算定额的编制依据

(1) 现行设计规范、施工及验收规范、质量评定标准和安全操作规程等建筑技术法规。

(2) 现行劳动定额和施工定额。

(3) 具有代表性的典型工程施工图及相关标准图。

(4) 新技术、新结构、新材料和先进的施工方法等。

(5) 相关科学实验、技术测定的统计、经验资料。

(6) 现行的预算定额、材料预算价格及相关文件规定等。

3. 预算定额的编制步骤

1) 准备工作阶段

拟订编制方案，建立编制定额的机构。

2) 收集资料阶段

广泛收集资料，组织专题座谈会，收集现行规定、规范和政策法规资料，收集定额管理部门积累的资料，专项查定及实验。

3) 定额编制阶段

确定编制细则，确定定额的项目划分和工程量计算规则，定额人工、材料、机械台班耗用量的计算、复核和测算。

4) 定额报批阶段

审核定稿，与原定稿进行对比测算，分析水平升降原因。

5) 修改定稿、整理资料阶段

将初稿印发，征求意见；修改、整理、报批；撰写编制说明；立档、成卷。

3.3.3 预算定额的编制方法

在定额基础资料完备可靠的条件下，编制人员应反复阅读和熟悉并掌握各项资料，在此基础上计算各个分部分项工程的人工、机械和材料的消耗量，包括以下几部分工作。

1. 确定预算定额的计量单位

预算定额的计量单位关系到预算工作的繁简和准确性。因此，要正确地确定各分部分项工作的计量单位，一般依据以下建筑结构构件形体的特点确定。

(1) 凡建筑结构构件的断面有一定形状和大小，但是长度不定时，可以按长度以延长米为计量单位，如踢脚线、楼梯栏杆、木装饰条、管道线路的安装等。

(2) 凡建筑结构构件的厚度有一定规格，但是长度和宽度不定时，可以按面积以平方米为计量单位，如地面、楼面、墙面和天棚面抹灰等。

(3) 凡建筑结构构件的长度、厚(高)度和宽度都变化时，可以按体积以立方米为计量单位，如土方、钢筋混凝土构件等。

(4) 钢结构由于重量与价格差异很大，形状又不固定，故采用重量以吨为计量单位。

(5) 凡建筑结构没有一定规格，而其构造又较复杂时，可以按个、台、座、组为计量单位，如卫生洁具安装、铸铁水斗等。

预算定额的计量单位确定之后，往往出现人工、材料或机械台班量很小，即小数点后好几位。为了减少小数位数和提高预算定额的准确性，采取扩大单位的办法，把 1 m^3、1 m^2、1 m 扩大 10 倍、100 倍、1 000 倍。这样相应的消耗量也增大了倍数，取一定小数后四舍五入，可以达到相对的准确性。

预算定额中各项人工、机械、材料的计量单位的选择相对比较固定。人工、机械按“工日”“台班”计量，各种材料的计量单位与产品计量单位基本一致，精确度要求高、材料贵重，多取三位小数。如钢材吨以下取三位小数，木材立方米以下取三位小数。一般材料取两位小数。

2. 按典型设计图纸和资料计算工程数量

计算工程数量，是为了通过计算出典型设计图纸所包括的施工过程的工程量，在编制预算定额时，有可能利用施工定额的人工、机械和材料消耗指标确定预算定额所含工序的消耗量。

3. 确定预算定额各项目人工、材料和机械台班消耗指标

确定预算定额人工、材料、机械台班消耗指标时，必须先按施工定额的分项逐项计算出消耗指标，然后再按预算定额的项目加以综合。

人工、材料和机械台班消耗量指标，应根据定额编制要求和原则，采用理论和实际相结合、图纸计算与施工现场测算相结合、编制人员与现场工作人员相结合等方法进行计算和确定，使定额既符合政策要求，又与客观情况一致，便于贯彻执行。

4. 编制定额表和拟订有关说明

定额项目表的一般格式是：横向排列为各分项工程的项目名称，竖向排列为分项工程的人工、材料和施工机械消耗量指标。有的项目表下部还有附注，以说明设计有特殊要求时怎样进行调整和换算。

预算定额的说明包括定额总说明、分部工程说明及各分项工程说明。涉及各分部需说明的共性问题列入总说明，属某一分部需说明的事项列入章节说明。

3.3.4 预算定额人工、材料、机械消耗量的确定方法

1. 预算定额人工工日消耗量的确定

预算定额中人工工日消耗量是指在正常施工条件下，完成一定计量单位的分项工程或结构构件所必须消耗的各种用工量总和，包括基本用工、超运距用工、辅助用工、人工幅度差。预算定额人工工日不分工种、技术等级，一律以综合工日表示，一般以劳动定额为基础确定。遇到劳动定额缺项时，可采用现场测时法确定。

$$综合工日 = \sum(基本用工 + 超运距用工 + 辅助用工) \times (1 + 人工幅度差系数) \quad (3\text{-}33)$$

1）基本用工

基本用工指完成一定计量单位分项工程或结构构件所需的主要用工量，例如各种墙体工程中的砌砖、调制砂浆，以及运输砖和砂浆的用工量。预算定额是综合性定额，包括的工程内容较多，工效也不一样。例如，在墙体工程中的门窗洞口、墙心烟囱孔等，需要另外增加用工量。这种综合在定额内的各种用工量也属于基本用工，单独计算后加入基本用工中去。其计算方法为

$$基本用工消耗量 = \sum(综合取定工程量 \times 时间定额) \quad (3\text{-}34)$$

2）超运距用工

超运距用工是指劳动定额中已包括的材料场内水平运距与预算定额规定的现场材料堆放地点到操作地点的水平运距之差引起的用工量。

$$超运距 = 预算定额取定的运距 - 劳动定额已包括的运距 \quad (3\text{-}35)$$

$$超运距用工 = \sum(超运距材料数量 \times 相应的劳动定额) \quad (3\text{-}36)$$

实际工程现场运距超过预算定额取定的运距时，可另行计算现场二次搬运费。

3）辅助用工

辅助用工指劳动定额内未包括而在预算定额内又必须考虑的用工，例如机械土方工程配合用工、机械加工（筛沙、洗石）、电焊点火用工等，计算公式如下

$$辅助用工 = \sum(材料加工数量 \times 相应的加工劳动定额) \quad (3\text{-}37)$$

4）人工幅度差

人工幅度差主要是指在劳动定额中未包括而在正常施工情况下不可避免但又很难准确计量的用工和各种工时损失，内容包括工序搭接及交叉作业相互影响所发生的停歇用工、施工机械在场内转移及临时移动水电线路所造成的停工、质量检查和隐蔽工程验收影响的工时损失、班组操作地点转移用工、工序交接时对前一工序不可避免的修整用工、施工中不可避免的其他零星用工。人工幅度差计算公式为

$$人工幅度差=(基本用工+辅助用工+超运距用工)\times人工幅度差系数 \tag{3-38}$$

人工幅度差系数一般为10%～15%。人工幅度差列入其他用工量中。

例3-10 以全国统一基础定额有梁板混凝土定额(5-417)为例，定额综合取定板厚10 cm内者为60%，板厚15 cm内者为40%，每10 m^3 混凝土按9 m^3 石子计算，采用接水管子冲洗，加工系数乘以0.52。混凝土养护按0.12工日/10 m^3 计算，混凝土损耗率为1.5%。混凝土超运距为100 m，砂石超运距为50 m，草袋子用量为10.99 m^2，草袋子超运距为50 m。工日按0.002工日/ m^2 取定，人工幅度差为15%。计算过程如表3-5所示。

表3-5 有梁板混凝土人工计算

项目名称	单位	计算量	劳动定额编号	时间定额	工日/10 m^3
捣制有梁板10 cm内	m^3	6	10-7-73	0.840	5.040
捣制有梁板15 cm内	m^3	4	10-7-74	0.787	3.148
冲洗石子	m^3	9×1.015	1-4-74	0.286×0.52	1.359
混凝土养护	m^3	1	取定	0.120	0.120
混凝土超运100 m	m^3	10.15	10-24-407	0.091	0.924
砂石超运50 m	m^3	10.15	10-24-406	0.074	0.751
草袋子运输50 m	m^2	10.99	取定	0.002	0.022
小计	—	—	—	—	11.364
定额工日	(人工幅度差为15%)11.364×1.15				13.069

2. 预算定额材料消耗量的确定

预算定额材料消耗量是指在合理和节约使用材料的条件下，生产单位合格建筑安装产品(分部分项工程或结构构件)所必须消耗的一定品种规格的原材料、辅助材料、构配件、零件、半成品的数量标准。

施工定额与预算定额中材料消耗量指标的差异：预算定额材料消耗量指标的确定方法与施工定额的相应内容基本相同，常用的方法有观测法、试验法、统计分析法和理论计算法。但由于预算定额中分项子目内容已经在施工定额基础上做了某些综合，有些工程量计算规则也做了调整，因此，材料消耗量指标也有了变化。两种定额材料消耗量指标的差异主要有以下几个方面。

(1) 施工定额材料消耗量指标反映的是平均先进水平，预算定额材料消耗量指标反映的是平均水平，二者对主要材料的水平差是通过不同的损耗率来体现的。对于周转性材料，可通过周转损耗率和周转次数来体现。即编制预算定额时应采用比施工定额较大的损耗率，周转性材料周转次数应按平均水平确定。

(2) 预算定额的某些分项内容比施工定额的内容具有更强的综合性。例如某些地区预算定

额一砖内墙砌体就综合了施工定额中的双面清水墙、单面清水墙和混水墙的用料，以及附属内墙中的烟囱、孔洞等结构的加工材料。因此，编制预算定额材料消耗量指标时应根据定额分项子目内容进行相应综合。

(3) 有些项目在计算方法上不一致。例如模板用量的计算，在施工定额中模板用料指标是按照图示实际接触面用量加规定的损耗率来确定的，而预算定额中模板摊销量指标是以混凝土体积为单位，综合若干同类分项子目的模板消耗量进行加权平均求得的，它的数据较粗略。结构形体和规格差异等致使预算定额中模板消耗量指标与实际情况有较大差别。但从预算定额的长期多工程广泛使用来看，其概率、定额数据还是接近实际数据的。

(4) 对于某些具有尺寸规格要求的材料，预算定额的规定较笼统，有的不列规格，有的则只列主材规格，而施工定额规定必须按图示的不同规格分别计算，因此在编制材料消耗量指标时应区别对待。

(5) 施工定额中一般是按材料品种、类型、规格逐项制订其损耗率，从而确定各项材料消耗量指标。预算定额是综合考虑每一分项子目的不同构造做法、不同施工方法的材料品种和消耗量指标。因此，预算定额的材料消耗量指标只能是一个近似于实际情况的数值。

以上只列举了预算定额和施工定额在确定材料消耗量方面的主要不同之处，其他方面的不同之处不再详述。

材料按用途分为以下四种。

① 主要材料：指直接构成工程实体的材料，其中也包括成品、半成品的材料。

② 辅助材料：除主要材料以外的构成工程实体的其他材料，如垫木、钉子、铅丝等。

③ 周转性材料：指脚手架、模板等多次周转使用的不构成工程实体的摊销性材料。

④ 其他材料：指用量较少、难以计量的零星用料，如棉纱、编号用的油漆等。

材料消耗量的计算方法主要有观察法、试验法、统计法和计算法四种。

$$材料消耗量=材料净用量+材料损耗量 \tag{3-39}$$

$$=材料净用量\times(1+损耗率) \tag{3-40}$$

为简化计算，通常以损耗量与净用量的比值作为损耗率，即

$$材料损耗率=损耗量/净用量\times100\% \tag{3-41}$$

$$总消耗量=净用量\times(1+损耗率) \tag{3-42}$$

3. 预算定额机械台班消耗量的确定

预算定额机械台班消耗量是指在正常施工条件下，生产分部分项工程或结构构件所必须消耗的某种型号施工机械的台班数量。预算定额机械台班消耗量定额是以台班为单位计算的。一台机械工作 8 h 为一个“台班”。

1) 编制依据

定额的机械化水平，应以多数施工企业采用和已推广的先进方法为标准。

确定预算定额中的施工机械台班消耗指标时，应根据现行的全国统一劳动定额中各种机械施工项目所规定的台班产量进行计算。

2) 机械台班幅度差

机械台班幅度差是指劳动定额(机械台班量)中未曾包括的，而机械在合理的施工组织条件下所必需的停歇时间，其内容包括：

① 施工中机械转移及配套机械互相影响而损失的时间；

② 机械临时性维修和小修引起的停歇时间；

③ 机械的偶然性停歇，如临时停水、停电所引起的工作间歇时间；

④ 施工结尾工作量不饱满所损失的时间；

⑤ 工程质量检查影响机械工作而损失的时间；

⑥ 配合机械施工的工人，在人工幅度差范围以内的工作间歇影响的机械操作时间。

在计算预算定额机械台班消耗指标时，施工机械幅度差通常以系数表示。例如，大型机械幅度差系数为：土方机械为25%，打桩机械为33%，吊装机械为30%。砂浆、混凝土搅拌机由于按小组配用，以小组产量计算机械台班产量，不另增加机械幅度差。其他分部工程中，如钢筋加工、木材、水磨石等各项专用机械的幅度差为10%。

3）预算定额机械台班消耗指标的计算方法

（1）大型机械施工的土石方、打桩、构件吊装及运输等项目。

大型机械台班消耗量是按劳动定额或施工定额中的机械台班产量加机械幅度差计算的，即

$$\text{预算定额机械台班消耗量}=\text{施工定额机械台班消耗量}\times(1+\text{机械幅度差系数}) \tag{3-43}$$

（2）按操作小组配用机械台班消耗指标。

混凝土搅拌机、卷扬机等中小型机械由于是按小组配用的，应以综合取定的小组产量计算台班消耗量，不考虑机械幅度差。

$$\begin{aligned}\text{机械台班消耗指标}&=\frac{\text{分项定额的计算单位值}}{\text{小组总产量}}\\&=\frac{\text{分项定额的计算单位值}}{\text{小组总人数}\times\sum(\text{分项计算取定比量}\times\text{劳动定额每工综合产量})}\end{aligned} \tag{3-44}$$

在有些地区，混凝土搅拌机等中小型机械不列入预算定额机械台班消耗指标内，而以“中小型机械费”列入预算定额其他直接费用项目内，按建筑面积计算其费用，并入直接工程费。但有的地区把中小型机械与大型机械台班消耗指标同时列入定额项目表内。

3.4 工程单价和单位估价表

3.4.1 工程单价的概念与种类

1. 工程单价的含义

工程单价一般是指单位假定建筑安装产品的不完全价格，通常是指建筑安装工程的预算单价和概算单价。

工程单价与完整的建筑产品价值在概念上完全不同。完整的建筑产品价值是建筑物或构筑物在真实意义上的全部价值，即完全成本加利税。单位假定建筑安装产品单价，仅仅是某一单位工程直接费用中的直接工程费，即由人工、材料和机械费构成。

清单计价模式下的建筑安装产品的综合单价，也称为部分费用综合单价。这种单价含有人工、材料和机械台班三项直接工程费，企业管理费、利润和一定范围内的风险费用等内容，但这种分部分项工程综合单价仍然是建筑安装产品的不完全价格。

2. 分部分项工程单价的种类

1）按工程单价的使用对象分类

（1）建筑工程单价。

(2) 安装工程单价。

2) 按用途分类

(1) 预算单价:是指通过编制单位估价表、地区单位估价表及设备安装价目表所确定的单价,用于编制施工图预算,例如单位估价表、单位估价汇总表及设备安装价目表中所计算的工程单价。在预算定额和概算定额中列出的“预算价值”或“基价”,都应视为该定额编制时的工程单价。

(2) 概算单价:是指通过编制单位加指标确定的单价,用于编制设计概算。

3) 按适用范围分类

(1) 地区单价:根据地区性定额和价格等资料编制,在地区范围内使用的工程单价。

(2) 个别单价:为适应个别工程编制预算和概算的需要而计算出的工程单价。

4) 按编制依据分类

(1) 定额单价。

(2) 补充单价。

5) 按单价的综合程度分类

(1) 工料单价:又称为直接工程费单价,如预算定额的“基价”,只包括人工费、材料费和机械台班使用费。

(2) 部分费用综合单价:该单价综合了直接工程费、管理费、利润,以及一定范围内的风险费用,单价中未包括措施费、其他项目费、规费和税金,是不完全费用综合单价。

(3) 全费用综合单价:该单价综合了人工、材料、机械费用,企业管理费、规费、利润和税金等。

3.4.2 工程单价的编制方法

1. 工程单价的编制依据

1) 预算定额和概算定额

首先,工程单价的分项是根据定额的分项划分的,所以工程单价的编号、名称、计量单位的确定均以相应的定额为依据;其次,分部分项工程的人工、材料和机械台班消耗的种类和数量,也是以相应的定额为依据的。

2) 人工、材料和机械台班单价

工程单价除了要依据概算定额和预算定额确定的分部分项工程的人工、材料、机械的消耗数量外,还必须依据人工、材料和机械的单价,才能计算出分部分项工程的人工费、材料费和机械台班费,进而计算出工程单价。

3) 企业管理费和利润的取费标准

这是计算部分费用综合单价的依据。

2. 工程单价的编制方法

工程单价的编制方法,简单说就是人工、材料、机械的消耗量和人工、材料、机械单价的结合过程,计算公式如下。

1) 分部分项工程工料单价

$$人工费 = \sum(人工工日消耗量 \times 人工日工资单价)$$

$$材料费 = \sum(材料消耗量 \times 材料基价)$$

$$机械费 = \sum(机械台班消耗量 \times 机械台班预算价格)$$

将上述三项费用相加所得之和，就是单位估价中的基价（单价）。

$$分部分项工程工料单价（基价）=人工费+材料费+机械费 \tag{3-45}$$

2）分部分项工程综合单价

分部分项工程综合单价=分部分项工程工料单价（基价）×（1+企业管理费费率）×（1+利润率） (3-46)

上述所提及的各费用项目（如材料费、机械费）可以采用含税价格，也可采用除税价格，依具体情况而定。

3.4.3 人工单价的确定

1. 人工日工资单价及其组成

人工日工资单价是指施工企业平均技术熟练的生产工人在每工作日（国家法定工作时间内）按规定从事施工作业应得的日工资总额。它反映了建筑安装工人的工资水平和报酬，其内容包括：计时工资或计件工资、奖金、津贴补贴、加班加点工资、特殊情况下支付的工资。可以按以下两个公式计算人工单价。

1）按平均工资计算人工单价

$$日均基本工资=\frac{生产工人平均月基本工资（计时或计件）}{年平均每月法定工作日}$$

$$日均奖金补贴=\frac{生产工人平均月（奖金+津贴补贴）}{年平均每月法定工作日} \tag{3-47}$$

$$日均特殊情况下支付的工资=\frac{生产工人平均月特殊情况下支付的工资}{年平均每月法定工作日}$$

或

日工资单价=[生产工人平均月工资（计时或计件）+平均月（奖金+津贴补贴+特殊情况下支付的工资）]/年平均每月法定工作日 (3-48)

式(3-48)适用于施工企业投标报价时自主确定人工费，它也是工程造价管理机构编制计价定额、确定定额人工单价或发布人工成本信息的参考依据。

2)按工种工资确定人工单价

按工种工资确定人工单价适用于工程造价管理机构编制计价定额时确定定额人工费，它是施工企业投标报价的参考依据。

企业计价时，应根据建设造价主管部门公布的人工价格或市场价格确定。工程造价主管部门确定日工资单价时，应通过市场调查，根据工程项目的技术要求，参考实物工程量人工单价综合分析确定，最低日工资单价不得低于工程所在地人力资源和社会保障部门所发布的最低工资标准的普工的1.3倍、一般技工的2倍、高级技工的3倍。

工程计价定额不可只列一个综合工日单价，应根据工程项目技术要求和工种差别适当划分多种日人工单价，确保各分部工程人工费的合理构成。

营改增对人工单价的确定方法无影响，人工计价时，人工单价一律为不含税单价。

2. 影响人工单价的因素

影响建筑安装工人人工单价的因素很多，归纳起来有以下几个方面。

(1) 社会平均工资水平。建筑安装工人人工费必须和社会平均工资水平趋同。社会平均工资水平取决于经济发展水平。

(2) 生活消费指数。生活消费指数的提高会影响人工费的提高,以减少生活水平的下降,或维持原来的生活水平。生活消费指数的变动决定于物价的变动,尤其决定于生活消费品物价的变动。

(3) 劳动力市场供需变化。在劳动力市场,如果需求大于供给,人工费就会提高;如果供给大于需求,市场竞争激烈,人工费就会下降。

(4) 社会保障和福利政策等。

3.4.4 材料单价的确定

材料单价也称材料预算价格,是指工程材料由其来源地运抵工地仓库后的出库价格。

材料单价的内容包括材料原价(或供应价格)、材料运杂费、运输损耗费、采购及保管费。

在建筑工程中,材料费约占工程造价的 60%~70%,在金属结构工程中所占比重更大,是工程直接费用的主要组成部分。因此,合理确定材料价格构成、正确计算材料价格,有利于合理确定和有效控制工程造价。

1. 材料价格的构成

材料价格是指材料(包括构件、成品及半成品等)从其来源地(或交货地点、供应者仓库、提货地点)到达施工工地仓库(施工地点内存放材料的地点)后出库的综合平均价格。材料价格一般由材料原价(或供应价格)、材料运杂费、运输损耗费、采购及保管费组成。

2. 材料价格的编制依据和确定方法

1) 材料原价(或供应价格)

材料原价是指材料的出厂价格、进口材料抵岸价或销售部门的批发牌价和市场采购价格(或信息价)。材料预算单价中的材料原价指不含税材料原价。不含税材料原价的计算公式为

$$\text{不含税材料原价}=\text{材料含税原价}\div(1+\text{增值税税率}) \tag{3-49}$$

在确定材料原价时,凡同一种材料因来源地、交货地、供货单位、生产厂家不同而有几种价格(原价)时,根据不同来源地供货数量比例,采取加权平均的方法确定其综合原价,其计算公式如下

$$\text{加权平均原价}=(K_1C_1+K_2C_2+\cdots+K_nC_n)/(K_1+K_2+\cdots+K_n) \tag{3-50}$$

式中:$K_1,K_2,\cdots,K_n$——各不同供应地点的供应量或各不同使用地点的需求量;

$C_1,C_2,\cdots,C_n$——各不同供应地点的原价。

例 3-11 某地区某种材料有两个来源地。甲地供应量为 60%,不含税原价为 1 400 元/t;乙地供应量为 40%,不含税原价为 1 500 元/t。试计算该种材料的不含税原价。

解 该种材料的不含税原价为

$$(1\,400\times60\%+1\,500\times40\%)\text{元/t}=1\,440\text{ 元/t}$$

2) 材料运杂费

材料运杂费是指材料自来源地运至工地仓库或指定堆放地点所发生的全部费用,包含车船费、装卸费、运输费及附加工作费等。材料预算单价中的运杂费指不含税运杂费。材料不含税运杂费的计算公式为

$$\text{材料不含税运杂费}=\text{材料含税运杂费}\div(1+\text{增值税税率}) \tag{3-51}$$

同一品种的材料有若干个来源地,应采用加权平均的方法计算材料运杂费,其计算公式如下

$$\text{加权平均运杂费}=(K_1C_1+K_2C_2+\cdots+K_nC_n)/(K_1+K_2+\cdots+K_n) \tag{3-52}$$

式中：$K_1,K_2,\cdots,K_n$——各不同供应地点的供应量或各不同使用地点的需求量；

$C_1,C_2,\cdots,C_n$——各不同运距的运费。

由于材料原价、运输费、装卸机附加工作费增值税税率不同，应当分别核算、除税，若未分别核算，则应提高适用税率。

例 3-12 保定某建筑工地需一批 32.5 级普通硅酸盐水泥，确定邯郸水泥厂供应 30%，唐山水泥厂供应 50%，琉璃河水泥厂供应 20%，火车运输、铁路运价规定：邯郸→保定 283 km，每吨水泥运费 46 元；唐山→保定 370 km，每吨水泥运费 60 元；琉璃河→保定 130 km，每吨水泥运费 22 元。已知运输费增值税税率为 11%，试计算每吨水泥平均运费。

解
$$每吨水泥平均运费=\frac{(46\times30\%+60\times50\%+22\times20\%)\div(1+11\%)}{30\%+50\%+20\%}元=43.42\ 元$$

另外，在运杂费中需要考虑为了便于材料运输和保护而发生的包装费。材料包装费是指为了便于材料的运输或保护材料而进行包装所需要的一切费用。材料包装费有两种情况：一种情况是包装费已计入材料原价中，此种情况不再计算包装费，如袋装水泥，水泥纸袋已包括在水泥原价中；另一种情况是材料原价中未包含包装费，材料由采购单位自备包装品（或容器），如麻袋、木箱、铁桶等，其包装费应按使用次数分摊计算，并计入材料价格中。计算公式如下

$$包装费=\frac{包装品原值\times(1-回收率\times回收价值率)+使用期维修费}{周转使用次数\times包装器材(品)标准容量} \tag{3-53}$$

$$使用期维修费=包装品原价\times使用期维修费率$$

一般纸质、棉、麻材料不计算维修费，金属材料应计算维修费，其维修费率可按 75% 计算。周转使用次数可按有关规定计算。

$$包装品回收价值=\frac{包装品原值\times回收率\times回收价值率}{包装器材(品)标准容量} \tag{3-54}$$

包装品的回收率和回收价值率，按各地区主管部门有关规定计算。地区无规定者，可根据实际情况，参照下列比率自行确定：

① 用木材制品包装者，以 70% 回收量，按包装材料原价的 20% 回收计算；

② 用铁皮、铁丝制品包装者，铁桶以 95%、铁皮以 50%、铁丝以 20% 的回收量，按包装材料原价的 50% 计算；

③ 用纸皮、纤维品包装者，以 50% 的回收量，按包装材料原价的 50% 计算；

④ 用草绳、草袋制品包装者，不计算回收价值。

上述包装费和包装品回收价值如含增值税，应进行除税处理。

例 3-13 设圆木用铁路运输，每个车皮可装 30 m³，每个车皮包装用立柱 10 根，每根除税单价为 5 元，铁丝为 10 kg/车皮，除税单价为 3.4 元/kg，而圆木的原价中没有包括包装费，试计算每立方米圆木包装材料原值、立柱和铁丝回收价值和整个包装费。（立柱回收率为 70%，回收价值率为 20%；铁丝回收率为 20%，回收价值率为 50%）

解

$$每立方米圆木包装材料原值=\frac{10\times5+10\times3.4}{30}元/m^3=2.8\ 元/m^3$$

$$立柱包装费=\frac{5\times10\times(1-70\%\times20\%)}{1\times30}元/m^3=1.43\ 元/m^3$$

$$铁丝包装费=\frac{10\times3.4\times(1-20\%\times50\%)}{1\times30}元/m^3=1.02\ 元/m^3$$

$$立柱回收价值=\frac{5\times10\times70\%\times20\%}{30}元/m^3=0.23\ 元/m^3$$

$$铁丝回收价值=\frac{3.4\times10\times20\%\times50\%}{30}元/m^3=0.11\ 元/m^3$$

3) 运输损耗费

运输损耗费是指材料在运输装卸过程中不可避免的损耗费。运输损耗费的计算公式为

不含税运输损耗费=(不含税材料原价+不含税运杂费)×相应材料运输损耗率　　(3-55)

主要材料的运输损耗率如表 3-6 所示。

表 3-6　主要材料的运输损耗率

材 料 类 别	损耗率/(%)
机红砖、空心砖、砂、水泥、陶粒、耐火土、水泥地面砖、白瓷砖、卫生洁具、玻璃灯罩	1
机制瓦、脊瓦、水泥瓦	4
石棉瓦、石子、黄土、耐火砖、玻璃、色石子、大理石板、水磨石板、混凝土管、缸瓦管	0.5
砌块	1.5

4) 采购及保管费

采购及保管费是指材料采购部门(包括工地仓库及其以上各级材料主管部门)在组织采购、供应和保管材料过程中所需的各项费用,包括采购费、仓储费、工地管理费和仓储损耗费。采购及保管费一般按材料到库价格以费率取定。采购及保管费中含增值税的主要是差旅费、仓库租赁费等,一般情况下需要抵扣的进项税额非常小,可忽略不计。计算公式如下

除税后采购及保管费=(不含税材料原价+不含税运杂费+不含税运输损耗费)×采购及保管费率　　(3-56)

5) 材料单价的确定

综上所述,材料单价的一般计算公式为

材料单价=[(不含税材料原价+不含税运杂费)×(1+运输损耗率)]×(1+采购及保管费率)　　(3-57)

同理,工程设备单价的计算公式为

工程设备单价=(不含税设备原价+不含税运杂费)×(1+采购及保管费率)　　(3-58)

例 3-14　某建筑工地需用某种材料 1 800 t,由供销部门供应,每吨原价为 1 170 元,增值税税率为 17%,运输费为 11.1 元/(t·km),增值税税率为 11%,平均运距为 10 km,场外运输损耗率为 1%,采购及保管费率为 2%,每吨材料检验试验费为 18 元,则该材料的预算价格为多少?

解　材料价格=[1 170/(1+17%)+11.1×10/(1+11%)]×(1+1%)×(1+2%)元/t

=1 133.22 元/t

每吨材料检验试验费 18 元计入企业管理费中,不计入材料单价。该材料不含税预算价格为 1 133.22 元/t,如果材料市场信息价格以含税价形式发布,报价时应进行除税。

例 3-15　某地区 32.5 级普通硅酸盐水泥的供货厂家有三个,甲厂可以供货 30%,原价为 144.00 元/t,距市中心运距为 12.5 km;乙厂可以供货 40%,原价为 150.00 元/t,距市中心运距为 18 km;丙厂可以供货 30%,原价为 175.00 元/t,距市中心运距为 24 km。供销部门手续费率为 3%,每吨水泥为 20 袋,回收率为 50%,回收价值率为 50%,每个纸袋不含税单价为 0.80 元,均采用汽车运输,运距为 15~20 km,运费为 0.22 元/(t·km),装车费为 2.00 元/t(不含税),卸车费为 1.5 元/t(不含税),场外运输损耗率为 0.5%,采购及保管费率为 2.5%。已知水泥销售

适用的增值税税率为17%,运输费增值税税率为11%,试计算该地区32.5级普通硅酸盐水泥的预算价格。

解 (1) 32.5级普通硅酸盐水泥原价$=\sum$出厂价×供货比重

=(144.00×30%+150×40%+175×30%)/(1+17%)元/t

=133.08元/t

(2) 供销部门手续费=综合平均原价×供销部门手续费率

=133.08×3%元/t

=3.99元/t

(3) 包装费及包装品回收价值。

水泥采用纸袋包装,包装费已包含在材料原价内,不另计算,但包装品回收价值应在材料预算价格中扣除。

$$包装品回收价值=\frac{包装品原值\times回收率\times回收价值率}{包装品标准容量}$$

$$=\frac{20\times0.80\times50\%\times50\%}{1}元/t$$

$$=4.00元/t$$

(4) 运输损耗费。

平均运距$=\sum$(货源地至编制材料预算价格点的运距×供货比重)

=(12.5×30%+18×40%+24×30%)km

=18.15 km

运杂费=[(18.15×0.22)/(1+11%)+2.00+1.5]元/t=7.10元/t

场外运输损耗费=材料到仓库的价格×场外运输损耗率

=(133.08+3.99+7.10)×0.5%元/t

=0.72元/t

(5) 采购及保管费=(原价+供销部门手续费+包装费+运杂费+场外运输损耗费)×采购及保管费率

=(133.08+3.99+0+7.10+0.72)×2.5%元/t

=3.62元/t

(6) 32.5级普通硅酸盐水泥的预算价格=(原价+供销部门手续费+包装费+运杂费+场外运输损耗费+采购及保管费)-包装品回收价值

=[(133.08+3.99+0+7.10+0.72+3.62)-4.00]元/t

=144.51元/t

3. 影响材料预算价格变动的因素

(1) 市场供需变化。材料原价是材料预算价格最基本的组成部分。市场供大于求时,价格就会下降;反之,价格就会上升。从而也就影响材料预算价格的涨落。

(2) 材料生产成本的变动直接影响材料预算价格的波动。

(3) 流通环节的多少和材料供应体制也会影响材料预算价格。

(4) 国际市场行情会对进口材料价格产生影响。

3.4.5 机械台班预算价格的确定

机械台班使用费是指施工机械在一个台班中，为使机械正常运转所支出和分摊的各种费用之和。每个台班按 8 小时工作制计算。

随着建筑工业化的发展，施工机械化水平逐年提高，施工机械使用费在工程造价中的比重也相应增加。因此，正确地确定施工机械使用费，不仅能如实地确定工程的预算造价，而且也能加快建设速度，减轻劳动强度和尽快地发挥建设项目的投资效果。

施工机械的费用按因素性质可以分为两大类：第一类费用和第二类费用。

1. 第一类费用的组成及计算方法

这类费用不因施工地点、条件的不同而发生大的变化，是一种比较固定的费用，也把它称为不变费用。第一类费用包括折旧费、大修理费、经常修理费、安拆费及场外运输费。

1）折旧费

机械台班折旧费是指施工机械在规定的使用年限内，陆续收回其原值及购置资金的时间价值，计算公式如下

$$\text{机械台班折旧费}=\frac{\text{机械预算价格}\times(1-\text{机械残值率})\times\text{贷款利息系数}}{\text{使用总台班}} \tag{3-59}$$

（1）机械预算价格。

机械预算价格包括机械的买价及其价外费用，它是指机械出厂（或到岸完税）价格，及机械从交货地点或口岸运至使用单位机械管理部门的全部运杂费之和。

国产机械的预算价格按照机械原值、供销部门手续费和一次运杂费及车辆购置费之和计算。进口机械的预算价格依据外贸、海关等部门的现行规定及企业购置机械设备发票中外币值乘以当前的外币汇率计算，按照机械原值、关税、增值税、消费税、外贸手续费和国内运杂费、财务费、车辆购置费之和计算。如果机械预算价格含增值税，应进行除税处理。

$$\text{不含税机械预算价格}=\text{含税机械预算价格}\div(1+\text{增值税税率}) \tag{3-60}$$

如果采购、运输等环节的增值税税率不同，应分别除税。

机械原值应按下列途径询价、采集：

① 编制期施工企业已购进施工机械的成交价格；

② 编制期国内施工机械展销会发布的参考价格；

③ 编制期施工机械生产厂、经销商的销售价格。

根据上述资料列表对比分析，合理取定。对于少数无法取得实际价格的机械，可用同类机械或相近机械的价格采用内插法和比例法取定其价格。

供销部门手续费和一次运杂费可按机械原值的 5%计算。

车辆购置费应按计税价格与税率之积计算。

（2）机械残值率。

机械残值率是指施工机械报废时其回收的残余价值占机械原值（机械预算价格）的比率。残值率依据财政部、中国人民建设银行〔93〕财预字第 6 号文件《施工、房地产开发企业财务制度》第三十三条规定确定，净残值率按照资产原值的 3%～5%确定。《全国统一施工机械台班费用定额》根据上述规定，结合施工机械残值回收实际情况，将各类施工机械残值率确定如下：运输机械为 2%，掘进机械为 5%，特大型机械为 3%，中、小型机械为 4%。

(3) 贷款利息系数。

为补偿企业贷款购置机械设备所支付的利息，从而合理反映资金的时间价值，以大于1的贷款利息系数，将贷款利息(单利)分摊到台班折旧费中。

设折现率为 i，折旧年限为 n，机械预算价值为 p，每年计提(本金减少)为 p/n，则贷款利息为

第一年利息为 pi，

第二年利息为 $\left(p-\dfrac{p}{n}\right)i$，

第三年利息为 $\left(p-\dfrac{2p}{n}\right)i$，

⋮

第 n 年利息为 $\left[p-\dfrac{(n-1)p}{n}\right]i$，

将每年的利息相加，则可得出

$$贷款利息系数=1+\frac{(n+1)}{2}i \tag{3-61}$$

其中，年折现率应按编制期银行年贷款利率确定。

(4) 机械使用总台班。

机械使用总台班也称为机械耐用总台班，是指机械在正常施工作业条件下，从投入使用起到报废止，按规定应达到的使用台班数。

机械使用寿命一般可分为机械技术使用寿命和机械经济使用寿命。

机械技术使用寿命是指机械在不实行总体更换的条件下，经过修理仍无法达到规定性能指标的使用期限。

机械经济使用寿命是指从最佳经济效益的角度出发，机械使用投入费用最低时的使用期限。超过经济使用寿命的机械虽仍可使用，但由于机械技术性能不良，完好率下降，燃料、润滑料消耗增加，生产效率降低，导致生产成本增高。

《全国统一施工机械台班费用定额》中的机械耐用总台班是以机械经济使用寿命为基础，并依据国家有关固定资产折旧年限规定，结合施工机械工作对象和环境以及每年能达到的工作台班确定的。

机械使用总台班的计算公式为

$$机械使用总台班=年工作台班\times折旧年限$$

或

$$机械使用总台班=大修间隔台班\times使用周期 \tag{3-62}$$

年工作台班是根据有关部门对各类机械最近三年的统计资料分析确定的。

大修间隔台班是指机械自投入使用起至第一次大修止或自上一次大修后投入使用起至下一次大修止，应达到的使用台班数。

使用周期是指机械在正常的施工作业条件下，将其寿命期按规定的大修理次数划分为若干个周期，其计算公式为

$$使用周期=寿命期大修理次数+1 \tag{3-63}$$

例 3-16 某建筑施工机械耐用总台班数为2 000台班，使用寿命为7年，该机械预算价格为5万元，增值税税率为17%，机械残值率为2%，银行贷款利率为5%，则该机械台班折旧费为多少？

 贷款利息系数$=1+\frac{(7+1)}{2}\times 5\%=1.2$

$$机械台班折旧费=\frac{5\times 10^4/(1+17\%)\times(1-2\%)\times 1.2}{2\ 000}元/台班=25.13元/台班$$

2）大修理费

大修理费是指施工机械按规定的大修理间隔台班进行必要的大修理，以恢复机械正常功能所需的费用。机械台班大修理费是机械使用期限内全部大修理费之和在台班费用中的分摊额，其计算公式是

$$\begin{aligned}机械台班大修理费=&(一次检修费\times检修次数)\div使用总台班\\&\times[自行检修比例+委托检修比例\div(1+增值税税率)]\end{aligned}\tag{3-64}$$

一次大修理费是指按机械设备规定的大修理范围和工作内容，进行一次全面修理需消耗的工时，配件、辅助材料、燃油费及送修运输等全部费用。

寿命期大修理次数是指为恢复原机功能，按规定在寿命期内需要进行的大修理次数。

3）经常修理费

经常修理费指施工机械除大修理以外的各级保养和临时故障排除所需的费用，内容包括为保障机械正常运转而需替换的设备与随机配备工具、附具的摊销和维护费，机械运转时日常保养所需润滑与擦拭的材料费及机械停滞期间的维护和保养费等，即机械寿命期内上述各项费用之和。其计算公式为

机械台班经常修理费＝{各级保养一次费用×［自行检修比例＋委托检修比例÷(1＋增值税税率)]×各级保养次数＋临时故障排除费}÷耐用总台班＋替换设备及工具、附具台班摊销费÷(1＋增值税税率)　(3-65)

为简化计算，编制台班费用定额时也可采用下列公式

$$机械台班经常修理费=台班大修费\times K\tag{3-66}$$

式中

$$K=\frac{机械台班经常修理费}{机械台班大修理费}\tag{3-67}$$

(1) 各级保养一次费用：指机械在各个使用周期内为保证机械处于完好状况，必须按规定的各级保养间隔周期、保养范围和内容进行的一、二、三级保养或定期保养所消耗的工时、配件、辅助材料、油燃料等的费用。

(2) 保养次数：指一、二、三级保养或定期保养在寿命期内各个使用周期中保养次数之和。

(3) 临时故障排除费：指机械除规定的大修理及各级保养以外，临时故障所需费用以及机械在工作日以外的保养维护所需润滑擦拭材料费，可按各级保养费用之和的3%计算。

(4) 替换设备及工具、附具台班摊销费：指轮胎、电缆、蓄电池、运输皮带、钢丝绳、胶皮管、履带板等消耗性设备和按规定随机配备的全套工作附具的台班摊销费用，其计算公式为

$$替换设备及工具、附具台班摊销费=\sum\frac{某替换设备工具附件一次使用量\times预算单价\times(1-残值率)}{替换设备及工具、附具耐用台班}\tag{3-68}$$

上式中的预算单价如含增值税，应进行除税处理。

4）安拆费及场外运输费

安拆费指施工机械在现场进行安装与拆卸所需的人工、材料、机械和试运转费用，以及机械辅助设施的折旧、搭设、拆除等费用。

场外运输费指施工机械整体或分体自停放地点运至施工现场或由一施工地点运至另一施工

地点的运输、装卸、辅助材料及架线等费用。

安拆费及场外运输费根据施工机械的不同分为三种类型。

a. 工地间移动较为频繁的中、小型机械，安拆费及场外运输费应计入台班单价。运输距离均应按 25 km 考虑。

一般情况下，安拆费及场外运输费的增值税税率不同，应分别计算。

机械台班安拆费＝一次安装拆卸费×[不可扣减比例＋可扣减比例÷(1＋增值税税率)]×年平均安拆次数÷年工作台班 (3-69)

机械台班场外运输费＝一次场外运输费×[不可扣减比例＋可扣减比例÷(1＋增值税税率)]×年平均运输次数÷年工作台班 (3-70)

式中，可扣减比例指安拆、运输过程中征收增值税的比例。

b. 移动有一定难度的大型机械，其安拆费及场外运输费应单独计算，计入措施费中。单独计算的安拆费及场外运输费除应计算安拆费、场外运输费外，还应计算辅助设施(包括基础底座、固定锚桩、轨道枕木等)的折旧、搭设和拆除等费用。同样应对征收增值税的环节进行除税处理。

c. 不需安装、拆卸且自身又能开行的机械和固定在车间且不需安装、拆卸及运输的机械，其安拆费及场外运输费不需计算。

2. 第二类费用的组成及计算方法

这类费用常因施工地点和条件的不同而有较大的变化，也称为可变费用。它在施工机械台班定额中，是以每台班实物消耗量指标来表示的，包括机上人工费、燃料动力费、其他税费。

1) 机上人工费

机上人工费是指机上司机(司炉)和其他操作人员的工作日人工费及上述人员在施工机械规定的年工作台班以外的人工费。它是按施工定额、不同类型机械使用性能配备的一定技术等级的机上人员的工资。

台班人工费＝人工消耗量×人工单价 (3-71)

2) 燃料动力费

燃料动力费是指施工机械在运转作业中所消耗的固体燃料(煤、木柴)、液体燃料(汽油、柴油)及水、电费用等，其计算公式为

台班燃料动力费＝台班燃料动力消耗量×燃料动力单价÷(1＋增值税税率) (3-72)

燃料动力消耗量应根据施工机械技术指标及实测资料综合确定。燃料动力单价应执行编制期工程造价管理部门的有关规定。

3) 其他税费

其他税费指施工机械按照国家规定和有关部门规定应缴纳的养路费、车船使用税、保险费及年检费等，其计算公式为

$$台班其他税费=\frac{年养路费+年车船使用税+年保险费+年间费用}{年工作台班} \quad (3\text{-}73)$$

综上所述，机械台班单价的计算公式为

机械台班单价＝机械台班折旧费＋机械台班大修理费＋机械台班经常修理费＋机械台班安拆费及场外运输费＋台班人工费＋台班燃料动力费＋台班其他税费 (3-74)

由于机械在购买、运输、安装、拆除等环节的增值税税率不同，应当分别核算除税，如果未分别核算，则应提高适用税率。

3. 影响机械台班单价变动的因素

(1) 施工机械的价格。它会影响折旧费，从而影响机械台班单价。

(2) 机械使用年限。它不仅影响折旧费提取，也影响到大修理费和经常修理费的开支。

(3) 机械的使用效率和管理水平。

(4) 政府征收税费的规定等。

3.5 概算定额与概算指标

3.5.1 概算定额

1. 概算定额的概念

概算定额是在预算定额基础上确定的完成合格的扩大分项工程或扩大结构构件所需消耗的人工、材料和机械台班的数量标准。

概算定额是预算定额的合并与扩大。它将预算定额中有联系的若干个分项工程项目综合为一个概算定额项目。如砖基础概算定额项目就是以砖基础为主，综合了平整场地、挖地槽、铺设垫层、砌砖基础、铺设防潮层、回填土及运土等预算定额中的分项工程项目。由于概算定额综合了若干分项工程的预算定额，因此，设计概算的编制比施工图预算的编制简单一些。

2. 概算定额的作用

(1) 概算定额是初步设计阶段编制概算、修正概算的主要依据。建设程序规定：采用两个阶段设计时，其初步设计必须编制概算；采用三个阶段设计时，其技术设计必须编制修正概算，对拟建项目进行总估价。

(2) 概算定额是对设计项目进行技术经济分析、比较的基础资料之一。设计方案比较的目的是选择出技术先进可靠、经济合理的方案，在满足使用功能的条件下，达到降低造价和资源消耗的目的。概算定额在采用扩大综合项目后，为设计方案的比较提供了方便条件。

(3) 概算定额是建设工程主要材料计划编制的依据。根据概算定额所列材料消耗指标计算工程用料数量，可在施工图设计之前提出供应计划，为材料的采购、供应做好施工准备，提供前提条件。

(4) 概算定额是编制概算指标的依据。

3. 概算定额的编制原则和依据

1) 概算定额的编制原则

概算定额应该贯彻社会平均水平和简明适用的原则。

概算定额和预算定额由于都是工程计价的依据，所以应符合价值规律和反映现阶段生产力水平。在概算定额、预算定额水平之间应保留必要的幅度差。概算定额的内容和深度是以预算定额为基础的综合和扩大，在合并时不得遗漏或增加项目，以保证其严密性和正确性。总之，应使概算定额简化、准确和适用。

2) 概算定额的编制依据

(1) 现行的设计标准及规范和施工及验收规范。

(2) 现行的建筑安装工程预算定额。

(3) 具有代表性的标准设计图纸和其他设计资料。

(4) 现行的人工工资标准、材料预算价格、机械台班预算价格及其他的价格资料。

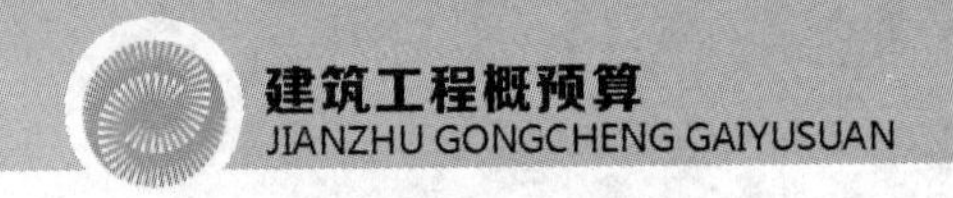

4. 概算定额的编制步骤

概算定额的编制一般分为三个阶段进行，即准备阶段、编制初稿阶段和审查定稿阶段。

1）准备阶段

准备阶段主要是确定编制机构和人员组成，进行调查研究，了解现行概算定额执行情况和存在问题，明确编制的目的，制订概算定额的编制方案和确定概算定额的项目。

2）编制初稿阶段

根据已经确定的编制方案和概算定额的项目，收集、整理各种编制依据，对各种资料进行深入、细致的测算和分析，确定人工、材料和机械台班的消耗量指标，最后编制概算定额初稿。

3）审查定稿阶段

审查定稿阶段主要是测算概算定额水平，即测算新编制概算定额与原概算定额及现行预算定额之间的水平差。测算的方法是：既要分项进行测算，又要通过编制单位工程概算进行综合测算。概算定额经测算比较后可报送国家授权机关审批。

5. 概算定额的组成内容

概算定额（手册）的组成内容主要有定额总说明，建筑面积计算规则，分章说明，定额项目表和附录、附件五部分内容。

1）定额总说明

定额总说明的主要内容包括定额的编制原则、定额的编制依据、定额的适用范围、定额的主要作用，同时说明定额编制时所考虑的因素和条件，以及适用定额的有关规定等。

2）建筑面积计算规则

建筑面积计算规则主要规定了建筑面积的计算范围和计算方法，同时也规定了不能计算建筑面积的项目和范围。

3）分章说明

分章说明主要说明各分部工程所包括的主要项目及工作内容、编制中有关问题的说明、使用本章定额的方法和规定、分部分项工程量计算规则等。

4）定额项目表

定额项目表一般由工程内容（在表头部分），定额编号，项目名称，计量单位，该项目人工、材料、机械台班消耗量及相对应的人工费、材料费、机械费组成，同时还列出该项目的概算单价。

5）附录、附件

表 3-7 所示是现浇钢筋混凝土柱的概算定额，可以按工程结构或工程部位对工程定额项目进行划分。

表 3-7 现浇钢筋混凝土柱的概算定额 计量单位：10 m³

概算定额编号				4-3		4-3	
项目		单位	单价/元	矩形柱			
				周长 1.8 m 以内		周长 1.8 m 以外	
基准价		元	—	13 428.76		12 947.26	
其中	人工费	元	—	2 116.40		1 728.76	
	材料费	元	—	10 272.03		10 361.83	
	机械费	元	—	1 040.33		856.67	
合计工		工日	22.00	96.20	2 116.40	78.58	1 728.76

续表

概算定额编号				4-3		4-3	
项目		单位	单价/元	矩形柱			
				周长 1.8 m 以内		周长 1.8 m 以外	
材料	中(粗)砂(天然)	t	—	—	339.98	—	315.74
	碎石 5～20 mm	t	35.81	9.494	441.65	8.817	441.65
	石灰膏	m^3	36.18	12.207	20.75	12.207	14.55
	普通木成材	m^3	98.89	0.221	302.00	0.155	187.00
	圆钢(钢筋)	t	1 000.00	0.302	6 564.00	0.187	7 221.00
	组合钢模板	kg	3 000.00	2.188	257.66	2.407	159.39
	钢支撑(钢管)	kg	4.00	64.416	165.70	39.848	102.50
	零星卡具	kg	4.85	34.165	135.82	21.134	84.02
	铁钉	kg	4.00	33.594	18.42	21.004	11.40
	镀锌铁丝 22#	kg	5.96	3.091	67.53	1.912	74.29
	电焊条	kg	8.07	8.368	122.65	9.206	134.94
	803 涂料	kg	7.84	15.644	33.32	17.212	23.26
	水	m^3	1.45	22.901	12.57	16.038	12.21
	水泥 42.5 级	kg	0.99	12.700	166.11	12.300	129.28
	水泥 52.5 级	kg	0.25	664.459	1 242.36	517.117	1 242.36
	脚手架	元	0.30	4 141.200	196.00	4 141.200	90.60
	其他材料费	元	—	—	185.62	—	117.64
机械	垂直运输费	元	—	—	628.00	—	510.00
	其他机械费	元	—	—	412.33	—	346.67

工程内容：模板制作、安装、拆除，钢筋制作、安装，混凝土浇捣，抹灰，刷浆。

使用概算定额编制设计概算时，对未综合到的预算定额中的零星分项工程，应以零星工程列项，一般按直接费的3%～5%列入设计概算的直接费中。这也是概算定额与预算定额之间允许的幅度差。

3.5.2 概算指标

1. 概算指标的概念

概算指标比概算定额的综合性更强，它是以整个建筑物或构筑物为对象，以建筑面积、体积或成套设备装置的台或组为计量单位而规定的人工、材料和机械台班的消耗量标准和造价指标。它的数据均来自预算资料和决算资料，即用其建筑面积或体积除以工程造价，或造价除所需的各种工料而得。

概算定额与概算指标的主要区别如下。

1）确定各种消耗量指标的对象不同

概算定额是以单位扩大分项工程或单位扩大结构构件为对象，而概算指标是以整个建筑物或构筑物为对象。因此，概算指标比概算定额更加综合与扩大。

2）确定各种消耗量指标的依据不同

概算定额是以现行预算定额为基础，通过计算综合确定出的各种消耗量指标；而概算指标中的各种消耗量指标的确定，是来自预算资料和决算资料。

2. 概算指标的作用

概算指标主要用于投资估算、初步设计阶段，其作用主要体现在以下几个方面：

(1) 概算指标可以作为编制建设项目投资估算的参考；

(2) 概算指标中的主要材料指标可以作为匡算主要材料用量的依据；

(3) 概算指标是设计单位和建设单位进行设计方案比较和分析投资经济效果的尺度；

(4) 概算指标是编制固定资产计划、确定投资额的主要依据。

3. 概算指标的编制依据

概算指标的编制依据如下：

(1) 标准设计图纸和各类工程的典型设计图纸；

(2) 国家颁发的建筑标准，设计和施工规范、规程等法规；

(3) 各类工程的造价指标和结算资料；

(4) 现行的概算定额和预算定额；

(5) 其他相关资料。

4. 概算指标的组成内容

概算指标的组成内容一般分为文字说明、列表及必要的附录。

(1) 总说明和分册说明。其内容一般包括：概算指标的编制范围、编制依据、分册情况、指标包括的内容、指标未包括的内容、指标的使用方法、指标允许调整的范围及调整方法等。

(2) 列表形式。总体来讲分为以下几部分：①示意图，表明工程的结构、工业项目，还表示出吊车及起重能力等；②结构特征说明及概算指标的使用条件，可以作为不同结构进行换算的依据，如表 3-8 所示；③经济指标，包括工程造价指标，人工、材料消耗指标，如表 3-9 所示。

表 3-8　内浇外砌住宅结构特征

结构类型	层数	层高	檐高	建筑面积
内浇外砌	六层	2.8 m	17.7 m	4 206 m^2

表 3-9　内浇外砌住宅经济指标　（100 m^2 建筑面积）

项目		合计/元	其中				
			直接费/元	间接费/元	计划利润/元	其他/元	税金/元
单方造价		37 745	21 860	5 576	1 893	7 323	1 093
其中	土建	32 424	18 778	4 790	1 626	6 291	939
	水暖	3 182	1 843	470	160	617	92
	电照	2 139	1 239	316	107	415	62

5. 概算指标的表现形式

概算指标在具体内容的表示方法上，分为综合概算指标和单项概算指标两种形式。

1) 综合概算指标

综合概算指标是按照工业或民用建筑及其结构类型而制订的概算指标。综合概算指标的概括性较大，其准确性、针对性不如单项概算指标。

2) 单项概算指标

单项概算指标是指以某种建筑物或构筑物为分析对象而编制的概算指标。单项概算指标的针对性较强，只要工程项目的结构形式及工程内容与单项概算指标中的工程概况相吻合，编制出的设计概算就比较准确。

6. 概算指标的编制步骤

概算指标可按以下步骤进行编制。

(1) 首先成立编制小组，拟订工作方案，明确编制原则和方法，确定指标的内容及表现形式，确定基价所依据的人工工资单价、材料预算价格、机械台班单价。

(2) 收集具有代表性的工程设计图纸、设计预算等资料，充分利用有使用价值的已经积累的工程造价资料。

(3) 按已确定的内容及表现形式的要求进行具体的计算分析，工程量尽可能利用经过审定的工程竣工结算的工程量，以及可以利用的可靠的工程量数据。由于原工程设计自然条件等的不同，必要时还要进行调整换算。按基价所依据的价格要求计算综合指标，并计算必要的主要材料消耗指标。用于调整价差的人工、材料、机械消耗指标，一般可按不同类型工程划分项目进行计算。

(4) 最后进行核对审核、平衡分析、定额水平测算、审查定稿。

7. 概算指标的编制方法

首先编制资料审查意见表，主要填写设计资料名称、设计单位、设计日期、建筑面积及结构情况，提出审查和修改意见表；其次在计算工程量的基础上，编写单位工程预算书，据以确定每 100 m^2 建筑面积及结构构造情况，以及人工、材料、机械消耗指标和单位造价。

计算工程量就是根据选择好的设计图纸，计算出每一结构构件或分部工程的工程数量，然后按编制方案规定的项目进行合并。工程量指标是概算指标中的重要内容，它详尽地说明了建筑物的结构特征，同时也规定了概算指标的适用范围。所以，计算标准设计和典型设计的工程量是编制概算指标的重要环节。

在这里，计算工程量有两个目的。第一个目的是以每 100 m^2 建筑面积为计量单位(或其他计量单位)，换算出某种类型建筑物所包含的各结构构件和分部工程量指标。

例如，根据某砖混结构的住宅工程的典型设计图纸的结果，已知带形基础(毛石)的工程量为 674 m^3，混凝土基础的工程量为 542 m^3，该砖混结构的住宅的建筑面积为 1 260 m^2，则每 100 m^2 的该建筑物的带形基础和混凝土基础的工程量指标分别为

$$\frac{674}{1\ 260}\times 100\ m^3 = 53.49\ m^3$$

$$\frac{542}{1\ 260}\times 100\ m^3 = 43.02\ m^3$$

计算工程量的另一个目的是计算出人工、材料和施工机械的消耗指标，并计算出工程的单位

造价。其方法是按照所选择的设计图纸、现行的概预算定额、各类价格资料，编制单位工程概算或预算，并将各种人工、材料和机械的消耗量汇总，计算出人工、材料、机械的总用量，然后再计算出每平方米建筑面积（或每立方米建筑体积）的单位造价，并计算出计量单位所需的主要人工、材料和机械的消耗量指标。次要人工、材料和机械的消耗量，综合为其他人工、其他材料和其他机械费用，用金额“元”表示。

经过上述编制方法确定和计算出的概算指标，要经过比较平衡、调整和水平测算对比及试算修订后，才能最后定稿报批。

3.6 投资估算指标

3.6.1 投资估算指标的概念及作用

投资估算指标属于项目建设前期进行投资估算的技术经济指标，该指标不但要反映实施阶段的静态投资，还必须反映项目建设前期和交付使用期内发生的动态投资。投资估算包括主体工程及其相关的外部协作配套工程的投资以及流动资金的估算，包含项目建设的全部投资额。工程建设投资估算指标是编制建设项目建议书、可行性研究报告等前期工作阶段投资估算的依据，也可以作为编制固定资产长远规划投资额的参考。投资估算指标为完成项目建设的投资估算提供依据和手段，该指标在固定资产的形成过程中起着投资预测、投资控制、投资效益分析的作用，是合理确定项目投资的基础。

3.6.2 投资估算指标的编制原则

以投资估算指标为依据编制的投资估算，包含项目建设的全部投资额。这就要求投资估算指标比其他各种计价定额具有更大的综合性和概括性。

(1) 投资估算指标的分类、项目划分、项目内容、表现形式等要结合各专业的特点，且要与项目建议书、可行性研究报告的编制深度相适应。

(2) 投资估算指标的编制内容、典型工程的选择，必须遵循国家有关建设方针政策，符合国家技术发展方向，使指标的编制既能反映现实的高科技成果，反映正常建设条件下的造价水平，也能适应今后若干年的科技发展水平。

(3) 投资估算指标的编制要反映不同行业、不同项目和不同工程的特点。

(4) 投资估算指标的编制要贯彻能分能合、有粗有细、细算粗编的原则，既能反映一个建设项目的全部投资及其构成，又要有各单项工程的投资标准，做到既能综合使用，又能个别分解使用。

(5) 投资估算指标的编制要贯彻静态和动态相结合的原则，考虑到建设期价格、利息、汇率等因素的变动对投资估算的影响，给予必要的调整办法和调整参数。

3.6.3 投资估算指标的内容

投资估算指标是确定和控制建设项目全过程各项投资支出的技术经济指标，其范围涉及建设前期、建设实施期和竣工验收交付使用期等各个阶段的费用支出，内容因行业不同而各异，一般可以分为建设项目综合指标、单项工程指标和单位工程指标三个层次。

1. 建设项目综合指标

建设项目综合指标是指按规定应列入建设项目总投资的从立项筹建开始至竣工验收交付使用的全部投资额,包括单项工程投资、工程建设其他费用和预备费等。

建设项目综合指标一般以项目的综合生产能力单位投资表示,如元/吨、元/千瓦,或以使用功能表示,如医院床位可用元/床表示。

2. 单项工程指标

单项工程指标是指按规定应列入能独立发挥生产能力或使用效益的单项工程内的全部投资额,包括建设工程费用,安装工程费用,设备、工器具及生产家具购置费和其他费用。单项工程的一般划分原则如下。

(1) 主要生产设施:指直接参与生产产品的工程项目,包括生产车间或生产装置。

(2) 辅助生产设施:指为主要生产车间服务的工程项目,包括集中控制室、中央实验室、机修、电修、仪器仪表修理及木工(模)等车间,原材料、半成品、成品及危险品等仓库。

(3) 公用工程:包括给水排水系统(给水排水泵房、水塔、水池及全厂给水排水管网)、供热系统(锅炉房及水处理设施、全厂热力管网)、供电及通信系统(变配电所、开关所及全厂输电、电信线路),以及热电站、热力站、煤气站、空压站、冷却塔和全厂管网等。

(4) 环境保护工程:包括废气、废渣、废水等处理和综合利用设施及全厂性绿化。

(5) 总图运输工程:包括厂区防洪、围墙大门、传达及收发室、汽车库、消防车库、厂区道路、厂区码头及厂区大型土石方工程。

(6) 厂区服务设施:包括厂部办公室、厂区食堂、医务室、浴室、哺乳室、自行车棚等。

(7) 生活福利设施:包括职工医院、住宅、生活区、食堂、职工医院、俱乐部、托儿所、幼儿园、子弟学校、商业服务点,以及与之配套的设施。

(8) 厂外工程:如水源工程,厂外输电、输水、排水、通信、输油等管线,以及公路、铁路专用线等。

单项工程指标一般以单项工程生产能力单位投资,如元/t 或其他单位表示,如变配电站:元/(kV·A);锅炉房:元/蒸汽吨;供水站:元/m^3;办公室、仓库、宿舍、住宅等房屋则区别于不同结构形式,以元/m^2 表示。

3. 单位工程指标

单位工程指标是指按相关规定应列入能独立设计、施工的工程项目的费用,即建筑安装工程费用。

单位工程指标一般以下述方式表示:房屋区别于不同结构形式,以元/m^2 表示;道路区别于不同结构层、面层,以元/m^2 表示;水塔区别于不同结构层、容积,以元/座表示;管道区别于不同材质、管径,以元/m 表示。

3.6.4 投资估算指标的编制方法

投资估算指标的编制工作,涉及建设项目的产品规模、产品方案、工艺流程、设备选型、工程设计和技术经济等方面,既要考虑到现阶段的技术状况,又要展望近期技术发展趋势和设计动向,从而可以指导以后建设项目的实践。投资估算指标的编制应当成立专业齐全的编制小组,编制人员应具备较高的专业素质,且应制订一个包括编制原则、编制内容、指标的层次相互衔接、项目划分、表现形式、计量单位、计算、复核、审查程序等内容的编制方案或编制细则,以便编制工作有章可循。投资估算指标的编制一般分为三个阶段进行。

1. 收集整理资料阶段

收集整理已建成或正在建设的，符合现行技术政策和技术发展方向，有可能重复采用的，有代表性的工程设计施工图、标准设计及相当的竣工决算或施工图预算资料等，这些资料是编制工作的基础。同时，对调查收集到的资料要选择占投资比重大、相互关联多的项目进行认真的分析整理。已建成或正在建设的工程由于设计意图、建设时间和地点、资料的基础等不同，相互之间的差异很大，需要去粗取精、去伪存真地加以整理，才能重复利用。将整理后的数据资料按项目划分栏目加以归类，按照编制年度的现行定额、费用标准和价格，调整成编制年度的造价水平及相互比例。

2. 平衡调整阶段

由于调查收集的资料来源不同，虽然经过一定的分析整理，但难免会因为设计方案、建设条件和建设时间上的差异带来的某些影响，使数据失准或漏项等，必须对相关资料进行综合平衡调整。

3. 测算审查阶段

将新编的指标和选定工程的概预算，在同一价格条件下进行比较，检验其“量差”的偏离程度是否在允许偏差的范围之内。若偏差过大，则要查找原因，进行修正，以保证指标的确切、实用。测算的同时也是对指标编制质量进行的一次系统检查，应由专人进行，以保证测算口径的统一，在此基础上组织相关专业人员予以全面审查定稿。

由于投资估算指标的计算工程量非常大，在现阶段计算机已经广泛普及的条件下，应尽可能应用电子计算机进行投资估算指标的编制工作。

思考题

一、单选题

1. 概算定额与预算定额的主要不同之处在于(　　)。

A. 贯彻的水平原则不同　　B. 表达的主要内容不同

C. 表达的方式不同　　D. 项目划分和综合扩大程度不同

2. 在计算预算定额人工工日消耗量时，对于工种间的工序搭接及交叉作业相互配合影响所发生的停歇用工，应列入(　　)。

A. 辅助用工　　B. 人工幅度差　　C. 基本用工　　D. 超运距用工

3. 下列各项指标，不属于投资估算指标内容的是(　　)。

A. 分部分项工程指标　　B. 单位工程指标

C. 单项工程指标　　D. 建设项目综合指标

4. 建筑工程费用属于(　　)。

A. 单位工程指标　　B. 建设项目综合指标　　C. 分项工程指标　　D. 单项工程指标

5. 属于建设项目综合指标的是(　　)。

A. 建筑工程费用　　B. 安装工程费用

C. 设备、工器具及生产家具购置费　　D. 工程建设其他费用

6. 有关对概算指标的描述，说法错误的是(　　)。

A. 单项概算指标是指为某种建筑物或构筑物而编制的概算指标

B. 综合概算指标的概括性较小

C. 综合概算指标是按照工业或民用建筑及其结构类型而制定的概算指标

D. 综合概算指标的准确性、针对性不如单项概算指标

7. 企业定额(施工定额)的编制应反映(　　)。

A. 社会平均水平　　B. 平均先进水平　　C. 社会先进水平　　D. 企业实际水平

8. 某项目建设期两年，第一年贷款 100 万元，第二年贷款 200 万元，贷款分年度均衡发放，年利率为 10%，则建设期贷款利息为(　　)万元。

A. 30　　B. 15　　C. 25.5　　D. 25

9. (　　)是预算定额编制的依据。

A. 现行劳动定额和施工定额　　B. 现行概算定额和概算指标

C. 综合预算定额　　D. 补充定额

10. 人工定额的两种表现形式为(　　)。

A. 时间定额和产量定额　　B. 预算定额和概算定额

C. 概算定额和概算指标　　D. 台班定额和材料定额

二、多选题

1. 关于对概算定额主要作用的表述，正确的是(　　)。

A. 概算定额是对生产要素提出需要量计划的依据

B. 概算定额是进行竣工决算和评价的依据

C. 概算定额是编制概算指标的依据

D. 概算定额是控制施工图预算的依据

E. 概算定额是编制施工预算的主要依据

2. 编制预算定额应依据(　　)。

A. 现行劳动定额　　B. 典型施工图纸　　C. 现行施工及验收规范

D. 新结构、新材料和先进施工方法　　E. 现行的概算定额

3. 概算指标主要用于投资估价、初步设计阶段，其作用主要有(　　)。

A. 概算指标中的主要材料指标可以作为估算主要材料用量的依据

B. 概算指标可以作为编制投资估算的参考

C. 概算指标是编制固定资产投资计划、确定投资额和主要材料计划的主要依据

D. 概算指标是编制决算书的依据

E. 概算指标是设计单位进行设计方案比较、设计技术经济分析的依据

4. 由于概算定额的使用范围不同，其编制依据也略有不同，其编制依据一般有(　　)。

A. 工程量清单　　B. 现行的设计规范　　C. 概算指标

D. 具有代表性的标准设计图纸　　E. 现行的人工工资标准

5. 概算定额应用规则包括(　　)。

A. 参考概算指标的应用规则

B. 符合概算定额规定的应用范围

C. 避免重复计算和漏项

D. 必要的调整和换算应严格按定额的文字说明和附录进行

E. 工程内容、计量单位及综合程度应与概算定额的一致

三、简答题

1. 简述建筑工程定额的特性。

2. 简述工时研究的方法有哪几种。

3. 材料预算价格是如何确定的?

4. 简述预算定额和施工定额的区别与联系。

5. 简述劳动定额的作用。

Chapter 4

第4章 工程量清单计价方法

知识点

本章介绍了工程量清单的基本概念、内容与编制方法，计价规范对清单计价的一般规定，清单计价的编制原理和方法，综合单价的计算程序和方法，以及招标控制价和投标报价的编制。通过本章学习，应了解现行计价规范的一般计价规定，熟悉工程量清单和工程量清单计价的相关概念，掌握工程量清单的编制和清单计价的方法，重点掌握清单计价方法——综合单价法。

重点

工程量清单（尤其是分部分项工程和单价措施项目清单与计价表、总价措施项目清单与计价表、其他项目清单与计价表）的编制，清单计价的原理和方法，确定综合单价的两种方法。

难点

综合单价的概念和编制原理、综合单价的含量法计算。

4.1 工程量清单的内容与编制

4.1.1 工程量清单概述

1. 工程量清单的概念

工程量清单是载明建设工程分部分项工程项目、措施项目、其他项目的名称和相应数量以及规费、税金项目等内容的明细清单。工程量清单是表示构成工程实体的各分部分项工程项目和各项施工措施项目的全部工程数量的明细表格，反映了为完成拟建招标工程需要实施的具体的分项内容和目标。

一个拟建项目的全部工程量清单包括分部分项工程项目清单、措施项目清单、其他项目清单、规费和税金项目清单。工程量清单中列出的工程量给各投标人必须按照清单表中的数量进行投标报价提供了公平竞争的共同平台，也使评标工作有了统一的尺度和依据。同时，工程量清单是工程量清单计价的基础，是编制招标控制价和投标报价、计算工程量、支付工程款、调整合同价款、办理竣工结算和工程索赔等的依据。但工程量清单中的数量属于“暂估量”的性质，只能作为投标人投标报价的参考，并不能作为承包人实际完成工程数量的依据，因而也不能作为发包人（业主）结算工程价款的依据。

2. 工程量清单的阶段划分

在建设工程发承包及实施过程的不同阶段，工程量清单可分别称为招标工程量清单、已标价工程量清单等。

招标工程量清单指招标人依据国家标准、招标文件、设计文件及施工现场实际情况编制的，随招标文件发布，供投标人投标报价的工程量清单，包括其说明和表格。

招标工程量清单是由具有编制能力的招标人或受其委托、具有相应资质的工程造价咨询人或招标代理人，将拟建招标工程的全部项目和内容，依据国家现行的工程量清单计价规范，国家或省级、行业建设主管部门颁发的计价依据和办法、招标文件的有关要求，结合建设工程项目的设计文件、技术资料和施工现场实际情况，计算并列出的各分部分项工程的工程量清单(附有相关的施工内容说明)。采用工程量清单方式招标发包工程时，招标工程量清单必须作为招标文件的组成部分，其准确性和完整性应由招标人负责。如委托工程造价咨询人或招标代理人编制，责任仍由招标人承担。招标工程量清单应以单位(或单项)工程为对象编制，体现了招标人要求投标人完成的工程项目和相应的工程数量，全面反映了投标报价的要求。

已标价工程量清单指构成合同文件组成部分的投标文件中已标明价格，经算术性错误修正(如有)且承包人已确认的工程量清单，包括其说明和表格。

已标价工程量清单是已填报价格的工程量清单，较招标工程量清单增加了项目综合单价和合价的标示。已标价工程量清单的格式必须与招标工程量清单的一致，否则应视为废标。投标人依据工程量清单进行投标报价，对工程量清单不负有核实的义务，更不具有修改和调整的权力。中标人与招标人签订工程施工合同后，在履约过程中发现工程量清单漏项或错算而引起合同价款调整的，应由招标人承担。

4.1.2 工程量清单的编制依据

工程量清单的编制依据包括：

(1)《建设工程工程量清单计价规范》(GB 50500—2013)和相关专业工程的国家计量规范，如《房屋建筑与装饰工程工程量计算规范》(GB 50854—2013)；

(2) 国家或省级、行业建设主管部门颁发的计价依据和办法；

(3) 建设工程设计文件及相关资料；

(4) 与建设工程项目有关的标准、规范、技术资料；

(5) 拟订的招标文件；

(6) 施工现场情况、地勘水文资料、工程特点及常规施工方案；

(7) 其他相关资料。

4.1.3 工程量清单的编制和标准格式

招标单位在工程方案设计、初步设计或部分施工图设计完成后，即可自行或委托工程造价咨询人(或招标代理人)，按照国家统一的工程量计算规范，以单位(或单项)工程为对象，编制含有拟建工程全部工程数量的招标工程量清单。招标工程量清单作为招标文件的组成部分，连同招标文件的其他内容一并发(发售)给各投标单位。招标工程量清单的粗细程度、准确程度取决于工程的设计深度及编制人员的技术水平和经验。

根据《建设工程工程量清单计价规范》(GB 50500—2013)的规定，招标工程量清单应以单位

（或单项）工程为单位进行编制，工程量清单的表格组成内容包括招标工程量清单封面，扉页，总说明，分部分项工程和单价措施项目清单与计价表、总价措施项目清单与计价表，其他项目清单与计价表，规费、税金项目计价表，发包人提供材料和工程设备一览表，主要材料和工程设备一览表。

1. 封面

封面包括项目名称、招标人名称、工程造价咨询人名称、编制时间，在招标人名称和工程造价咨询人名称的位置需单位盖章。招标工程量清单封面如图 4-1 所示。

______________________________工程

招标工程量清单

招　　标　　人：__________________

（单位盖章）

工程造价咨询人：__________________

（单位盖章）

年　月　日

图 4-1　招标工程量清单封面

2. 扉页

扉页应按规定的内容填写、签字、盖章，由造价人员编制的工程量清单应有负责审核的造价工程师签字、盖章。受委托编制的工程量清单，应有造价工程师签字、盖章，以及工程造价咨询人盖章。扉页具体包括项目名称、招标人名称、工程造价咨询人名称、其对应的法定代表人或授权人、编制人、复核人等内容，相应位置需签字或盖章。招标工程量清单扉页如图4-2所示。

<table>
<tr><td colspan="2" align="center">________________________________工程

招标工程量清单</td></tr>
<tr><td>招　标　人：________________
（单位盖章）</td><td>工程造价咨询人：________________
（单位盖章）</td></tr>
<tr><td>法定代表人
或其授权人：________________
（签字或盖章）</td><td>法定代表人
或其授权人：________________
（签字或盖章）</td></tr>
<tr><td>编　制　人：________________
（造价人员签字盖专用章）</td><td>复　核　人：________________
（造价人员签字盖专用章）</td></tr>
<tr><td>编制时间：　年　月　日</td><td>复核时间：　年　月　日</td></tr>
</table>

图4-2　招标工程量清单扉页

3. 总说明

(1) 工程概况：建设规模、工程特征、计划工期、施工现场实际情况、自然地理条件、环境保护要求等；

(2) 工程招标和专业工程发包范围；

(3) 工程量清单编制依据，如采用的标准图集、施工图纸；

(4) 工程质量、材料、施工等的特殊要求；

(5) 其他需要说明的问题。

4. 分部分项工程项目清单

1) 概念

分部工程是单项或单位工程的组成部分，是按结构部位、路段长度及施工特点或施工任务，将单项或单位工程划分为若干分部的工程；分项工程是分部工程的组成部分，是按不同施工方法、材料、工序及路段长度等，将分部工程划分为若干个分项或项目的工程。分部分项工程项目清单又称为实体分项工程量清单，是指表示拟建工程实体分项工程项目名称和相应数量的明细清单，是完整的建筑产品形体的组成部分。每个实体分项工程均表示一个不完整的建筑产品，清单中所有实体分项工程将构成完整的建筑产品。

实体清单项目的设置与承包人的施工方案、施工组织无多大关系，也不会因施工主体差异而不同。它的工程量应按照统一的工程量计算规则计算，工程数量是确定和唯一的。

2) 分部分项工程项目清单的组成要素

分部分项工程项目清单必须载明项目编码、项目名称、项目特征、计量单位和工程量。这五个要素在分部分项工程项目清单中缺一不可，其格式如表4-1所示。在编制和计价工程量清单时，全国实行分部分项工程量清单的“五个统一”，即项目编码统一、项目名称统一、项目特征统一、计量单位统一和工程量计算规则统一。

表4-1　分部分项工程和单价措施项目清单与计价表

工程名称：　　　　　　　　标段：　　　　　　　　第　页，共　页

序号	项目编码	项目名称	项目特征描述	计量单位	工程量	金额/元		
						综合单价	合价	其中：暂估价
本页小计								
合　计								

分部分项工程项目清单必须根据相关工程现行的国家计量规范规定的项目编码、项目名称、项目特征、计量单位和工程量计算规则进行编制。

(1) 分部分项工程项目清单工程名称的填写。

“工程名称”栏应填写详细具体的工程称谓。对于房屋建筑而言，习惯上并无标段划分，可不填写“标段”栏；但对于管道敷设、道路施工等，往往以标段划分，应填写“标段”栏。其他各表涉及此设置，处理方式相同。

(2) 分部分项工程项目清单项目编码的设置。

项目编码是分部分项工程项目清单项目名称的数字标识，以五级编码设置，采用 12 位阿拉伯数字表示。1～9 位应按计量规范的规定设置(即 9 位全国统一编码)，10～12 位应根据拟建工程的工程量清单项目名称和项目特征设置，同一招标工程的项目编码不得有重码。各级编码代表的含义如下：

① 第一级 1～2 位编码为工程分类顺序码，如 01 表示房屋建筑与装饰工程、02 表示仿古建筑工程、03 表示通用安装工程、04 表示市政工程、05 表示园林绿化工程、06 表示矿山工程、07 表示构筑物工程、08 表示城市轨道交通工程、09 表示爆破工程；

② 第二级 3～4 位编码为专业工程顺序码，如 01 表示土石方工程、02 表示地基处理与边坡支护工程、03 表示桩基工程、04 表示砌筑工程、05 表示混凝土及钢筋混凝土工程等；

③ 第三级 5～6 位编码为分部工程顺序码，如 01 表示土方工程、02 表示石方工程、03 表示回填工程等；

④ 第四级 7～9 位编码为分项工程项目名称顺序码，如 001 表示平整场地、002 表示挖一般土方、003 表示挖沟槽土方等；

⑤ 第五级 10～12 位编码为清单项目名称顺序码，如 001 可表示 120 mm 空心砖内墙、002 可表示 240 mm 空心砖外墙、003 可表示 240 mm 空心砖内墙。

当同一标段(或合同段)的一份工程量清单中含有多个单位工程且工程量清单是以单位工程为编制对象时，应特别注意对项目编码 10～12 位的设置不得有重码。例如一个合同段的工程量清单中含有三个单位工程，每一个单位工程中都有项目特征相同的实心砖墙砌体，在工程量清单中又需反映三个不同单位工程的实心砖墙砌体工程量时，工程量清单应以单位工程为编制对象，则第一个单位工程的实心砖墙的项目编码应为 010401003001，第二个单位工程的实心砖墙的项目编码应为 010401003002，第三个单位工程的实心砖墙的项目编码应为 010401003003，并分别列出各单位工程实心砖墙的工程量。

工程量清单项目编码结构(以房屋建筑与装饰工程为例)如图 4-3 所示。

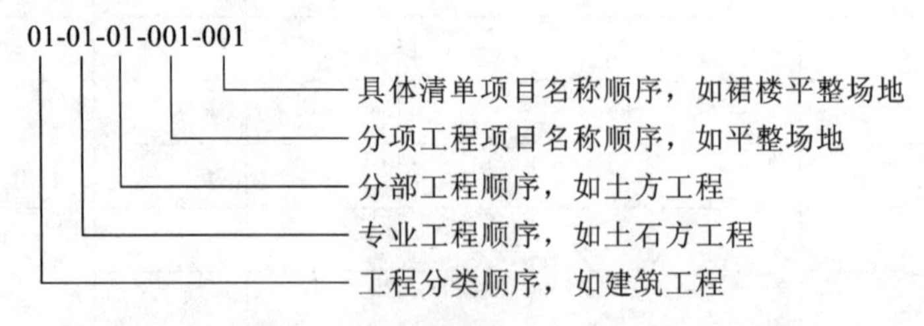

图 4-3　工程量清单项目编码结构

(3) 分部分项工程项目清单项目名称的确定。

① 分部分项工程项目清单项目名称应按计量规范附录中的项目名称，结合拟建工程的实际

情况确定。编制分部分项工程项目清单时，以附录中的分项工程项目名称为基础，考虑该项目的规格、型号、材质等特殊要求，并结合拟建工程的实际情况，使其工程量清单项目名称具体化、细化，以反映影响工程造价的因素。例如"墙面一般抹灰"这一分项工程在形成工程量清单项目名称时，可以细化为"外墙面抹灰""内墙面抹灰"等。

② 分部分项工程项目清单项目名称应表达详细、准确，各专业工程计量规范中的分项工程名称如有缺陷，清单编制人应做补充，并报省级或行业工程造价管理机构备案。补充项目的编码由九个专业工程计量规范的代码与B和三位阿拉伯数字组成，并应从(01～09)B001起顺序编制，同时应附补充项目的项目名称、项目特征、计量单位、工程量计算规则和工作内容。

(4) 分部分项工程项目清单项目特征的描述。

① 项目特征的概念。项目特征是指构成分部分项工程项目清单的项目、措施项目自身价值的本质特征。项目特征应按计量规范附录中规定的项目特征，结合拟建工程项目的实际予以描述。如果招标人提供的工程量清单对项目特征描述不清、界限不明，将导致投标人对招标人的需求理解不全面，失去正确报价的方向，错失良标；就会使投标人无法准确理解工程量清单项目的构成要素，导致评标时难以合理地评定中标价；结算时发承包双方容易引起争议，影响工程量清单计价工作的推进。

② 项目特征描述的分类。项目特征描述具体可以分为必须描述的内容、可不描述的内容、可不详细描述的内容、规定多个计量单位的描述、规范没有要求但又必须描述的内容几类，具体说明如表4-2所示。

表4-2　项目特征描述的分类

描述类型	内　　容	示　　例
必须描述的内容	涉及正确计量的内容	门窗洞口尺寸或框外围尺寸
	涉及结构要求的内容	混凝土构件的混凝土强度等级
	涉及材质要求的内容	油漆的品种、管材的材质等
	涉及安装方式的内容	管道工程中的钢管的连接方式
可不描述的内容	对计量计价没有实质内容	现浇混凝土柱的高度、断面大小等特征
	应由投标人根据施工方案确定的内容	石方的预裂爆破的单孔深度及装药量的特征规定
	应由投标人根据当地材料和施工要求确定的内容	混凝土构件中的混凝土拌和料使用的石子种类及粒径、砂的种类及特征规定
	应由施工措施解决的内容	对现浇混凝土板、梁的标高的特征规定
可不详细描述的内容	无法准确描述的内容	如土壤类别，可考虑将土壤类别描述为综合，注明由投标人根据地勘资料自行确定土壤类别，决定报价
	施工图纸、标准图集标注明确	这些项目可描述为见××图集××页号及节点大样等
	清单编制人在项目特征描述中应注明由投标人自定的	土石方工程中的"取土运距""弃土运距"等

③ 项目特征描述的意义。

a. 项目特征是区分清单项目的依据。项目特征用来描述分部分项清单项目的实质内容，是区分同一清单条目下各个具体清单项目的依据。没有项目特征的准确描述，就无从区分相同或相似的清单项目名称。

b. 项目特征是确定综合单价的前提。项目特征决定了工程的实质内容，项目特征描述准确与否，直接关系到清单项目综合单价的确定。

c. 项目特征是履行合同义务的基础。工程量清单及其综合单价是施工合同的组成部分，如果项目特征描述不清甚至漏项、错误，就会引起施工过程项目的更改，从而导致分歧和纠纷。

由此可见，清单项目特征的描述应根据现行计量规范附录中有关项目特征的要求，结合技术规范、标准图集、施工图纸，按照工程结构、使用材质及规格或安装位置等，予以详细而准确的描述和说明。项目特征主要涉及项目的自身特征，如材质、型号、规格、品牌，项目的工艺特征及对项目施工方法可能产生影响的特征。对于清单项目特征不同的项目应分别列项，如基础工程仅混凝土强度等级不同，但足以影响投标人的报价，故应分开列项。

(5) 分部分项工程项目清单项目计量单位的确定。

分部分项工程项目清单的计量单位应按计量规范附录中规定的计量单位确定。当计量单位有两个或两个以上时，应根据所编工程量清单项目的特征要求，选择最适宜表现该项目特征并方便计量的单位。例如，门窗工程的计量单位为“樘”和“m^2”两个计量单位，实际工作中，应选择最适宜、最方便计量的单位来表示。

工程量计量单位应采用基本单位，除各专业另有特殊规定外，均按以下单位计量。

① 以重量计算的项目：吨(t)或千克(kg)。

② 以体积计算的项目：立方米(m^3)。

③ 以面积计算的项目：平方米(m^2)。

④ 以长度计算的项目：米(m)。

⑤ 以自然计量单位计算的项目：个、套、块、组、台、樘等。

⑥ 没有具体数量的项目：宗、项、系统等。

有特殊计量单位的，另附说明。

(6) 分部分项工程项目清单项目工程量的计算。

① 工程量主要是按照设计文件和现行工程量计算规则确定的。工程量计算规则是指对清单项目工程量计算的规定。除另有说明外，所有清单项目的工程量应以实体工程为准，并以完成后的净值计算；编制投标报价时，应在单价中考虑施工中的各种损耗和需要增加的工程量。

② 工程量有效位数的规定。以吨为计量单位的，应保留小数点后三位，第四位小数四舍五入；以立方米、平方米、米、千克为计量单位的，应保留小数点后二位，第三位小数四舍五入；以项、套、个、组等为计量单位的，应取整数。

5. 措施项目清单

1) 措施项目的概念

《建设工程工程量清单计价规范》(GB 50500—2013)将工程实体项目划分为分部分项工程量清单项目，非实体项目划分为措施项目。措施项目指为完成工程项目施工，发生于该工程施工准备和施工过程中的技术、生活、安全、环境保护等方面的非工程实体项目。这部分项目的完成并不构成建筑产品形体，它是为完成分项实体工程而必须采用的一些措施性工作。

措施项目费用的发生和金额的大小与使用时间、施工方法或者两个以上工序相关，与实际完成的实体工程量的多少关系不大。如大中型施工机械进出场及安拆费、文明施工和安全防护及临时设施费等。由不同的承包人完成建设工程，采用的措施方法不一定完全相同，其措施项目的费用消耗也会有差异。因此，措施项目一般由企业根据自身采用的施工方案和措施性消耗自主报价。故措施项目构成企业投标报价时竞争的内容。

2）措施项目的分类

计量规范将措施项目划分为两类：一类是不能计算工程量的措施项目，如文明施工和安全防护、临时设施等，就以"项"计价，称为"总价措施项目"；另一类是可以计算工程量的项目，与完成的工程实体具有直接关系，如脚手架、防水、模板工程等，就以"量"计价，这样更有利于措施项目费用的确定和调整，称为"单价措施项目"。房屋建筑与装饰工程措施项目的分类如表 4-3 所示。

表 4-3　房屋建筑与装饰工程措施项目的分类

类　　别	项 目 编 码	项 目 名 称
总价措施项目	011707001	安全文明施工
	011707002	夜间施工
	011707003	非夜间施工照明
	011707004	二次搬运
	011707005	冬雨季施工
	011707006	地上地下设施、建筑物临时保护设施
	011707007	已完工程及设备保护
单价措施项目	011701	脚手架工程
	011702	混凝土模板及支架
	011703	垂直运输
	011704	超高施工增加
	011705	大型机械设备进出场及安拆
	011706	施工排水、降水

3）措施项目清单的编制

(1) 措施项目清单的编制方法。

① 单价措施项目。

《建设工程工程量清单计价规范》(GB 50500—2013)中的单价措施项目清单与计价表和分部分项工程量清单与计价表是一体的，让使用综合单价计价的项目汇总在一起，方便了需要按综合单价计费的措施项目清单的编制，便于查量和计价。故编制单价措施项目清单时，应列出项目编码、项目名称、项目特征、计量单位，并按现行计量规范规定，采用对应的工程量计算规则计算其工程量。其清单格式如表 4-1 所示。

② 总价措施项目。

对于不能计量的措施项目，措施项目清单仅列出了项目编码、项目名称，但未列出项目特征、计量单位。编制总价措施项目清单时，应按现行计量规范附录(措施项目)中的规定执行。其清单格式如表 4-4 所示。

表 4-4　总价措施项目清单与计价表

工程名称：　　　　　　　　　　　　　标段：　　　　　　　　　　　　　第　页，共　页

序号	项目编码	项目名称	计算基础	费率/(%)	金额/元	调整费率/(%)	调整后金额/元	备注
合　计								

(2) 措施项目清单的编制要求。

① 措施项目清单必须根据相关工程现行国家计量规范的规定编制。由于工程建设施工特点和承包人组织施工生产的施工装备水平、施工方案及其管理水平的差异，同一工程、不同承包人组织施工采用的施工措施有时并不完全相同，因此，计价规范规定措施项目清单应根据拟建工程的实际情况列项。即对某具体的建设工程应设置哪些措施项目，每项措施项目包含多少工程内容，投标人可依据自身的施工技术水平对招标工程量清单列出的措施项目予以调整和增减。

② 由于影响措施项目设置的因素太多，计量规范不可能将施工中可能出现的措施项目一一列出，在编制措施项目清单时，因工程情况不同，出现计量规范附录中未列的措施项目，可根据工程的具体情况对措施项目清单作补充。

③ 措施项目清单的编制应考虑多种因素，除了工程本身的因素外，还要考虑水文、气象、环境、安全和施工企业的实际情况。措施项目清单的设置，需要：

a. 参考拟建工程的常规施工组织设计，以确保环境保护、安全文明施工、临时设施、材料的二次搬运等项目；

b. 参考拟建工程的常规施工技术方案，以确定大型机械设备进出场及安拆、混凝土模板及支架、脚手架、施工排水、施工降水、垂直运输机械、组装平台等项目；

c. 参阅相关的施工规范与工程验收规范，以确定施工方案没有表述的但为实际施工规范与工程验收规范要求而必须发生的技术措施；

d. 确定设计文件中不足以写进施工方案，但要通过一定的技术措施才能实现的内容；

e. 确定招标文件中提出的某些需要通过一定的技术措施才能实现的要求。

6. 其他项目清单

1) 概念

其他项目清单是指分部分项工程项目清单、措施项目清单所包含的内容以外，因招标人的特殊要求而发生的与拟建工程有关的其他费用项目和相应数量的清单。

2) 其他项目清单的列项内容

工程建设标准的高低、工程的复杂程度、工程的工期长短、工程的组成内容、发包人对工程的管理要求等都直接影响其他项目清单的具体内容。故其他项目清单应根据拟建工程的具体情况，参照规范提供的以下四项内容进行列项。不足部分，编制人可根据工程的具体情况进行补

充，如索赔与现场签证。其清单格式如表 4-5 所示。

表 4-5　其他项目清单与计价表

工程名称：　　　　　　　　　　　　标段：　　　　　　　　　　　　第　页，共　页

序号	项 目 名 称	金额/元	结算金额/元	备　　注
1	暂列金额			
2	暂估价			
2.1	材料(工程设备)暂估价/结算价			
2.2	专业工程暂估价/结算价			
3	计日工			
4	总承包服务费			
5	索赔与现场签证			
合　　计				

注：材料(工程设备)暂估单价计入清单项目综合单价，此处不汇总。

(1) 暂列金额。

① 概念。

暂列金额是指招标人在工程量清单中暂定并包括在合同价款中的一笔款项，是用于施工合同签订时尚未确定或不可预见的所需材料、工程设备、服务的采购，施工过程中可能发生的工程变更、合同约定调整因素出现时的工程价款调整以及发生的索赔、现场签证确认等的费用。

② 设立目的。

最理想的状态是，一份建设工程施工合同的价格就是其最终的竣工结算价格，或者至少两者应尽可能地接近。但工程建设自身的规律决定了工程的设计需要根据工程进展不断地进行优化和调整，业主需求可能会随工程建设进展而出现变化，工程建设过程中还会存在诸多不确定性因素，消化这些因素必然会影响合同价格的调整。暂列金额正是针对这类不可避免的价格调整而设立的，以便达到准确地预测投资收益和有效地控制工程造价的目标。

③ 性质。

暂列金额是包括在签约合同价之内，但并不直接属于承包人所有和支配，而是由发包人暂定并掌握使用的一笔款项，是否属于承包人所有受合同约定的开支程序的制约。扣除实际发生金额后的暂列金额余额仍属于招标人所有。

④ 编制方式。

暂列金额明细表由招标人填写，应列出项目名称、计量单位和暂定金额，投标人只需直接将招标工程量清单中所列的暂列金额纳入投标总价之中，并且不需要在所列的暂列金额以外开列任何其他费用。暂列金额明细表如表 4-6 所示。

表 4-6　暂列金额明细表

工程名称：　　　　　　　　　　　　　　　　　标段：　　　　　　　　　　　　　　　　　第　页，共　页

序　号	项目名称	计量单位	暂定金额/元	备　注
1				
2				
3				
4				
5				
6				
7				
8				
合　计				

注：此表由招标人填写，如不能详列，也可只列暂定金额总额，投标人应将上述暂列金额计入投标总价中。

（2）暂估价。

① 概念。

暂估价是指招标人在工程量清单中提供的用于支付必然发生但暂时不能确定价格的材料、工程设备的单价以及需另行发包的专业工程的金额。暂估价在招标阶段预见肯定要发生，只是因为标准不明确或者需要由专业承包人完成，暂时无法确定其具体价格或金额。

② 组成内容。

暂估价包括材料（工程设备）暂估单价和专业工程暂估价。为方便合同管理和投标人组价，材料暂估单价应以材料、设备费的形式纳入分部分项工程项目清单综合单价中；以“项”为计量单位给出的专业工程暂估价一般应是综合暂估价，应当包括除规费、税金以外的管理费、利润等。

③ 估算方式。

暂估价中的材料、工程设备暂估单价应根据工程造价信息或参照市场价格估算，专业工程暂估价应分不同专业，按有关计价规定估算。

④ 编制方式。

暂估价表分材料（工程设备）暂估单价表和专业工程暂估价表。

材料（工程设备）暂估单价表由招标人填写，并在备注栏说明暂估价的材料、工程设备拟用在哪些清单项目上，投标人应将上述材料、工程设备暂估单价及调整计入工程量清单综合单价报价中。材料（工程设备）暂估单价及调整表如表 4-7 所示。

编制该表时应注意：第 2 栏“材料（工程设备）名称、规格、型号”中的内容包括原材料、燃料、构配件，以及按规定计入建筑安装工程造价的设备。因为设备及工器具购置费用不属于建筑安装工程费用，本表中所指的设备专指能够列入建筑安装工程造价的设备；第 4 栏的“数量”指的是材料实际消耗量，包括材料净用量和不可避免的损耗量；第 5、6、7 栏中的“单价”指的是材料费，包括材料原价、运杂费、运输损耗费、采购及保管费，但不包括管理费和利润。

表 4-7　材料(工程设备)暂估单价及调整表

工程名称：　　　　　　　　　　　　标段：　　　　　　　　　　　　第　页,共　页

序号	材料(工程设备)名称、规格、型号	计量单位	数量		暂估/元		确认/元		差额±/元		备注
			暂估	确认	单价	合价	单价	合价	单价	合价	

注：此表由招标人填写，并在备注栏说明暂估价的材料、工程设备拟用在哪些清单项目上，投标人应将上述暂估单价计入工程量清单综合单价报价中。

专业工程暂估价及结算价表也由招标人填写，投标人将其计入投标总价中，其样式如表 4-8 所示。专业工程暂估价项目及其表中所列的专业工程暂估价，是指分包人实施专业工程的完整价(即包含了该专业工程中所有供应、安装、完工、调试、修复缺陷等全部工作)，除了合同约定的发包人应承担的总包管理、协调、配合和服务责任所对应的总承包服务费以外，承包人未履行其总包管理、配合、协调和服务等所需发生的费用应该包括在投标报价中。

表 4-8　专业工程暂估价及结算价表

工程名称：　　　　　　　　　　　　标段：　　　　　　　　　　　　第　页,共　页

序号	工程名称	工程内容	暂估金额/元	结算金额/元	差额±/元	备注
合　计						

注：此表中的“暂估金额”由招标人填写，投标人应将“暂估金额”计入投标总价中，结算时按合同约定结算金额填写。

(3) 计日工。

① 概念。

计日工是为了解决现场发生的零星工作的计价而设立的。国际上常见的标准合同条款中，大多数都设立了计日工计价机制。计日工以完成零星工作所消耗的人工工时、材料数量、机械台班进行计量，并按照计日工表中填报的适用项目的单价进行计价支付。计日工适用的所谓零星工作一般是指合同约定之外的或者因变更而产生的、工程量清单中没有相应项目的额外工作，尤

其是那些不允许事先商定价格的额外工作。

计日工项目的综合单价水平一定高于工程量清单的价格水平。其原因是计日工往往用于一些突发性的额外工作，缺乏计划性，承包人在调动施工生产资源时必然会影响已经计划好的工作，生产资源的使用效率也会有一定的降低，客观上造成超出常规的额外投入。另外，计日工清单往往仅会给出一个暂定的工程量，无法纳入有效的竞争，这也是造成计日工单价水平偏高的原因之一。

② 编制方式。

编制工程量清单时，计日工表中的人工按工种，材料和机械应按规格、型号详细列项。其中人工、材料、机械数量应由招标人根据工程的复杂程度、工程设计质量的优劣及设计深度等因素，按照经验来估算一个比较贴近实际的数量，并作为暂定量写到计日工表中，纳入有效投标竞争，以期获得合理的计时工单价。计日工表如表 4-9 所示。

表 4-9　计日工表

工程名称：　　　　　　　　　　标段：　　　　　　　　　　第　页，共　页

编号	项目名称	单位	暂定数量	实际数量	综合单价/元	合价/元	
						暂定	实际
一	人工						
人工小计							
二	材料						
材料小计							
三	施工机械						
施工机械小计							
四	企业管理费和利润						
合　计							

注：此表中的项目名称、数量由招标人填写；编制招标控制价时，单价由招标人按有关计价规定确定；投标时，单价由投标人自主报价，按暂定数量计算合价并计入投标总价中；结算时，按发承包双方确认的实际数量计算合价。

a. 暂定数量准确确定的意义。

一般而言，工程较复杂、设计质量较低、设计深度不够(如招标时未完成施工图设计)，则计日

工表中所包括的人工、材料、施工机械的暂定数量应较多，反之则少。暂定数量能够体现清单的竞争性，因为若是暂定数量远小于实际数量，容易引起投标人的不平衡报价。投标人在进行计日工的综合单价报价时报高价，在竣工结算时计日工的数量按实际情况结算，实际数量远多于暂定数量，则承包人的计日工价款以高价结算。所以，为了体现清单的竞争性和公平性，招标人应尽可能估算出一个比较贴近实际的数量。

b. 暂定数量的确定方法。

经验法，即通过委托专业咨询机构，凭借其专业技术能力与相关数据资料，预估计日工的劳务、材料、施工机械等的使用数量。

百分比法，即首先对分部分项工程的人工、材料、机械进行分析，得出其相应的消耗量；其次以人工、材料、机械消耗量为基准，按一定的百分比取定计日工劳务、材料与施工机械的暂定数量。如一般工程的计日工劳务暂定数量可取分部分项人工消耗总量的1%左右，按照招标工程的实际情况，对上述百分比取值进行一定的调整。

(4) 总承包服务费。

总承包服务费是为了解决招标人在法律、法规允许的条件下进行专业工程发包以及自行采购供应材料、工程设备时，要求总承包人对发包的专业工程提供协助和配合服务(如分包人使用总包人的脚手架、水电接驳等)，对供应的材料、工程设备提供收发和保管服务以及对施工现场进行统一管理，对竣工资料进行统一汇总整理等的发生并向总承包人支付的费用。总承包服务费是由发包人支付给总承包人因发包人原因产生的协调服务费，而承包人进行的专业分包和劳务分包不在此列中。

编制招标工程量清单时，招标人应将拟订的进行专业发包的专业工程，自行采购的材料、设备等决定清楚，填写资料的工程名称、项目价值和服务内容，并按投标人的投标报价向投标人支付该项费用。总承包服务费计价表如表4-10所示。

表4-10　总承包服务费计价表

工程名称：　　　　　　　　　　　　标段：　　　　　　　　　　　　第　页，共　页

序号	工程名称	项目价值/元	服务内容	计算基础	费率/(%)	金额/元
1	发包人发包专业工程					
2	发包人供应材料					
合　计						

注：此表中的工程名称、服务内容由招标人填写；编制招标控制价时，费率及金额由招标人按有关计价规定确定；投标时，费率及金额由投标人自主报价，计入投标总价中。

7. 规费项目清单

规费是指按国家法律、法规规定，由省级政府和省级有关权力部门规定必须缴纳或计取的，应计入建筑安装工程造价的费用。规费项目清单应按照下列内容列项：

(1) 社会保险费：包括养老保险费、失业保险费、医疗保险费、工伤保险费、生育保险费；

(2) 住房公积金；

(3) 工程排污费。

在施工实践中，有的规费项目，如工程排污费，并非每个工程所在地都要征收，实践中可作为按实际情况计算的费用处理。规费作为政府和有关权力部门规定必须缴纳的费用，政府和有关权力部门可根据形势发展的需要，对规费项目进行调整。因此，出现计价规范未列的项目，应根据省级政府或省级有关权力部门的规定列项。

规费、税金项目计价表如表 4-11 所示。

表 4-11　规费、税金项目计价表

工程名称：　　　　　　　　　　　　标段：　　　　　　　　　　　　第　页，共　页

序号	项目名称	计算基础	计算基数	计算费率/(%)	金额/元
1	规费	定额人工费			
1.1	社会保险费	定额人工费			
(1)	养老保险费	定额人工费			
(2)	失业保险费	定额人工费			
(3)	医疗保险费	定额人工费			
(4)	工伤保险费	定额人工费			
(5)	生育保险费	定额人工费			
1.2	住房公积金	定额人工费			
1.3	工程排污费	按工程所在地环境保护部门收取标准，按实际情况计入			
2	税金				
合　计					

编制人(造价人员)：　　　　　　　　　　　　　　　　复核人(造价工程师)：

8. 税金项目清单

税金是指国家税法规定的应计入建筑安装工程造价内的增值税以及城市维护建设税、教育费附加和地方教育费附加等附加税费。如果国家税法发生变化或地方政府及税务部门依据职权对税种进行了调整，应对税金项目清单进行相应调整。出现计价规范未列的项目，应根据税务部门的规定列项。建筑业实施"营改增"后，许多省、市将城市维护建设税、教育费附加和地方教育费附加等纳入企业管理费范畴。

税金项目清单应包括下列内容：

(1) 增值税；

(2) 城市维护建设税；

(3) 教育费附加;

(4) 地方教育费附加。

税金项目计价表如表 4-11 所示。

4.2 工程量清单计价方法

工程量清单计价是指在建设工程发包与承包计价活动中,发包人按照统一的工程量清单计价规范,提供招标工程分部分项工程项目、措施项目、其他项目等的相应数量的明细清单,并作为招标文件的一部分提供给投标人,投标人依据工程量清单,根据各种渠道获得的工程造价信息和经验数据,结合自身企业定额自主报价的一种计价方式。在清单计价模式下,以招标人提供的工程量清单为平台,投标人根据自身的技术、财务、管理能力等制订综合单价,确定各清单项目费用后进行投标报价,招标人根据具体的评标细则进行优选。这种计价方式是市场定价体系的具体表现形式。

我国传统的工程造价计价和招标投标报价一直采用的是一种以“量价合一、固定取费”为特点的典型的政府指令性计价模式,即“定额预算计价法”。这种计价方式不能很好地适应社会主义市场经济的发展,极大地限制了市场的竞争,不利于施工企业的技术进步和管理水平的提高。国际上通行的工程造价计价方法和招标投标报价方法,一般都采用工程量清单计价法。这种方法不再依赖由政府颁布的定额和单价,凡涉及人工、材料、机械等费用,其价格都是根据市场行情来决定的。工程量清单计价的特征是由政府制定统一的工程量计算规则,“量”的问题由当事人按照统一规则进行计算,由市场确定“价”的问题(量价分离)。采用工程量清单方式计价和报价,是国际上通行的做法,是我国改革传统的工程造价计价方法和招标投标报价方法的一种全新方式,是与国际通行惯例接轨的一种措施。

4.2.1 工程量清单计价的一般规定

《建设工程工程量清单计价规范》(GB 50500—2013)对工程量清单计价作出了一般规定,内容如下。

1. 工程量清单计价的适用范围

(1) 使用国有资金投资的建设工程发承包,包括使用国有资金投资和国家融资投资的工程建设项目,不分工程建设规模,均必须采用工程量清单计价。

① 国有资金投资项目的范围包括:使用各级财政预算资金的项目;使用纳入财政管理的各种政府性专项建设基金的项目;使用国有企事业单位自有资金,并且国有资产投资者实际拥有控制权的项目。

② 国家融资项目的范围包括:使用国家发行债券所筹资金的项目、使用国家对外借款或者担保所筹资金的项目、使用国家政策性贷款的项目、国家特许的融资项目。

③ 国有资金为主的工程建设项目:指国有资金占投资总额 50%以上,或虽不足 50%,但国有投资者实质上拥有控股权的工程建设项目。

(2) 非国有资金投资的建设工程,宜采用工程量清单计价。

① 对于非国有资金投资的工程建设项目,是否采用工程量清单方式计价由项目业主自主确

定。但《建设工程工程量清单计价规范》(GB 50500—2013)鼓励采用工程量清单计价方式。

② 当确定采用工程量清单计价时,应执行工程量清单计价规范的规定。

③ 不采用工程量清单计价的建设工程,应执行计价规范除工程量清单等专门性规定外的其他规定,如工程价款调整、工程计量与价款支付、索赔与现场签证、竣工结算和工程造价争议处理等内容。

2. 材料供应方式不同的计价处理办法

《建设工程工程量清单计价规范》(GB 50500—2013)对发包人提供的甲供材料、暂估材料及承包人提供的材料等的处理方式作出了明确说明。

1) 发包人提供材料和工程设备

(1) 发包人提供的材料和工程设备(简称甲供材料)应在招标文件中按照计价规范附录规定填写《发包人提供材料和工程设备一览表》,写明甲供材料的名称、规格、数量、单价、交货方式、交货地点等。

承包人投标时,甲供材料的单价应计入相应项目的综合单价中;签约后,发包人应按合同约定扣除甲供材料款,不予支付。

(2) 承包人应根据合同工程进度计划的安排,向发包人提交甲供材料交货的日期计划;发包人应按计划提供。

(3) 发包人提供的甲供材料如规格、数量或质量不符合合同要求,或由于发包人原因而发生交货日期延误、交货地点及交货方式变更等情况的,发包人应承担由此增加的费用和(或)工期延误,并应向承包人支付合理利润。

(4) 发承包双方对甲供材料的数量发生争议而不能达成一致的,应按照相关工程的计价定额同类项目规定的材料消耗量计算。

(5) 若发包人要求承包人采购已在招标文件中确定为甲供材料的,材料价格应由发承包双方根据市场调查确定,并应另行签订补充协议。

2) 承包人提供材料和工程设备

(1) 除合同约定的发包人提供的甲供材料外,合同工程所需的材料和工程设备应由承包人提供,承包人提供的材料和工程设备均应由承包人负责采购、运输和保管。

(2) 承包人应按合同约定将采购材料和工程设备的供货人及品种、规格、数量和供货时间等提交给发包人确认,并负责提供材料和工程设备的质量证明文件,且满足合同约定的质量标准。

(3) 承包人提供的材料和工程设备经检测不符合合同约定的质量标准时,发包人应立即要求承包人更换,由此增加的费用和(或)工期延误应由承包人承担。发包人要求检测承包人已具有合格证明的材料、工程设备,但经检测证明该项材料、工程设备符合合同约定的质量标准时,发包人应承担由此增加的费用和(或)工期延误,并向承包人支付合理利润。

3. 计价风险

《建设工程工程量清单计价规范》(GB 50500—2013)对计价风险的说明由适用性条文转变为强制性条文,明确计价风险内容、影响风险因素、波动幅度和责任承担。

(1) 建设工程发承包必须在招标文件、合同中明确计价中的风险内容及其范围,不得采用无限风险、所有风险或类似语句规定计价中的风险内容及范围。

(2) 由于下列因素出现而影响合同价款调整的,应由发包人承担:

① 国家法律、法规、规章和政策发生变化;

② 省级或行业建设主管部门发布的人工费调整，但承包人对人工费或人工单价的报价高于发布的除外；

③ 由政府定价或政府指导价管理的原材料等价格进行了调整。

招标工程以投标截止日前 28 天、非招标工程以合同签订前 28 天为基准日，其后因国家法律、法规、规章和政策发生变化而引起工程造价增减变化的，发承包双方应按照省级或行业建设主管部门或其授权的工程造价管理机构据此发布的规定调整合同价款。因承包人原因导致工期延误的，按上述规定的调整时间，在合同工程原定竣工时间之后，合同价款调增的不予调整，合同价款调减的予以调整。

发生合同工程工期延误的，因承包人原因导致的，计划进度日期后续工程的价格，应采用计划进度日期与实际进度日期两者的较低者。

(3) 由于市场物价波动而影响合同价款的，应由发承包双方合理分摊，按计价规范附录规定填写《承包人提供主要材料和工程设备一览表》作为合同附件；当合同中没有约定，发承包双方发生争议时，应按下列规定调整合同价款。

① 合同履行期间，因人工、材料、工程设备、机械台班价格波动而影响合同价款时，应根据合同约定，按计价规范附录的方法之一调整合同价款。

② 承包人采购材料和工程设备的，应在合同中约定主要材料、工程设备价格变化的范围或幅度；当没有约定，且材料、工程设备单价变化超过 5%时，超过部分的价格应按照计价规范附录中的方法计算调整材料、工程设备费。

③ 发生合同工程工期延误的，应按照下列规定确定合同履行期的价格调整：

a. 因非承包人原因导致工期延误的，计划进度日期后续工程的价格，应采用计划进度日期与实际进度日期两者的较高者；

b. 因承包人原因导致工期延误的，价格调整规定见上述(2)。

(4) 由于承包人使用机械设备、施工技术，以及组织管理水平等自身原因而造成施工费用增加的，应由承包人全部承担。

(5) 当不可抗力发生，影响合同价款时，应按下列规定执行：

① 当不可抗力发生，属于业主财产及已完工程工程款(包括成本、利润等)的，由业主承担风险，工期顺延；

② 当不可抗力发生，施工方自有的机械设备、财产损失，停工窝工损失等与计价有关的风险，施工方自行承担，工期顺延。

4.2.2 工程量清单计价的原理

1. 工程量清单计价的基本过程

工程量清单计价的基本过程可以描述为：在统一的清单项目设置规则和工程量计算规则的基础上，招标人根据具体工程的施工图纸计算出各个清单项目的工程量，投标人根据相关造价信息和企业定额计算工程造价。这一计价过程如图 4-4 所示。

2. 工程量清单计价的基本原理

工程量清单计价是按照工程造价的构成分别计算分部分项工程费、措施项目费、其他项目费等各类费用，再经过汇总得到工程总造价的。其基本原理如下：

(1) $分部分项工程费 = \sum 分部分项工程量 \times 分部分项工程综合单价$ (4-1)

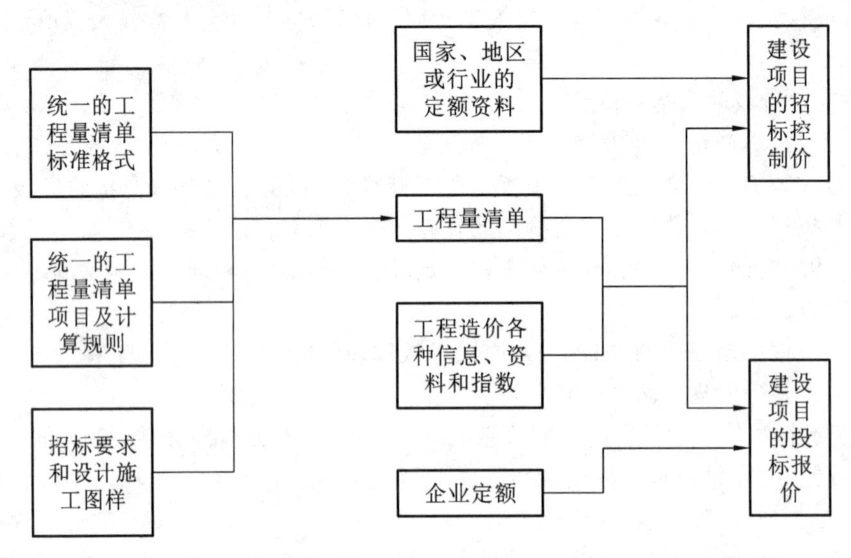

图 4-4　工程量清单计价过程

(2) 措施项目费＝单价措施项目费＋总价措施项目费　　(4-2)

其中

单价措施项目费＝$\sum$单价措施项目工程量×单价措施项目综合单价　　(4-3)

总价措施项目费＝总价措施项目费计算基数×相应措施项目费费率　　(4-4)

(3) 其他项目费 ＝ $\sum$ 其他项目工程量 × 其他项目综合单价　　(4-5)

或

其他项目费＝其他项目费计算基数×其他项目费费率　　(4-6)

(4) 规费＝规费计算基数×规费费率　　(4-7)

(5) 税金＝税金计算基数×税率　　(4-8)

(6) 单位工程造价＝分部分项工程费＋措施项目费＋其他项目费＋规费＋税金　　(4-9)

(7) 单项工程造价 ＝ $\sum$ 单位工程造价　　(4-10)

(8) 建设项目总造价 ＝ $\sum$ 单项工程造价　　(4-11)

4.2.3　工程量清单计价的方法

1. 分部分项工程费的计算

利用综合单价法计算分部分项工程费，需要解决两个核心问题，即确定各分部分项工程的工程量及其综合单价。计算公式见式(4-1)。

招标工程量清单中标明的工程量是招标人编制招标控制价和投标人投标报价的共同基础，它是工程量清单编制人按施工图图示尺寸和工程量清单计算规则计算得到的工程量。但该工程量不能作为承包人在履行合同义务时应予以完成的实际和准确的工作量。发承包双方进行工程竣工结算时的工程量应按发承包双方在合同中约定的应予以计量且实际完成的工程量确定，当然该工程量的计算也应该严格遵照工程量清单计算规则，以实体工程量为准。

分部分项工程综合单价由人工费、材料费、机具费、管理费和利润等组成。建筑业实施“营改增”后，构成分部分项工程综合单价的各费用项目均应采用除税价格。

2. 措施项目费的计算

措施项目清单计价应根据建设工程的施工组织设计计价。可以计算工程量的单价措施项目,应按分部分项工程项目清单的方式采用综合单价计价;其余的不能算出工程量的总价措施项目,则采用总价项目的方式,以"项"为单位的方式计价,应包括除规费、税金以外的全部费用。措施项目清单中的安全文明施工费应按照国家或省级、行业建设行政主管部门的规定计价,不得作为竞争性费用。

1)综合单价法

这种方法适用于可以计算工程量的单价措施项目,主要是指一些与工程实体有密切联系的项目,如脚手架、垂直运输、超高施工增加、施工降排水等。它与分部分项工程综合单价的计算方法一样,就是根据需要消耗的实物工程量与实物单价计算措施费。与分部分项工程相比,不同之处是它并不要求每个措施项目的综合单价必须包含人工费、材料费、机具费、管理费和利润中的每一项。为适应"营改增"后的计价要求,措施项目的综合单价应是除税综合单价。计算公式见式(4-3)。

2)参数法计价

参数法计价是指按一定的基数乘系数的方法或自定义公式进行计算。这种方法简单明了,但最大的难点是公式的科学性、准确性难以把握。这种方法主要适用于施工过程中必须发生,但在投标时很难具体分项预测,又无法单独列出项目内容的措施项目。如夜间施工、二次搬运、冬雨季施工的计价均可采用该方法。计算公式如下:

① 安全文明施工费:

$$安全文明施工费=计算基数\times安全文明施工费费率 \tag{4-12}$$

计算基数应为定额基价(定额分部分项工程费+定额中可以计量的措施项目费)、定额人工费或定额人工费+定额机械费,其费率由工程造价管理机构根据各专业工程的特点综合确定。

② 夜间施工增加费:

$$夜间施工增加费=计算基数\times夜间施工增加费费率 \tag{4-13}$$

③ 二次搬运费:

$$二次搬运费=计算基数\times二次搬运费费率 \tag{4-14}$$

④ 冬雨季施工增加费:

$$冬雨季施工增加费=计算基数\times冬雨季施工增加费费率 \tag{4-15}$$

⑤ 已完工程及设备保护费:

$$已完工程及设备保护费=计算基础\times已完工程及设备保护费费率 \tag{4-16}$$

上述②~⑤项措施项目的计算基数应为定额人工费或定额人工费+定额机械费,其费率由工程造价管理机构根据各专业工程特点和调查资料综合分析后确定。"营改增"后,各措施项目的计算基数均为除税价格,并以"营改增"前后费用水平(发生额)无显著变化为原则来调整费率。

3. 其他项目费的计算

暂列金额和暂估价由招标人按估算金额确定。根据工程的复杂程度、设计深度、工程环境条件等的不同,暂列金额一般可按分部分项工程费的10%~15%作为参考。招标人在工程量清单中提供的暂估价的材料、工程设备和专业工程,若属于依法必须招标的,由承包人和招标人共同通过招标确定材料、工程设备单价与专业工程分包价;若材料、工程设备不属于依法必须招标的,经发承包双方协商确认单价后计价;若专业工程不属于依法必须招标的,由发包人、总承包人与分包人按有关计价依据进行计价。

计日工和总承包服务费由承包人根据招标人提出的要求,按估算的费用确定。

材料(工程设备)暂估单价应为除税单价,专业工程暂估价应为“营改增”后的不含税工程造价。

4. 规费与税金的计算

规费和税金应按国家或省级、行业建设主管部门的规定计算,不得作为竞争性费用。每一项规费和税金的规定文件中,对其计算方法都有明确的说明,故可按各项法规和规定的计算方式计取。具体计算时,一般按国家及有关部门规定的计算公式和费率标准进行计算。

(1) 规费的一般计算公式为

$$规费=定额人工费\times规费费率 \tag{4-17}$$

或

$$社会保险费=\sum定额人工费\times社会保险费费率 \tag{4-18}$$

$$住房公积金=\sum定额人工费\times住房公积金费率 \tag{4-19}$$

(2) 工程造价中所含增值税的计算公式为

$$增值税=税前工程造价\times增值税税率或征收率 \tag{4-20}$$

其中,增值税一般计税方法下建筑业适用的增值税税率为11%,简易计税方法采用的征收率为3%。

4.3 工程量清单项目综合单价的编制

4.3.1 综合单价的组成和计算程序

1. 综合单价的组成内容

采用工程量清单计价时,建筑安装工程造价由分部分项工程费、措施项目费、其他项目费、规费和税金组成。在工程量清单计价中,如按分部分项工程单价组成来分,工程量清单计价主要有三种形式:①工料单价法;②综合单价法;③全费用综合单价法。

$$工料单价=人工费+材料费+施工机具使用费 \tag{4-21}$$

$$综合单价=人工费+材料费+施工机具使用费+企业管理费+利润+风险 \tag{4-22}$$

$$全费用综合单价=人工费+材料费+施工机具使用费+企业管理费+利润+规费+税金+风险 \tag{4-23}$$

《建设工程工程量清单计价规范》(GB 50500—2013)规定,工程量清单应采用综合单价法计价。确定建筑安装工程费用的关键是分项计算各清单项目费用。总价措施项目费和其他项目费一般计算合价,而分部分项工程费和单价措施项目费则采用综合单价法计价,将综合单价与工程量清单中的工程量的乘积作为合价。可见,综合单价的分析与计算是确定建筑安装工程费用的核心和基础。

工程量清单项目综合单价是指完成一个规定清单项目所需的人工费、材料和工程设备费、施工机具使用费和企业管理费、利润及一定范围内的风险费用。很明显,该定义并不是工料单价,也不是真正意义上的全费用综合单价,而是一种狭义上的综合单价,规费和税金等不可竞争的费用并不包括在项目单价中。计价实践中,风险费主要依据约定方法或计价规范调整合同价款,一般不单独列入综合单价中。

根据式(4-21)和式(4-22),综合单价的表达式还可表示为

$$综合单价=工料单价+企业管理费+利润+风险 \tag{4-24}$$

需注意的是,综合单价涉及的项目是工程量清单项目,而不是预算定额中的定额子目。工程量清单项目的划分,一般是以一个"综合实体"考虑的,可能包括多项定额子目的工程内容,而现行的定额子目的划分一般是以施工工序进行设置的,工作内容基本比较单一。综合单价的优点是当工程量发生变更时易于查对,尤其在投标报价时,能够反映企业的技术能力和工程管理水平。

建筑业实施"营改增"后,工程量清单项目综合单价所涉及的各费用要素可以采用含税单价或采用不含税单价,各地区计价程序有区别。但为适应工程计价体制的改革,确定工程造价时,综合单价的各费用要素均以不包含增值税可抵扣进项税额的价格计算。

2. 综合单价的计算程序

综合单价的一般计算程序如表 4-12 所示。

表 4-12　综合单价的一般计算程序

序　号	费用名称	计算式
1	分部分项工程费	人工费+材料费+施工机具使用费
1.1	人工费	$\sum$ 人工消耗量×人工单价
1.2	材料费	$\sum$ 材料消耗量×除税材料单价
1.3	施工机具使用费	$\sum$ 台班消耗量×除税台班单价
2	企业管理费	分部分项工程费×费率
3	利润	(分部分项工程费+企业管理费)×利润率
4	人工、材料、机械价差	人工费价差+材料费价差+机械费价差(分别做除税处理)
4.1	人工费价差	
4.2	材料费价差	
4.3	机械费价差	
5	风险因素	一般风险因素
6	综合单价	分部分项工程费+企业管理费+利润+人工、材料、机械价差+风险因素

4.3.2　综合单价的计算方法

综合单价的计算通常采用定额组价的方法,即以计价定额为基础进行组合计算。由于"计价规范"与"定额"中的工程量计算规则、计量单位、工程内容不尽相同,综合单价的计算不是简单的将其所含的各项费用进行汇总,而是要通过具体计算后综合而成。综合单价的组价方法可分为总量法和含量法。

1. 综合单价的总量法计算

总量法确定综合单价的一般步骤如下。

1) 确定组合定额子目

由于现行的工程量清单计价规范对建设工程项目子目的划分与消耗量定额或企业定额中的

项目子目划分不是一一对应关系，所以在计价时可能出现一个清单项目对应多个定额子目的情况。因此，计算综合单价的第一步就是将清单项目的工程内容与定额项目的工程内容进行比较，依据计价规范和清单项目的特征描述，结合施工现场情况和拟订的施工方案确定各清单项目实际应发生的工程内容，继而判断拟组价清单项目应该由哪几个定额子目来组合。如“预制预应力C20混凝土空心板”项目，计量规范规定此项目包括制作、运输、吊装及接头灌浆，若定额分别列有制作、安装、吊装及接头灌浆，则应用这四个定额子目来组合综合单价；如“钢梯”项目一般对应定额中的钢梯制作、运输、安装、刷防锈漆等子目内容；又如“M5水泥砂浆砌砖基础”项目，按计量规范不仅包括主项“砖基础”子目，还包括附项“混凝土基础垫层”子目。

2）计算定额子目工程量

清单工程量是按施工图图示尺寸和工程量计算规则确定的工程量，一般不考虑施工损耗和主体项目之外的辅助项目工程量；而依据定额确定的工程量（简称定额工程量）要求对工程量的计算是按照净值与规定预留及裕量之和，考虑的是实际施工发生的各项工程内容。由于工程量清单项目是按形成项目的实体设置的，所以工程内容应包括完成该项实体的全部内容。

由于一个清单项目可能对应几个定额子目，而清单工程量计算的是主项工程量，与各定额子目的工程量可能并不一致；即便一个清单项目对应一个定额子目，也可能由于清单工程量计算规则与所采用的定额工程量计算规则之间的差异，而导致两者的计价单位和计算出来的工程量不一致。因此，清单工程量不能直接用于计价，在计价时必须考虑施工方案等各种影响因素，根据所采用的计价定额及相应的工程量计算规则重新计算各定额子目的施工工程量，作为每一项工程内容实际消耗的工程数量。定额子目工程量的具体计算方法，应严格按照与所采用的定额相对应的工程量计算规则计算。

3）测算人工、材料、机械消耗量

人工、材料、机械的消耗量一般参照定额进行确定。在编制招标控制价时，一般参照政府颁发的消耗量定额。编制投标报价时，一般采用反映企业实际消耗量水平的企业定额，并结合拟订的施工方案，确定完成清单项目需要消耗的人工、材料和机械台班的数量；在没有企业定额或企业定额缺项时，可参照与本企业实际水平相近的社会定额，并通过调整来确定清单项目的人工、材料、机械的单位用量。

4）确定人工、材料、机械单价

人工、材料和施工机械台班单价，应根据工程项目的具体情况及市场资源的供求状况进行确定，采用市场价格作为参考，并考虑一定的调价系数。

编制招标控制价时，资源单价应该按照省级、行业建设主管部门颁发的计价定额和计价办法及工程造价管理机构通过工程造价信息发布的价格计取；工程造价信息未发布材料单价的材料，其价格应通过市场调查确定。工程造价信息发布的如为含税单价，应进行除税处理。

企业计价时，人工单价和材料单价应根据工程造价管理机构公布的人工价格或市场价格自主确定，材料损耗为投标人根据自身实际能力合理估价值；施工机械台班单价应考虑机械正常运转时一个工作台班所发生的全部费用，可参考工程造价管理机构发布的台班单价，自主确定施工机械使用费的报价。所涉及的材料单价和施工机械台班单价均为除税单价。

5）计算清单项目的人工、材料、机械总费用

按确定的分项工程人工、材料和机械的消耗量及询价获得人工单价、材料单价（除税）、施工机械台班单价（除税）后，即可计算得出各定额子目的人工、材料、机械单价，再将各定额子目的人工、材料、机械单价相加后的单价合计与相应的定额工程量相乘，得到各定额子目的人工、材料、

机械总费用，最后将各定额子目的人工、材料、机械总费用汇总后算出清单项目的人工、材料、机械总费用。

定额子目人工、材料、机械单价为

$$定额子目人工单价 = \sum 人工消耗量 \times 人工单价 \tag{4-25}$$

$$定额子目材料单价 = \sum 材料消耗量 \times 材料除税单价 \tag{4-26}$$

$$定额子目机械单价 = \sum 台班消耗量 \times 台班除税单价 \tag{4-27}$$

定额子目人工、材料、机械总价为

$$\begin{aligned}定额子目人工、材料、机械总价 &= 定额工程量 \times (定额子目人工单价 \\ &\quad + 定额子目材料单价 + 定额子目机械单价)\end{aligned} \tag{4-28}$$

故清单项目的人工、材料、机械总费用为

$$\begin{aligned}人工、材料、机械总费用 &= \sum 定额工程量 \times (\sum 人工消耗量 \times 人工单价 \\ &\quad + \sum 材料消耗量 \times 材料单价 + \sum 台班消耗量 \times 台班单价)\end{aligned} \tag{4-29}$$

6）计算清单项目的管理费和利润

管理费及利润通常根据各地区规定的费率乘以规定的计价基础得出。通常情况下，计算公式如下

$$管理费 = 人工、材料、机械总费用 \times 管理费费率 \tag{4-30}$$

$$利润 = (人工、材料、机械总费用 + 管理费) \times 利润率 \tag{4-31}$$

7）计算清单项目的综合单价

将清单项目的人工、材料、机械总费用、管理费及利润汇总，得到该清单项目合价，再将该清单项目合价除以清单项目工程量，即可得到该清单项目的综合单价。

$$清单项目合价 = 人工、材料、机械总费用 + 管理费 + 利润 \tag{4-32}$$

$$综合单价 = (人工、材料、机械总费用 + 管理费 + 利润)/清单项目工程量 \tag{4-33}$$

2. 综合单价的含量法计算

总量法是先通过计算清单项目总费用，而后除以清单项目工程量，求出清单项目综合单价的方法。为简便计算，在确定综合单价时，可确定出每一计量单位的清单项目所分摊的全部工程内容在定额计量单位下的工程数量，即“清单单位含量”。

$$清单单位含量 = (定额工程量 \div 定额计量单位)/清单项目工程量 \tag{4-34}$$

具体计算方法如下。

(1) 计算得到单位清单项目所包含的各项工程内容的工程数量后，将各定额子目的人工、材料、机械单价与相应的清单单位含量相乘，得到单位清单项目所对应的每一定额子目的人工、材料、机械合价，然后将单位清单项目所对应的每一定额子目的人工、材料、机械合价分别汇总，计算出单位清单项目所含工程内容的人工、材料、机械费，即清单项目的人工费单价、材料费单价、机械费单价。

$$人工费单价 = \sum 清单单位含量 \times 定额子目人工单价 \tag{4-35}$$

$$材料费单价 = \sum 清单单位含量 \times 定额子目材料单价 \tag{4-36}$$

$$机械费单价 = \sum 清单单位含量 \times 定额子目机械单价 \tag{4-37}$$

(2) 按规定的管理费费率，以单位清单项目的人工、材料、机械费用合计为基础，计算单位清

单项目的管理费，同理计算利润，即得到清单项目的管理费单价和利润单价。

管理费单价＝人工、材料、机械单价合计×管理费费率 (4-38)

利润单价＝(人工、材料、机械单价合计＋管理费单价)×利润率 (4-39)

(3) 将以上五项单价汇总并考虑合理风险，即得到清单项目的综合单价。

综合单价＝人工费单价＋材料费单价＋机械费单价＋管理费单价＋利润单价＋风险单价 (4-40)

4.3.3 综合单价确定实例

例 4-1 某工程现浇 C20 混凝土压顶的长度为 180 m，压顶断面为 240 mm×100 mm，已知对应定额中人工费＝193.76 元/(10 m^3)，材料费＝3 422.64 元/(10 m^3)，材料采购增值税税率为 11%，无机械台班消耗，管理费取人工、材料、机械总费用的 10%，利润取人工、材料、机械总费用与管理费之和的 12%，试计算清单项目混凝土压顶的综合单价。

分析：计量规范规定混凝土压顶按长度计算，计量单位为 m，项目编码为 010507005；定额规定混凝土压顶按体积计算，计量单位为 m^3。

解 方法一：总量法。

(1) 清单项目工程量＝180 m，定额工程量＝0.24×0.1×180 m^3＝4.32 m^3

(2) ① 除税材料费＝含税材料费÷(1＋增值税税率)＝3 422.64÷(1＋11%)元/(10 m^3)＝3 083.46元/(10 m^3)

② 清单项目人工、材料、机械费用合计＝$\sum$定额工程量×(定额子目人工单价＋定额子目材料单价＋定额子目机械单价)＝4.32÷10×(193.76＋3 083.46＋0)元＝1 415.76 元

③ 管理费＝人工、材料、机械费用合计×10%＝1 415.76×10%元＝141.576 元

④ 利润＝(人工、材料、机械费用合计＋管理费)×12%＝(1 415.76＋141.576)×12%元＝186.88 元

(3) 综合单价＝(人工、材料、机械费用合计＋管理费＋利润)/清单项目工程量＝(1 415.76＋141.576＋186.88)/180 元/m＝9.69 元/m

方法二：含量法。

(1) 清单项目工程量＝180 m，定额工程量＝0.24×0.1×180 m^3＝4.32 m^3

(2) 清单单位含量＝(定额工程量÷定额计量单位)/清单项目工程量＝4.32÷10÷180 (10 m^3/m)＝0.002 4 (10 m^3/m)

(3) ① 除税材料费＝含税材料费÷(1＋增值税税率)＝3 422.64÷(1＋11%)元＝3 083.46元/10 m^3

② 清单项目人工、材料、机械单价合计＝0.002 4×(193.76＋3 083.46＋0)元/m＝7.865 元/m

③ 管理费单价＝人工、材料、机械单价合计×10%＝7.865×10%元/m＝0.786 5 元/m

④ 利润单价＝(人工、材料、机械单价合计＋管理费单价)×12%＝(7.865＋0.786 5)×12%元/m＝1.038元/m

(4) 综合单价＝人工费单价＋材料费单价＋机械费单价＋管理费单价＋利润单价＝(7.865＋0.786 5＋1.038)元/m＝9.69 元/m

例 4-2 某基础工程，基础为 C25 混凝土条形基础，垫层为 C15 混凝土垫层，垫层底宽

度为1 400 mm，挖土深度为 1.8 m，挖土总长为 220 m，土壤类别为三类土。根据施工方案，土方开挖中需在垫层底面增加的操作工作面各边宽度为 0.25 m，并且需从垫层底面放坡，放坡系数为 0.3。室外设计地坪以下基础的体积为 227 m^3，垫层体积为 31 m^3。试计算该工程挖基础土方的工程量清单综合单价，并进行综合单价分析。

解 **方法一：总量法。**

（1）根据计量规范中的工程量计算规则计算的挖基础土方的清单项目工程量为

清单项目工程量＝1.4×1.8×220 m^3＝554 m^3

（2）按照计价规范和施工方案分析清单项目挖基础土方实际发生的工程内容，包括人工挖土方、人工装自卸汽车运卸土方，运距 3 km。

① 工作面各边宽度为 0.25 m，放坡系数为 0.3，则人工挖土方的施工工程量为

人工挖土方的定额工程量＝（1.4＋2×0.25＋0.3×1.8）×1.8×220 m^3＝966 m^3

② 人工装自卸汽车运卸土方的施工工程量为

基础回填量＝人工挖土方量－基础体积－垫层体积＝（966－227－31）m^3＝708 m^3

弃土外运量＝（966－708）m^3＝258 m^3

（3）人工挖土方（三类土，挖深 2 m 以内）的人工、材料、机械费用。

人工挖土方工日消耗量为 53.51 工日/（100 m^3），人工单价为 100 元/工日，无材料和机械台班消耗，则人工费＝定额工程量×工日消耗量×人工单价＝966÷100×53.51×100 元＝51 690.66 元

（4）人工装自卸汽车运卸土方的人工、材料、机械费用。

人工装自卸汽车运卸土方的工日消耗量为 11.32 工日/（100 m^3），用水量为每 100 m^3 土方耗水 1.2 m^3，需使用的机械有自卸汽车[2.45 台班/（100 m^3）]、洒水车[0.06 台班/（100 m^3）]，人工单价为 100 元/工日，水的单价为 2.03 元/m^3，施工用水增值税税率为 13%，8 t 自卸汽车台班单价为 468 元/台班，400 L 洒水车台班单价为 351 元/台班，机械台班租赁增值税税率为 17%。

① 人工费＝定额工程量×工日消耗量×人工单价＝258÷100×11.32×100 元＝2 920.56 元

② 材料除税单价＝材料含税单价÷（1＋增值税税率）＝2.03÷（1＋13%）元/m^3＝1.8 元/m^3

材料费＝定额工程量×材料消耗量×材料除税单价＝258÷100×1.2×1.8 元＝5.57 元

③ 自卸汽车台班除税单价＝ 台班含税单价÷（1＋增值税税率）＝468÷（1＋17%）元/台班＝400 元/台班

洒水车台班除税单价＝351÷（1＋17%）元/台班＝300 元/台班

机械费＝定额工程量×台班消耗量×台班除税单价

自卸汽车费＝258÷100×2.45×400 元＝2 528.40 元

洒水车费＝258÷100×0.06×300 元＝46.44 元

机械费合计＝（2 528.40＋46.44）元＝2 574.84 元

④ 人工装自卸汽车运卸土方的人工、材料、机械费用合计＝（2 920.56＋5.57＋2 574.84）元＝5 500.97元

（5）管理费和利润的计算。

管理费取人工、材料、机械总费用的 10%，利润取人工、材料、机械总费用与管理费之和的 8%。

① 清单项目人工、材料、机械费用合计＝（51 690.66＋5 500.97）元＝57 191.63 元

② 管理费＝人工、材料、机械费用合计×10%＝57 191.63×10%元＝5 719.16 元

③ 利润＝（人工、材料、机械费用合计＋管理费）×8%＝（57 191.63＋5 719.16）×8%元＝

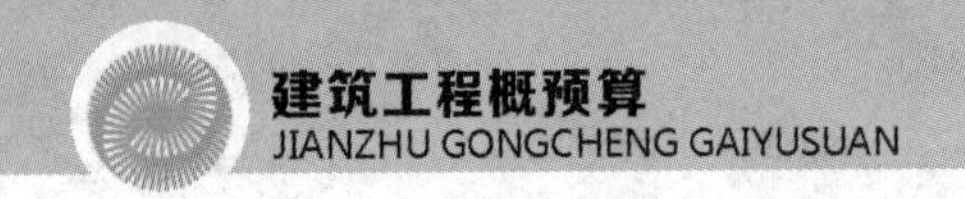

5 032.86元

(6) 综合单价的计算。

综合单价=(人工、材料、机械总费用+管理费+利润)/清单项目工程量

=(57 191.63+5 719.16+5 032.86)/554 元/ m^3=122.64 元/ m^3

表 4-13 所示为分部分项工程量清单与计价表。

表 4-13　分部分项工程量清单与计价表

工程名称：　　　　　　　　　　　　　　标段：　　　　　　　　　　　　　第　页,共　页

序号	项目编码	项目名称	项目特征描述	计量单位	工程量	金额/元		
						综合单价	合价	其中:暂估价
1	010101003001	挖沟槽土方	1. 土壤类别:三类土; 2. 挖土深度:1.8 m; 3. 弃土运距:3 km	m^3	554	122.64	67 943.65	
本页小计								
合　计								

方法二:含量法。

(1) 根据计量规范中的工程量计算规则计算的挖基础土方的清单项目工程量为

清单项目工程量=1.4×1.8×220 m^3=554 m^3

(2) 按照计价规范和施工方案分析清单项目挖基础土方实际发生的工程内容,包括人工挖土方、人工装自卸汽车运卸土方,运距 3 km。

① 工作面各边宽度为 0.25 m,放坡系数为 0.3,则人工挖土方的施工工程量为

人工挖土方的定额工程量=(1.4+2×0.25+0.3×1.8)×1.8×220 m^3=966 m^3

② 人工装自卸汽车运卸土方的施工工程量为

基础回填量=人工挖土方量-基础体积-垫层体积=(966-227-31) m^3=708 m^3

弃土外运量=(966-708) m^3=258 m^3

(3) 清单单位含量的计算。

单位清单项目包含人工挖土、人工装自卸汽车运卸土的工程数量。在消耗量定额中,人工挖土方(三类土,挖深 2 m 以内)和人工装自卸汽车运卸土方(运距 3 km 以内)两个子目所使用的计量单位均为“100 m^3”。

① 人工挖土:清单单位含量=(定额工程量÷定额计量单位)/清单项目工程量=(966÷100)/554 (100 m^3/m^3)=0.017 437 (100 m^3/m^3)

② 人工装自卸汽车运卸土:清单单位含量=(258÷100)/554 (100 m^3/m^3)=0.004 657 (100 m^3/m^3)

(4) 清单项目人工、材料、机械单价。

清单项目挖沟槽土方对应两个定额子目:人工挖土、人工装自卸汽车运卸土。

① 人工挖土方工日消耗量为 53.51 工日/(100 m^3),人工装自卸汽车运卸土方的工日消耗量为 11.32 工日/(100 m^3),人工单价为 100 元/工日,则

人工费单价= $\sum$ 清单单位含量×定额子目人工单价

$=(0.017\ 437\times53.51\times100+0.004\ 657\times11.32\times100)$元/m³

$=98.577\ 1$元/m³

② 人工挖土方无材料消耗，人工装自卸汽车运卸土方用水量为每 100 m³ 土方耗水 1.2 m³，水的除税单价为 1.8 元/m³，则

材料费单价$=\sum$清单单位含量$\times$定额子目材料单价

$=0.004\ 657\times1.2\times1.8$元/m³

$=0.010\ 1$元/m³

③ 人工挖土方无机械台班消耗，人工装自卸汽车运卸土方需使用的机械有自卸汽车[2.45 台班/(100 m³)]、洒水车[0.06 台班/(100 m³)]，8 t 自卸汽车台班除税单价为 400 元/台班，400 L 洒水车台班单价为 300 元/台班，则

机械费单价$=\sum$清单单位含量$\times$定额子目机械单价

$=0.004\ 657\times(2.45\times400+0.06\times300)$元/m³

$=4.647\ 7$元/m³

(5) 管理费单价和利润单价的计算。

管理费取人工、材料、机械总费用的 10%，利润取人工、材料、机械总费用与管理费之和的 8%。

① 清单项目人工、材料、机械单价合计$=(98.577\ 1+0.010\ 1+4.647\ 7)$元/m³$=103.234\ 9$元/m³

② 管理费单价=人工、材料、机械单价合计×10%$=103.234\ 9\times10\%$元/m³$=10.323\ 5$元/m³

③ 利润单价=(人工、材料、机械单价合计+管理费单价)×8%$=(103.234\ 9+10.323\ 5)\times8\%$元/m³$=9.084\ 7$元/m³

(6) 综合单价的计算。

综合单价=人工费单价+材料费单价+机械费单价+管理费单价+利润单价

$=(98.577\ 1+0.010\ 1+4.647\ 7+10.323\ 5+9.084\ 7)$元/m³

$=122.643\ 1$元/m³

(7) 综合单价分析。

① 人工挖土方。

a. 定额子目人工单价$=\sum$人工消耗量$\times$人工单价

$=53.51\times100$元/(100 m³)

$=5\ 351$元/(100 m³)

b. 管理费及利润单价合计$=5\ 351\times10\%+5\ 351\times(1+10\%)\times8\%$元/(100 m³)$=1\ 006$元/(100 m³)

c. 定额子目人工费合价=清单单位含量×定额子目人工单价

$=0.017\ 437\times5\ 351$元/m³$=93.31$元/m³

d. 管理费及利润合价合计=清单单位含量×管理费及利润单价合计

$=0.017\ 437\times1\ 006$元/m³$=17.54$元/m³

② 人工装自卸汽车运卸土方。

a. 定额子目人工单价$=\sum$人工消耗量$\times$人工单价

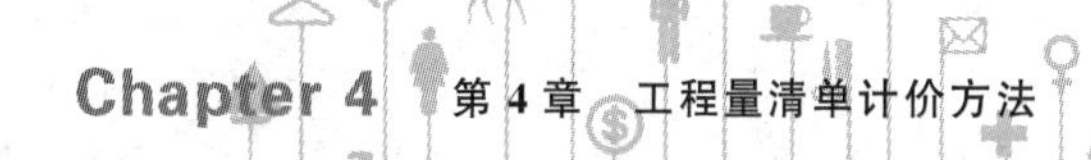

$=11.32\times100$ 元/(100 m³)

$=1\ 132$ 元/(100 m³)

b. 定额子目材料单价 $=\sum$ 材料消耗量 × 材料除税单价

$=1.2\times1.8$ 元/(100 m³)

$=2.16$ 元/(100 m³)

c. 定额子目机械单价 $=\sum$ 台班消耗量 × 台班除税单价

$=(2.45\times400+0.06\times300)$ 元/(100 m³)

$=998$ 元/(100 m³)

d. 管理费单价 $=(1\ 132+2.16+998)\times10\%$ 元/(100 m³) $=213.216$ 元/(100 m³)

利润单价 $=(1\ 132+2.16+998+213.216)\times8\%$ 元/(100 m³) $=187.63$ 元/(100 m³)

管理费及利润单价合计 $=(213.216+187.63)$ 元/(100 m³) $=400.846$ 元/(100 m³)

e. 定额子目人工费合价＝清单单位含量×定额子目人工单价

$=0.004\ 657\times1\ 132$ 元/m³ $=5.27$ 元/m³

f. 定额子目材料费合价＝清单单位含量×定额子目材料单价

$=0.004\ 657\times2.16$ 元/m³ $=0.010\ 1$ 元/m³

g. 定额子目机械费合价＝清单单位含量×定额子目机械单价

$=0.004\ 657\times998$ 元/m³ $=4.65$ 元/m³

h. 管理费及利润合价合计＝清单单位含量×管理费及利润单价合计

$=0.004\ 657\times400.846$ 元/m³ $=1.87$ 元/m³

表 4-14 所示为工程量清单综合单价分析表。

表 4-14 工程量清单综合单价分析表

工程名称： 标段： 第 页，共 页

项目编码	010101003001	项目名称	挖沟槽土方	计量单位	m³

清单综合单价组成明细

定额编号	定额名称	定额单位	数量（含量）	单价/元				合价/元			
				人工费	材料费	机械费	管理费及利润	人工费	材料费	机械费	管理费及利润
	人工挖土（挖深 2 m 以内）	100 m³	0.017 437	5 351	—	—	1 006	93.31	—	—	17.54
	人工装自卸汽车运卸土方（运距 3 km 以内）	100 m³	0.004 657	1 132	2.16	998	400.846	5.27	0.010 1	4.65	1.87
人工单价		小计						98.58	0.010 1	4.65	19.41
100 元/工日		未计价材料费/元									
清单项目综合单价/元								122.643 1			

续表

材料费明细	主要材料名称、规格、型号	单位	数量	单价/元	合价/元	暂估单价/元	暂估合价/元
	水	100 m³	1.2	1.8	2.16		
	其他材料费			—		—	
	材料费合价			—	2.16	—	

4.4 招标控制价和投标报价的编制

4.4.1 招标控制价的编制

1. 招标控制价的概念

招标控制价是招标人根据国家或省级、行业建设主管部门颁发的计价依据和办法，以及拟订的招标文件(包括招标工程量清单)、市场行情，并按工程项目设计施工图纸等具体条件调整编制的，对招标工程项目限定的最高工程造价，也可称其为拦标价、预算控制价或最高报价等。

根据《中华人民共和国招标投标法》规定，国有资金投资的工程在进行招标时，招标人设有标底的，标底必须保密。但 2003 年以来我国实行工程量清单招标后，由于招标方式的改变，标底保密这一法律规定已不能起到有效遏制哄抬标价的作用，一些工程项目在招标中除了低价恶性竞争外，也发生了所有招标人的报价均高于标底的现象，致使中标人的中标价高于招标人的预算，给招标工程的项目业主带来了困扰。因此，为有利于客观、合理地评审投标报价和避免串标、哄抬标价，造成国有资产流失，招标人应编制招标控制价，为招标人能够接受的最高交易价格。若投标人的报价超过公布的最高限价值，其投标将作为废标处理。

2. 招标控制价的一般规定

(1) 国有资金投资的建设工程招标，招标人必须编制招标控制价。

(2) 招标控制价应由具有编制能力的招标人或受其委托、具有相应资质的工程造价咨询人编制和复核。工程造价咨询人接受招标人委托编制招标控制价后，不得再就同一工程接受投标人委托编制投标报价。即工程造价咨询人不得同时接受招标人和投标人对同一工程的招标控制价和投标报价的编制。

(3) 招标人应在发布招标文件时公布招标控制价，不应上调或下浮。招标人应将招标控制价及有关资料报送工程所在地或有该工程管辖权的行业管理部门工程造价管理机构备查。

招标控制价的编制特点和作用决定了招标控制价不同于标底，无须保密。为体现招标的公开、公平、公正性，防止招标人有意抬高或压低工程造价，给投标人以错误信息，规定招标人应在招标文件中如实公布招标控制价各组成部分的详细内容，不得只公布招标控制价总价。

(4) 当招标控制价超过批准的概算时，招标人应将其报原概算审批部门审核。

我国对国有资金投资项目的投资控制实行的是投资概算控制制度，项目投资原则上不能超过批准的投资概算。因此，在工程招标发包时，当编制的招标控制价超过批准的概算时，招标人应当将其报原概算审批部门重新审核。

3. 招标控制价的编制依据

(1)《建设工程工程量清单计价规范》(GB 50500—2013)；

(2) 国家或省级、行业建设主管部门颁发的计价定额和计价办法；

(3) 建设工程设计文件及相关资料；

(4) 拟订的招标文件及招标工程量清单；

(5) 与建设项目相关的标准、规范、技术资料；

(6) 施工现场情况、工程特点及常规施工方案；

(7) 工程造价管理机构发布的工程造价信息，当工程造价信息没有发布时，参照市场价；

(8) 其他相关资料。

4. 招标控制价的编制方法

采用工程量清单计价时，编制招标控制价的核心工作是确定分部分项工程费、措施项目费、其他项目费、规费和税金等各清单项目费用。

(1) 分部分项工程和措施项目中的单价项目，应根据拟订的招标文件和招标工程量清单项目中的特征描述及有关要求确定综合单价。

分部分项工程费和措施项目中的单价项目费均采用综合单价的方法编制，依据各项目的工程量和综合单价进行费用计算。两者的工程量应是招标工程量清单中由招标人依据相关计量规范计算的工程量；综合单价除应包括人工、材料、机械费用，管理费及利润外，还应包括招标文件中招标人要求投标人承担的风险内容及其范围(幅度)产生的风险费用(招标文件中没有明确的，应予以明确)，风险费用可以风险费率的形式进行计算；招标文件中提供了材料的暂估单价的，应将暂估单价计入综合单价中。

(2) 措施项目中的总价项目应根据拟订的招标文件和常规施工方案计价。

措施项目中的总价项目应包括除规费、税金以外的全部项目，各项对应的计算基础和费率应按省级或行业建设主管部门的规定计算，其中安全文明施工费应按照国家或省级、行业建设主管部门的规定标准直接计取，不得作为竞争性费用。

(3) 其他项目应按下列规定计价。

① 暂列金额。

暂列金额应按招标工程量清单中列出的金额填写。

② 暂估价。

暂估价中的材料、工程设备单价应按招标工程量清单中列出的单价计入综合单价中，暂估价中的专业工程金额应按招标工程量清单中列出的金额填写。

③ 计日工。

计日工应按招标工程量清单中列出的项目，根据工程特点和有关计价依据确定的综合单价计算。编制招标控制价时，对于计日工中的人工单价和施工机械台班单价，应按省级、行业建设主管部门或其授权的工程造价管理机构公布的单价计算；材料单价应按工程造价管理机构发布的工程造价信息中的材料单价计算。对于工程造价信息未发布材料单价的材料，其价格应按市场调查确定的单价计算。

④ 总承包服务费。

总承包服务费应按照省级、行业建设主管部门的规定，并根据招标工程量清单列出的内容和要求估算，可参考以下标准(见表 4-15)：

a. 招标人仅要求总包人对其发包的专业工程进行施工现场协调和统一管理时，总承包服务费按发包的专业工程估算造价的1.5%左右计算；

b. 招标人要求总包人对其发包的专业工程既进行总承包管理和协调，又要求提供相应配合服务时，总承包服务费应根据招标文件列出的配合服务内容，按发包的专业工程估算造价的3%～5%计算；

c. 招标人自行供应材料、设备的，总承包服务费按招标人供应材料、设备价值的1%计算。

表 4-15　总承包服务费计算的参考标准

项目名称	计算基数	基数说明	费率
发包人发包专业工程	发包专业工程估算造价	管理、协调	1.5%
发包人发包专业工程	发包专业工程估算造价	管理、协调、配合服务	3%～5%
发包人提供材料、设备	供应材料、设备价值	招标人自行提供材料、设备	1%

(4) 规费和税金应按照国家或省级、行业建设主管部门的规定标准计算，不得作为竞争性费用。

5. 招标控制价的投诉与处理

1) 投标人具有投诉权

投标人经复核后认为招标人公布的招标控制价未按照计价规范的规定进行编制的，应在招标控制价公布后5天内向招投标监督机构和工程造价管理机构投诉。

2) 投诉书的内容

投诉人投诉时，应当提交由单位盖章和法定代表人或其委托人签名或盖章的书面投诉书。投诉书应包括下列内容：

① 投诉人与被投诉人的名称、地址及有效联系方式；

② 投诉的招标工程名称、具体事项及理由；

③ 投诉依据及有关证明材料；

④ 相关的请求及主张。

3) 不得恶意投诉的规定

投诉人不得进行虚假、恶意投诉，阻碍招投标活动的正常进行。

4) 受理投诉的条件和审查期限

工程造价管理机构在接到投诉书后，应在两个工作日内进行审查，对有下列情况之一的，不予受理：

① 投诉人不是所投诉招标工程招标文件的收受人；

② 投诉书内容和提交的时间不符合规范规定的；

③ 投诉事项已进入行政复议或行政诉讼程序的。

5) 受理投诉的处理期限及反馈

工程造价管理机构应在不迟于结束审查的次日将是否受理投诉的决定以书面形式通知投诉人、被投诉人，以及负责该工程招投标监督的招投标管理机构。

6) 受理投诉后的复查

工程造价管理机构受理投诉后，应立即对招标控制价进行复查，组织投诉人、被投诉人或其委托的招标控制价编制人等单位人员对投诉问题进行逐一核对。有关当事人应当予以配合，并应保证所提供资料的真实性。

7）复查完成期限及反馈

工程造价管理机构应当在受理投诉后 10 天内完成复查，特殊情况下可适当延长，并作出书面结论通知投诉人、被投诉人及负责该工程招投标监督的招投标管理机构。

8）复查结论与招标控制价误差的规定

当招标控制价复查结论与原公布的招标控制价误差大于±3%时，应当责成招标人改正。

9）招标控制价的重新公布

招标人根据招标控制价复查结论需要重新公布招标控制价的，其最终公布的时间至招标文件要求提交投标文件截止时间不足 15 天的，应相应延长投标文件的截止时间。

6. 招标控制价的计价与组价

1）招标控制价的费用组成

建设工程的招标控制价反映的是单位工程费用，各单位工程费用是由分部分项工程费、措施项目费、其他项目费、规费和税金组成的。

2）综合单价的组价

招标控制价的分部分项工程费应由各单位工程的招标工程量清单中提供的工程量乘以相应综合单价汇总而成。综合单价的组价方法详见 4.3.2。

$$定额子目合价 = 定额工程量 \times (\sum 定额人工消耗量 \times 人工单价 + \sum 定额材料消耗量 \times 材料单价 + \sum 定额机械台班消耗量 \times 台班单价 + 价差 + 管理费和利润) \tag{4-41}$$

$$工程量清单综合单价 = (\sum 定额子目合价 + 未计价材料费) / 清单项目工程量 \tag{4-42}$$

所谓未计价材料费，就是在确定综合单价时采用的定额中规定了该材料的名称、规格和消耗量，其价格未计算到定额材料中，由地区的信息价格或市场价格决定。

3）确定综合单价时应考虑的因素

编制招标控制价，在确定其综合单价时，应考虑一定范围内的风险因素。在招标文件中应通过预留一定的风险费用，或明确说明风险所包括的范围及超过该范围的价格调整方法。对于招标文件中未做要求的，可按以下原则确定：

① 对于技术难度较大和管理复杂的项目，可考虑一定的风险费用，并纳入综合单价中；

② 对于工程设备、材料价格的市场风险，应依据招标文件的规定、工程所在地或行业工程造价管理机构的有关规定及市场价格趋势，考虑一定的风险因素，并纳入综合单价中；

③ 税金、规费等法律、法规、规章和政策变化的风险和人工单价等风险费用不应纳入综合单价中。

招标工程发布的分部分项工程量清单对应的综合单价，应按照招标人发布的分部分项工程量清单的项目名称、项目特征描述、工程量，依据工程所在地颁发的计价定额和人工、材料、机械台班价格信息等进行组价确定，并应编制工程量清单综合单价分析表。

4.4.2 投标报价的编制

1. 投标报价的概念

清单项目的投标报价是工程量清单投标的核心。投标价是投标人投标时响应招标文件要求所报出的对已标价工程量清单汇总后标明的总价，即投标人完成招标工程量清单所列项目的预期全部费用，包括分部分项工程费、措施项目费、其他项目费和规费及税金。具体来说，投标价是指在工程招标发包过程中，投标人按照有关计价规定和招标文件的要求，依据招标工程量清单、施工设计图纸，结合工程项目特点、施工现场情况及能够反映企业个别成本的企业定额自主确定的工程造价。它是投标人希望达成工程承包交易的期望价格，但不能高于招标人设定的招标控制价。

2. 投标报价的一般规定

（1）投标价应由投标人或受其委托、具有相应资质的工程造价咨询人编制。

（2）投标人应依据计价规范的规定自主确定投标报价。

投标报价编制和确定的最基本特征是投标人自主报价，它是市场竞争形成价格的体现，但投标人自主决定投标报价必须执行计价规范的强制性条文。

（3）投标报价不得低于工程成本。

工程成本是构成工程造价的主要部分，也是投标人估算投标报价的最低经济底线。《中华人民共和国招标投标法》《建设工程质量管理条例》《评标委员会和评标方法暂行规定》等法律、法规都有明文规定，要求投标人的投标报价不得低于工程成本。

（4）投标人必须按招标工程量清单填报价格，项目编码、项目名称、项目特征、计量单位、工程量必须与招标工程量清单一致。

实行工程量清单招标时，招标人在招标文件中提供工程量清单，其目的是使各投标人在投标报价中具有共同的竞争平台，因此要求投标人在投标报价中填写的工程量清单的项目编码、项目名称、项目特征、计量单位、工程量必须与招标人招标文件中提供的一致。为避免出现差错，投标人最好按招标人提供的工程量清单与计价表直接填写价格。

（5）投标人的投标报价高于招标控制价的，应予以废标处理。

国有资金投资的工程，其招标控制价相当于政府采购中的采购预算，同时要求其不能超过批准的概算。因此，招标控制价是招标人在工程招标时能接受投标人报价的最高限价。依据《中华人民共和国政府采购法》的相关精神，在国有资金投资工程的招标投标活动中，投标人的投标报价不能超过招标控制价，否则其投标将被拒绝。

3. 投标报价的编制依据

（1）《建设工程工程量清单计价规范》(GB 50500—2013)；

（2）国家或省级、行业建设主管部门颁发的计价办法；

（3）企业定额，国家或省级、行业建设主管部门颁发的计价定额和计价办法；

（4）招标文件、招标工程量清单及其补充通知、答疑纪要；

（5）建设工程设计文件及相关资料；

（6）施工现场情况、工程特点及投标时拟订的施工组织设计或施工方案；

（7）与建设项目相关的标准、规范等技术资料；

（8）市场价格信息或工程造价管理机构发布的工程造价信息；

（9）其他相关资料。

4. 投标报价的确定原则

招标工程量清单与计价表中列明的所有需要填写单价和合价的项目，投标人均应填写且只允许有一个报价。未填写单价和合价的项目，可视为此项费用已包含在已标价工程量清单中其他项目的单价和合价之中。当竣工结算时，此项目不得重新组价、予以调整。

投标总价应当与分部分项工程费、措施项目费、其他项目费和规费及税金的合计金额一致。即投标人在进行工程项目工程量清单招标的投标报价时，不能进行投标总价优惠（或降价、让利），投标人对投标报价的任何优惠（或降价、让利）均应反映在相应清单项目的综合单价中。

5. 投标报价的编制方法

编制投标报价之前，需要对清单工程量进行复核。由于清单编制人员专业水平的参差不齐，可能会造成各分部分项工程量的计算并不十分准确。若工程设计深度不够，则可能出现较大误差，导致清单内容出现漏项、重算。而工程量的多少是选择施工方法、安排施工计划的重要因素，自然也影响分项工程的单价，因此一定要对工程量进行复核。

投标报价的编制过程是，首先根据招标人提供的工程量清单编制分部分项工程量清单计价表、措施项目清单计价表、其他项目清单计价表、规费和税金项目清单计价表，计算完毕后汇总得到单位工程投标报价汇总表，再层层汇总，分别得出单项工程投标报价汇总表和建设项目投标总价汇总表。建设项目投标报价的编制可依据下列公式

$$建设项目总报价 = \sum 单项工程报价 \tag{4-43}$$

$$单项工程报价 = \sum 单位工程报价 \tag{4-44}$$

$$单位工程报价=分部分项工程费+措施项目费+其他项目费+规费+税金 \tag{4-45}$$

1）单价项目

分部分项工程和措施项目中的单价项目最主要的是确定综合单价，应根据招标文件和招标工程量清单项目中的特征描述确定综合单价。综合单价的确定应注意：

① 以项目特征描述为依据。确定分部分项工程和措施项目中的单价项目综合单价的最重要依据之一是该清单项目的特征描述。投标人投标报价时，应依据招标工程量清单项目的特征描述确定清单项目的综合单价。在招投标过程中，若出现工程量清单项目的特征描述与设计图纸不符，投标人应以招标工程量清单项目的特征描述为准，确定投标报价的综合单价；若施工过程中施工图纸或设计变更与招标工程量清单项目的特征描述不一致，发承包双方应按实际施工的项目特征，依据合同约定重新确定综合单价。

② 资源的可获取价格的来源。综合单价中的人工费、材料费、机械费是以企业定额的人工、材料、机械消耗量乘以人工、材料、机械的实际价格得出的，因此投标人拟投入的人工、材料、机械等资源的可获取价格直接影响综合单价的高低。

③ 企业管理费费率、利润率的确定。企业管理费费率可由投标人根据本企业近年的企业管理费核算数据自行测定，当然也可以参照当地造价管理部门发布的平均参考值；利润率可由投标人根据本企业当前盈利情况、施工水平、拟投标工程的竞争情况及企业当前经营策略自主确定。

④ 合理风险的承担。综合单价中应包括招标文件中划分的应由投标人承担的风险范围及其费用，招标文件中没有明确的，应提请招标人明确。招标文件中要求投标人承担的风险费用，投标人应考虑计入综合单价中。在施工过程中，当出现的风险内容及其范围（幅度）在招标文件规定的范围（幅度）内时，综合单价不得变动，工程价款不做调整。

⑤ 材料、工程设备暂估价的处理。招标工程量清单中提供了材料、工程设备的暂估单价的，按暂估的单价计入综合单价中。

2）总价项目

措施项目中的总价项目金额应根据招标文件及投标时拟订的施工组织设计或施工方案自主确定。投标人根据投标施工组织设计或施工方案调整和确定的措施项目应通过评标委员会的评审。

① 措施项目中的总价项目应采用综合单价方式报价，包括除规费、税金外的全部费用；

② 措施项目中的安全文明施工费应按照国家或省级、行业主管部门的规定计算确定。

3）其他项目

① 暂列金额应按照招标工程量清单中列出的金额填写，不得变动。

② 暂估价不得变动和更改。材料、工程设备的暂估价必须按照暂估单价计入综合单价中；专业工程暂估价必须按照招标工程量清单中列出的金额填写。

③ 计日工应按照招标工程量清单中列出的项目和估算的数量，自主确定各项综合单价并计算计日工金额。

④ 总承包服务费应根据招标工程量清单中列出的专业工程暂估价内容和供应材料、设备情况，按照招标人提出协调、配合与服务要求和施工现场管理需要自主确定。

4）规费和税金

规费和税金必须按国家或省级、行业建设主管部门规定的标准计算，不得作为竞争性费用。

思考题

1. 什么是工程量清单？工程量清单阶段划分包含的内容有哪些？

2. 招标工程量清单中涉及哪些表格？它们都是如何编制的？

3. 什么是分部分项工程项目清单的五个要素？分部分项工程项目清单的项目编码如何设置？

4. 计价规范将措施项目分为哪两类？各有何特点？

5. 其他项目清单有哪些列项内容？它的编制方式有哪些要求？

6. 工程量清单计价的适用范围是什么？

7. 计价规范对材料供应方式不同时的计价处理办法是如何规定的？

8. 计价规范对工程量清单计价风险的分担原则是如何规定的？

9. 工程量清单计价的基本原理和方法是什么？

10. 什么是综合单价？如何计算？

11. 在工程量清单计价模式下如何进行招标控制价的编制？

12. 在工程量清单计价模式下如何进行投标报价的编制？

13. 某住宅楼门窗洞口尺寸为 1 200 mm×2 400 mm，要求编制其门窗工程工程量清单，并确定其综合单价。已知条件如表 4-16 所示。

表 4-16　木门特征表

门类型	樘数	框、扇断面/cm^2	玻璃品种	五金特征	油漆特征
一玻三板镶板木门（单扇、有亮）	15	框断面 72.50 扇断面 58.30	平板玻璃厚 3 mm	普通小五金	调和漆两遍、底油一遍、满刮腻子

Chapter 5

第5章 投资估算

知识点

本章主要介绍投资估算的相关概念，以及编制投资估算的主要方法。通过本章学习，应了解投资估算的概念、作用、内容等基本知识，掌握投资估算的编制方法。

重点

投资估算的内容、投资估算的编制方法。

难点

项目总投资估算、流动资金的估算。

5.1 投资估算的相关概念

按照我国的基本建设程序，在项目建议书及可行性研究阶段，依据现有的资料，运用一定的科学方法和手段，对建设项目全部投资费用进行的预测和估算，称为投资估算。投资估算的成果文件称为投资估算书，它是项目建议书或者可行性研究报告的重要组成部分，也是项目决策的重要依据之一。投资估算的准确性是十分重要的，它不仅影响可行性研究工作的质量和经济评价的结果，以及建设项目资金方案的筹措，而且也直接关系到下一阶段设计概算和施工图预算的编制。因此，准确、全面地估算建设项目的工程造价，是建设项目可行性研究，乃至整个建设项目投资决策阶段工程造价管理的重要任务。

5.1.1 投资估算的作用

投资估算在项目开发建设过程中的作用如下：

(1) 项目建议书阶段的投资估算，是项目主管部门审批项目建议书的依据之一，并对项目的规划、规模起参考作用。

(2) 项目可行性研究阶段的投资估算，是项目投资决策的重要依据，也是研究、分析、计算项目投资经济效果的重要条件。当可行性研究报告被批准之后，其投资估算额就是设计任务书中下达的投资限额，即作为建设项目投资的最高限额，不得随意突破。

(3) 投资估算对工程设计概算起控制作用，设计概算不得突破批准的投资估算额，并应控制在投资估算额以内。

(4) 投资估算可作为项目资金筹措及制订建设贷款计划的依据，建设单位可根据批准的投资估算额进行资金筹措和向银行申请贷款。

(5) 投资估算是核算建设项目固定资产投资额和编制固定资产投资计划的重要依据。

(6) 投资估算是进行工程设计招标、优选设计方案的依据之一，也是实行工程限额设计的依据。

5.1.2 投资估算的阶段划分与精度要求

在我国，投资估算是在做初步设计之前各工作阶段中的一项工作。在初步设计之前，根据需要可邀请设计单位参加编制项目规划和项目建议书，并可委托设计单位承担项目的初步可行性研究、可行性研究及设计任务书的编制工作，同时应根据项目已明确的技术经济条件，编制和估算出精确度不同的投资估算额。目前，投资估算一般涉及项目规划、项目建议书、初步可行性研究及详细可行性研究等阶段。

1. 项目规划阶段的投资估算

项目规划阶段的投资估算的工作比较粗略，主要是根据国民经济发展规划、地区发展规划和行业发展规划的要求，编制建设项目的建设规划，按项目规划的要求和内容，粗略地估算建设项目所需的投资额。对投资估算精度的要求为允许误差大于±30%。

2. 项目建议书阶段的投资估算

项目建议书阶段的投资估算的工作比较粗略，投资额的估计一般是按照项目建议书中的产品方案、建设规模、产品主要生产工艺、企业车间组成及建厂地址等内容，并通过与已建类似项目的对比得来的，因此投资估算精度要求的误差率应控制在±30%以内。这一阶段的投资估算主要是为相关管理部门审批项目建议书提供依据，可据此判断一个项目是否需要进行下一阶段的工作。

3. 初步可行性研究阶段的投资估算

初步可行性研究阶段的投资估算是介于项目建议书和详细可行性研究之间的中间阶段，主要是在投资机会研究及其投资估算的基础上，在掌握了更详细、更深入的资料的条件下，进一步对建设项目的投资规模、工艺技术、材料来源、建址选择、组织机构和建设进度等情况，进行综合技术经济分析，以判断项目的可行性，从而作出初步投资评价与决策。这一阶段要对项目是否真正可行作出初步的决定，据以确定是否进行详细可行性研究，因此对投资估算精度的要求为误差控制在±20%以内。

4. 详细可行性研究阶段的投资估算

详细可行性研究阶段的投资估算工作的研究内容详尽，主要是对拟建项目的最佳投资方案进行评价，并对建设项目的可行性研究提出结论性意见。该阶段是进行全面、详细、深入的技术经济分析和论证的阶段，要评价、选择拟建项目的最佳投资方案，对项目的可行性提出结论性意见，因此本阶段的投资估算至关重要。这个阶段的投资估算经审查批准之后，便是工程设计任务书中的项目投资限额，并可据此列入项目年度基本建设计划中，因此要求投资估算精度的误差应该控制在±10%以内。

5.1.3 投资估算的内容

投资估算主要是计算建设项目的总投资，为固定资产投资和流动资产投资之和。我国现行的建设项目总投资构成如图 5-1 所示。

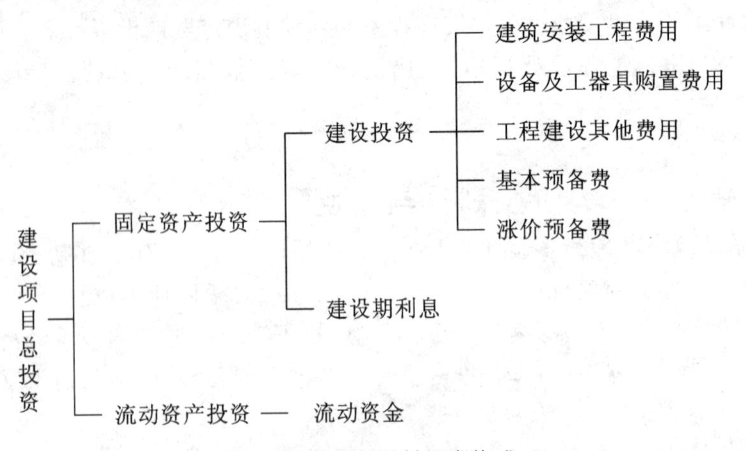

图 5-1 建设项目总投资构成

根据国家规定，建设项目投资估算的费用内容根据分析角度的不同，可有两种不同的划分。

(1) 从建设项目投资设计和投资规模的角度，投资估算包括固定资产投资估算和流动资产投资估算两部分。

① 固定资产投资估算的内容按照费用的性质划分，包括建筑安装工程费用、设备及工器具购置费用、工程建设其他费用、基本预备费、涨价预备费、建设期利息。其中，建筑安装工程费用、设备及工器具购置费用是直接构成固定资产实体的各种费用，被称为工程费用；工程建设其他费用指除建筑安装工程费用和设备及工器具购置费用以外，根据有关规定列入项目总投资的其他费用，可分别形成固定资产、无形资产及其他资产；基本预备费、涨价预备费是为了保证项目顺利实施，避免在难以预料的情况下造成投资不足而预先安排的费用，称为预备费，在可行性研究阶段为简化计算，与建设期利息一并计入固定资产中。

② 流动资产投资估算是生产经营性项目投产后用于购买原材料、燃料，支付工资及其他经营费用等所需的周转资金。它是伴随着固定资产投资而发生的长期占用的流动资产投资，流动资金等于流动资产减去流动负债。其中，流动资产主要考虑现金、应收账款和存货，流动负债主要考虑应付账款。因此，流动资金实际上就是财务中的营运资金。

(2) 从体现资金时间价值的角度，可将投资估算分为静态投资部分和动态投资部分两项。

① 静态投资是指不考虑资金时间价值的投资部分，一般包括建筑安装工程费用、设备及工器具购置费用、工程建设其他费用中的静态部分（不涉及时间变化因素的部分）和预备费中的基本预备费。

② 动态投资是指考虑了资金时间价值的投资部分，是指在建设期内因建设期利息和国家新批准的税费、汇率、利率变动及建设期价格变动引起的建设投资增加额，包括涨价预备费、建设期利息等。

5.1.4 投资估算的依据、要求及步骤

1. 投资估算的依据

(1) 建设标准和技术、设备、工程方案。

(2) 专门机构发布的建设工程造价费用构成、估算指标、计算方法，以及其他有关计算工程

造价的文件。

(3) 专门机构发布的工程建设其他费用计算办法和费用标准,以及政府部门发布的物价指数。

(4) 拟建项目各单项工程的建设内容及工程量。

(5) 资金来源与建设工期。

2. 投资估算的要求

(1) 工程内容和费用构成齐全,计算合理,不重复计算,不提高或者降低估算标准,不漏项、不少算。

(2) 选用指标与具体工程之间存在标准或者条件差异时,应进行必要的换算或调整。

(3) 投资估算精度应能满足控制初步设计概算要求。

3. 投资估算的步骤

(1) 分别估算各单项工程所需的建筑工程费用、安装工程费用、设备及工器具购置费用。

(2) 在汇总各单项工程费用的基础上,估算工程建设其他费用和基本预备费。

(3) 估算涨价预备费和建设期利息。

(4) 估算流动资金。

5.2 投资估算的方法

5.2.1 建设项目静态投资部分的估算

静态投资是建设项目投资估算的基础,所以必须全面、准确地进行分析计算。由于民用建筑与工业生产项目的静态投资估算出发点及具体办法不同,一般情况下,工业生产项目的投资估算大多以设备费估算为基础来进行,而民用建筑项目则以建筑工程投资估算为基础。根据静态投资费用项目内容的不同,投资估算采用的方法和深度也不尽相同。在选用估算方法时,应根据建设项目的性质(工业或民用)、技术资料和有关数据等具体情况,有针对性地选用适宜的估算方法。不同阶段的投资估算,其方法和允许误差都是不同的。项目规划阶段和项目建议书阶段,投资估算精度要求低,可采取简单的框算法,如生产能力指数法、单位生产能力估算法、比例估算法、系数估算法等;在可行性研究阶段,尤其是详细可行性研究阶段,投资估算精度要求高,需采用相对详细的投资估算方法,即指标估算法。以下将分别进行介绍。

1. 单位生产能力估算法

依据调查的统计资料,用已建成、性质类似、规模相近的单位生产能力投资乘以建设规模,即得拟建项目的投资额。其计算公式为

$$C_2 = \frac{C_1}{Q_1} \cdot Q_2 \cdot f \tag{5-1}$$

式中:C_1——已建类似项目的静态投资额;

C_2——拟建项目的静态投资额;

Q_1——已建类似项目的生产能力;

Q_2——拟建项目的生产能力;

f——不同时期、不同地点的定额、单位、费用变更等的综合调整系数。

这种方法把项目的建设投资与其生产能力的关系视为简单的线性关系，估算简便迅速，但估算结果精确度较低，估算误差较大，可达±30%。此法只能粗略地快速估算。使用这种方法时要注意拟建项目的生产能力和已建类似项目的可比性，否则误差很大。因此，这种方法只适用于已建项目在规模和时间上相近的拟建项目，一般两者生产能力比值为0.2～2。由于在实际工作中不易找到与拟建项目完全类似的项目，因此通常是把项目按其下属的车间、设施和装置进行分解，分别套用类似车间、设施和装置的单位生产能力投资指标进行计算，然后相加，求得项目总投资；或根据拟建项目的规模和建设条件，将投资进行适当调整后估算项目的投资额。这种方法主要用于新建项目或装置的估算，十分简便迅速，但要求估价人员掌握足够的典型工程的历史数据，而且这些数据均应与单位生产能力的造价有关，方可应用，而且必须是新建装置与所选取装置的历史资料相类似，仅存在规模大小和时间上的差异。

2. 生产能力指数法

生产能力指数法又称指数估算法，是将已建成的、性质类似的建设项目或生产装置的投资额和生产能力与拟建项目或生产装置的生产能力进行比较，来估算项目的投资额，是对单位生产能力估算法的改进。其计算公式为

$$C_2=C_1\left(\frac{Q_2}{Q_1}\right)^x\cdot f \tag{5-2}$$

式中：x——生产能力指数，$0\leqslant x\leqslant 1$；

其他符号含义同前。

该方法中造价与规模（或容量）呈非线性关系，且单位造价随工程规模（或容量）的增大而减小。生产能力指数法主要应用于拟建装置或项目与用来参考的已知装置或项目的规模不同的场合。若已建类似项目的生产规模与拟建项目的生产规模相差不大于50倍，且拟建项目生产规模的扩大仅靠增大设备规模来达到，则x的取值约在0.6～0.7之间；若是靠增加相同规格设备的数量来达到，则x的取值约在0.8～0.9之间。采用这种方法，计算简单、速度快，但要求类似工程的资料可靠，条件基本相同，否则误差就会很大。这种方法与单位生产能力估算法相比精确度略高，其误差可以控制在±20%以内，主要应用于设计深度不足、拟建建设项目与类似建设项目的规模不同、设计定型并系列化、基础资料完备的情况。这种估算方法不需要详细的工程设计资料，只需知道工艺流程及规模就可以，在总承包报价时经常采用。

3. 系数估算法

系数估算法也称为因子估算法，它是以拟建项目的主体工程费或主要设备费为基数，以其他工程费占主体工程费的百分比为系数，以此来估算项目总投资。这种方法简单易行，但是精度较低，一般用于项目建议书阶段。系数估算法的种类很多，在我国常用的方法有设备系数法和主体专业系数法。世行项目投资估算常用的方法是朗格系数法。

1）设备系数法

以拟建项目的设备购置费为基数，根据已建成的同类项目的建筑安装费用和其他工程费用等与设备价值的百分比，求出拟建项目建筑安装工程费用和其他工程费用，进而求出建设项目总投资。其计算公式如下

$$C=E(1+f_1P_1+f_2P_2+f_3P_3+\cdots)+I \tag{5-3}$$

式中：C——拟建项目投资额；

E——拟建项目根据当时当地价格计算的设备购置费；

$P_1, P_2, P_3, \cdots$——已建项目中建筑安装费用及其他工程费用等占设备购置费的百分比；

$f_1, f_2, f_3, \cdots$——由于时间因素引起的定额、价格、费用标准等变化的综合调整系数；

I——拟建项目的其他费用。

2）主体专业系数法

以拟建项目中的最主要、投资比例较大，并与生产能力直接相关的工艺设备的投资（包括运杂费和安装费）为基数，根据同类已建项目的有关统计资料，计算出拟建项目各专业工程（总图、土建、采暖、给水排水、管道、电气及电信、自控及其他费用等）占工艺设备投资的百分比，据以求出各专业工程的总投资额并相加求和，再加上工程其他有关费用，即为项目的总费用。其计算公式为

$$C=E(1+f_1P_1'+f_2P_2'+f_3P_3'+\cdots)+I \tag{5-4}$$

式中：$P_1', P_2', P_3', \cdots$——已建项目中各专业工程费用占设备投资的百分比；

其他符号同前。

3）朗格系数法

这种方法是以设备费为基数，乘以适当系数来推算项目的投资额。这种方法在国内不常见，是世行项目投资估算常采用的方法，精度不高。该方法的基本原理是分别计算总成本费用中的直接成本和间接成本，再将两者合为项目的投资额。其计算公式为

$$C = E \cdot (1+\sum K_{\mathrm{i}}) \cdot K_{\mathrm{c}} \tag{5-5}$$

式中：K_{i}——管线、仪表、建筑物等的费用的估算系数；

K_{c}——管理费、合同费、应急费等费用的估算系数；

其他符号同前。

这种方法比较简单，但没有考虑设备规格、材质的差异，所以精确度不高。朗格系数法估算误差在10%～15%之间。

4. 比例估算法

根据统计资料，先求出已有同类建设项目主要生产工艺设备占整个建设项目的投资比例，然后再估算出拟建项目的主要设备投资，即可按比例求出拟建项目的建设投资。其计算公式为

$$I = \frac{1}{K}\sum_{i=1}^{n} Q_i p_i \tag{5-6}$$

式中：I——拟建项目的建设投资；

K——已建项目主要设备投资占拟建项目投资的比例；

n——设备种类数；

Q_i——第 i 种设备的数量；

P_i——第 i 种设备的单价（到厂价格）。

5. 指标估算法

指标估算法是投资估算的主要方法，主要应用在可行性研究阶段，是指依据各种具体的投资估算指标，对各单位工程或单项工程费用进行估算，进而估算建设项目总投资的方法。投资估算指标形式有很多，比如元/m、元/m^2、元/m^3、元/t、元/kW等，将这些投资估算指标乘以相应的长度（m）、面积（m^2）、体积（m^3）、质量（t）、功率（kW）等，就可得到相应单位或单项工程的投资额，汇总后再估算工程建设其他费用及预备费等，从而求得所需的投资额。即把建设项目费用划分为

建筑工程费用、设备安装工程费用、设备及工器具购置费用及其他基本建设费用等费用项目或单位工程投资，再根据各种具体的投资估算指标，进行各项费用项目或单位工程投资的估算，在此基础上可汇总成每一单项工程的投资。另外再估算工程建设其他费用及预备费，即求得建设项目总投资。

需要注意的是，指标估算法在使用过程中绝对不能生搬硬套，应根据不同地区、时间进行调整。因为地区、时间不同，设备与材料的价格均有差异。调整方法可以按主要材料消耗量或"工程量"为计算依据，也可以按不同的工程项目的"万元工料消耗定额"定不同的系数，有关部门颁布有定额或材料价差系数(物价指数)时，可以据其调整。同时指标估算法应对工艺流程、定额、价格及费用标准进行分析，经过实事求是地调整和换算后，才能提高其精确度。

1）建筑工程费用估算

建筑工程费用是指为建造永久性建筑物和构筑物所需要的费用，一般采用单位建筑工程投资估算法、单位实物工程量投资估算法、概算指标投资估算法等进行估算。

(1) 单位建筑工程投资估算法。

这种方法是以单位建筑工程量的投资乘以建筑工程总量来计算建筑工程投资的。一般工业与民用建筑以单位建筑面积(m^2)的投资，工业窑炉砌筑以单位容积(m^3)的投资，水库以水坝单位长度(m)的投资，铁路路基以单位长度(km)的投资，矿上掘进以单位长度(m)的投资，乘以相应的建筑工程量来计算建筑工程费用。

(2) 单位实物工程量投资估算法。

该方法以单位实物工程量的投资乘以实物工程总量来进行计算。土石方工程按每立方米投资，矿井巷道衬砌工程按每延长米投资，路面铺设工程按每平方米投资，乘以相应的实物工程总量来计算建筑工程费用。

(3) 概算指标投资估算法。

对于没有上述估算指标，且建筑工程费用占总投资比例较大的项目，可采用概算指标投资估算法。采用此种方法时，应有较为详细的工程资料、建筑材料价格和工程费用指标，投入的时间和工作量大。

2）安装工程费用估算

安装工程费用通常按行业或专门机构发布的安装工程定额、取费标准和指标进行估算。具体可按安装费率、每吨设备安装费或单位安装实物工程量的费用估算，即

$$安装工程费用=设备原价\times安装费率 \tag{5-7}$$

$$安装工程费用=设备吨位\times每吨安装费 \tag{5-8}$$

$$安装工程费用=安装工程实物工程量\times安装费用指标 \tag{5-9}$$

3）设备及工器具购置费用估算

设备购置费根据项目主要设备以及价格、费用资料编制，工器具及生产家具购置费按占设备费的一定比例计取。对于价值高的设备，应按每台(套)估算购置费；对于价值较低的设备，可按类估算购置费。国内设备和进口设备应分别估算购置费。

国内设备购置费为设备出厂价加设备运杂费。设备运杂费主要包括运输费、装卸费和仓库保管费等，可按设备出厂价的一定百分比计算。

进口设备购置费由进口设备货价、进口从属费用及国内运杂费组成。进口设备货价按交货地点和方式的不同，分为离岸价(FOB)与到岸价(CIF)两种价格。如果采用FOB价格，进口从属费用包括国外运费、国外运输保险费、进口关税、消费税、进口环节增值税、外贸手续费、银行财务

费和海关监管手续费。

进口设备到岸价与离岸价的关系如下

$$进口设备到岸价(CIF)=离岸价(FOB)+国外运费+国外运输保险费 \tag{5-10}$$

式中

$$国外运费=离岸价\times运费率$$

或

$$国外运费=单位运价\times运量$$

$$国外运输保险费=(离岸价+国外运费)\times国外运输保险费率/(1-国外运输保险费率) \tag{5-11}$$

进口设备的其他几项从属费用通常按下述公式估算

$$进口关税=进口设备到岸价\times人民币外汇牌价\times进口关税税率 \tag{5-12}$$

$$消费税=(到岸价+进口关税)\times消费税税率/(1-消费税税率) \tag{5-13}$$

$$进口环节增值税=(进口设备到岸价\times人民币外汇牌价+进口关税+消费税)\times增值税税率 \tag{5-14}$$

$$外贸手续费=进口设备到岸价\times人民币外汇牌价\times外贸手续费率 \tag{5-15}$$

$$银行财务费=进口设备货价\times人民币外汇牌价\times银行财务费率 \tag{5-16}$$

$$海关监管手续费=进口设备到岸价\times人民币外汇牌价\times海关监管手续费率 \tag{5-17}$$

海关监管手续费是指海关对发生减免进口税或实行保税的进口设备实施监管和提供服务而收取的手续费。全额征收关税的设备，不收取海关监管手续费。

国内运杂费包括运输费、装卸费、运输保险费等。国内运杂费按运输方式，根据运量或者设备费金额估算。

4）工程建设其他费用估算

工程建设其他费用是指工程项目从筹建到竣工验收交付使用为止的整个建设期间，除建筑安装工程费用、设备及工器具购置费用以外的，为保证工程建设顺利完成和交付使用后能够正常发挥效用而发生的一些费用，主要包括土地使用费、与项目建设有关的费用、与未来企业生产和经营活动有关的费用。工程建设其他费用按各项费用项目的费率或者取费标准进行估算。

5）基本预备费估算

基本预备费又称为不可预见费，是指在项目实施中可能发生的难以预料的支出，需要预先预留的费用，主要指设计变更及施工过程中可能增加的工程量的费用。基本预备费以建筑安装工程费用、设备及工器具购置费用及工程建设其他费用之和为计算基数，计算公式如下

$$基本预备费=(工程费用+工程建设其他费用)\times基本预备费率 \tag{5-18}$$

5.2.2 建设项目动态投资部分的估算

建设项目动态投资部分主要包括价格变动可能增加的投资额和建设期利息两部分，如果是涉外项目，还应计算汇率的影响。需要注意的是，进行动态投资估算时，应以基准年静态投资的资金使用计划为基础来计算以上各种变动因素，而不是以编制年的静态投资为基础。

1. 涨价预备费的估算方法

涨价预备费是建设项目在建设期间由于价格等变化引起工程造价增加而需要事先预留的费用，包括人工、设备、材料、施工机械的价差费，建筑安装工程费用及工程建设其他费用调整，利

率、汇率调整等增加的费用。涨价预备费以建筑安装工程费用、设备及工器具购置费用之和为计算基数,其计算公式为

$$PF=\sum_{t=1}^{n}I_t[(1+f)^t-1] \tag{5-19}$$

式中:PF——涨价预备费;

n——建设期年份数;

I_t——估算静态投资额中第 t 年投入的工程费用;

f——年涨价率。

例 5-1 某建设工程在建设期初,按不变价格计算的建筑安装工程费用、设备及工器具购置费用为 45 000 万元。按本项目实施进度计划,项目建设期为三年,投资分年使用比例为:第一年 25%,第二年 55%,第三年 20%。建设期内预计年平均价格总水平上涨率为 5%,建设期贷款利息为 1 395 万元,建设工程项目其他费用为 3 860 万元,基本预备费率为 10%。试估算该项目的建设投资。

解 (1) 计算项目的涨价预备费。

第一年末的涨价预备费=45 000×25%×[(1+5%)^1−1]万元=562.5 万元

第二年末的涨价预备费=45 000×55%×[(1+5%)^2−1]万元=2 536.88 万元

第三年末的涨价预备费=45 000×20%×[(1+5%)^3−1]万元=1 418.63 万元

该项目建设期的涨价预备费=(562.5+2 536.88+1 418.63)万元=4 518.01 万元

(2) 计算项目的建设投资。

建设投资=静态投资+建设期利息+涨价预备费

=[(45 000+3 860)×(1+10%)+1 395+4 518.01]万元

=59 659.01 万元

2. 建设期利息的估算方法

建设期利息是指在建设期内发生的为工程项目筹措资金的融资费用及债务资金利息,包括向国内银行和非银行金融机构贷款、出口贷款、外国政府贷款、国际商业银行贷款及在境内外发行的债券等在建设期内应偿还的贷款利息。建设期借款利息一般实行复利计算。当总贷款是分年均衡发放时,建设期利息的计算可按当年借款在年中支用考虑,即当年贷款按半年计息,上年贷款按全年计息。计算公式如下:

$$q_j=\left(P_{j-1}+\frac{1}{2}A_j\right)\cdot i \tag{5-20}$$

式中:q_j——建设期第 j 年应计利息;

P_{j-1}——建设期第 $j-1$ 年贷款累计金额与利息累计金额之和;

A_j——建设期第 j 年贷款金额;

i——年利率。

例 5-2 某新建项目,建设期为三年,共向银行贷款了 1 000 万元,贷款发放分别为第一年 300 万元,第二年 400 万元,第三年 300 万元,年利率为 6.8%,计算建设期利息。

解 在建设期内,各年利息计算如下:

第一年应计利息=0.5×300×6.8%万元=10.20 万元

第二年应计利息=(300+10.20+0.5×400)×6.8%万元=34.69 万元

第三年应计利息=(300+10.20+400+34.69+0.5×300)×6.8%万元=60.85 万元

建设期利息总和＝(10.20＋34.69＋60.85)万元＝105.74 万元

5.2.3 流动资金的估算方法

流动资金是指生产经营性项目投产后，为进行正常生产运营，用于购买原材料、燃料，支付工资及其他经营费用等所需的周转资金，是项目总投资的组成部分。流动资金的估算一般采用分项详细估算法，个别情况下或者小型项目可采用扩大指标估算法。

需要指出的是，流动资金属于长期性(永久性)流动资产，流动资金的筹措可通过长期负债和资本金(一般要求占 30%)的方式解决。借款部分按全年计算利息，流动资金利息应计入生产期间财务费用，项目计算期末收回全部流动资金(不含利息)。

1. 分项详细估算法

流动资金的特点是在生产过程中不断周转，其周转额的大小与生产规模及周转速度直接相关。分项详细估算法是根据周转额与周转速度之间的关系，对构成流动资金的各项流动资产和流动负债分别进行估算。在可行性研究中，为简化计算，仅对存货、现金、应收账款和应付账款四项内容进行估算，计算公式为

流动资金＝流动资产－流动负债　　(5-21)

流动资产＝应收账款＋存货＋现金　　(5-22)

流动负债＝应付账款　　(5-23)

流动资金本年增加额＝本年流动资金－上年流动资金　　(5-24)

估算的具体步骤是：首先计算各类流动资产和流动负债的年周转次数，然后再分项估算占用资金额。

1) 周转次数计算

周转次数是指流动资金的各个构成项目在一年内完成多少个生产过程。周转次数可用一年天数(通常按 360 天计算)除以流动资金的最少周转天数计算，则各项流动资金年平均占用额度为流动资金的年周转额度除以流动资金的年周转次数。即

周转次数＝360/流动资金最少周转天数　　(5-25)

存货、现金、应收账款的最少周转天数，可参照同类企业的平均周转天数并结合项目特点确定。又因为周转次数可以表示为流动资金的年周转额除以各项流动资金年平均占用额，所以

各项流动资金年平均占用额＝流动资金年周转额/周转次数　　(5-26)

2) 应收账款估算

应收账款是指企业对外赊销商品、劳务而占用的资金。应收账款的年周转额应为全年赊销收入净额。在可行性研究时，用销售收入代替赊销收入。计算公式为

应收账款＝年销售收入/应收账款周转次数　　(5-27)

3) 存货估算

存货是企业为销售或者生产耗用而储备的各种物资，主要有原材料、辅助材料、燃料、低值易耗品、维修备件、包装物、在产品、自制半成品和产成品等。为简化计算，仅考虑外购原材料、外购燃料、在产品和产成品，并分项进行计算。计算公式为

存货＝外购原材料＋外购燃料＋在产品＋产成品　　(5-28)

外购原材料＝年外购原材料总成本/按种类分项周转次数　　(5-29)

外购燃料＝年外购燃料总成本/按种类分项周转次数　　(5-30)

$$在产品=\frac{年外购原材料、燃料总成本+年工资及福利费+年修理费+年其他制造费}{在产品周转次数} \tag{5-31}$$

$$产成品=年经营成本/产成品周转次数 \tag{5-32}$$

4）现金需要量估算

项目流动资金中的现金是指货币资金，即企业生产运营活动中停留于货币形态的那部分资金，包括企业库存现金和银行存款。计算公式为

$$现金需要量=(年工资及福利费+年其他费用)/现金周转次数 \tag{5-33}$$

年其他费用＝制造费用＋管理费用＋销售费用－(以上三项费用中所含的工资及福利费、折旧费、维简费、摊销费、修理费) (5-34)

5）流动负债估算

流动负债是指在一年或者超过一年的一个营业周期内需要偿还的各种债务。在可行性研究中，流动负债的估算只考虑应付账款一项。计算公式为

$$应付账款=(年外购原材料总成本+年外购燃料总成本)/应付账款周转次数 \tag{5-35}$$

2. 扩大指标估算法

扩大指标估算法是根据现有同类企业的实际资料，求得各种流动资金率指标，也可依据行业或部门给定的参考值或经验确定比率，将各类流动资金率乘以相对应的费用基数来估算流动资金。一般常用的基数有销售收入、经营成本、总成本费用和固定资产投资等，采用何种基数依行业习惯而定。扩大指标估算法简便易行，但准确度不高，适用于项目建议书阶段的估算。扩大指标估算法计算流动资金的公式为

$$年流动资金额=年费用基数\times各类流动资金率 \tag{5-36}$$

$$年流动资金额=年产量\times单位产品产量占用流动资金额 \tag{5-37}$$

思考题

1. 什么是投资估算？投资估算有何作用？
2. 投资估算包括哪些内容？
3. 进行投资估算的方法有哪些？

Chapter 6

第6章 设计概算

知识点

本章主要介绍设计概算的相关知识，以及如何编制设计概算。通过本章学习，应了解设计概算的概念、作用、组成内容和设计概算的审查内容，熟悉和掌握设计概算的编制程序和编制方法。

重点

设计概算的组成内容、设计概算的编制方法。

难点

单位工程概算的编制方法、单项工程综合概算的编制方法、建设项目总概算的编制方法。

6.1 设计概算的作用及分类

6.1.1 设计概算的概念

设计概算是指设计单位在拟建项目投资估算的控制下，根据其初步设计（或扩大初步设计）图纸及说明、概算定额（或概算指标）、费用定额、设备及材料价格，在投资估算的控制下，根据设计要求，对建设项目从立项、可行性研究、设计、施工、试运行到竣工验收等的全部建设资金，即建设项目投资额度的概略计算。由于工程概算一般在设计阶段由设计部门编制，所以通常将其称为设计概算。如果有技术设计阶段，还应根据国家计委、财政部等有关部门的有关规定编制修正概算。

施工图的设计工作，必须依据经批准的初步设计及其相应的设计概算，设计概算额度的控制、审批、调整应遵循国家、各省市地方政府或行业有关规定。如果设计概算值超过控制额，以至于因概算投资额度变化而影响项目的经济效益，使经济效益达不到预定收益固标值时，必须修改设计或重新立项审批。因此，设计概算文件必须完整地反映工程初步设计的内容，严格执行国家有关的方针、政策和制度，实事求是地根据项目所在地设备和材料市场供应情况、现场施工作业条件，以及施工单位条件等可能影响造价的各种因素，正确地按照有关的依据和资料进行编制。

6.1.2 设计概算的作用

设计概算的作用主要体现在以下几个方面。

1. 设计概算是制订和控制建设项目投资的依据

对于使用政府资金的建设项目，需按照规定报请有关部门或单位批准初步设计及总概算，计划部门根据批准的设计概算，编制建设项目年度固定资产投资计划，所批准的建设项目设计总概算的投资额为该建设项目投资的最高限额。一经上级批准，总概算就是总造价的最高限额，不得任意突破，如有突破，须报原审批部门批准。

2. 设计概算是衡量设计方案技术经济合理性和选择最佳设计方案的依据

通过设计概算可以综合反映设计方案的技术经济合理性。当建设项目的设计方案提出后，可以利用设计概算或总概算的造价指标及主要材料消耗指标，进行技术经济分析，评价设计方案的先进性、合理性，找出设计方案中存在的不合理问题，选择最佳的设计方案，以提高设计质量和经济效果，促进工程质量得以提高。

3. 设计概算是签订建设工程合同和贷款合同的依据

对于施工期限较长的大中型建设工程项目，可以根据批准的建设计划、初步设计和总概算文件确定工程项目的总承包价，采用工程总承包的方式进行建设。合同价款的支付以设计概预算为依据，总承包价不得超过设计总概算的投资额。

银行根据批准的设计概算和年度投资计划进行贷款，并严格监督控制。设计概算是银行拨款或签订贷款合同的最高限额，当建设项目的投资计划所列投资额或拨款与贷款突破设计概算时，必须查明原因后由建设单位报请上级主管部门调整或追加设计概算总投资额。

4. 设计概算是控制施工图设计和施工图预算的依据

经批准的设计概算是建设项目投资的最高限额，设计单位必须按照批准的初步设计和总概算进行施工图设计，施工图预算不得突破设计概算。如确需突破设计概算，则应按规定程序报批。

5. 设计概算是考核和评价建设项目成本和投资效果的依据

可以将以概算造价为基础计算的项目技术经济指标与以实际发生造价为基础计算的指标进行对比，从而对建设工程项目成本及投资效果进行评价。同时还可以验证设计概算的准确性，有利于加强设计概算管理和建设项目的造价管理工作。

6.1.3 设计概算的内容

设计概算可分为三级概算，即单位工程概算、单项工程综合概算和建设项目总概算。各级概算之间的相互关系如图 6-1 所示。

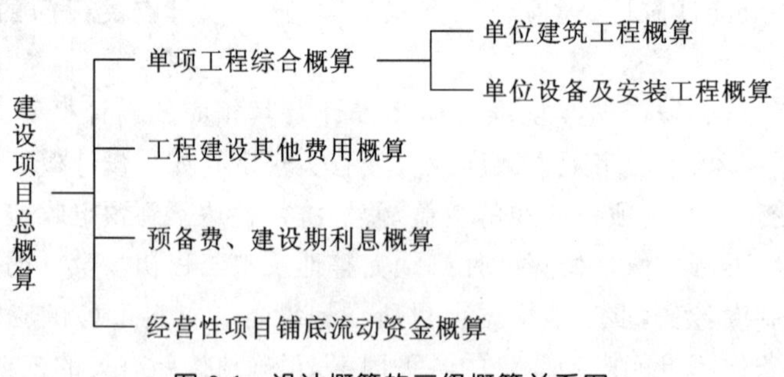

图 6-1 设计概算的三级概算关系图

1. 单位工程概算

单位工程概算是确定各单位工程费用的经济文件，它是根据单位工程初步设计（或扩大初步设计)图纸和概算定额(或概算指标)以及市场价格信息等资料编制而成的,是单项工程综合概算的组成部分。单位工程概算只包括单位工程的工程费用,由人工、材料、机械费用和企业管理费、利润、规费、税金组成。

单位工程概算按其性质、组成内容的不同,分为建筑工程概算和设备及安装工程概算两大类。建筑工程概算包括土建工程概算、给排水采暖工程概算、通风空调工程概算、电气照明工程概算、弱电工程概算、特殊构筑物工程概算等;设备及安装工程概算包括机械设备及安装工程概算、电气设备及安装工程概算,以及工器具及生产家具购置费概算等。

2. 单项工程综合概算

单项工程综合概算是确定一个单项工程(设计单元)所需费用的文件,它是由单项工程中的各单位工程概算汇总编制的,是总概算的组成部分,只包括单项工程的工程费用。单项工程综合概算的组成内容如图 6-2 所示。

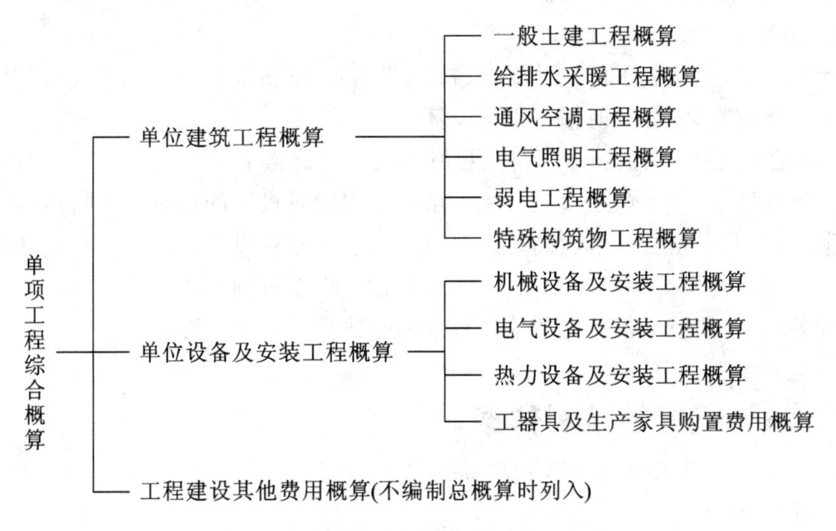

图 6-2　单项工程综合概算的组成内容

3. 建设项目总概算

建设项目总概算是确定一个建设项目总费用的文件,它是由各单项工程综合概算、工程建设其他费用概算、预备费概算、建设期利息概算和经营性项目铺底流动资金概算等汇总编制而成的,是设计阶段对建设项目投资总额度的计算,是概算的重要组成部分。建设项目总概算的组成内容如图 6-3 所示。

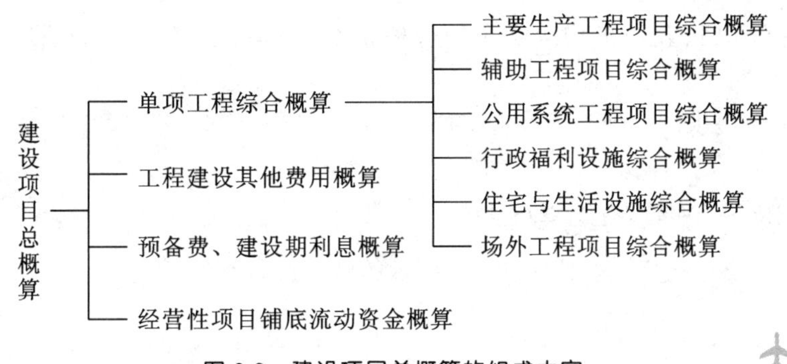

图 6-3　建设项目总概算的组成内容

6.2 设计概算的编制原则、依据和程序

6.2.1 设计概算的编制原则

为提高建设项目设计概算的编制质量，科学、合理地确定建设项目投资，设计概算的编制应坚持以下原则。

（1）严格执行国家的建设方针和经济政策。

设计概算是一项重要的技术经济工作，要严格遵循党和国家的方针、政策，坚决执行勤俭节约的方针，严格执行规定的设计标准。

（2）完整、准确地反映设计内容。

编制设计概算时，要认真了解设计意图，根据设计文件、图纸准确计算工程量，避免重算和漏算。如若设计有修改变动，应及时修正设计概算。

（3）坚持结合拟建工程的实际，反映工程所在地当时价格水平。

在编制设计概算时，应考虑建设项目施工条件等因素对投资的影响，按项目合理工期预测建设期价格水平，以及资产租赁和贷款的时间价值等动态因素对投资的影响。在此基础上，正确使用定额、指标、费率和价格等各项编制依据，按照现行工程造价的构成，根据有关部门发布的价格信息及价格调整指数，使设计概算完整地反映编制时建设项目的实际投资。

6.2.2 设计概算的编制依据

设计概算的编制依据主要包括以下方面：

（1）国家、行业和地方有关规定；

（2）相应工程造价管理机构发布的概算定额（或指标）；

（3）工程勘察与设计文件；

（4）拟订的或常规的施工组织设计和施工方案；

（5）建设项目资金筹措方案；

（6）工程所在地编制同期的人工、材料、机械台班市场价格，以及设备供应方式及供应价格；

（7）建设项目的技术复杂程度，新技术、新材料、新工艺及专利使用情况等；

（8）建设项目批准的相关文件、合同、协议等；

（9）政府有关部门、金融机构等发布的价格指数、利率、汇率、税率，以及工程建设其他费用等；

（10）委托单位提供的其他技术经济资料等。

6.2.3 设计概算的编制程序

建设工程项目设计概算一般按照图 6-4 所示的顺序进行编制。

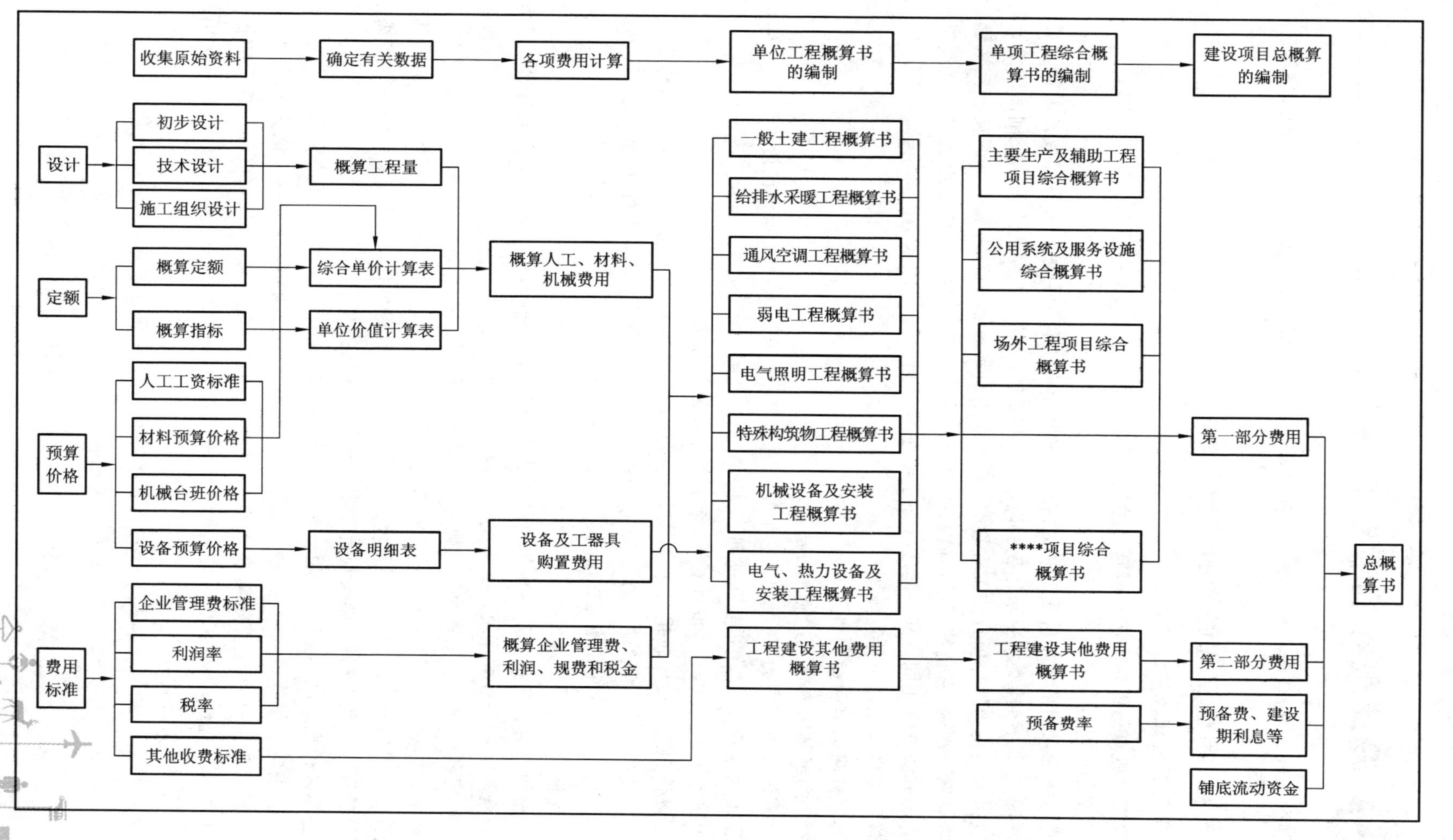

图 6-4　设计概算编制程序示意图

6.3 设计概算的编制方法

编制设计概算时，首先应编制单位工程概算，然后逐级汇总，编制综合概算和总概算。

6.3.1 单位工程概算的编制方法

1. 建筑工程概算的编制方法

建筑工程概算的编制方法有概算定额法、概算指标法、类似工程预算法等。

1）概算定额法

概算定额法又叫扩大单价法或扩大结构定额法。在工程项目的初步设计或扩大初步设计具有相当深度，建筑、结构类型要求比较明确，基本上能够按照初步设计的平、立、剖面图纸计算分部工程或扩大结构构件等项目的工程量时，可以采用概算定额法编制概算。概算定额法编制单位工程概算比较准确，它是编制设计概算的常用方法。它与利用预算定额编制单位建筑工程施工图预算的方法基本相同。其不同之处在于编制概算所采用的依据是概算定额，所采用的工程量计算规则是概算工程量计算规则。

概算定额法的编制步骤如下：

(1) 熟悉定额的内容及其使用方法。

在计算设计概算中的工程量时，必须先熟悉概算定额中的每一个项目包括的工程内容，以便计算出正确的工程量，避免重复和遗漏。

(2) 熟悉施工图纸，了解设计意图、施工条件和施工方法。

初步设计图纸一般比较粗略，一些结构构造尚未能详尽表现，所以应熟悉常用的构造方案和设计意图。此外，还应了解地质情况、常水位线位置、排水措施、土壤类别、挖土方法、运土工具、运土距离，以及施工条件和施工方法，保证设计概算的准确性。

(3) 按照概算定额分部分项顺序，列出各分项工程的名称。

工程量的计算应按概算定额中规定的工程量计算规则进行，并将计算所得的各分项工程的工程量按概算定额编号顺序填入工程概算表内。

(4) 确定各分部分项工程项目的概算定额单价(基价)。

工程量计算完毕后，逐项套用相应概算定额单价和人工、材料消耗指标，然后分别将其填入工程概算表和工料分析表中。如遇设计图中的分项工程项目名称、内容与采用的概算定额手册中相应的项目有某些不相符，则按规定对定额进行换算后方可套用。

有些地区根据地区人工工资、物价水平和概算定额，编制与概算定额配合使用的扩大单位估价表。该表确定了概算定额中各扩大分部分项工程或扩大结构构件所需的全部人工费、材料费、机械台班使用费之和，即概算定额单价。在采用概算定额法编制概算时，可以将计算出的扩大分部分项工程的工程量，乘以扩大单位估价表中的概算定额单价来进行人工、材料、机械费用的计算。概算定额单价的计算公式为

概算定额单价＝概算定额人工费＋概算定额材料费＋概算定额机械台班使用费

$= \sum$(概算定额中人工消耗量 $\times$ 人工工日单价)

$+ \sum$(概算定额中材料消耗量 $\times$ 材料预算单价)

$$+\sum(\text{概算定额中机械台班消耗量}\times\text{机械台班使用单价}) \tag{6-1}$$

（5）计算单位工程的人工、材料、机械费用。

将已计算出的各分部分项工程项目的工程量分别乘以概算定额单价，单位人工、材料消耗指标，即可得出各分部分项工程的人工、材料、机械费用和人工、材料消耗量；再汇总各分部分项工程的人工、材料、机械费用及人工、材料消耗量，即可得到该单位工程的人工、材料、机械费用和人工、材料总消耗量。如果规定了地区的人工、材料价差调整指标，计算人工、材料、机械费用时，按规定的调整系数或其他调整方法进行调整计算。

（6）根据人工、材料、机械费用，结合其他各项取费标准，分别计算企业管理费、利润、规费和税金。

（7）计算单位工程概算造价。其计算公式为

$$\text{单位工程概算造价}=\text{人工、材料、机械费用}+\text{企业管理费}+\text{利润}+\text{规费}+\text{税金} \tag{6-2}$$

（8）编写概算编制说明。

将上述计算结果和编制说明按照规定的顺序编排，有关专业人员签字盖章，即完成该设计概算的编制工作。

2）概算指标法

对于一般中、小型民用建筑和通用厂房，当处于方案设计阶段，图纸尚不完备，无法计算工程量，但工程采用的技术比较成熟，而又有类似概算指标可以利用时，往往采用概算指标法编制概算。概算指标法是将拟建厂房、住宅的建筑面积或体积乘以技术条件相同或基本相同的概算指标而得出人工、材料、机械费用，然后按规定计算出企业管理费、利润、规费和税金等。由于概算指标法比概算定额法更综合、更扩大，因此其编制更简化、更省时。概算指标法的计算精度较低，其性质是对拟建工程造价的估算。由于其编制速度快，能满足快速报价的要求，因此它对一般附属、辅助和服务工程等项目，以及住宅和文化福利工程项目或投资比较小、比较简单的工程项目的投资概算有一定的实用价值。

应用概算指标法编制概算的关键是要选择合适的概算指标。选择合适的概算指标应考虑三个方面的因素：①拟建工程的建筑面积与概算指标中的建筑面积接近；②拟建工程的建设地点、建设时期与概算指标的相同；③拟建工程的工程结构特征与概算指标的基本相同。如果建设地点、建设时期不同，或工程结构特征有局部差异，应对概算指标价差和结构差异进行修正调整。

（1）拟建工程的工程结构特征与概算指标相同时的计算方法。

在使用概算指标法时，如果拟建工程在建设地点、工程结构特征、地质及自然条件、建筑面积等方面与概算指标的相同或相近，就可直接套用概算指标编制概算。

根据所选用的概算指标的内容，可选用以下两种套算方法：

① 以指标中所规定的工程每平方米或每立方米的人工、材料、机械费用单价，乘以拟建单位工程建筑面积或体积，得出拟建单位工程的人工、材料、机械费用，再计算其他费用，即可求出拟建单位工程的概算造价。这种简化方法的计算参照的是概算指标编制时期的价格标准，未考虑拟建工程建设时期与概算指标编制时期的价差，所以在计算出人工、材料、机械费用后，还应用物价指数另行调整。人工、材料、机械费用的计算公式为

人工、材料、机械费用＝概算指标每平方米（或每立方米）人工、材料、机械费用单价×拟建工程建筑面积（或体积） （6-3）

② 以概算指标中规定的每 100 m^2 建筑面积（或 1 000 m^3 体积）所消耗的人工工日数、主要材料数量为依据，首先计算拟建工程人工、主要材料的消耗量，再计算人工、材料、机械费用，并取

费。在概算指标中，一般规定100 m^2建筑物面积（或1 000 m^3体积）所消耗的工日数、主要材料数量，通过套用拟建地区当时的人工工资单价和主要材料预算价格，便可得到每100 m^2（或1 000 m^3）建筑物的人工费和主要材料费，无须再做价差调整。计算公式为

$$100\ m^2建筑物面积的人工费=概算指标规定的工日数\times本地区人工工日单价 \tag{6-4}$$

$$100\ m^2建筑物面积的主要材料费=\sum(概算指标规定的主要材料数量\times本地区材料预算单价) \tag{6-5}$$

$$100\ m^2建筑物面积的其他材料费=主要材料费\times其他材料费占主要材料费的百分比 \tag{6-6}$$

$$100\ m^2建筑物面积的机械使用费=(人工费+主要材料费+其他材料费)\times机械使用费所占百分比 \tag{6-7}$$

$$每平方米建筑面积的人工、材料、机械费用=(人工费+主要材料费+其他材料费+机械使用费)/100 \tag{6-8}$$

根据人工、材料、机械费用，结合其他各项取费方法，分别计算企业管理费、利润、规费和税金，得到每平方米建筑面积的概算单价，再乘以拟建单位工程的建筑面积，即可得到单位工程概算造价。

(2) 拟建工程结构特征与概算指标有局部差异时的调整方法。

由于拟建工程往往与类似工程的概算指标的技术条件不尽相同，而且概算编制年份的设备、材料、人工等的价格与拟建工程当时当地的价格也会不同，在实际工作中，还会经常遇到拟建对象的结构特征与概算指标中规定的结构特征有局部不同的情况，因此必须对概算指标进行调整后方可套用。调整方法如下：

① 调整概算指标中的每平方米（或立方米）的造价。

当设计对象的结构特征与概算指标中规定的结构特征有局部差异时，需要进行这样的调整。该方法是将原概算指标中的单位造价进行调整（仍使用人工、材料、机械费用指标），扣除每平方米（或每立方米）原概算指标中与拟建工程的结构特征不同部分的造价，增加每平方米（或每立方米）拟建工程与概算指标中规定的结构特征不同部分的造价，使其成为与拟建工程的结构特征相同的工程单位人工、材料、机械费用造价。计算公式为

$$结构变化修正概算指标(元/m^2)=J+Q_1P_1-Q_2P_2 \tag{6-9}$$

式中：J——原概算指标；

Q_1——概算指标中换入结构的工程量；

Q_2——概算指标中换出结构的工程量；

P_1——换入结构的人工、材料、机械费用单价；

P_2——换出结构的人工、材料、机械费用单价。

则拟建单位工程的人工、材料、机械费用为

$$人工、材料、机械费用=修正后的概算指标\times拟建工程建筑面积(或体积) \tag{6-10}$$

求出人工、材料、机械费用后，再按照规定的取费方法计算其他费用，最终得到单位工程概算造价。

② 调整概算指标中的人工、材料、机械数量。

该方法是将原概算指标中每100 m^2（或1 000 m^3）建筑面积（或体积）中的人工、材料、机械数量进行调整，扣除原概算指标中与拟建工程的结构特征不同部分的人工、材料、机械消耗量，增加拟建工程与概算指标中规定的结构特征不同部分的人工、材料、机械消耗量，使其成为与拟建工

程的结构特征相同的每100 m^2(或1 000 m^3)建筑面积(或体积)的人工、材料、机械数量。计算公式为

结构变化修正概算指标的人工、材料、机械数量＝原概算指标的人工、材料、机械数量＋换入结构的工程量×相应定额人工、材料、机械消耗量－换出结构的工程量×相应定额人工、材料、机械消耗量　(6-11)

以上两种方法,前者是直接修正概算指标单价,后者是修正概算指标的人工、材料、机械数量。修正之后,方可按上述第一种情况分别套用。

例6-1　某新建住宅的建筑面积为4 000 m^2,按概算指标和地区材料预算价格等算出一般土建工程单位造价为680.00元/m^2(其中人工、材料、机械费用为480.00元/m^2),采暖工程概算单价为34.00元/m^2,给排水工程概算单价为38.00元/m^2,照明工程概算单价为32.00元/m^2。按照当地造价管理部门规定,企业管理费费率为8%,利润率为7%,按人工、材料、机械费用计算的规费费率为15%,税率为3.4%。但新建住宅的设计资料与概算指标相比较,其结构构件有部分变更:设计资料表明外墙为1砖半外墙,而概算指标中的外墙为1砖外墙;根据当地土建工程预算定额,外墙带形毛石基础的预算单价为150元/m^3,1砖外墙的预算单价为177元/m^3,1砖半外墙的预算单价为178元/m^3;概算指标中每100 m^2建筑面积中含外墙带形毛石基础为18 m^3,1砖外墙为46.5 m^3,新建工程设计资料表明,每100 m^2建筑面积中含外墙带形毛石基础为19.6 m^3,1砖半外墙为61.2 m^3。计算调整后的概算单价和新建住宅的概算造价。

解　土建工程中结构构件的变更和单价调整过程如表6-1所示。

表6-1　土建工程概算指标调整表

序号	结构名称	单位	数量(每100 m^2 含量)	单价	合价/元
1	土建工程单位人工、材料、机械费用造价				480.00
	换出部分:				
	外墙带形毛石基础	m^3	18.00	150.00	2 700.00
	1砖外墙	m^3	46.50	177.00	8 230.50
	合计	元			10 930.50
2	土建工程单位人工、材料、机械费用造价				
	换入部分:				
	外墙带形毛石基础	m^3	19.60	150.00	2 940.00
	1砖半外墙	m^3	61.20	178.00	10 893.60
	合计	元			13 833.60
结构变化修正指标	(480.00－10 930.50/100＋13 833.60/100)元/m^2＝509.00元/m^2				

以上计算结果为人工、材料、机械费用单价,需取费得到修正后的土建单位工程造价,即

$$509.00\times(1+8\%)\times(1+15\%)\times(1+7\%)\times(1+3.4\%)\text{元/m}^2=699.43\text{元/m}^2$$

其余工程单位造价不变,因此经过调整后的概算单价为

$$(699.43+34.00+38.00+32.00)\text{元/m}^2=803.43\text{元/m}^2$$

新建住宅的概算造价为

$$803.43\times4\ 000\text{元}=3\ 213\ 720\text{元}$$

3）类似工程预算法

当拟建工程缺少完整的初步设计深度，而又急于上报设计概算，申请列入年度建设计划时，可采用这种方法。类似工程预算法是利用技术条件与设计对象相类似的已完工程或在建工程的工程造价资料来编制拟建工程设计概算的方法。该方法可以大大节省编制概算的工作量，也可以解决编制概算的依据不足的问题，是编制概算的一种有效方法。该方法适用于拟建工程初步设计与已完工程或在建工程的建筑面积、结构特征、技术经济条件等相类似且没有可用的概算指标的情况，但必须对建筑结构差异和价差进行调整。根据可比的原则，利用类似工程的预算资料编制概算，能达到准确、快速地计算概算造价的目的。

当出现下列两种情况时，应修正类似工程预算中的各项数据：

(1) 拟建工程与类似工程的类型有差异，如建筑、结构特征、主要材料、施工工艺和方法等的不同；

(2) 拟建工程与类似工程的建设时期不同，或其建设地点不同，应考虑各种价差的调整。

当出现第一种情况时，可参照前述的调整概算指标的方法进行修正；当出现第二种情况时，应计算综合修正系数 K，即

$$\text{拟建工程概算造价}=K\times\text{类似工程预(决)算价格} \tag{6-12}$$

2. 设备及安装工程概算的编制方法

设备及安装工程概算按构成单位工程的主要分部分项工程编制，根据初步设计工程量，按工程所在省、市、自治区颁发的概算定额(指标)或行业概算定额(指标)，以及工程费用定额计算确定。

设备及安装工程概算费用由设备购置费和安装工程费组成。

1）设备购置费概算

设备购置费是指为项目建设而购置或自制的达到固定资产标准的设备、工器具、交通运输设备、生产家具等本身及其运杂费。

设备购置费由设备原价和运杂费两项组成。根据初步设计的设备清单计算出设备原价，并汇总求出设备总价，然后按有关规定的设备运杂费率乘以设备总价，两项相加即为设备购置费概算，计算公式为

$$\begin{aligned}\text{设备购置费概算}&=\sum(\text{设备清单中的设备数量}\times\text{设备原价})\times(1+\text{运杂费率})\\&=\sum(\text{设备清单中的设备数量}\times\text{设备预算价格})\end{aligned} \tag{6-13}$$

国产标准设备原价可根据设备型号、规格、性能、材质、数量及附带的配件，向制造厂家询价或向设备、材料信息部门查询或按主管部门规定的现行价格逐项计算。

国产非标准设备原价在编制设计概算时可以根据非标准设备的类别、重量、性能、材质等情况，以设备台数乘以每台设备的估价指标来计算原价；也可以以某类设备所规定吨重估价指标计算，即用设备吨重乘以每台设备估价指标来进行计算。

工器具及生产家具购置费一般以设备购置费为计算基数，按照部门或行业规定的工器具及生产家具费率计算。

2）安装工程费概算

设备安装工程费包括用于设备、工器具、交通运输设备、生产家具等的组装和安装，以及配套工程安装而发生的全部费用。

安装工程费概算的计算通常采用以下三种方法：

(1) 预算单价法。

当初步设计较深，有详细设备清单时，可直接按安装工程预算定额单价编制设备安装工程概算。根据计算的设备安装工程量，乘以安装工程预算单价，经汇总求得。用预算单价法编制概算，计算比较具体，精确度较高。

(2) 扩大单价法。

当初步设计深度不够，设备清单不完整，只有主体设备或仅有成套设备的重量时，可采用主体设备、成套设备或工艺线的综合扩大安装单价编制概算。

(3) 概算指标法。

当初步设计的设备清单不完善，或安装预算单价及扩大综合单价不全，无法采用预算单价法和扩大单价法时，可采用概算指标法编制概算。一般可用下列几种指标进行计算：

① 按占设备原价的百分比(安装工程费率)的概算指标计算。

$$设备安装工程费=设备原价\times设备安装工程费率(\%) \quad (6\text{-}14)$$

式中，设备安装工程费率是由主管部门制定或由设计单位根据已完类似工程确定的。该指标常用于设备价格波动不大的定型产品和通用设备产品。

② 按每吨设备安装工程费的概算指标计算。

$$设备安装工程费=设备吨重\times每吨设备安装工程费指标(元/t) \quad (6\text{-}15)$$

式中，每吨设备安装工程费指标也是主管部门或设计单位根据已完类似工程资料确定的。该指标常用于设备价格波动较大的非标准设备和引进设备的安装工程费概算的计算。

③ 以座、台、套、组、根或功率等为计量单位的概算指标计算。

如工业炉，按每台安装工程费指标计算；冷水箱，按每组安装工程费指标计算等。

④ 按设备安装工程每平方米建筑面积的概算指标计算。

设备安装工程有时可按不同的专业内容(如通风、动力、照明、管道等)采用每平方米建筑面积的安装工程费概算指标计算安装工程费。

6.3.2 单项工程综合概算的编制

单项工程综合概算是确定单项工程建设费用的综合文件，它是由该单项工程所包括的各单位工程概算汇总编制而成的，是建设项目总概算的组成部分。

单项工程综合概算是以其所包含的建筑工程概算表和设备及安装工程概算表为基础汇总编制的。当建设工程项目只有一个单项工程时，单项工程综合概算(实为总概算)还应包括工程建设其他费用、建设期利息、预备费和固定资产投资方向调节税的概算。

1. 单项工程综合概算的内容

单项工程综合概算的内容包括编制说明和综合概算表两部分。

1) 编制说明

主要包括工程概况、编制依据、编制方法、主要设备和材料的数量及其他有关问题。

(1) 工程概况：介绍单项工程的生产能力和工程概貌。

(2) 编制依据：说明设计文件的依据、定额依据、价格依据及费用指标依据。

(3) 编制方法：说明概算是根据概算定额、概算指标，还是类似工程预算指标等方法编制的。

(4) 主要设备和材料的数量：说明主要机械设备、电气设备及主要建筑安装材料(水泥、钢

材、木材等)的数量。

(5) 其他有关问题。

2) 综合概算表

综合概算表是根据单项工程所辖范围内的各单位工程概算等基础资料,按照国家规定的统一表格进行编制的。综合概算表如表 6-2 所示。

表 6-2 综合概算表

建设工程项目名称:×××

单项工程名称:××× 概算价值:×××元

序号	综合概算编号	工程或费用名称	概算价值/万元						技术经济指标			占投资总额/(%)	备注
			建筑工程费	安装工程费	设备购置费	工器具及生产家具购置费	其他费用	合计	单位	数量	单位价值/元		
1	2	3	4	5	6	7	8	9	10	11	12	13	14
		一、建筑工程											
1	6-1	土建工程	×					×	×	×	×	×	
2	6-2	给水工程	×					×	×	×	×	×	
3	6-3	排水工程	×					×	×	×	×	×	
4	6-4	采暖工程	×					×	×	×	×	×	
5	6-5	电气照明工程	×					×	×	×	×	×	
		……											
		小计	×					×	×	×	×	×	
		二、设备及安装工程											
6	6-6	机械设备及安装工程		×	×			×	×	×	×	×	
7	6-7	电气设备及安装工程		×	×			×	×	×	×	×	
8	6-8	热力设备及安装工程		×	×			×	×	×	×	×	
		小计											
9	6-9	三、工器具及生产家具购置费				×		×	×	×	×	×	
		总计	×	×	×	×		×	×	×	×	×	

审核: 核对: 编制: 年 月 日

2. 单项工程综合概算的编制步骤

(1) 单项工程综合概算书的编制工作,一般从单位工程概算书的编制开始,然后统一交由综合概算书负责人进行汇总。

其编制顺序应该是：①土建工程；②给排水工程；③采暖工程；④电气工程；⑤动力配线工程；⑥通风工程；⑦工业管道工程；⑧设备安装工程；⑨设备购置费；⑩工器具及生产家具购置费；⑪其他工程和费用等。

(2) 在编制各单位工程概算的基础上，采用综合概算表的格式，将各单位工程概算价值填入综合概算表内。

(3) 将各项目概算造价相加，求出单项工程综合概算造价。

(4) 计算单项工程综合概算的技术经济指标。

(5) 填写编制说明。

6.3.3 建设项目总概算的编制

总概算是以整个建设项目为对象，确定项目从立项开始，到竣工交付使用整个过程的全部建设费用的文件。

1. 总概算书的内容

建设项目总概算是设计文件的重要组成部分，是确定整个建设项目从筹建开始到竣工交付使用预计花费的全部费用。它由各单项工程综合概算、工程建设其他费用、建设期利息、预备费和经营性项目铺底流动资金组成，并按主管部门规定的统一表格编制而成。

设计概算文件一般应包括以下内容：

(1) 封面、签署页及目录。

(2) 编制说明。

编制说明应包括：① 工程概况；② 资金来源及投资方式；③ 编制依据及编制原则；④ 编制方法；⑤ 投资分析；⑥ 其他需要说明的问题。

(3) 总概算表。

总概算表应反映静态投资和动态投资两个部分。静态投资是按设计概算编制其价格、费率、利率、汇率等因素确定的投资，动态投资则是指概算编制期到竣工验收前的工程和价格变化等多种因素所需的投资。

(4) 工程建设其他费用概算表。

工程建设其他费用概算按国家或地区或部委所规定的项目和标准确定，并按统一的表格样式编制。

(5) 单位工程综合概算表。

(6) 单位工程概算表。

(7) 附录：补充估价表。

2. 总概算表的编制方法

将各单项工程综合概算及其他工程和费用概算等汇总，即为建设项目总概算。总概算由工程费用、其他费用、预备费、应列入项目概算总投资的其他费用（包括建设期利息和铺底流动资金）四部分组成。根据总概算的各项费用内容，将已批准的各项综合概算及其他工程和费用概算，包括建筑工程费、安装工程费、设备购置费、工器具及生产家具购置费等费用概算，汇总列入总概算表内，按取费标准计算预备费、回收金额及技术经济指标。

编制建设项目总概算表的基本步骤如下：

(1) 按总概算的组成顺序和各项费用的性质，将各单项工程综合概算及其他工程和费用概算汇总列入总概算表内。建设项目总概算表如表 6-3 所示。

表 6-3　建设项目总概算表

建设工程项目：×××

总概算价值：×××　　其中回收金额：×××

序号	综合概算编号	工程或费用名称	概算价值/万元						技术经济指标			占投资总额/(%)	备注
			建筑工程费	安装工程费	设备购置费	工器具及生产家具购置费	其他费用	合计	单位	数量	单位价值/元		
1	2	3	4	5	6	7	8	9	10	11	12	13	14
		第一部分工程费用											
		一、主要生产工程项目											
1		×××厂房	×	×	×	×		×	×	×	×	×	
2		×××厂房	×	×	×	×		×	×	×	×	×	
		……											
		小计	×	×	×	×		×	×	×	×	×	
		二、辅助生产项目											
3		机修车间	×	×	×	×		×	×	×	×	×	
4		木工车间	×	×	×	×		×	×	×	×	×	
		……											
		小计	×	×	×	×		×	×	×	×	×	
		三、公用设施工程项目											
5		变电所	×	×	×			×	×	×	×	×	
6		锅炉房	×	×	×			×	×	×	×	×	
		……											
		小计	×	×	×			×	×	×	×	×	
		四、生活、福利、文化教育及服务项目											
7		职工住宅	×					×	×	×	×	×	
8		办公楼	×			×		×	×	×	×	×	
		……											
		小计	×			×		×	×	×	×	×	
		第一部分工程费用合计	×	×	×	×		×					

续表

序号	综合概算编号	工程或费用名称	概算价值/万元						技术经济指标			占投资总额/(%)	备注
			建筑工程费	安装工程费	设备购置费	工器具及生产家具购置费	其他费用	合计	单位	数量	单位价值/元		
1	2	3	4	5	6	7	8	9	10	11	12	13	14
		第二部分其他工程和费用项目											
9		土地使用费					×	×					
10		勘察设计费					×	×					
		……											
		第二部分其他工程和费用合计					×	×					
		第一、二部分工程费用合计	×	×	×	×	×	×					
11		预备费				×	×	×					
12		建设期利息	×	×	×	×	×	×					
13		铺底流动资金	×	×	×	×	×	×					
14		总概算价值											
15		其中:回收金额											
16		投资比例/(%)											

审核：　　　　核对：　　　　编制：　　　　年　月　日

(2) 将工程项目和费用名称及各项数值填入相应各栏内,然后按各栏分别汇总。

(3) 以汇总后的总额为基础,按取费标准计算预备费、建设期利息、固定资产投资方向调节税、铺底流动资金。

(4) 计算回收金额。

回收金额是指在整个基本建设过程中所获得的各种收入,如原有房屋拆除所回收的材料和旧设备等的变现收入,试车收入大于支出部分的价值等。回收金额的计算方法,应按地区主管部门的规定执行。

(5) 计算总概算价值。

计算公式如下

总概算价值＝工程费用＋其他费用＋预备费＋建设期利息＋铺底流动资金－回收金额 (6-16)

(6) 计算技术经济指标。

整个项目的技术经济指标应选择有代表性和能说明投资效果的指标填列。

(7) 投资分析。

为对基本建设投资分配、构成等情况进行分析,应在总概算表中计算出各项工程和费用投资占总投资的比例，在表的末栏计算出每项费用的投资占总投资的比例。

6.4 设计概算的审查

6.4.1 设计概算的审查意义

(1) 可促进概算编制人员严格执行国家有关的概算编制规定和费用标准，提高概算的编制质量。

(2) 有利于合理分配投资资金，加强投资计划管理。设计概算编制得偏高或偏低，都会影响投资计划的真实性，影响投资资金的合理分配。进行设计概算审查是遵循客观经济规律的需要，通过审查可以提高投资的准确性、合理性。

(3) 有助于促进设计的技术先进性与经济合理性。概算中的技术经济指标，是概算水平的综合反映，合理、准确的设计概算是技术经济协调统一的具体体现，与同类工程对比，便可看出它的先进与合理程度。

(4) 有利于核定建设项目的投资规模，可以使建设项目总投资力求做到准确、完整，防止任意扩大投资规模或出现漏项，从而减少投资缺口，缩小概算与预算之间的差距，避免故意压低概算投资，导致实际造价大幅度地突破概算。

(5) 有利于为建设项目投资的落实提供可靠的依据，提高建设工程项目的投资效益。

6.4.2 设计概算的审查内容

1. 审查设计概算的编制依据

1) 审查编制依据的可靠性

采用的各种编制依据必须经过国家或授权机关的批准，符合国家的编制规定。凡未经过批准的，一律不得采用，且不得强调特殊理由擅自提高费用标准。

2) 审查编制依据的时效性

对于定额、指标、价格、取费标准等各种依据，都应根据国家有关部门的现行规定执行。对于颁发时间较长，已不能全部适用的，应按有关部门规定的调整系数执行。

3) 审查编制依据的适用范围

各主管部门、各地区规定的各种定额及其取费标准均有其各自的适用范围，特别是各地区间的材料预算价格区域性差别较大，在审查时应给予高度重视。

2. 审查设计概算的编制深度

1) 审查概算编制说明

审查编制说明可以检查编制方法、编制深度及依据等比较原则性的问题，若编制说明有误，那么具体概算必有差错。

2) 审查概算编制深度

一般大中型项目的设计概算应该有完整的编制说明和三级概算，并应按有关规定的深度进行编制。审查是否有符合规定的三级概算，各级概算的编制、核对、审核是否按规定签署，有无随意简化，有无把三级概算简化为二级概算或一级概算。

3）审查概算编制范围

审查概算的具体编制内容是否与主管部门批准的建设项目范围和具体工程内容一致，是否重复计算或漏算，审查其他费用项目是否符合规定，各个项目是否分列清楚。

3. 审查设计概算的编制内容

（1）审查设计概算的编制是否符合国家有关方针、政策，是否根据工程所在地的自然条件编制。

（2）审查建设规模、建设标准、配套工程、设计定员等是否符合原批准的可行性研究报告或立项批文的标准。对总概算超出批准的投资，应进一步审查超投资的原因，超过批准投资估算10%以上的，应查明原因后重新上报审批。

（3）审查编制方法、计价依据和程序是否符合现行规定，包括定额或指标的适用范围和调整方法是否正确。进行定额或指标的补充时，要求补充定额的项目划分、内容组成、编制原则等要与现行的定额要求相一致等。

（4）审查工程量是否正确。工程量的计算是否根据初步设计图纸、概算定额、工程量计算规则和施工组织设计要求进行，有无多算、重算和漏算，尤其对工程量大、造价高的项目要重点审查。

（5）审查材料用量和价格。审查主要材料（钢材、木材、水泥、砖）的用量是否正确，材料预算价格是否符合工程所在地的价格水平，材料价差调整是否符合现行规定，以及计算是否正确等。

（6）审查设备规格、数量和配置是否符合设计要求，是否与设备清单相一致，设备预算价格是否真实，设备原价和运杂费的计算是否正确。非标准设备原价的计价方法是否符合规定，进口设备的各项费用的组成及其计算程序、方法是否符合国家主管部门的规定。

（7）审查建筑安装工程的各项费用的计取是否符合国家或地方有关部门的现行规定，计算程序和取费标准是否正确。

（8）审查综合概算、总概算的编制内容、方法是否符合现行规定和设计文件的要求，有无设计文件外的项目，有无将非生产性项目以生产性项目列入。

（9）审查总概算文件的组成内容，是否完整地包括了建设项目从筹建到竣工投产为止的全部费用组成。

（10）审查工程建设其他各项费用。这部分费用内容多、弹性大，约占项目总投资的25%以上，要按照国家和地区规定逐项审查，不属于总概算范围的费用项目不能列入概算，具体费率或计取标准是否按国家、行业有关部门规定计算，有无随意列项，有无多列、交叉计列和漏项等。

（11）审查工业项目的“三废”治理。拟建项目必须同时安排“三废”（废水、废气、废渣）的治理方案和投资，对于未做安排或漏项、多算、重算的项目，要按国家有关规定核实投资，以满足“三废”排放达到国家标准。

（12）审查技术经济指标。技术经济指标的计算方法和程序是否正确，综合指标和单项指标与同类型工程指标相比，是偏高还是偏低，其原因是什么，并予以纠正。

（13）审查投资经济效果。设计概算是初步设计经济效果的反映，要按照生产规模、工艺流程、产品品种和质量，从企业的投资效益和投产后的运营效益方面进行全面分析，看是否达到了先进可靠、经济合理的要求。

6.4.3 设计概算的审查方法

1. 对比分析法

对比分析法主要是指通过建设规模、标准与立项批文对比，工程数量与设计图纸对比，综合范围、内容与编制方法、规定对比，各项取费与规定标准对比，材料、人工单价与统一信息对比，引进投资与报价要求对比，技术经济指标与同类工程对比，等等。通过以上对比分析，容易发现设计概算存在的主要问题和偏差。

2. 查询核实法

查询核实法是对一些关键设备和设施、重要装置、引进工程图纸不全、难以核算的较大投资进行多方查询核对、逐项落实的方法。主要设备的市场价向设备供应部门或招标公司查询核实，重要生产装置、设施向同类企业（工程）查询了解，进口设备价格及有关费税向进出口公司调查落实，复杂的建筑安装工程向同类工程的建设、承包、施工单位征求意见，深度不够或不清楚的问题直接向原概算编制人员、设计者询问。

3. 联合会审法

联合会审前，可先采取多种形式分头审查，包括设计单位自身，主管、建设、承包单位初审，工程造价咨询公司评审，邀请同行专家预审，审批部门复审等，经层层审查把关后，由有关单位和专家进行联合会审。在会审大会上，由设计单位介绍概算编制情况及有关问题，各有关单位、专家汇报初审及预审意见。

然后进行认真分析、讨论，结合对各专业技术方案的审查意见所产生的投资增减，逐一核实原概算出现的问题。经过充分协商，认真听取设计单位意见后，实事求是地处理、调整。对于差错较多、问题较大或不能满足要求的，责成按会审意见修改返工后重新报批；对于无重大原则问题，深度基本满足要求，投资增减不多的，当场核定概算投资额，并提交审批部门复核后，正式下达审批概算。

思考题

1. 什么是设计概算？设计概算的作用是什么？
2. 设计概算的组成包括哪些内容？
3. 单位工程概算、单项工程综合概算、建设项目总概算的编制方法分别是什么？

Chapter 7

第7章 施工图预算

知识点

本章介绍了施工图预算的基本概念、作用、编制依据，施工图预算的编制方法及施工图预算的审查。通过本章学习，应了解施工图预算的作用和编制依据，理解施工图预算的概念和内容，熟悉施工图预算的审查方法，掌握施工图预算编制的工料单价法和实物量法。

重点

施工图预算编制的工料单价法和实物量法。

难点

施工图预算编制的工料单价法和实物量法两种方法的区别。

7.1 施工图预算概述

7.1.1 施工图预算的基本概念

1. 施工图预算的概念

施工图预算是在施工图设计完成之后，工程开工之前，根据已批准的施工图纸和既定的施工方案，结合现行的预算定额、费用定额、地区单位估价表、各项取费标准、建设地区的自然及技术经济条件等资料编制而成的单位工程或单项工程预算价格的技术经济文件。施工图预算编制的核心和关键是"量""价""费"三要素，即工程量要计算准确，定额及定额单价确定水平要合理，取费标准要符合实际，这样才能综合反映建筑产品价格确定的合理性。

2. 施工图预算的内容

施工图预算分为单位工程预算、单项工程预算和建设项目总预算。根据施工图设计文件、现行预算定额、费用定额，以及人工、材料(工程设备)、机械台班的预算价格和实际价格等资料，以一定方法编制出单位工程施工图预算。汇总所有单位工程施工图预算，即成为单项工程施工图预算；再汇总各个单项工程施工图预算，便得到一个建设项目总预算。

单位工程预算包括建筑工程预算和设备及安装工程预算。建筑工程预算又分为一般土建工程预算、给水排水工程预算、采暖通风工程预算、电气照明工程预算、煤气工程预算、构筑物工程预算、工业管道工程预算等，设备及安装工程预算又可分为机械设备安装工程预算、电气设备安装工程预算和化工设备、热力设备安装工程预算等。

7.1.2 施工图预算的作用

1. 施工图预算对建设单位的作用

(1) 施工图预算是施工图设计阶段确定建设工程项目造价的依据，是设计文件的组成部分。

(2) 施工图预算是建设单位在施工期间安排建设资金计划和使用建设资金的依据。建设单位按照施工组织设计、施工工期、施工顺序、各个部分预算造价安排建设资金计划，确保资金有效使用，保证项目建设顺利进行。

(3) 施工图预算是招投标的重要基础，既是工程量清单的编制依据，也是招标控制价编制的依据。

(4) 施工图预算是拨付进度款及办理结算的依据。

2. 施工图预算对施工单位的作用

(1) 施工图预算是确定投标报价的依据。在竞争激烈的建筑市场，施工单位需要根据施工图预算造价，结合企业的投标策略，确定投标报价。

(2) 施工图预算是施工单位进行施工准备的依据，是施工单位在施工前组织材料、机具、设备及劳动力供应的重要参考，是施工单位编制进度计划、统计完成工作量、进行经济核算的参考依据。施工图预算的工、料、机分析，为施工单位材料购置、劳动力及机具和设备的配备提供参考。

(3) 施工图预算是控制施工成本的依据。根据施工图预算确定的中标价格是施工单位收取工程款的依据。施工单位只有合理利用各项资源，采取技术措施、经济措施和组织措施降低成本，将成本控制在施工图预算以内，施工单位才能获得良好的经济效益。

3. 施工图预算对其他方面的作用

(1) 对于工程咨询单位而言，尽可能客观、准确地为委托方做出施工图预算，是其业务水平、素质和信誉的体现。

(2) 对于工程造价管理部门而言，施工图预算是监督、检查、执行定额标准，合理确定工程造价，测算造价指数及审定招标工程招标控制价的重要依据。

7.1.3 施工图预算的编制依据

施工图预算的编制依据应包括下列内容：

(1) 批准的初步设计概算。经批准的设计概算文件是控制工程拨款和贷款的最高限额，也是控制单位预算的主要依据。若工程预算确定的投资总额超过设计概算，必须补做调整设计概算，经原批准机构或部门批准后方可实施。

(2) 施工图纸及说明书和标准图集。经审定的施工图纸、说明书和标准图集，完整地反映了工程的具体内容，各分部分项的具体做法、结构、尺寸、技术特征和施工做法是编制施工图预算的主要依据。

(3) 适用的预算定额或专业工程计价定额。国家和地区颁发的预算定额或专业工程计价定额是决定建筑产品价格的基础依据。

(4) 施工组织设计或施工方案。施工组织设计是由施工企业根据工程特点、现场状况，以及所具备的施工技术手段、队伍素质和经验等主客观条件制订的综合实施方案，施工图预算的编制应尽可能切合施工组织设计或施工方案的实际情况。施工组织设计或施工方案是编制施工图预算和确定措施项目费用的主要依据之一。

(5) 人工、材料、机械台班预算价格。人工、材料、机械台班预算价格是单位估价表的主要因素，是构成施工图预算的主要依据。单位估价表中所考虑的人工、材料、机械台班预算价格只限于编制时的市场水平，在编制施工图预算时可根据市场现阶段的行情或造价管理机构发布的指导价进行相应的调整。

(6) 费用定额及各项取费标准。费用定额及各项取费标准由工程造价管理部门编制颁发。计算工程造价时，应根据工程性质和类别、承包方式及施工企业性质等不同情况分别套用。

7.2 施工图预算的编制方法

单位工程预算的编制方法有单价法和实物工程量法，其中单价法分为工料单价法和综合单价法。工料单价法将计算得出的分项工程的工程量与单位估价表中的定额单价相乘，得出分项工程的直接工程费；实物工程量法与现行的工程量清单计价模式相似，施工企业可以根据预算定额计算分项工程的工程量，再与当时当地的人工单价、材料单价及机械台班单价相乘，得到分项工程的直接工程费。

7.2.1 工料单价法

1. 工料单价法的概念

工料单价法是用事先编制好的分项工程的单位估价表或预算定额单价来编制施工图预算的方法。根据施工图设计文件和预算定额，依据工程量计算规则，按分部分项工程顺序先计算出各分项工程量，然后乘以对应的定额单价，求出分项工程人工、材料、机械费用；将分项工程人工、材料、机械费用汇总为单位工程人工、材料、机械费用；汇总后另加企业管理费、利润、规费和税金，生成单位工程的施工图预算造价。

2. 工料单价法的步骤

采用工料单价法编制施工图预算的基本步骤如下。

(1) 准备资料，熟悉施工图纸。

准备施工图纸、施工组织设计、施工方案、现行建筑安装定额、取费标准、统一工程量计算规则和地区材料预算价格等各种资料。在此基础上详细了解施工图纸，全面分析工程各分部分项工程，充分了解施工组织设计和施工方案，注意影响费用的关键因素。

(2) 计算工程量。

工程量计算一般按如下步骤进行：

① 根据工程内容和定额项目，列出需计算工程量的分部分项工程，列出的项目必须和定额规定的项目一致；

② 根据一定的计算顺序和计算规则，列出分部分项工程量的计算式；

③ 根据施工图纸上的设计尺寸及有关数据，代入计算式进行计算；

④ 对计算结果的计量单位进行调整，使之与定额中相对应的分部分项工程的计量单位保持一致；

⑤ 工程量计算完毕后，对分部分项工程和工程量进行整理，即按顺序排列和合并同类项目。

(3) 套用定额单价，计算人工、材料、机械费用。

核对工程量计算结果后，利用地区统一单位估价表中的分项工程定额单价，计算出各分项工程合价，汇总后求出单位工程直接工程费。

单位工程人工、材料、机械费用计算公式如下

$$\text{单位工程人工、材料、机械费用} = \sum \text{分项工程量} \times \text{定额单价} \tag{7-1}$$

计算人工、材料、机械费用时需注意以下几点：

① 分项工程的名称、规格、计量单位与定额单价或单位估价表中所列内容完全一致时，可以直接套用定额单价；

② 分项工程的主要材料品种与定额单价或单位估价表中规定材料不一致时，不可以直接套用定额单价，需要按实际使用材料价格换算定额单价；

换算后定额单价＝原定额单价－换出材料消耗量×换出材料单价＋换入材料消耗量×换入材料单价

③ 分项工程施工工艺条件与定额单价或单位估价表不一致而造成人工、机械的数量增减时，一般调量不换价；

④ 分项工程不能直接套用定额、不能换算和调整时，应编制补充单位估价表。

(4) 编制工料分析表。

为了直观地反映出工料的用量，必须对单位工程预算进行工料分析，编制工料分析表。根据各分部分项工程项目实物工程量和预算定额项目中所列的用工及材料消耗量，计算各分部分项工程总的人工及材料数量，汇总后算出该单位工程所需各类人工、材料的数量，即该单位工程全部分项工程的人工和材料的预算用量。

$$\text{人工消耗量} = \text{某工种定额用工量} \times \text{某分项工程量} \tag{7-2}$$

$$\text{材料消耗量} = \text{某种材料定额用量} \times \text{某分项工程量} \tag{7-3}$$

通过工料分析，可以为材料预算价格价差调整提供材料消耗数量，同时为企业在生产经营过程中根据工料分析数据进行成本管理及生产管理。

工料分析表的格式可参考表 7-1。

表 7-1　工料分析表

项目名称：　　　　　　　　　　　　　　　　　　　　　编号：

序号	定额编号	工程名称	单位	工程量	人工/工日	主要材料			其他材料
						材料 1	材料 2	……	

编制人：　　　　　　　　　　　　　　　　　　　　　审核人：

(5) 材料预算价格价差调整。

材料预算价格价差是指主要工程材料执行期的市场价格与基准期的预算价格之差。

$$\text{主要材料价差调整数额} = \text{材料用量} \times \text{材料价差} \tag{7-4}$$

(6) 按计价程序取其他费用，并汇总造价。

根据规定的税率、费率和相应的计取基础，分别计算企业管理费、利润、规费、税金。将上述费用累计后与人工、材料、机械费用进行汇总，求出单位工程预算造价。

(7) 复核。

对项目填列、工程量计算公式、计算结果、套用的单价、采用的取费费率、数字计算、数据精确度等进行全面复核，以便及时发现差错、及时修改，提高预算的准确性。

(8) 编制说明，填写封面。

编制说明主要应写明预算所包括的工程内容范围、依据的图纸编号、承包方式、有关部门现行的调价文件号、套用单价需要补充说明的问题及其他需说明的问题等。封面应写明工程编号、工程名称、预算总造价和单方造价、编制单位名称、负责人和编制日期，以及审核单位的名称、负责人和审核日期等。

工料单价法的编制步骤如图 7-1 所示。

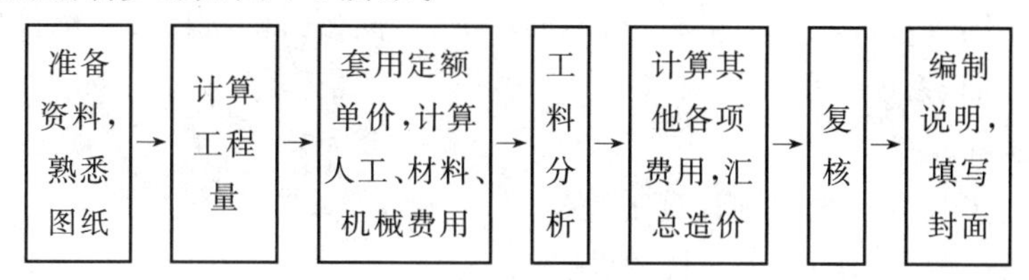

图 7-1　工料单价法的编制步骤

工料单价法具有计算简便、工作量相对较小、编制速度较快、便于工程造价统一管理等特点。但由于定额单价是事先按一定人工、材料、机械单价复合计算好的，因而定额的编制水平、定额消耗量指标的确定、分项工程单价的高低等因素都会直接影响施工图预算编制的正确性和合理性。

7.2.2　综合单价法

综合单价法是目前建筑安装工程费用计算中的一种较合理的计价方法，它是根据国家统一的工程量计算规则来计算工程量，采用综合单价的形式计算工程造价的方法。

综合单价指分部分项工程单价综合了人工、材料、机械费用及其以外的多项费用内容。按照单价综合内容的不同，综合单价可分为全费用综合单价和部分费用综合单价。

1. 全费用综合单价

全费用综合单价即单价中综合了分项工程人工、材料、机械费用，企业管理费，规费，利润和税金等全部费用，以各分项工程量乘以综合单价的合价汇总后，就生成单位工程造价。

2. 部分费用综合单价

我国目前实行的工程量清单计价采用的综合单价是部分费用综合单价。分部分项工程单价综合了人工、材料、机械费用，企业管理费，利润，以及一定范围内的风险费用，单价中未包括项目措施费、其他项目费、规费和税金，是不完全费用综合单价。以各分项工程量乘以部分费用综合单价的合价汇总后，再加上项目措施费、其他项目费、规费和税金后，生成单位工程造价。

$$\text{分部分项工程费} = \sum \text{分部分项工程量} \times \text{分部分项工程综合单价} \tag{7-5}$$

7.2.3　实物工程量法

1. 实物工程量法的概念

实物工程量法简称实物法，是依据施工图纸和预算定额的项目划分及工程量计算规则，先计算出分部分项工程量，然后套用预算定额来编制施工图预算的方法。

用实物工程量法编制施工图预算，主要是先用计算出的各分项工程的实物工程量，分别套取预算定额中人工、材料、机械消耗指标，计算出各分项工程的人工、材料、机械台班定额用量，并按类相加，求出单位工程所需的各种人工、材料、施工机械台班的总消耗量，然后分别乘以当时当地各种人工、材料、机械台班的单价，求得人工费、材料费和施工机械使用费，再汇总求和。对于企业管理费、利润等费用的计算，则根据当时当地建筑市场供求情况予以具体确定。

2. 实物工程量法的步骤

采用实物工程量法编制施工图预算的步骤具体如下。

(1) 准备资料，熟悉施工图纸。

全面收集当时当地各种人工、材料、机械的实际价格，应包括不同品种、不同规格的材料预算价格，不同工种、不同等级的人工工资单价，不同种类、不同型号的机械台班单价等。要求获得的各种实际价格应全面、系统、真实、可靠。

(2) 计算工程量。

按定额规定的工程量计算规则计算工程量。

(3) 套用消耗定额，计算人工、材料、机械消耗量。

定额消耗量中的“量”在相关规范和工艺水平等未有较大变化之前具有相对稳定性，据此确定符合国家技术规范和质量标准要求，并反映当时施工工艺水平的分项工程计价所需的人工、材料、机械的消耗量。

根据人工预算定额所列各类人工工日的数量，乘以各分项工程的工程量，计算出各分项工程所需的各类人工工日的数量，统计汇总后确定单位工程所需的各类人工工日消耗量。同理，根据材料预算定额、机械台班预算定额分别确定出单位工程所需的各类材料消耗量和各类施工机械台班数量。

(4) 计算并汇总人工费、材料费、施工机械使用费。

根据当时当地工程造价管理部门定期发布的或企业根据市场价格确定的人工工资单价、材料预算价格、施工机械台班单价，分别乘以人工、材料、机械消耗量，汇总后即为单位工程人工费、材料费和施工机械使用费。计算公式为

单位工程人工、材料、机械费用 $= \sum$ 工程量 $\times$ 人工预算定额用量 $\times$ 当时当地人工工资单价 $+ \sum$ 工程量 $\times$ 材料预算定额用量 $\times$ 当时当地材料预算价格 $+ \sum$ 工程量 $\times$ 施工机械预算定额台班用量 $\times$ 当时当地机械台班单价 (7-6)

(5) 计算其他各项费用，汇总造价。

对于企业管理费、利润、规费和税金等的计算，有关的费率是根据当时当地建筑市场供求情况予以确定的。将上述单位工程人工、材料、机械费用与企业管理费、利润、规费、税金等汇总，即为单位工程造价。

(6) 复核。

检查人工、材料、机械台班的消耗量计算是否准确，有无漏算、重算或多算；套取的定额是否正确；检查采用的实际价格是否合理。

(7) 编制说明，填写封面。

实物工程量法的编制步骤如图 7-2 所示。

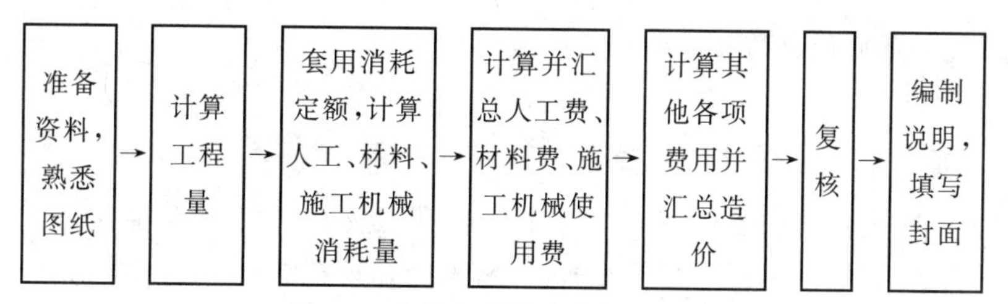

图 7-2 实物工程量法的编制步骤

采用实物工程量法编制施工图预算，工序定额子目划分清楚，将“量”“价”分开，计算出“量”后，不再去套用静态的定额单价，而是套用相应预算人工、材料、机械台班的定额用量，所用人工、材料和机械台班的单价都是当时当地的实际价格，编制出的预算可较准确地反映实际水平，误差较小，且无须调价，适用于市场经济条件波动较大的情况。但由于采用该方法需要统计人工、材料、机械台班消耗量，还需搜集相应的实际价格，因而工作量较大、计算过程烦琐。

7.3 施工图预算的审查

7.3.1 施工图预算的审查内容

施工图预算审查的重点是工程量计算是否准确，定额套用、各项取费标准是否符合现行规定或单价计算是否合理等方面。审查的主要内容如下：

(1) 审查施工图预算的编制是否符合现行国家、行业、地方政府有关法律、法规和规定要求。

(2) 审查工程量计算的准确性，工程量计算规则与计价规范、规则或定额规则的一致性。

(3) 审查在施工图预算的编制过程中，各种计价依据使用是否恰当，各项费率计取是否正确；审查依据主要有施工图设计资料，有关定额，施工组织设计，有关造价文件规定和技术规范、规程等。

(4) 审查各种要素的市场价格选用是否合理。

(5) 审查施工图预算是否超过设计概算以及进行偏差分析。

7.3.2 施工图预算的审查步骤

1. 审查前的准备工作

(1) 熟悉施工图纸。施工图纸是编制与审查预算的重要依据，必须全面熟悉、了解。

(2) 根据预算编制说明，了解预算包括的工程范围，如配套设施、室外管线、道路，以及会审图纸后的设计变更等。

(3) 弄清所用单位估价表的适用范围，搜集并熟悉相应的单价、定额资料。

2. 选择审查方法，审查相应内容

工程规模、繁简程度不同，编制施工图预算的繁简程度和质量就不同，应选择适当的审查方法进行审查。

3. 整理审查资料并调整定案

综合整理审查资料，同编制单位交换意见，定案后编制、调整预算。经审查若发现差错，应与编制单位协商，统一意见后进行相应增加或核减修正。

7.3.3 施工图预算的审查方法

施工图预算的审查可采用全面审查法、标准预算审查法、分组计算审查法、对比审查法、筛选审查法、重点审查法、利用技术经济指标审查法、常见问题审核法等。

1. 全面审查法

全面审查法又称逐项审查法，即按定额顺序或施工顺序，对各项工程细目逐项全面、详细地审查的一种方法。首先，根据施工图全面计算工程量；然后，与审查对象的工程量逐一进行对比；同时，根据定额或单位估价表逐项核实审查对象的单价。其优点是全面、细致、审查质量高、效果好，缺点是工作量大、时间较长。这种方法适合于一些工程量较小、工艺比较简单的工程。

2. 标准预算审查法

标准预算审查法就是对利用标准图纸或通用图纸施工的工程，先集中力量编制标准预算，以此为准来审查工程预算的一种方法。按标准图纸或通用图纸施工的工程，一般上部结构和做法相同，只是根据现场施工条件或地质情况的不同，仅对基础部分做局部改变。凡是这样的工程，可集中力量细审一份预算或编制一份预算，作为这种标准图纸的标准预算，以此标准预算为准，对局部修改部分单独审查即可，不需逐一详细审查。该方法的优点是时间短、效果好、易定案；其缺点是适用范围小，仅适用于采用标准图纸的工程。

3. 分组计算审查法

分组计算审查法就是把预算中有关项目按类别划分为若干组，利用同组中的一组数据审查分项工程量的一种方法。这种方法首先将若干分部分项工程按相邻且有一定内在联系的项目进行编组，利用同组分项工程间具有相同或相近计算基数的关系，审查一个分项工程数据，由此判断同组中其他几个分项工程的准确程度。如在一般的建筑工程中可将底层建筑面积编为一组，先计算底层建筑面积或楼（地）面面积，从而得知楼面找平层、天棚抹灰的工程量等，依次类推。该方法的特点是审查速度快、工作量小。

4. 对比审查法

对比审查法是当工程条件相同时，用已完工程的预算或未完但已经过审查修正的工程预算对比审查拟建工程的同类工程预算的一种方法。采用该方法时一般须符合下列条件：

(1) 拟建工程与已完或在建工程预算采用同一施工图，但基础部分和现场施工条件不同，则基础以上部分可采用对比审查法，不同部分可分别采用相应的审查方法。

(2) 工程设计相同，但建筑面积不同，两工程的建筑面积之比与两工程各分部分项工程量之比大体一致。此时，可按分项工程量的比例，审查拟建工程各分部分项工程的工程量，或用两工程每平方米建筑面积造价、每平方米建筑面积的各分部分项工程量对比进行审查。

(3) 两工程面积相同，但设计图纸不完全相同，则相同的部分，如厂房中的柱子、屋架、屋面、砖墙等，可进行工程量的对比审查。对于不能对比的分部分项工程，可按图纸计算。

5. 筛选审查法

"筛选"是能较快发现问题的一种方法。建筑工程虽面积和高度不同，但其各分部分项工程的单位建筑面积指标变化却不大。将这样的分部分项工程加以汇集、优选，找出其单位建筑面积工程量、单价、用工的基本数值，归纳为工程量、价格、用工三个单方基本指标，并注明基本指标的适用范围。这些基本指标用来筛选各分部分项工程，对于不符合条件的，应进行详细审查。若审查对象的预算标准与基本指标的标准不符，就应对其进行调整。

筛选审查法的优点是简单易懂、便于掌握、审查速度快、便于发现问题，但问题出现的原因尚需继续审查。该方法适用于审查住宅工程或不具备全面审查条件的工程。

6. 重点审查法

重点审查法就是抓住施工图预算中的重点进行审核的方法。审查的重点一般是工程量大或者造价较高的各种工程、补充定额、计取的各项费用(计费基础、取费标准)等。重点审查法的优点是突出重点、审查时间短、效果好。

7. 利用技术经济指标审查法

该方法是在总结分析预结算资料的基础上，找出同类工程造价及工料消耗的规律性，整理出用途不同、结构形式不同、地区不同的工程造价、工料消耗指标，然后根据这些指标对审核对象进行分析对比，从中找出不符合投资规律的分部分项工程，针对这些子目进行重点审核，分析其差异较大的原因。常用的指标有以下几种类型：

(1) 单方造价指标(元/m^2)。

(2) 分部工程比例：基础、楼板屋面、门窗、围护结构等占直接费的比例。

(3) 各种结构比例：砖石、混凝土及钢筋混凝土、木结构、金属结构、装饰、土石方等各占直接费的比例。

(4) 专业投资比例：土建、给排水、采暖通风、电气照明等各专业占总造价的比例。

(5) 工料消耗指标：钢材、木材、水泥、砂石、砖瓦、人工等主要工料单方消耗指标。

8. 常见问题审核法

预算编制中会不同程度地出现某些常见问题，审核施工图预算时，可针对这些常见问题进行重点审核，准确计算工程量，合理取定定额单价，以达到合理确定工程造价之目的。

(1) 工程量计算误差：如毛石、钢筋混凝土基础 T 形交接重叠处重复计算，楼地面孔洞、沟道所占面积不扣，墙体中的圈梁、过梁所占体积不扣，挖地槽、地坑土方常常出现“空挖”现象，钢筋计算常常不扣保护层，梁、板、柱交接处受力筋或箍筋重复计算，地面、墙面各种抹灰重复计算。

(2) 定额单价高套误差：混凝土标号、石子粒径，构件断面、单件体积，砌筑、抹灰砂浆标号及配合比，单项脚手架高度界限，装饰工程的级别，地坑、地槽、土方三者之间的界限，土石方的分类界限。

(3) 项目重复误差：块料面层下找平层；沥青卷材防水层，沥青隔气层下的冷底子油；预制构件的铁件；属于建筑工程范畴的给排水设施。

(4) 综合费用计算误差：措施材料一次摊销，综合费项目内容与定额已考虑的内容重复，综合费项目内容与冬雨季施工增加费、临时设施费中的内容重复。

(5) 预算项目遗漏误差：缺乏现场施工管理经验、施工常识，图纸说明遗漏或模糊不清处理、常常遗漏。

思考题

1. 施工图预算的作用及编制依据分别是什么？
2. 施工图预算的编制方法有哪些？
3. 工料单价法和实物工程量法的区别是什么？
4. 施工图预算的审查内容有哪些？
5. 施工图预算的审查方法有哪些？

Chapter 8

第8章 房屋建筑与装饰工程量清单计量

知识点

本章主要以《建筑工程建筑面积计算规范》(GB/T 50353—2013)、《房屋建筑与装饰工程工程量计算规范》(GB 50854—2013)的规定为依据,介绍房屋建筑与装饰工程工程量计量规则与方法。通过本章学习,应掌握房屋建筑与装饰工程工程量清单计算规则。

重点

建筑面积工程量的计算、土石方工程量的计算、砌筑工程量的计算、钢筋与混凝土工程量的计算、装饰工程量的计算。

难点

石方工程量的计算、砌筑工程量的计算、钢筋与混凝土工程量的计算。

8.1 建筑面积及其计量规则

8.1.1 建筑面积的概念及其作用

建筑面积是指建筑物(包括墙体)所形成的楼地面面积,包括使用面积、辅助面积和结构面积。其中,使用面积是指建筑物各层平面中直接为生产或生活所使用的净面积之和;辅助面积是指建筑物各层平面中为辅助生产或生活所占净面积的总和,如居住建筑中的楼梯、公共走道等;结构面积是指住宅建筑墙体、柱等建筑结构所占的面积。建筑面积是表示一个建筑物建筑规模大小的经济指标,不同国家、不同地区,其定义和量度标准存在一定差异。

建筑面积是以平方米为计量单位来反映房屋建筑规模的实物量指标,广泛应用于基本建设计划、统计、设计、施工和工程概预算等各个方面,在建筑工程造价管理方面起着非常重要的作用,是房屋建筑计价的主要指标之一。

(1) 建筑面积是国家控制建设规模的主要指标。

(2) 建筑面积是初步设计阶段选择概算指标的重要依据之一。

(3) 建筑面积是施工图预算阶段校对分部分项工程的依据。

(4) 建筑面积是计算面积利用系数、土地利用系数、单位建筑面积经济指标的依据。

土地利用系数(容积率)=建筑面积/建筑物的占地面积　　(8-1)

单方造价=预算总值/建筑面积　　(8-2)

8.1.2　建筑面积的计算规则

(1) 建筑物的建筑面积应按自然层外墙结构外围水平面积之和计算。结构层高在 2.20 m 及以上的,应计算全面积;结构层高在 2.20 m 以下的,应计算 1/2 面积。

在主体结构内形成的建筑空间,满足计算面积结构层高要求的,均应计算建筑面积。主体结构外的室外阳台、雨篷、檐廊、室外走廊、室外楼梯等,按相应要求计算建筑面积。当外墙结构本身在一个层高范围内不等厚时,以楼地面结构标高处的外围水平面积计算。

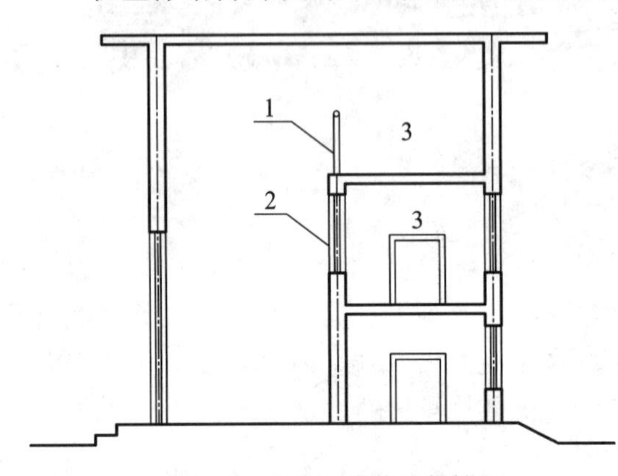

图 8-1　建筑物内的局部楼层

1—围护设施;2—围护结构;3—局部楼层

(2) 建筑物内设有局部楼层时,对于局部楼层的二层及以上楼层,有围护结构的应按其围护结构外围水平面积计算,无围护结构的应按其结构底板水平面积计算,且结构层高在 2.20 m 及以上的,应计算全面积,结构层高在 2.20 m 以下的,应计算 1/2 面积。

建筑物内的局部楼层如图 8-1 所示。

例 8-1　如图 8-2 所示,计算单层厂房建筑面积。

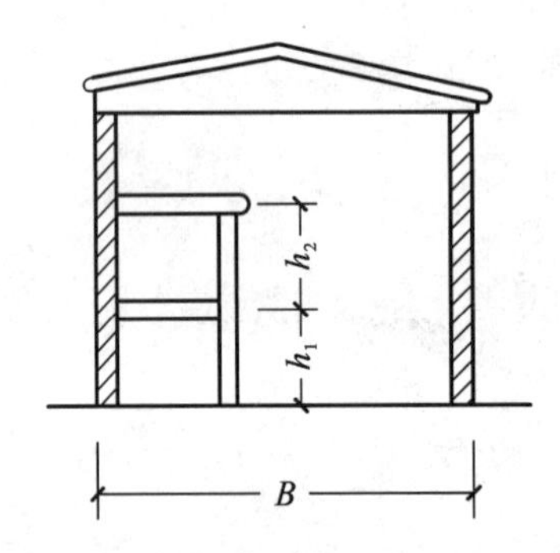

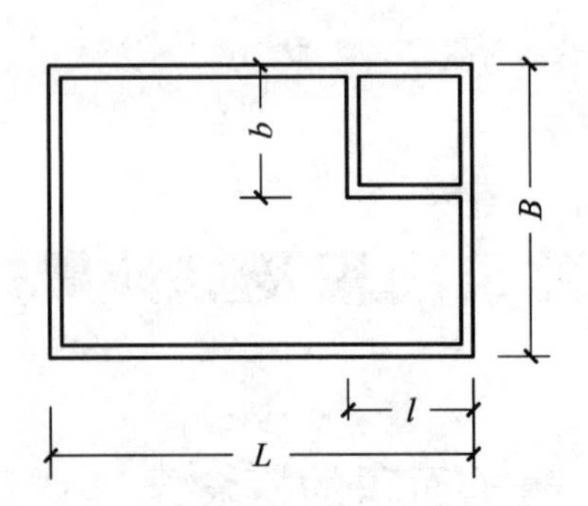

图 8-2　有局部楼层的单层厂房的平面图和剖面图

解　① 当 $h_2 \geqslant 2.20$ m 时,有

$$S=L\times B+l\times b$$

② 当 $h_2<2.20$ m 时,有

$$S=L\times B+\frac{1}{2}l\times b$$

(3) 对于形成建筑空间的坡屋顶,结构净高在 2.10 m 及以上的部位应计算全面积,结构净高在 1.20 m 及以上至 2.10 m 以下的部位应计算 1/2 面积,结构净高在 1.20 m 以下的部位不应计算建筑面积。

(4) 对于场馆看台下的建筑空间,结构净高在 2.10 m 及以上的部位应计算全面积,结构净高在 1.20 m 及以上至 2.10 m 以下的部位应计算 1/2 面积,结构净高在 1.20 m 以下的部位不应计算建筑面积。室内单独设置的有围护设施的悬挑看台，应按看台结构底板水平投影面积计算建筑面积；有顶盖无围护结构的场馆看台，应按其顶盖水平投影面积的1/2计算建筑面积。

场馆看台下的建筑空间因其上部结构多为斜板，所以采用净高的尺寸划定建筑面积的计算范围和对应规则。室内单独设置的有围护设施的悬挑看台，因其看台上部设有顶盖且可供人使用，所以按看台板的结构底板水平投影计算建筑面积。"有顶盖无围护结构的场馆看台"中的"场馆"为专业术语，指各种"场"类建筑，如体育场、足球场、网球场、带看台的风雨操场等。

(5) 地下室、半地下室应按其结构外围水平面积计算。结构层高在2.20 m及以上的，应计算全面积；结构层高在2.20 m以下的，应计算1/2面积。

(6) 出入口外墙外侧坡道有顶盖的部位，应按其外墙结构外围水平面积的1/2计算建筑面积。

出入口坡道分为有顶盖出入口坡道和无顶盖出入口坡道。出入口坡道顶盖的挑出长度，为顶盖结构外边线至外墙结构外边线的长度。顶盖以设计图纸为准，对后增加及建设单位自行增加的顶盖等，不计算建筑面积。顶盖不分材料、种类(如钢筋混凝土顶盖、彩钢板顶盖、阳光板顶盖等)。地下室出入口如图8-3所示。

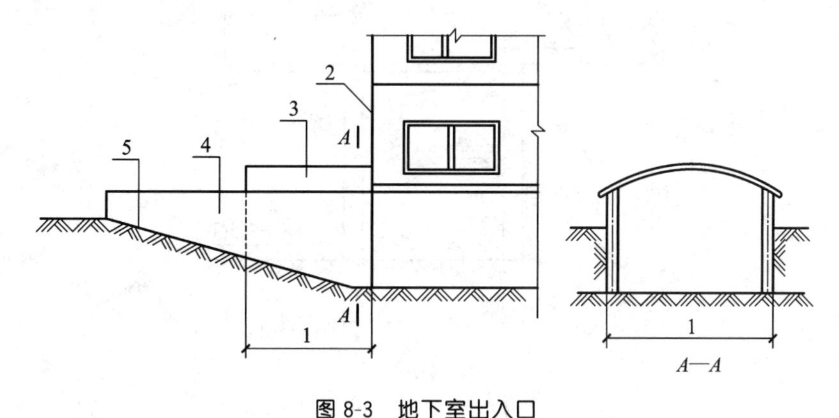

图8-3　地下室出入口

1—计算1/2投影面积部位；2—主体建筑；3—出入口顶盖；
4—封闭出入口侧墙；5—出入口坡道

例8-2　如图8-4所示，计算地下室及其出入口建筑面积。外墙防潮层及其保护墙厚度为120 mm。

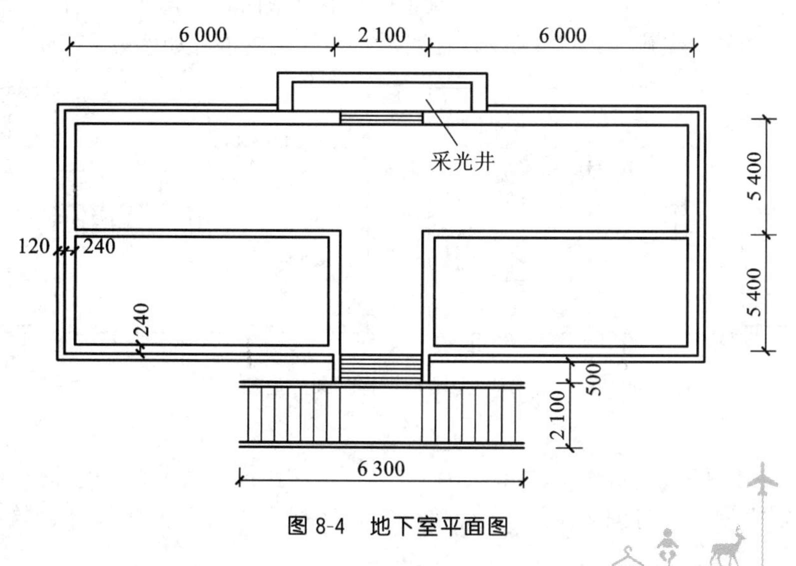

图8-4　地下室平面图

解 地下室面积＝(14.1＋0.24)×(10.8＋0.24) m^2＝158.31 m^2

出入口面积＝[6.3×2.1＋(0.5＋0.12)×2.1] m^2＝14.53 m^2

总建筑面积＝地下室面积＋出入口面积＝172.84 m^2

(7) 建筑物架空层及坡地建筑物吊脚架空层，应按其顶板水平投影计算建筑面积。结构层高在 2.20 m 及以上的，应计算全面积；结构层高在 2.20 m 以下的，应计算 1/2 面积。

该计量规则适用于建筑物吊脚架空层、深基础架空层建筑面积的计算，也适用于目前部分住宅、学校教学楼等工程在底层架空或在二楼或以上某个甚至多个楼层架空，作为公共活动、停车、绿化等空间的建筑面积的计算。建筑物吊脚架空层如图 8-5 所示。

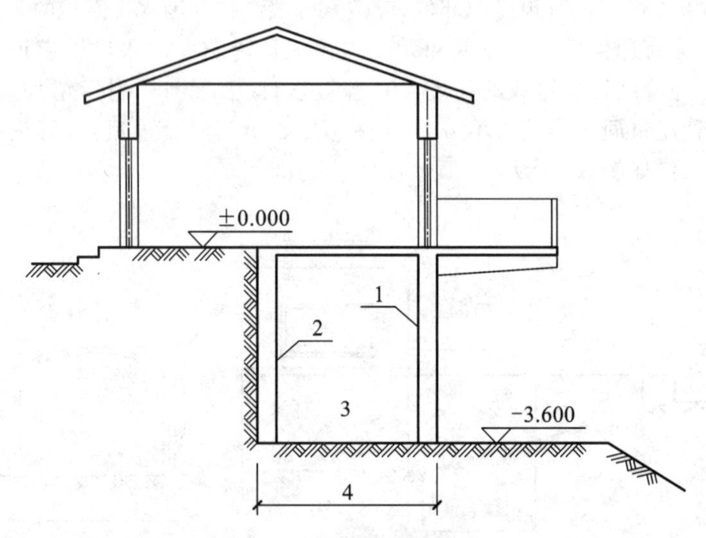

图 8-5 建筑物吊脚架空层

1—柱；2—墙；3—吊脚架空层；4—计算建筑面积部分

(8) 建筑物的门厅、大厅应按一层计算建筑面积，门厅、大厅内设置的走廊应按走廊结构底板水平投影面积计算建筑面积。结构层高在 2.20 m 及以上的，应计算全面积；结构层高在 2.20 m 以下的，应计算 1/2 面积。

(9) 对于建筑物间的架空走廊，有顶盖和围护设施的，应按其围护结构外围水平面积计算全面积；无围护结构、有围护设施的，应按其结构底板水平投影面积计算 1/2 面积。

无围护结构的架空走廊如图 8-6 所示，有围护结构的架空走廊如图 8-7 所示。

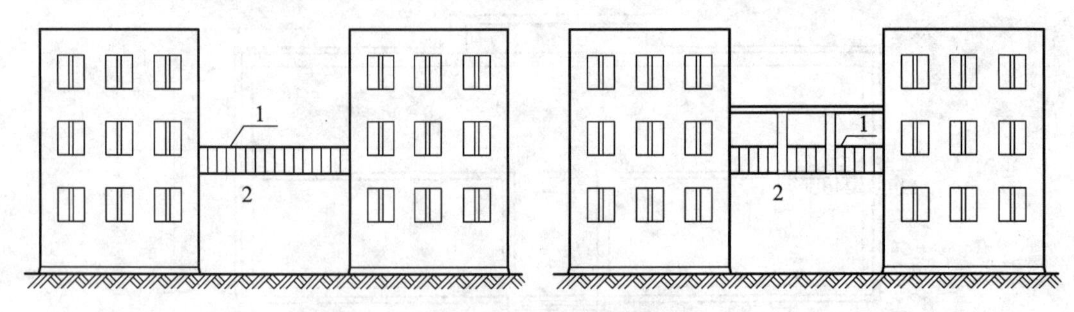

图 8-6 无围护结构的架空走廊

1—栏杆；2—架空走廊

(10) 对于立体书库、立体仓库、立体车库，有围护结构的，应按其围护结构外围水平面积计算建筑面积；无围护结构、有围护设施的，应按其结构底板水平投影面积计算建筑面积。无结构层的应按一层计算，有结构层的应按其结构层面积分别计算。结构层高在 2.20 m 及以上的，应计算全面积；结构层高在 2.20 m 以下的，应计算 1/2 面积。

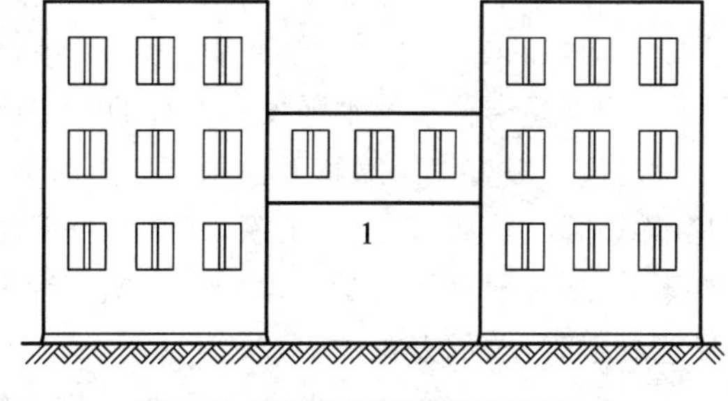

图 8-7 有围护结构的架空走廊

1—架空走廊

图书馆中的立体书库、仓储中心的立体仓库、大型停车场的立体车库等建筑的建筑面积按上述计算规则计算。起局部分隔、存储等作用的书架层、货架层或可升降的立体钢结构停车层均不属于结构层，故该部分分层不计算建筑面积。

(11) 有围护结构的舞台灯光控制室，应按其围护结构外围水平面积计算建筑面积。结构层高在 2.20 m 及以上的，应计算全面积；结构层高在 2.20 m以下的，应计算 1/2 面积。

(12) 附属在建筑物外墙的落地橱窗，应按其围护结构外围水平面积计算建筑面积。结构层高在 2.20 m 及以上的，应计算全面积；结构层高在 2.20 m 以下的，应计算 1/2 面积。

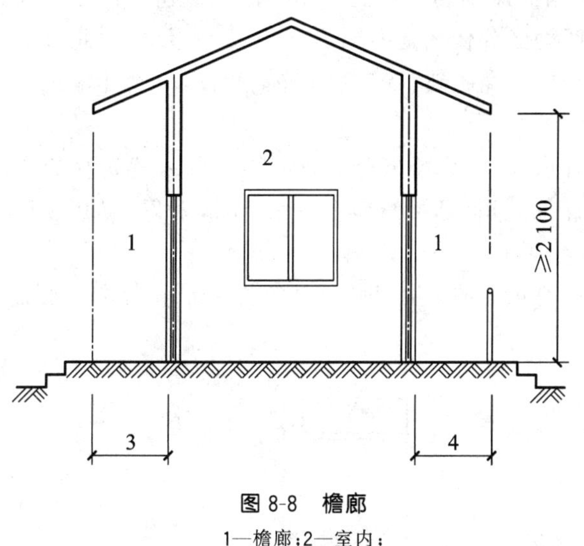

图 8-8 檐廊

1—檐廊；2—室内；
3—不计算建筑面积部分；4—计算建筑面积部分

(13) 窗台与室内楼地面高度差在 0.45 m 以下且结构净高在 2.10 m 及以上的凸(飘)窗，应按其围护结构外围水平面积计算 1/2 面积。

(14) 有围护设施的室外走廊(挑廊)，应按其结构底板水平投影面积计算 1/2 面积；有围护设施(或柱)的檐廊，应按其围护设施(或柱)外围水平面积计算 1/2 面积。

檐廊如图 8-8 所示。

(15) 门斗应按其围护结构外围水平面积计算建筑面积，且结构层高在 2.20 m 及以上的，应计算全面积；结构层高在 2.20 m 以下的，应计算 1/2 面积。

门斗如图 8-9 所示。

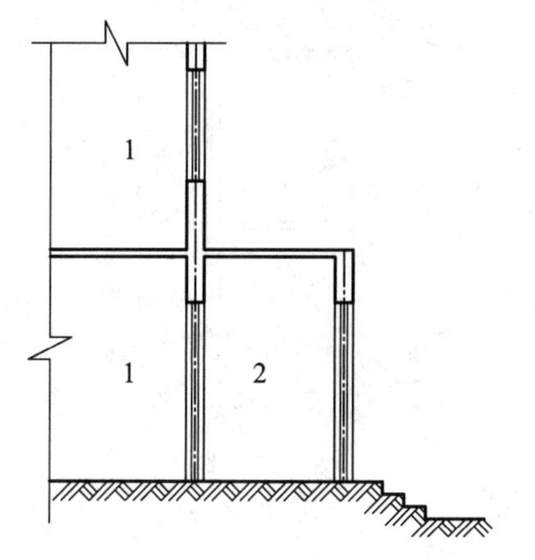

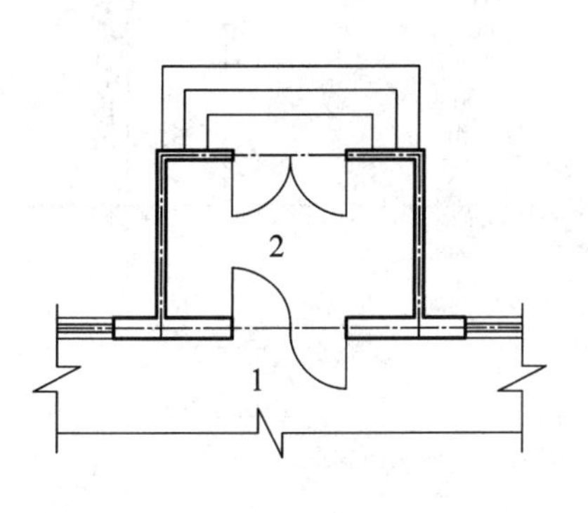

图 8-9 门斗

1—室内；2—门斗

(16) 门廊应按其顶板的水平投影面积的1/2计算建筑面积；有柱雨篷的，应按其结构板水平投影面积的1/2计算建筑面积；无柱雨篷，外边线至外墙结构外边线的宽度在2.10 m及以上的，应按雨篷结构板的水平投影面积的1/2计算建筑面积。

雨篷分为有柱雨篷和无柱雨篷。有柱雨篷，没有出挑宽度的限制，也不受跨越层数的限制时，均计算建筑面积；无柱雨篷，其结构板不能跨层，并受出挑宽度的限制，设计出挑宽度大于或等于2.10 m时才计算建筑面积。出挑宽度是指雨篷结构外边线至外墙结构外边线的宽度，为弧形或异形时，取最大宽度。

(17) 设在建筑物顶部的、有围护结构的楼梯间、水箱间、电梯机房等，结构层高在2.20 m及以上的，应计算全面积；结构层高在2.20 m以下的，应计算1/2面积。

(18) 围护结构不垂直于水平面的楼层，应按其底板面的外墙外围水平面积计算建筑面积。结构净高在2.10 m及以上的部位，应计算全面积；结构净高在1.20 m及以上至2.10 m以下的部位，应计算1/2面积；结构净高在1.20 m以下的部位，不应计算建筑面积。

该计量规则对向内、向外倾斜均适用。在划分高度上，本计量规则使用的是“结构净高”，与其他正常平楼层按层高划分不同，但与斜屋面的划分原则相一致。由于目前很多建筑设计追求新、奇、特，造型越来越复杂，很多时候根本无法明确区分什么是围护结构、什么是屋顶，因此对于斜围护结构与斜屋顶，采用相同的计量规则，即只要外壳倾斜，就按结构净高划段，分别计算建筑面积。斜围护结构如图8-10所示。

(19) 建筑物的室内楼梯、电梯井、提物井、管道井、通风排气竖井、烟道，应并入建筑物的自然层计算建筑面积。有顶盖的采光井应按一层计算面积，且结构净高在2.10 m及以上的，应计算全面积；结构净高在2.10 m以下的，应计算1/2面积。

建筑物的楼梯间层数按建筑物的层数计算。有顶盖的采光井包括建筑物中的采光井和地下室采光井。地下室采光井如图8-11所示。

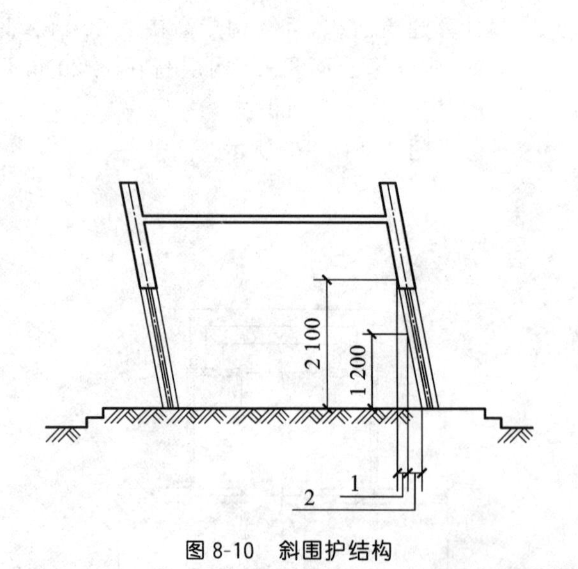

图8-10 斜围护结构

1—计算1/2建筑面积部位；2—不计算建筑面积部位

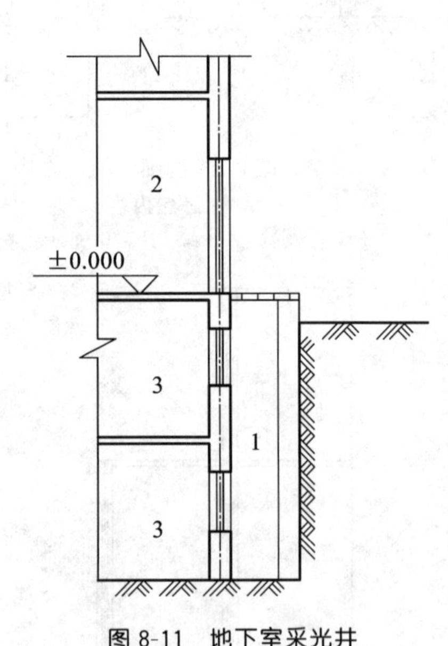

图8-11 地下室采光井

1—采光井；2—室内；3—地下室

(20) 室外楼梯应并入所依附建筑物自然层，并应按其水平投影面积的1/2计算建筑面积。

室外楼梯作为连接该建筑物层与层之间交通不可缺少的基本部件，无论是从其功能还是工程计价的要求来说，均需计算建筑面积。层数为室外楼梯所依附的楼层数，即梯段部分投影到建筑物范围的层数。利用室外楼梯下部的建筑空间不得重复计算建筑面积；利用地势砌筑的为室外踏步，不计算建筑面积。

(21) 在主体结构内的阳台，应按其结构外围水平面积计算全面积；在主体结构外的阳台，应按其结构底板水平投影面积计算 1/2 面积。

建筑物的阳台，不论其形式如何，均以建筑物主体结构为界分别计算建筑面积。

(22) 有顶盖无围护结构的车棚、货棚、站台、加油站、收费站等，应按其顶盖水平投影面积的 1/2 计算建筑面积。

(23) 以幕墙作为围护结构的建筑物，应按幕墙外边线计算建筑面积。

幕墙以其在建筑物中所起的作用和功能来区分。直接作为外墙起围护作用的幕墙，按其外边线计算建筑面积；设置在建筑物墙体外起装饰作用的幕墙，不计算建筑面积。

(24) 建筑物的外墙外保温层，应按其保温材料的水平截面积计算建筑面积，并计入自然层建筑面积。

建筑物外墙外侧有保温隔热层的，保温隔热层以保温材料的净厚度乘以外墙结构外边线长度按建筑物的自然层计算建筑面积，其外墙外边线长度不扣除门窗和建筑物外已计算建筑面积的构件（如阳台、室外走廊、门斗、落地橱窗等部件）所占长度。当建筑物外已计算建筑面积的构件（如阳台、室外走廊、门斗、落地橱窗等部件）有保温隔热层时，其保温隔热层也不再计算建筑面积。外墙是斜面的，按楼面楼板处的外墙外边线长度乘以保温材料的净厚度计算建筑面积。外墙外保温隔热层以沿高度方向满铺为准，某层外墙外保温隔热层铺设高度未达到全部高度时（不包括阳台、室外走廊、门斗、落地橱窗、雨篷、飘窗等），不计算建筑面积。保温隔热层的建筑面积是以保温隔热材料的厚度来计算的，不包含抹灰层、防潮层、保护层（墙）的厚度。建筑外墙外保温隔热层如图 8-12 所示。

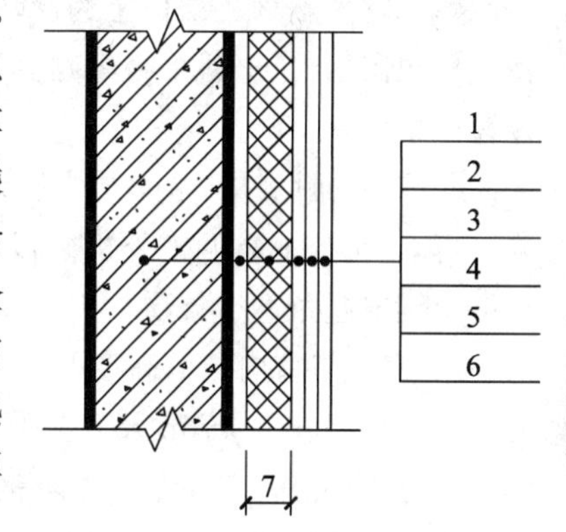

图 8-12　建筑外墙外保温隔热层

1—墙体；2—黏结胶浆；3—保温材料；4—标准网；5—加强网；6—抹面胶浆；7—计算建筑面积部分

(25) 与室内相通的变形缝，应按其自然层合并在建筑物建筑面积内进行计算。对于高低联跨的建筑物，当高低跨内部连通时，其变形缝应计算在低跨面积内。

与室内相通的变形缝，是指暴露在建筑物内，在建筑物内可以看得见的变形缝。

(26) 对于建筑物内的设备层、管道层、避难层等有结构层的楼层，结构层高在 2.20 m 及以上的，应计算全面积；结构层高在 2.20 m 以下的，应计算 1/2 面积。

设备层、管道层虽然其具体功能与普通楼层的不同，但在结构上及施工消耗上并无本质区别。自然层指“按楼地面结构分层的楼层”，因此设备层、管道层归为自然层，其计算规则与普通楼层的相同。在吊顶空间内设置管道的，则吊顶空间部分不能被视为设备层、管道层。

(27) 下列项目不应计算建筑面积：

① 与建筑物内不相连通的建筑部件（指的是依附于建筑物外墙外，不与户室开门连通，起装饰作用的敞开式挑台（廊）、平台，以及不与阳台相通的空调室外机搁板（箱）等设备平台部件）。

② 骑楼（见图 8-13）、过街楼（见图 8-14）底层的开放公共空间和建筑物通道。

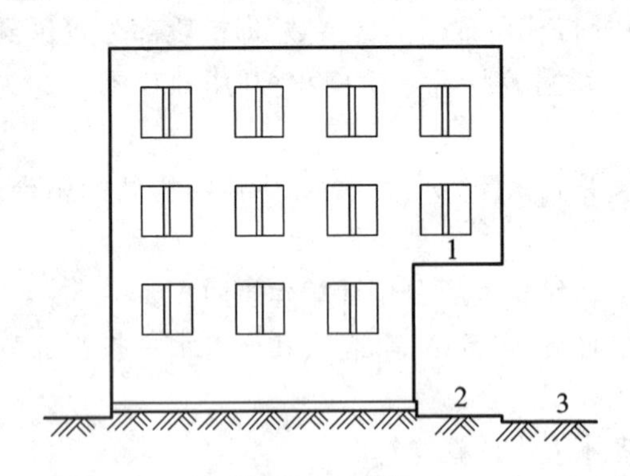

图 8-13　骑楼

1—骑楼；2—人行道；3—街道

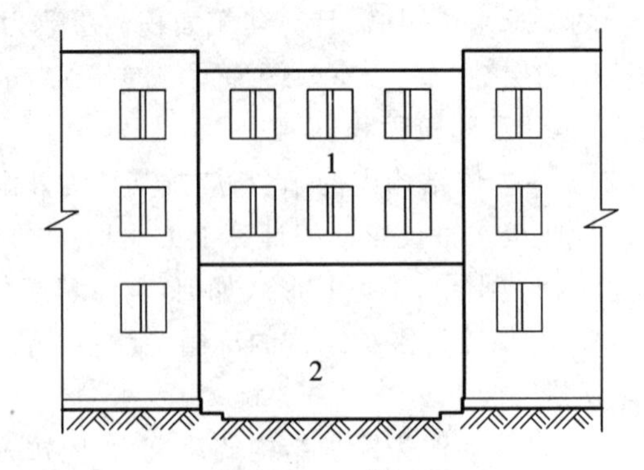

图 8-14　过街楼

1—过街楼；2—建筑物通道

③ 舞台及后台悬挂幕布和布景的天桥、挑台(指的是影剧院的舞台及为舞台服务的可供上人维修、悬挂幕布、布置灯光及布景等搭设的天桥和挑台等构件设施)。

④ 露台、露天游泳池、花架、屋顶的水箱及装饰性结构构件。

⑤ 建筑物内的操作平台、上料平台、安装箱和罐体的平台。

建筑物内不构成结构层的操作平台、上料平台(包括工业厂房、搅拌站和料仓等建筑中的设备操作控制平台、上料平台等),其主要作用是为室内构筑物或设备服务的独立上人设施,因此不计算建筑面积。

⑥ 勒脚、附墙柱(指非结构性装饰柱)、垛、台阶、墙面抹灰、装饰面、镶贴块料面层、装饰性幕墙,主体结构外的空调室外机搁板(箱)、构件、配件,挑出宽度在 2.10 m 以下的无柱雨篷和顶盖高度达到或超过两个楼层的无柱雨篷。

⑦ 窗台与室内地面高度差在 0.45 m 以下且结构净高在 2.10 m 以下的凸(飘)窗,窗台与室内地面高度差在 0.45 m 及以上的凸(飘)窗。

⑧ 室外爬梯、室外专用消防钢楼梯。

室外钢楼梯需要区分具体用途。如专用于消防的楼梯,则不计算建筑面积;如果是建筑物唯一通道,兼用于消防,则需要按室外楼梯相应计量规则计算建筑面积。

⑨ 无围护结构的观光电梯。

⑩ 建筑物以外的地下人防通道、独立的烟囱、烟道、地沟、油(水)罐、气柜、水塔、贮油(水)池、贮仓、栈桥等构筑物。

8.1.3　计算实例

例 8-3　某单层建筑物外墙轴线尺寸如图 8-15 所示,墙厚均为 240 mm,轴线居中,试计算建筑面积。

解

$$s = s_1 - s_2 - s_3 - s_4$$
$$= [(20.10+0.24)\times(9.0+0.24)-3.0\times3.0-13.5\times1.5-2.76\times1.5]\ \mathrm{m^2}$$
$$= 154.552\ \mathrm{m^2}$$

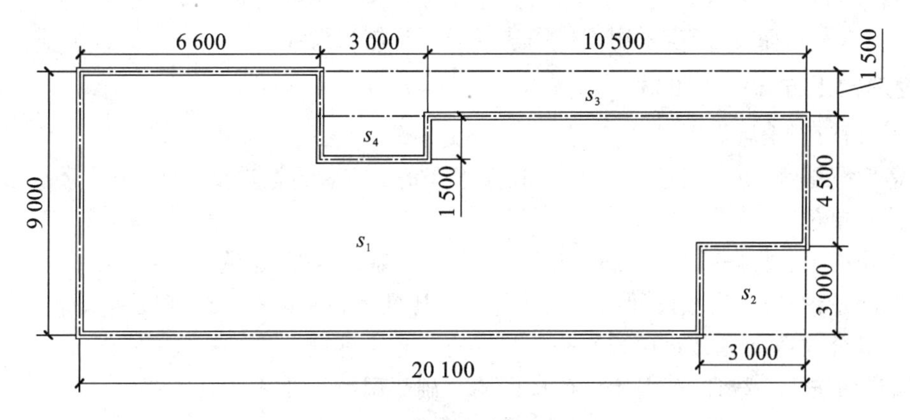

图 8-15　某单层建筑平面图

8.2 土石方工程(0101)计量

8.2.1　土方工程(010101)

1. 平整场地(010101001)

(1) 项目特征:土壤类别、弃土运距、取土运距。

(2) 适用范围:建筑场地厚度在±300 mm 以内的挖、填、运、找平。

(3) 计量单位:m^2。

(4) 工作内容:土方挖填、场地找平、运输。

(5) 工程量计算规则:按设计图示尺寸以建筑物首层面积计算。

例 8-4　某建筑物首层平面图如图 8-16 所示,计算其平整场地工程量。

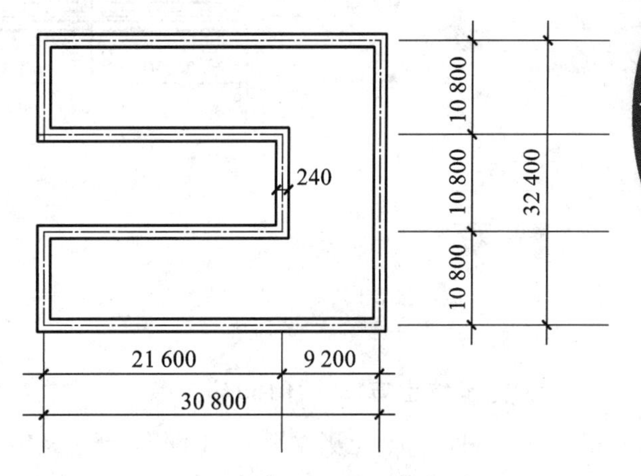

图 8-16　某建筑物首层平面图

解　平整场地工程量=[31.04×32.64−10.56×21.6] m^2=785.05 m^2

2. 挖一般土方(010101002)

(1) 项目特征:土壤类别、挖土深度、弃土运距。

(2) 适用范围:建筑场地厚度在±300 mm 以外的竖向布置挖土或山坡切土,以及超出基槽、基坑范围以外者均为挖一般土方。

(3) 计量单位:m^3。

(4) 工作内容:排地表水、土方开挖、围护及拆除、基底钎探、运输。

(5) 工程量计算规则:按设计图示尺寸以体积计算。

(6) 计算公式:V=挖土平均厚度×挖土平均面积。

式中,挖土平均厚度应按自然地面测量标高至设计地坪标高间的平均厚度确定,如果地形起伏变化大，不能提供平均厚度，则应采用方格网法或断面法施工设计。

3. 挖沟槽土方（010101003）

（1）项目特征：土壤类别、挖土深度、弃土运距。

（2）适用范围：底宽不超过 7 m，且底长大于 3 倍底宽者为挖沟槽。

（3）计量单位：m^3。

（4）工作内容：排地表水、土方开挖、围护及拆除、基底钎探、运输。

（5）工程量计算规则：按设计图示尺寸基础垫层底面积乘以挖土深度以体积计算。

（6）计算公式：V＝基础垫层长×基础垫层宽×挖土深度。 （8-3）

式中，外墙沟槽按中心线计算，内墙沟槽按内墙基础垫层净长计算。

例 8-5 图 8-17 所示为某沟槽平面图，槽深 1.5 m，计算其沟槽土方工程量。

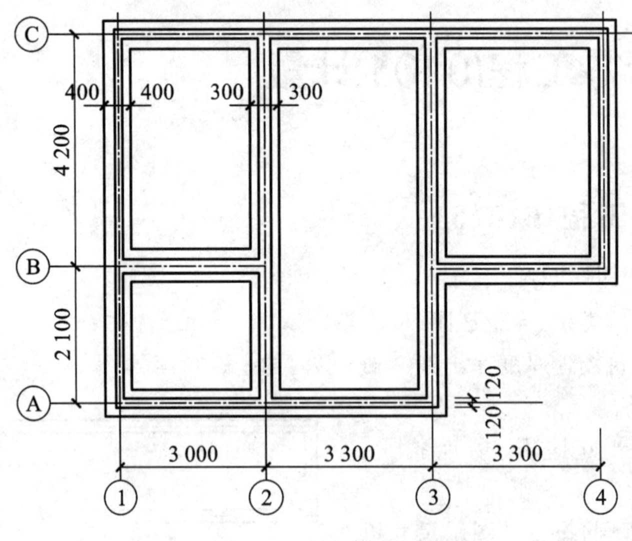

图 8-17 某沟槽平面图

解

$$V=[(3.0+3.3+3.3+2.1+4.2)\times2\times0.8+(2.1+4.2-0.8)\times2\times0.6+(3.0-0.4-0.3)\times0.6]\times1.5\ m^3$$
$$=50.13\ m^3$$

4. 挖基坑土方（010101004）

（1）项目特征：土壤类别、挖土深度、弃土运距。

（2）适用范围：底长不超过 3 倍底宽，且底面积不超过 150 m^2 者为挖基坑。

（3）计量单位：m^3。

（4）工作内容：排地表水、土方开挖、围护及拆除、基底钎探、运输。

（5）工程量计算规则：按设计图示尺寸基础垫层底面积乘以挖土深度以体积计算。

（6）计算公式：V＝基础垫层长×基础垫层宽×挖土深度。 （8-4）

5. 冻土开挖（010101005）

冻土是指在 0 ℃以下且含有冰的土。冻土按冬夏季是否冻融交替分为季度性冻土和永冻土两类。

（1）项目特征：冻土厚度、弃土运距。

(2) 适用范围:底长不超过 3 倍底宽,且底面积不超过 150 m^2 者为挖基坑。

(3) 计量单位:m^3。

(4) 工作内容:爆破、开挖、清理、运输。

(5) 工程量计算规则:按设计图示尺寸开挖面积乘以厚度以体积计算。

6. 挖淤泥、流砂(010101006)

(1) 项目特征:挖掘深度,弃淤泥、流砂距离。

(2) 计量单位:m^3。

(3) 工作内容:开挖、运输。

(4) 工程量计算规则:按设计图示位置、界限以体积计算。

7. 挖管沟土方(010101007)

(1) 项目特征:土壤类别、管外径、挖沟深度、回填要求。

(2) 适用范围:适用于管道(给排水、工业、电力、通信)、光(电)缆沟(包括人(手)孔、接口孔)及连接井(检查井)等。

(3) 计量单位:m 或 m^3。

(4) 工作内容:排地表水,土方开挖,围护、支撑,运输,回填。

(5) 工程量计算规则:

① 按设计图示以管道中心线长度计算。

② 按设计图示管底垫层面积乘以挖土深度计算;无管底垫层时按管外径的水平投影面积乘以挖土深度计算,不扣除各类井的长度,井的土方并入其中。

8. 说明

(1) 如果所挖土为湿土,在工程量清单中应描述,在套用定额进行工程量计算时,应根据给定的参数对人工、机械消耗量乘以一定的系数。

(2) 土方体积均以挖掘前的天然密实体积为准,当需按天然密实体积折算时,土方体积折算系数如表 8-1 所示。

表 8-1 土方体积折算系数表

天然密实体积	虚方体积	夯实后体积	松填体积
0.77	1.00	0.67	0.83
1.00	1.30	0.87	1.08
1.15	1.50	1.00	1.25
0.92	1.20	0.80	1.00

(3) 挖土深度应按基础垫层底表面标高至交付施工场地标高确定,无交付施工场地标高时,应按自然地面标高确定。

(4) 弃、取土运距可以不描述,但应注明由投标人根据施工现场实际情况自行考虑,决定报价。

(5) 挖方出现淤泥、流砂时,如设计未明确,在编制工程量清单时,其工程量可为暂估量,结算时应根据实际情况由发包人与承包人双方现场签证确认工程量。

(6) 带形基础应按不同底宽和深度,独立基础和满堂基础应按不同底面积和深度分别编码列项。

(7) 管沟土方报价时，应按管沟不同的挖土平均深度报价。其平均深度按以下规定确定：有管沟设计时，以管沟垫层底表面标高至交付施工场地标高计算；无管沟设计时，直埋管深度应按管底外表面标高至交付施工场地标高的平均高度计算。

(8) 挖一般土方，以及挖沟槽、基坑、管沟土方时，根据工作面和放坡增加的工程量是否并入土方工程量中，按各地区的规定实施，或以量或价的形式计入土方报价中。

(9) 挖土方时如需截桩头，按桩基工程相关项目列项。

(10) 桩间挖土不扣除桩的体积，在项目特征中加以描述。

8.2.2 石方工程(010102)

1. 挖一般石方(010102001)

(1) 项目特征：岩石类别、开凿深度、弃渣运距。

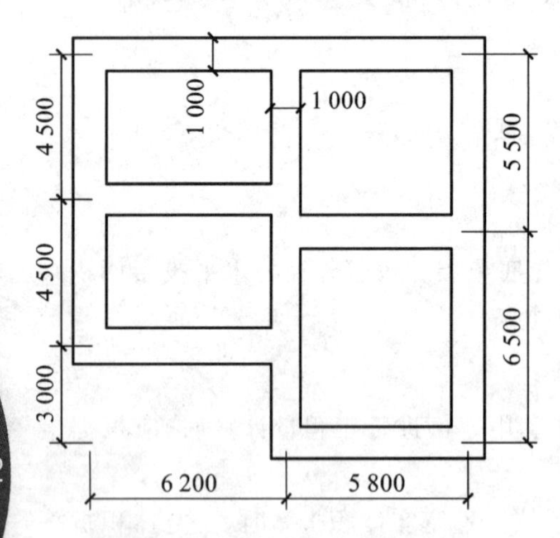

图 8-18　某建筑物沟槽开挖示意图

(2) 计量单位：m^3。

(3) 工作内容：排地表水、凿石、运输。

(4) 工程量计算规则：按设计图示尺寸以体积计算。

2. 挖沟槽石方(010102002)

(1) 项目特征：岩石类别、开凿深度、弃渣运距。

(2) 计量单位：m^3。

(3) 工作内容：排地表水、凿石、运输。

(4) 工程量计算规则：按设计图示尺寸沟槽底面积乘以挖石深度以体积计算。

例 8-6　某建筑物沟槽如图 8-18 所示，挖深 1.8 m，土质为普通岩石，计算其沟槽开挖的工程量。

解

挖沟槽石方工程量＝[(6.20＋5.80＋6.50＋5.50)×2＋(6.20－1.0)＋(5.80－1.0)＋(4.5＋4.5－1.0)]×1.0×1.8 m^3＝118.80 m^3

3. 挖基坑石方(010102003)

(1) 项目特征：岩石类别、管外径、挖沟深度。

(2) 计量单位：m^3。

(3) 工作内容：排地表水、凿石、运输。

(4) 工程量计算规则：按设计图示尺寸基坑底面积乘以挖石深度以体积计算。

4. 挖管沟石方(010102004)

(1) 项目特征：岩石类别、开凿深度、弃渣运距。

(2) 计量单位：m 或 m^3。

(3) 工作内容：排地表水、凿石、回填、运输。

(4) 工程量计算规则：

① 按设计图示以管道中心线长度计算。

② 按设计图示截面积乘以长度以体积计算。

5. 说明

(1) 挖石方应按自然地面测量标高至设计地坪标高的平均厚度确定。基础石方开挖深度应按基础垫层底表面标高至交付施工场地标高确定,无交付施工场地标高时,应按自然地面标高确定。

(2) 厚度大于±300 mm 的竖向布置挖石或山坡凿石,应按挖一般石方项目编码列项。

(3) 沟槽、基坑、一般石方的划分为:底宽不超过 7 m,且底长大于 3 倍底宽的为沟槽;底长不超过 3 倍底宽,且底面积不超过 150 m^2 的为基坑;超出上述范围的为一般石方。

(4) 弃渣运距可以不描述,但应注明由投标人根据施工现场实际情况自行考虑决定报价。

8.2.3 回填(010103)

1. 回填方(010103001)

(1) 项目特征:密实度、填方材料品种、填方粒径、填方来源、运距。

(2) 适用范围:回填方项目适用于场地回填、室内回填和基础回填,并包括指定范围内的土方运输以及借土回填的土方开挖。

(3) 计量单位:m^3。

(4) 工作内容:运输、回填、压实。

(5) 工程量计算规则:按设计图示尺寸以体积计算。对于场地回填工程量,按设计图示回填面积乘以平均回填厚度以体积计算;对于室内回填工程量,按设计图示主墙间面积乘以回填厚度,不扣除间隔墙,以体积计算;对于基础回填工程量,按挖方清单项目工程量减去自然地坪以下埋设的基础体积(包括基础垫层及其他构筑物)以体积计算。

(6) 计算公式:

场地回填工程量=回填面积×平均回填厚度　　(8-5)

室内回填工程量=主墙间面积×回填厚度　　(8-6)

基础回填工程量=挖方清单项目工程量-自然地坪以下埋设的基础体积　　(8-7)

2. 余方弃置(010103002)

(1) 项目特征:废弃料品种、运距。

(2) 计量单位:m^3。

(3) 工作内容:余方点装料运输至弃置点。

(4) 工程量计算规则:按挖方清单项目工程量减去利用回填方体积(正数)以体积计算。

3. 说明

(1) 主墙是指墙厚大于 120 mm 的各类墙体。

(2) 填方密实度要求,在无特殊要求情况下,项目特征可描述为满足设计和规范的要求。

(3) 填方材料品种可以不描述,但应注明由投标人根据设计要求验方后方可填入,并符合相关工程的质量规范要求。

(4) 填方粒径要求,在无特殊要求情况下,项目特征可以不描述。

(5) 如需买土回填,应在项目特征填方来源中描述,并注明买土方数量。

8.2.4 计算实例

例 8-7 某建筑物的基础图如图 8-19 所示，土壤类别为Ⅲ类干土，图中轴线为墙中心线，墙体为普通黏土实心砖，其中内墙下基础 2 层大放脚，放脚宽度均为 63 mm，室外标高为 −0.3 mm。若室外地坪以下埋入物工程量为 8.02 m^3，地面做法为 20 厚 1∶2.5 的水泥砂浆，100 厚 C10 混凝土垫层，素土夯实。求该基础挖土方、回填土的工程量。

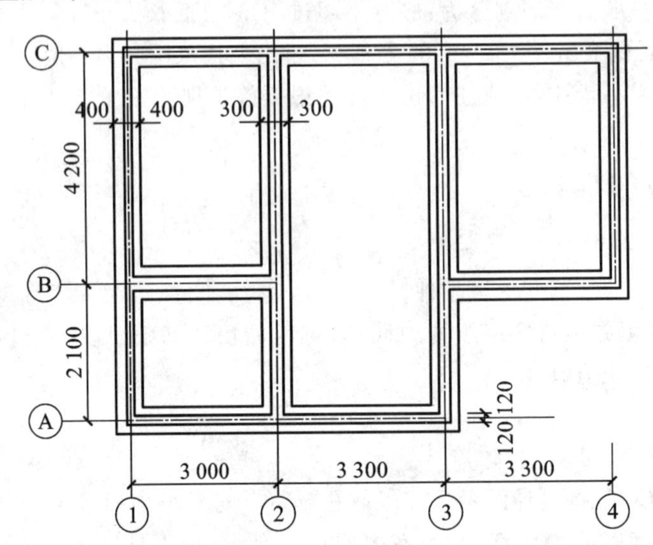

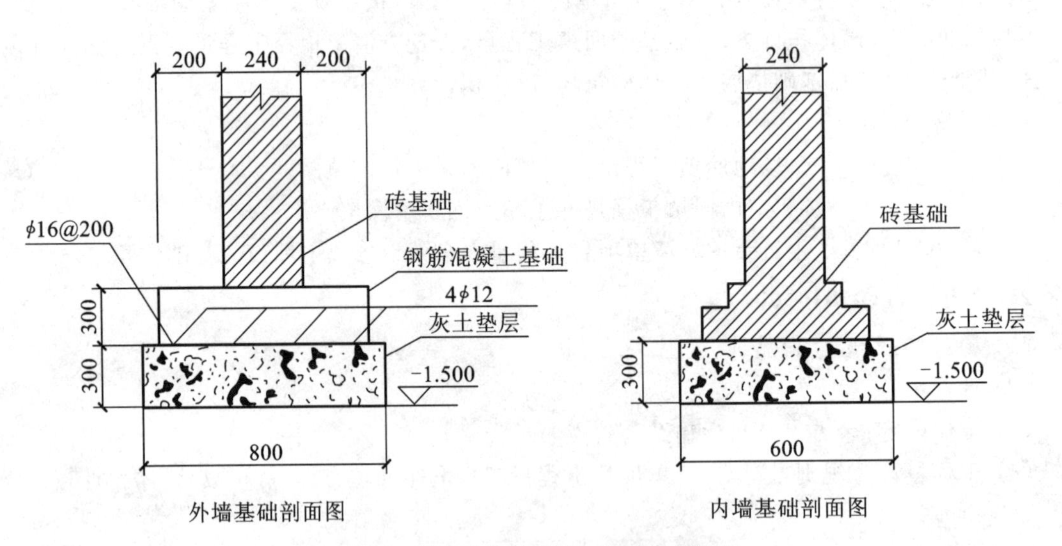

图 8-19 某建筑物基础的平面图及剖面图

解 (1) 计算挖土方工程量。

$V_{挖}$ = 外墙中心线长×外墙下基础底宽×挖土深度＋内墙沟槽净长×内墙下基础底宽×挖土深度

$= \{(3.0+3.3+3.3+2.1+4.2)\times 2\times 0.8\times (1.5-0.3)+[(3.0-0.4-0.3)+(2.1+4.2-0.8)+(4.2-0.8)]\times 0.6\times (1.5-0.3)\}\ m^3$

$= 38.59\ m^3$

(2) 计算回填土工程量。

基础回填土工程量=挖土方工程量-室外地坪以下埋入物工程量

=(38.59-8.02) m^3

=30.57 m^3

室内回填土工程量=室内主墙间净面积×回填土厚度

=[(3.0-0.24)+(2.1+4.2-0.24×2)+(3.3-0.24)

×(2.1+4.2-0.24)+(3.3-0.24)×(4.2-0.24)]×(0.3-0.12) m^3

=7.06 m^3

8.3 地基处理与边坡支护工程(0102)计量

8.3.1 地基处理(010201)

1. 换填垫层(010201001)

(1) 项目特征:材料种类及配比、压实系数、掺加剂品种。

(2) 计量单位:m^3。

(3) 工作内容:分层铺填,碾压、振密或夯实,材料运输。

(4) 工程量计算规则:按设计图示尺寸以体积计算。

2. 铺设土工合成材料(010201002)

(1) 项目特征:部位、品种、规格。

(2) 计量单位:m^2。

(3) 工作内容:挖填锚固沟、铺设、固定、运输。

(4) 工程量计算规则:按设计图示尺寸以面积计算。

3. 预压地基(010201003)

(1) 项目特征:排水竖井种类、断面尺寸、排列方式、间距、深度,预压方法,预压荷载、时间、砂垫层厚度。

(2) 计量单位:m^2。

(3) 工作内容:设置排水竖井、盲沟、滤水管,铺设砂垫层、密封膜,堆载、卸载或抽气设备安拆、抽真空,材料运输。

(4) 工程量计算规则:按设计图示处理范围以面积计算。

4. 强夯地基(010201004)

(1) 项目特征:夯击能量,夯击遍数,夯击点布置形式、间距,地耐力要求,夯填材料种类。

(2) 计量单位:m^2。

(3) 工作内容:铺设夯填材料、强夯、夯填材料运输。

(4) 工程量计算规则:按设计图示处理范围以面积计算。

5. 振冲密实(不填料)(010201005)

(1) 项目特征:地层情况、振密深度、孔距。

(2) 计量单位:m^2。

(3) 工作内容:振冲加密、泥浆运输。

(4) 工程量计算规则:按设计图示处理范围以面积计算。

6. 振冲桩(填料)(010201006)

(1) 项目特征:地层情况、空桩长度、桩长、桩径、填充材料种类。

(2) 计量单位:m 或 m^3。

(3) 工作内容:振冲成孔、填料、振实,材料运输,泥浆运输。

(4) 工程量计算规则:

① 按设计图示尺寸以桩长计算。

② 按设计桩截面乘以桩长以体积计算。

7. 砂石桩(010201007)

(1) 项目特征:地层情况,桩长,桩径,成孔方法,材料种类、级配。

(2) 计量单位:m 或 m^3。

(3) 工作内容:成孔,填充、振实,材料运输。

(4) 工程量计算规则:

① 按设计图示尺寸以桩长(包括桩尖)计算。

② 按设计桩截面乘以桩长(包括桩尖)以体积计算。

8. 水泥粉煤灰碎石桩(010201008)

(1) 项目特征:地层情况、桩长、桩径、成孔方法、混合料强度等级。

(2) 计量单位:m。

(3) 工作内容:成孔,混合料制作、灌注、养护,材料运输。

(4) 工程量计算规则:按设计图示尺寸以桩长(包括桩尖)计算。

9. 深层搅拌桩(010201009)

(1) 项目特征:地层情况,桩长,桩截面尺寸,水泥强度等级、掺量。

(2) 计量单位:m。

(3) 工作内容:预搅下钻、水泥浆制作、喷浆搅拌提升成桩,材料运输。

(4) 工程量计算规则:按设计图示尺寸以桩长计算。

10. 粉喷桩(010201010)

(1) 项目特征:地层情况,空桩长度,桩长,桩径,粉体种类、掺量,水泥强度等级,石灰粉要求。

(2) 计量单位:m。

(3) 工作内容:预搅下钻、喷粉搅拌提升成桩,材料运输。

(4) 工程量计算规则:按设计图示尺寸以桩长计算。

11. 夯实水泥土桩(010201011)

(1) 项目特征:地层情况、空桩长度、桩长、桩径、成孔方法、水泥强度等级、混合料配比。

(2) 计量单位:m。

(3) 工作内容:成孔、夯底,水泥土拌和、填料、夯实,材料运输。

(4) 工程量计算规则:按设计图示尺寸以桩长(包括桩尖)计算。

12. 高压喷射注浆桩(010201012)

(1) 项目特征:地层情况,空桩长度,桩长,桩截面,注浆类型、方法,水泥强度等级。

(2) 计量单位:m。

(3) 工作内容:成孔,水泥浆制作、高压喷射注浆,材料运输。

(4) 工程量计算规则:按设计图示尺寸以桩长计算。

13. 石灰桩(010201013)

(1) 项目特征:地层情况,空桩长度,桩长,桩径,成孔方法,掺和料种类、配合比。

(2) 计量单位:m。

(3) 工作内容:成孔,混合料制作、运输、夯填 。

(4) 工程量计算规则:按设计图示尺寸以桩长(包括桩尖)计算。

14. 灰土(土)挤密桩(010201014)

(1) 项目特征:地层情况、空桩长度、桩长、桩径、成孔方法。

(2) 计量单位:m。

(3) 工作内容:成孔,灰土拌和、运输、填充、夯实 。

(4) 工程量计算规则:按设计图示尺寸以桩长(包括桩尖)计算。

15. 柱锤冲扩桩(010201015)

(1) 项目特征:地层情况、桩长、桩径、成孔方法、桩体材料。

(2) 计量单位:m。

(3) 工作内容:安、拔套管,冲孔、填料、夯实,桩体材料制作、运输。

(4) 工程量计算规则:按设计图示尺寸以桩长计算。

16. 注浆地基(010201016)

(1) 项目特征:地层情况、空钻深度、注浆深度、注浆间距、浆液种类及配比、注浆方法、水泥强度等级。

(2) 计量单位:m 或 m^3。

(3) 工作内容:成孔,注浆导管制作、安装,浆液制作、压浆,材料运输。

(4) 工程量计算规则:

① 按设计图示尺寸以钻孔深度计算。

② 按设计图示尺寸以加固体积计算。

17. 褥垫层(010201017)

(1) 项目特征:厚度、材料品种及比例。

(2) 计量单位:m^2 或 m^3。

(3) 工作内容:材料拌和、运输、铺设、压实。

(4) 工程量计算规则:

① 按设计图示尺寸以铺设面积计算。

② 按设计图示尺寸以体积计算。

18. 说明

(1) 地层情况根据岩土工程勘察报告按单位工程各地层所占比例(包括范围值)进行描述;对于无法准确描述的地层情况,可注明由投标人根据岩土工程勘察报告自行决定报价。

(2) 项目特征中的桩长应包括桩尖，空桩长度＝孔深－桩长，孔深为自然地面至设计桩底的深度。

(3) 高压喷射注浆类型包括旋喷、摆喷、定喷，高压喷射注浆方法包括单管法、双重管法、三重管法。

(4) 如采用泥浆护壁成孔，工作内容包括土方、废泥浆外运；如采用沉管灌注成孔，工作内容包括桩尖制作、安装。

8.3.2 基坑与边坡支护(010202)

1. 地下连续墙(010202001)

(1) 项目特征：地层情况，导墙类型、截面，墙体厚度，成槽深度，混凝土种类、强度等级，接头形式。

(2) 适用范围：适用于各种导墙施工的复合型地下连续墙工程。作为深基础支护结构的地下连续墙，应列入清单措施项目费中，在分部分项工程量清单中不反映其项目。

(3) 计量单位：m^3。

(4) 工作内容：导墙挖填、制作、安装、拆除，挖土成槽、固壁、清底置换，混凝土制作、运输、灌注、养护，接头处理，土方、废泥浆外运，打桩场地硬化及泥浆池、泥浆沟。

(5) 工程量计算规则：按设计图示墙中心线长乘以厚度乘以槽深以体积计算。

2. 咬合灌注桩(010202002)

(1) 项目特征：地层情况，桩长，桩径，混凝土种类、强度等级，部位。

(2) 工作内容：成孔、固壁，混凝土制作、运输、灌、注、养护，套管压拔，土方、废泥浆外运，打桩场地硬化及泥浆池、泥浆沟。

(3) 计量单位：m 或根。

(4) 工程量计算规则：

① 按设计图示尺寸以桩长计算。

② 按设计图示尺寸以数量计算。

3. 圆木桩(010202003)

(1) 项目特征：地层情况、桩长、材质、尾径、桩倾斜度。

(2) 工作内容：工作平台搭拆、桩机移位、桩靴安装、沉桩。

(3) 计量单位：m 或根。

(4) 工程量计算规则：

① 按设计图示尺寸以桩长(包括桩尖)计算。

② 按设计图示尺寸以数量计算。

4. 预制钢筋混凝土板桩(010202004)

(1) 项目特征：地层情况、送桩深度、桩长、桩截面、沉桩方法、连接方式、混凝土强度等级。

(2) 工作内容：工作平台搭拆、桩机移位、沉桩、板桩连接。

(3) 计量单位：m 或根。

(4) 工程量计算规则：

① 按设计图示尺寸以桩长(包括桩尖)计算。

② 按设计图示尺寸以数量计算。

5. 型钢桩(010202005)

(1) 项目特征:地层情况或部位、送桩深度、桩长、规格型号、桩倾斜度、防护材料种类、是否拔出。

(2) 工作内容:工作平台搭拆、桩机移位、打拔桩、接桩、刷防护材料。

(3) 计量单位:t 或根。

(4) 工程量计算规则:

① 按设计图示尺寸以质量计算。

② 按设计图示尺寸以数量计算。

6. 钢板桩(010202006)

(1) 项目特征:地层情况、桩长、板桩厚度。

(2) 工作内容:工作平台搭拆、桩机移位、打拔钢板桩。

(3) 计量单位:t 或 m^2。

(4) 工程量计算规则:

① 按设计图示尺寸以质量计算。

② 按设计图示墙中心线长乘以桩长以面积计算。

7. 锚杆(锚索)(010202007)

(1) 项目特征:地层情况,锚杆(锚索)类型、部位,钻孔深度,钻孔直径,杆体材料品种、规格、数量,预应力,浆液种类、强度等级。

(2) 适用范围:锚杆、锚索项目指在需要加固的土体中设置锚杆(钢管或钢筋、钢丝束、钢绞线)并灌浆,之后进行锚杆张拉固定所形成的支护。

(3) 工作内容:钻孔、浆液制作、运输、压浆,锚杆(锚索)制作、安装,张拉锚固,锚杆(锚索)施工平台搭设、拆除。

(4) 计量单位:m 或根。

(5) 工程量计算规则:

① 按设计图示尺寸以钻孔深度计算。

② 按设计图示尺寸以数量计算。

8. 土钉(010202008)

(1) 项目特征:地层情况,钻孔深度,钻孔直径,置入方法,杆体材料品种、规格、数量,浆液种类、强度等级。

(2) 工作内容:钻孔、浆液制作、运输、压浆,土钉制作、安装,土钉施工平台搭设、拆除。

(3) 计量单位:m 或根。

(4) 工程量计算规则:

① 按设计图示尺寸以钻孔深度计算。

② 按设计图示尺寸以数量计算。

9. 喷射混凝土、水泥砂浆(010202009)

(1) 项目特征:部位,厚度,材料,混凝土及砂浆类别、强度等级。

(2) 工作内容:修整边坡,混凝土(砂浆)制作、运输、喷射、养护,钻排水孔、安装排水管,喷射施工平台搭设、拆除。

(3) 计量单位:m^2。

(4) 工程量计算规则:按设计图示尺寸以面积计算。

10. 钢筋混凝土支撑(010202010)

(1) 项目特征:部位、混凝土种类、混凝土强度等级。

(2) 工作内容:模板(支架或支撑)制作、安装、拆除、堆放、运输及清理模内杂质、刷隔离剂等,混凝土制作、运输、浇筑、振捣、养护。

(3) 计量单位:m^3。

(4) 工程量计算规则:按设计图示尺寸以体积计算。

11. 钢支撑(010202011)

(1) 项目特征:部位,钢材品种、规格,探伤要求。

(2) 工作内容:支撑、铁件制作(摊销、租赁),支撑、铁件安装,探伤,刷漆,拆除,运输。

(3) 计量单位:t。

(4) 工程量计算规则:按设计图示尺寸以质量计算,不扣除孔眼质量,焊条、铆钉、螺栓等不另计增加质量。

12. 说明

(1) 地层情况根据岩土工程勘察报告按单位工程各地层所占比例(包括范围值)进行描述;对于无法准确描述的地层情况,可注明由投标人根据岩土工程勘察报告自行决定报价。

(2) 土钉置入方法包括钻孔置入、打入或射入等。

(3) 混凝土种类有清水混凝土、彩色混凝土等,如在同一地区既能使用预拌(商品)混凝土,又允许现场搅拌混凝土时,也应注明。

(4) 地下连续墙和喷射混凝土(砂浆)的钢筋网,咬合灌注桩的钢筋笼及钢筋混凝土支撑的钢筋制作、安装,按混凝土及钢筋混凝土工程相关项目列项。本部分未列的基坑与边坡支护的排桩按桩基工程相关项目列项,水泥土墙、坑内加固按地基处理中的相关项目列项,砖石挡土墙、护坡按砌筑工程相关项目列项,混凝土挡土墙按混凝土及钢筋混凝土工程相关项目列项。

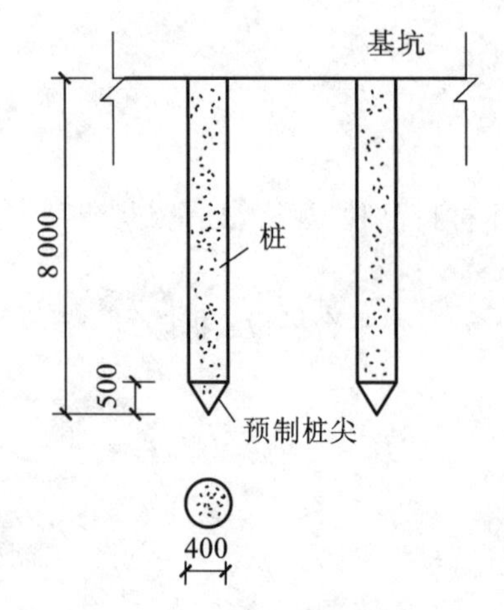

图 8-20 灌注粉煤灰混凝土短桩示意图

8.3.3 计算实例

例 8-8 某工程为湿陷性黄土地基,采用冲击沉管挤密灌注粉煤灰混凝土短桩,如图 8-20 所示,一共有 985 根桩,试计算其工程量。

解 8×985 m=7 880 m

例 8-9 某项目自然地坪以下为可塑黏土,深 10 米,以下为硬塑黏土层,采用水泥粉煤灰碎石桩进行地基处理,桩径为 400 mm,桩体强度等级为 C20,桩端进入硬塑黏土层不小于 1.5 m,设计有效桩长为 10 m,自然地面标高为−0.3 m,设计桩顶标高为−1.8 m,水泥粉煤灰碎石桩采用振动沉管灌注桩施工,如图 8-21 和图 8-22 所示,试计算其工程量。

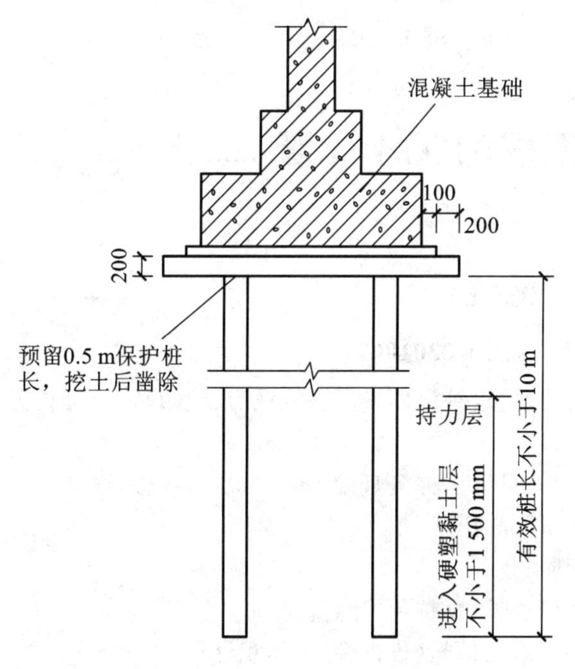

图 8-21 水泥粉煤灰碎石桩详图

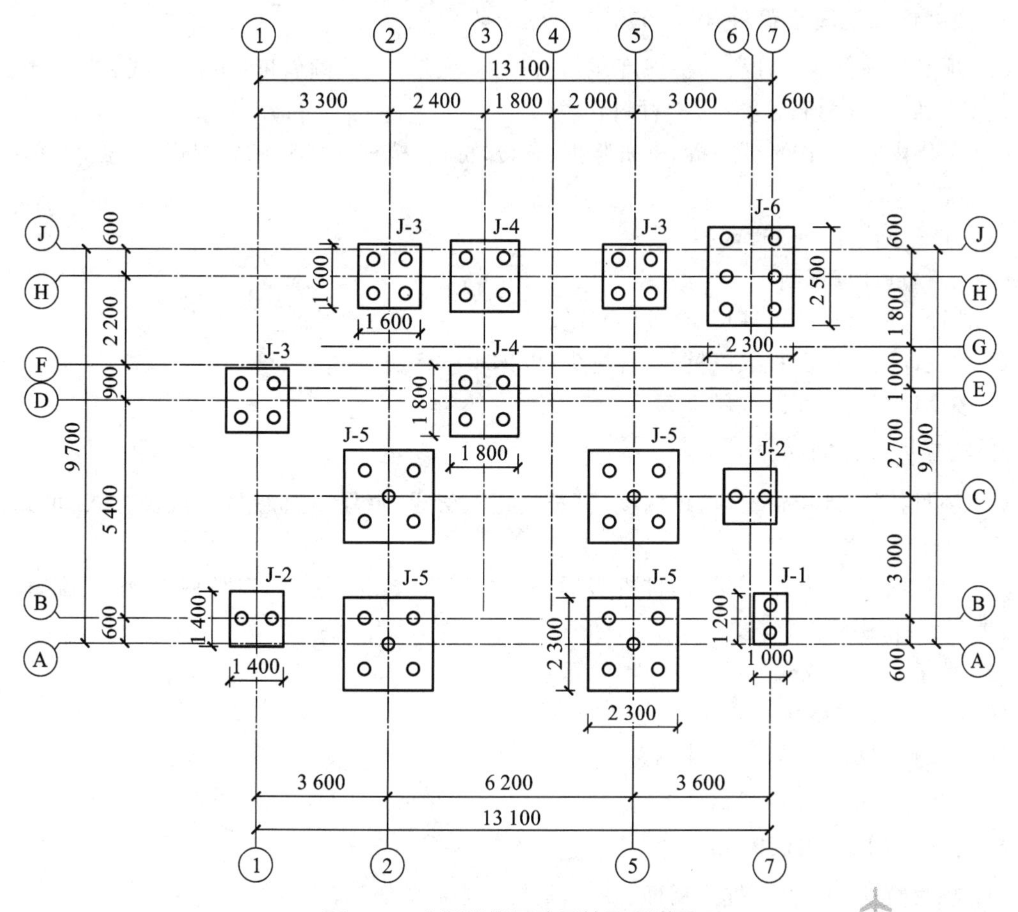

图 8-22 水泥粉煤灰碎石桩平面详图

解 11.5×52 m=598 m

8.4 桩基工程(0103)计量

8.4.1 打桩(010301)

1. 预制钢筋混凝土方桩(010301001)

(1) 项目特征:地层情况、送桩深度、桩长、桩截面、桩倾斜度、沉桩方式、接桩方式、混凝土强度等级。

(2) 工作内容:工作平台搭拆,桩机竖拆、移位,沉桩,接桩,送桩。

(3) 计量单位:m 或 m^3 或根。

(4) 工程量计算规则:

① 按设计图示尺寸以桩长(含桩尖)计算。

② 按设计图示截面积乘以桩长(含桩尖)以体积计算。

③ 按设计图示尺寸以数量计算。

2. 预制钢筋混凝土管桩(010301002)

(1) 项目特征:地层情况、送桩深度、桩长、桩外径、壁厚、桩倾斜度、沉桩方式、桩尖类型、混凝土强度等级、填充材料种类、防护材料种类。

(2) 工作内容:工作平台搭拆,桩机竖拆、移位,沉桩,接桩,送桩,桩尖制作、安装,填充材料,刷防护材料。

(3) 计量单位:m 或 m^3 或根。

(4) 工程量计算规则:

① 按设计图示尺寸以桩长(含桩尖)计算。

② 按设计图示截面积乘以桩长(含桩尖)以体积计算。

③ 按设计图示尺寸以数量计算。

3. 钢管桩(010301003)

(1) 项目特征:地层情况、送桩深度、桩长、材质、管径、壁厚、桩倾斜度、沉桩方式、填充材料种类、防护材料种类。

(2) 工作内容:工作平台搭拆,桩机竖拆、移位,沉桩,接桩,送桩,切割钢管,精割盖帽,管内取土,填充材料,刷防护材料。

(3) 计量单位:t 或根。

(4) 工程量计算规则:

① 按设计图示尺寸以质量计算。

② 按设计图示尺寸以数量计算。

4. 截(凿)桩头(010301004)

(1) 项目特征:桩类型,桩头截面、高度,混凝土强度等级,有无钢筋。

(2) 工作内容:截(切割)桩头、凿平、废料外运。

(3) 计量单位：m^3 或根。

(4) 工程量计算规则：

① 按设计桩截面乘以桩头长度以体积计算。

② 按设计图示尺寸以数量计算。

5. 说明

(1) 地层情况根据岩土工程勘察报告按单位工程各地层所占比例(包括范围值)进行描述；对于无法准确描述的地层情况，可注明由投标人根据岩土工程勘察报告自行决定报价。

(2) 项目特征中的桩截面、混凝土强度等级、桩类型等可直接用标准图代号或设计桩型进行描述。

(3) 预制钢筋混凝土方桩、预制钢筋混凝土管桩项目以成品桩编制，应包括成品桩购置费，如果是现场预制，应包括现场预制桩的所有费用。

(4) 打试验桩和打斜桩应按相应项目单独列项，并应在项目特征中注明试验桩和斜桩(斜率)。

(5) 截(凿)桩头项目适用于地基处理与边坡支护工程、桩基工程所列桩的桩头截(凿)。

(6) 预制钢筋混凝土管桩桩顶与承台的连接构造按混凝土及钢筋混凝土工程相关项目列项。

8.4.2 灌注桩(010302)

1. 泥浆护壁成孔灌注桩(010302001)

(1) 项目特征：地层情况，空桩长度，桩长，桩径，成孔方法，护筒类型、长度，混凝土种类、强度等级。

(2) 工作内容：护筒埋设，成孔、固壁，混凝土制作、运输、灌注、养护，土方、废泥浆外运，打桩场地硬化及泥浆池、泥浆沟。

(3) 计量单位：m 或 m^3 或根。

(4) 工程量计算规则：

① 按设计图示尺寸以桩长(包括桩尖)计算。

② 按不同截面在桩上的范围以体积计算。

③ 按设计图示尺寸以数量计算。

2. 沉管灌注桩(010302002)

(1) 项目特征：地层情况，空桩长度，桩长，复打长度，桩径，沉管方法，桩尖类型，混凝土种类、强度等级。

(2) 工作内容：打拔钢管，桩尖制作、安装，混凝土制作、运输、灌注、养护。

(3) 计量单位：m 或 m^3 或根。

(4) 工程量计算规则：

① 按设计图示尺寸以桩长(包括桩尖)计算。

② 按不同截面在桩上的范围以体积计算。

③ 按设计图示尺寸以数量计算。

3. 干作业成孔灌注桩(010302003)

(1) 项目特征：地层情况，空桩长度，桩长，桩径，扩孔直径、高度，成孔方法，混凝土种类、强度等级。

（2）工作内容：成孔、扩孔，混凝土制作、运输、灌注、振捣、养护。

（3）计量单位：m 或 m^3 或根。

（4）工程量计算规则：

① 按设计图示尺寸以桩长（包括桩尖）计算。

② 按不同截面在桩上的范围以体积计算。

③ 按设计图示尺寸以数量计算。

4. 挖孔桩土（石）方（010302004）

（1）项目特征：地层情况、挖孔深度、弃土（石）运距。

（2）工作内容：排地表水，挖土、凿石，基底钎探，运输。

（3）计量单位：m^3。

（4）工程量计算规则：按设计图示尺寸（含护壁）截面积乘以挖孔深度以体积计算。

5. 人工挖孔灌注桩（010302005）

（1）项目特征：桩芯长度，桩芯直径，扩底直径，扩底高度，护壁厚度、高度，护壁混凝土种类、强度等级，桩芯混凝土种类、强度等级。

（2）工作内容：护壁制作，混凝土制作、运输、灌注、振捣、养护。

（3）计量单位：m^3 或根。

（4）工程量计算规则：

① 按桩芯混凝土体积计算。

② 按设计图示尺寸以数量计算。

6. 钻孔压浆桩（010302006）

（1）项目特征：地层情况、空钻长度、桩长、钻孔直径、水泥强度等级。

（2）工作内容：钻孔，下注浆管，投放集料，浆液制作、运输、压浆。

（3）计量单位：m 或根。

（4）工程量计算规则：

① 按设计图示尺寸以桩长计算。

② 按设计图示尺寸以数量计算。

7. 灌注桩后压浆（010302007）

（1）项目特征：注浆导管材料、规格，注浆导管长度，单孔注浆量，水泥强度等级。

（2）工作内容：注浆导管制作、安装，浆液制作、运输、压浆。

（3）计量单位：孔。

（4）工程量计算规则：按设计图示尺寸以注浆孔数计算。

8. 说明

（1）地层情况根据岩土工程勘察报告按单位工程各地层所占比例（包括范围值）进行描述；对于无法准确描述的地层情况，可注明由投标人根据岩土工程勘察报告自行决定报价。

（2）项目特征中的桩长应包括桩尖，空桩长度＝孔深－桩长，孔深为自然地面至设计桩底的深度。

（3）项目特征中的桩截面（桩径）、混凝土强度等级、桩类型等可直接用标准图代号或设计桩型进行描述；对于无法准确描述的地层情况，可注明由投标人根据岩土工程勘察报告自行决定报价。

(4) 泥浆护壁成孔灌注桩是指在泥浆护壁条件下成孔，采用水下灌注混凝土的桩。其成孔方法包括冲击钻成孔、冲抓锥成孔、回旋钻成孔、潜水钻成孔、泥浆护壁的旋挖成孔等。

(5) 沉管灌注桩的沉管方法包括锤击沉管法、振动沉管法、振动冲击沉管法、内夯沉管法等。

(6) 干作业成孔灌注桩是指不用泥浆护壁和套管护壁的情况下，用钻机成孔后下钢筋笼、灌注混凝土的桩，适用于地下水位以上的土层。其成孔方法包括螺旋钻成孔、螺旋钻成孔扩底、干作业的旋挖成孔等。

(7) 混凝土种类有清水混凝土、彩色混凝土、水下混凝土等，如在同一地区既能使用预拌(商品)混凝土，又允许现场搅拌混凝土时，也应注明。

(8) 混凝土灌注桩的钢筋笼制作、安装按混凝土及钢筋混凝土工程相关项目列项。

8.4.3 计算实例

例 8-10 某工程预制混凝土方桩(150 根)如图 8-23 所示，求该工程预制混凝土桩工程量。

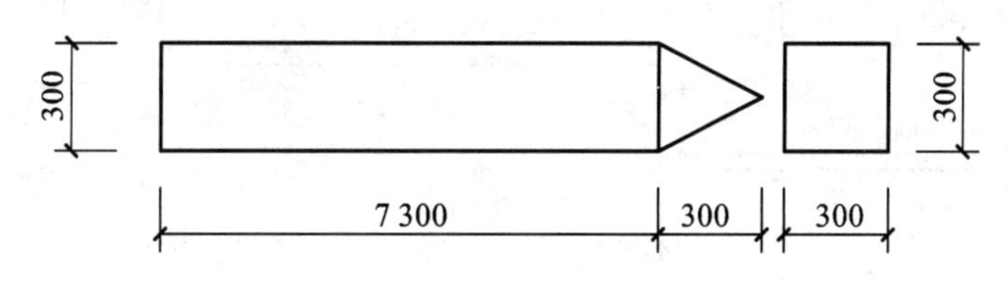

图 8-23 某工程预制混凝土方桩示意图

解 该预制混凝土方桩断面尺寸为 300 mm×300 mm，工程量为

$$(7.3+0.3)\times150\ \text{m}=1\ 140\ \text{m}$$

或 150 根。

8.5 砌筑工程(0104)计量

8.5.1 砖砌体(010401)

1. 砖基础(010401001)

(1) 项目特征：砖品种、规格、强度等级，基础类型，砂浆强度等级，防潮层材料种类。

(2) 适用范围：适用于各种类型砖基础，包括柱基础、墙基础、管道基础。

(3) 工作内容：砂浆制作、运输，砌砖，防潮层铺设，材料运输。

(4) 计量单位：m^3。

(5) 工程量计算规则：按设计图示尺寸以体积计算，包括附墙垛基础宽出部分体积，扣除地梁(圈梁)、构造柱所占体积，不扣除基础大放脚 T 形接头处的重叠部分及嵌入基础内的钢筋、铁件、管道、基础砂浆防潮层和单个面积不超过 0.3 m^2 的孔洞所占体积，靠墙暖气沟的挑檐不增加。基础长度：外墙按外墙中心线计算，内墙按内墙净长线计算。

（6）说明：

① 砖基础大放脚是墙基下面的扩大部分，分为等高和不等高两种。等高放脚，每步放脚层数相等，高度为 126 mm（两皮砖加两灰缝）；每步放脚宽度相等，为 62.5 mm（一砖长加一灰缝的 1/4）。不等高放脚，每步放脚高度不等，为 63 mm 与 126 mm 互相交替间隔放脚；每步放脚宽度相等，为 62.5 mm。

② 砖基础平面形式基本为条形砖基础，工程量计算公式为

条形砖基础工程量＝（基础高度＋大放脚折加高度）×基础墙厚×基础长度　　(8-8)

其中，外墙基础长按中心线计算，内墙基础长按内墙净长线计算，如图 8-24 所示。

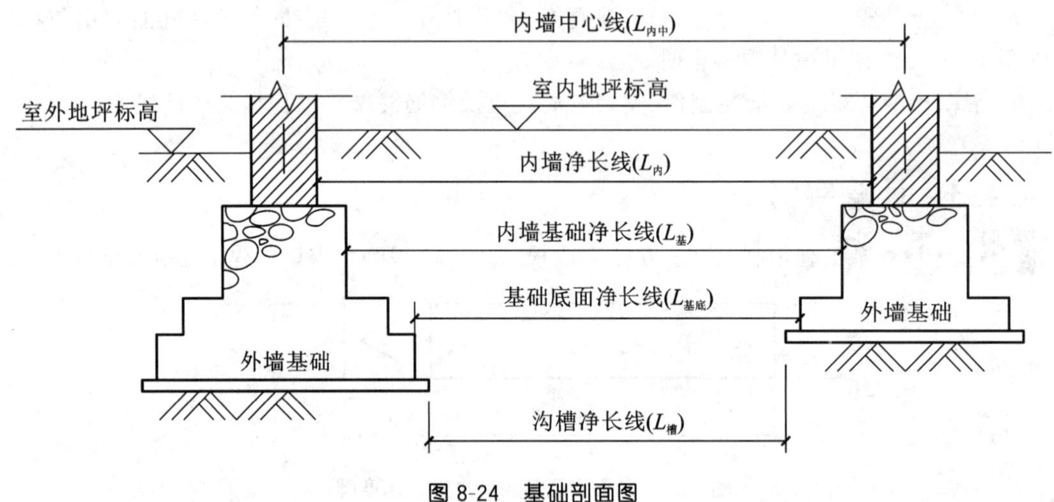

图 8-24　基础剖面图

③ 垛基是大放脚的突出部分，为了方便使用，垛基工程量可直接查表获得。

例 8-11　某建筑物基础平面图及详图如图 8-25 所示，墙体厚度为 240 mm，防潮层为 −0.06 m，防潮层以下采用 M10 水泥砂浆砌标准砖基础，防潮层以上为多孔砖墙身，试计算砖基础工程量。

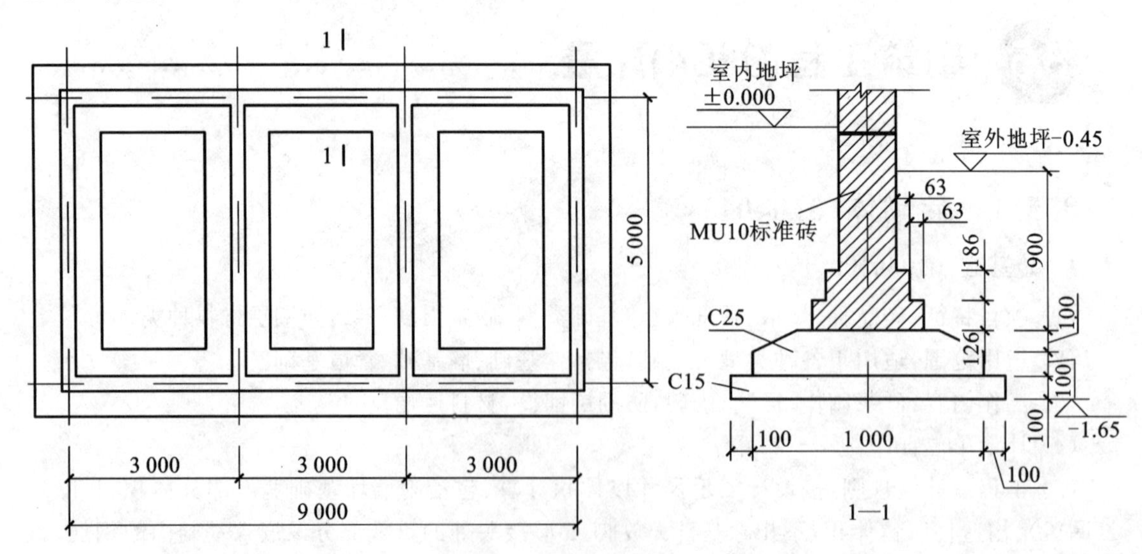

图 8-25　基础平面图及详图

解 砖基础工程量＝砖基础断面面积×砖基础长

$$=[(1.65-0.3)\times0.24+(0.063\times0.126+0.126\times0.126)\times2]\times[(9.0+5.0)\times2+(5.0-0.24)\times2]\ m^3$$

$$=13.96\ m^3$$

2. 砖砌挖孔桩护壁(010401002)

(1) 项目特征:砖品种、规格、强度等级,砂浆强度等级。

(2) 工作内容:砂浆制作、运输,砌砖,材料运输。

(3) 计量单位:m^3。

(4) 工程量计算规则:按设计图示尺寸以体积计算。

3. 实心砖墙(010401003)

(1) 项目特征:砖品种、规格、强度,墙体类型,砂浆强度、配合比。

(2) 工作内容:砂浆制作、运输,砌砖,刮缝,砖压顶砌筑,材料运输。

(3) 计量单位:m^3。

(4) 工程量计算规则:按设计图示尺寸以体积计算,扣除门窗、洞口、嵌入墙内的钢筋混凝土柱、梁、圈梁、挑梁、过梁,以及凹进墙内的壁龛、管槽、暖气槽、消火栓箱所占体积,不扣除梁头、板头、檩头、垫木、木楞头、沿缘木、木砖、门窗走头、砖墙内加固钢筋、木筋、铁件、钢管及单个面积不超过 0.3 m^2 的孔洞所占的体积;凸出墙面的腰线、挑檐、压顶、窗台线、虎头砖、门窗套的体积不增加;凸出墙面的砖垛并入墙体体积内进行计算。

(5) 计算公式:

$$V=(墙长\times墙高-门窗洞口面积)\times墙厚-墙体埋件体积+附墙垛体积 \tag{8-9}$$

4. 多孔砖墙(010401004)

(1) 项目特征:砖品种、规格、强度,墙体类型,砂浆强度、配合比。

(2) 工作内容:砂浆制作、运输,砌砖,刮缝,砖压顶砌筑,材料运输。

(3) 计量单位:m^3。

(4) 工程量计算规则:按设计图示尺寸以体积计算,扣除门窗、洞口、嵌入墙内的钢筋混凝土柱、梁、圈梁、挑梁、过梁,以及凹进墙内的壁龛、管槽、暖气槽、消火栓箱所占体积,不扣除梁头、板头、檩头、垫木、木楞头、沿缘木、木砖、门窗走头、砖墙内加固钢筋、木筋、铁件、钢管及单个面积不超过 0.3 m^2 的孔洞所占的体积;凸出墙面的腰线、挑檐、压顶、窗台线、虎头砖、门窗套的体积不增加;凸出墙面的砖垛并入墙体体积内进行计算。

(5) 计算公式:

$$V=(墙长\times墙高-门窗洞口面积)\times墙厚-墙体埋件体积+附墙垛体积 \tag{8-10}$$

5. 空心砖墙(010401005)

(1) 项目特征:砖品种、规格、强度,墙体类型,砂浆强度、配合比。

(2) 工作内容:砂浆制作、运输,砌砖,刮缝,砖压顶砌筑,材料运输。

(3) 计量单位:m^3。

(4) 工程量计算规则:按设计图示尺寸以体积计算,扣除门窗、洞口、嵌入墙内的钢筋混凝土柱、梁、圈梁、挑梁、过梁,以及凹进墙内的壁龛、管槽、暖气槽、消火栓箱所占体积,不扣除梁头、板头、檩头、垫木、木楞头、沿缘木、木砖、门窗走头、砖墙内加固钢筋、木筋、铁件、钢管及单个面积不超过 0.3 m^2 的孔洞所占的体积；凸出墙面的腰线、挑檐、压顶、窗台线、虎头砖、门窗套的体积不增加；凸出墙面的砖垛并入墙体体积内进行计算。

(5) 计算公式：

$$V=(墙长\times墙高-门窗洞口面积)\times墙厚-墙体埋件体积+附墙垛体积 \tag{8-11}$$

注：计算实心砖墙、多孔砖墙、空心砖墙工程量时，外墙按中心线计算，内墙按净长线计算。

墙高度：

①外墙：斜(坡)屋面无檐口天棚者，算至屋面板底；有屋架且室内外均有天棚者，算至屋架下弦底，另加 200 mm；无天棚者，算至屋架下弦底，另加 300 mm，出檐宽度超过 600 mm 时按实砌高度计算；与钢筋混凝土楼板隔层者，算至板顶；平屋顶算至钢筋混凝土板底，如图 8-26 至图8-29 所示。

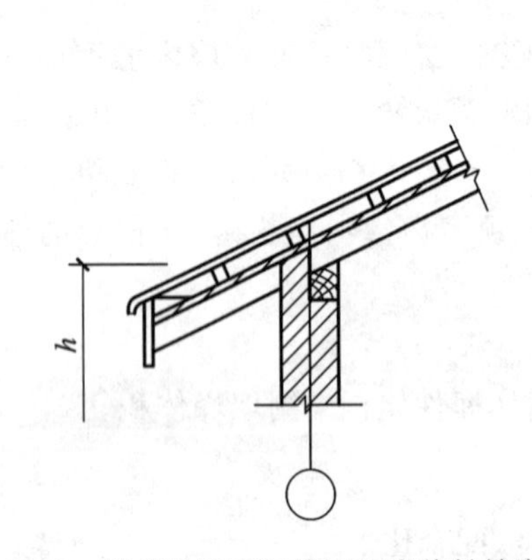

图 8-26　斜(坡)屋面无檐口天棚的外墙高度

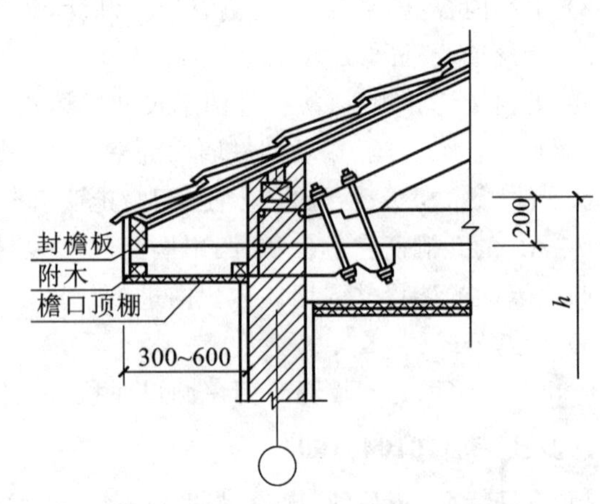

图 8-27　有屋架，且室内外均有天棚的外墙高度

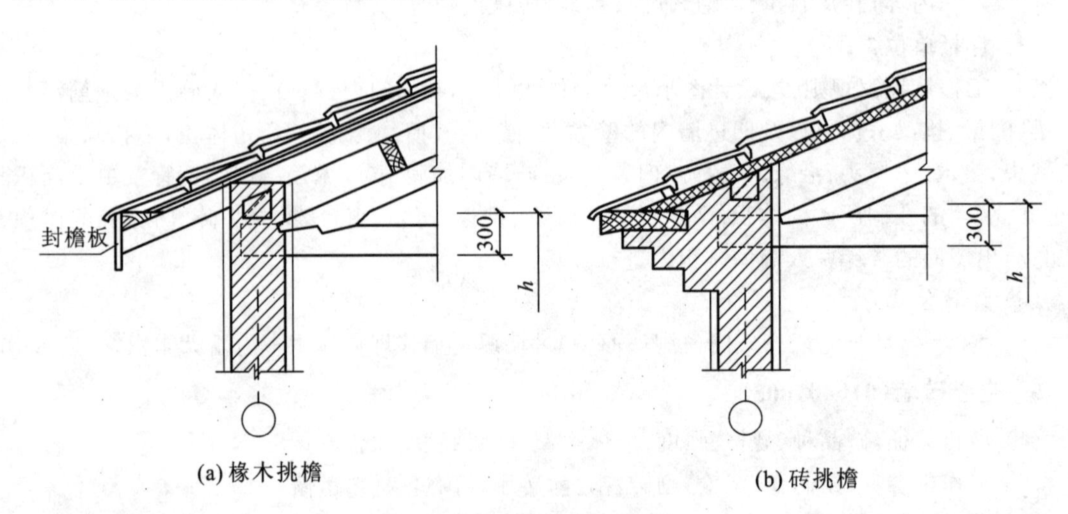

(a) 椽木挑檐

(b) 砖挑檐

图 8-28　有屋架无天棚的外墙高度

② 内墙：位于屋架下弦者，算至屋架下弦底；无屋架者，算至天棚底，另加 100 mm；有钢筋混凝土楼板隔层者，算至楼板顶；有框架梁时算至梁底，如图 8-30 至图 8-32 所示。

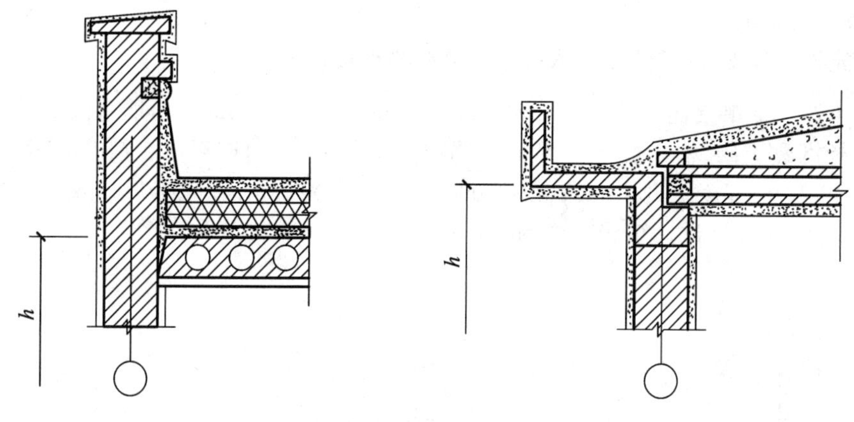

图 8-29　平屋顶的外墙高度

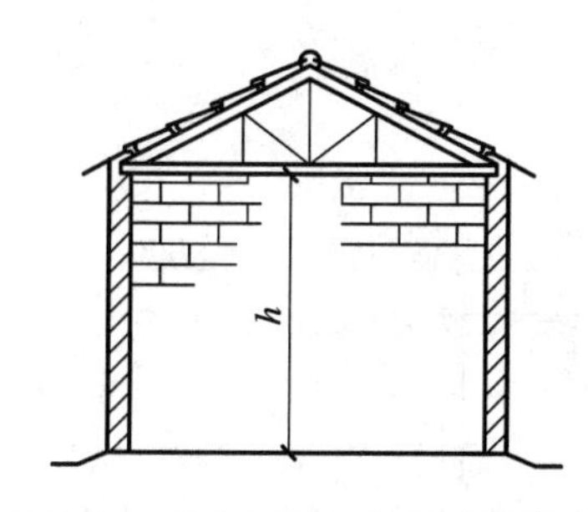

图 8-30　位于屋架下弦的内墙高度

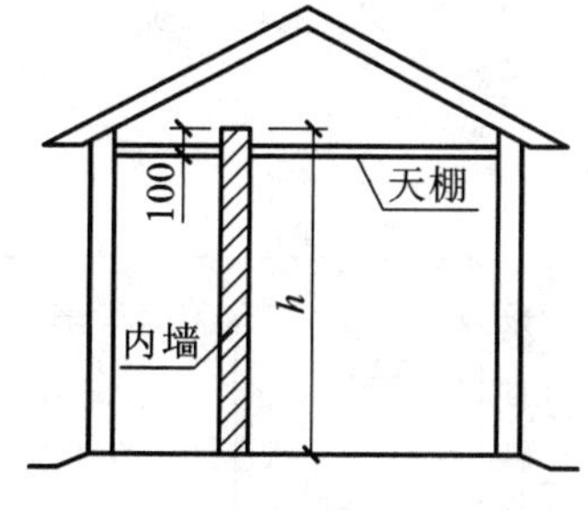

图 8-31　无屋架的内墙高度

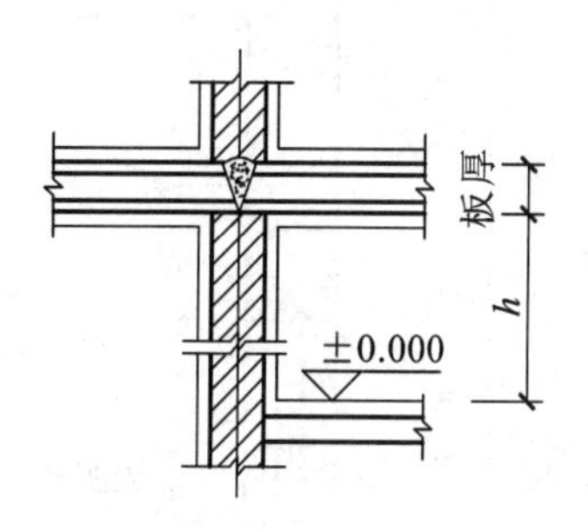

图 8-32　混凝土板下的内墙高度

③ 女儿墙：从屋面板上表面算至女儿墙顶面（有混凝土压顶时算至压顶下表面）。

④ 内、外山墙：按其平均高度计算。

框架间墙：不分内外墙，按墙体净尺寸以体积计算。

围墙：高度算至压顶上表面（有混凝土压顶时算至混凝土压顶下表面），围墙柱并入围墙体积内。

6. 空斗墙（010401006）

（1）项目特征：砖品种、规格、强度，墙体类型，砂浆强度、配合比。

（2）工作内容：砂浆制作、运输，砌砖，装填充料，刮缝，材料运输。

（3）计量单位：m^3。

（4）工程量计算规则：按设计图示尺寸以空斗墙外形体积计算，墙角、内外墙交接处、门窗洞口立边、窗台砖、屋檐处的实砌部分体积并入空斗墙体积内。

7. 空花墙（010401007）

（1）项目特征：砖品种、规格、强度，墙体类型，砂浆强度、配合比。

（2）工作内容：砂浆制作、运输，砌砖，装填充料，刮缝，材料运输。

（3）计量单位：m^3。

（4）工程量计算规则：按设计图示尺寸以空花部分外形体积计算，不扣除孔洞部分体积。

8. 填充墙（010401008）

（1）项目特征：砖品种、规格、强度，墙体类型，填充材料，砂浆强度、配合比。

（2）工作内容：砂浆制作、运输，砌砖，装填充料，刮缝，材料运输。

(3) 计量单位：m^3。

(4) 工程量计算规则：按设计图示尺寸以填充墙外形体积计算。

例 8-12 某单层建筑物如图 8-33 所示，内外墙厚均为 240 mm，墙身为 M5.0 混合砂浆砌筑 MU10 标准黏土砖，构造柱(GZ)从基础圈梁到女儿墙顶，门窗洞口有钢筋混凝土过梁，共计 1.5 m^3。M1：1 500 mm×2 700 mm；M2：1 000 mm×2 700 mm；C1：1 800 mm×1 800 mm；C2：1 500 mm×1 800 mm。试计算砖砌体的工程量。

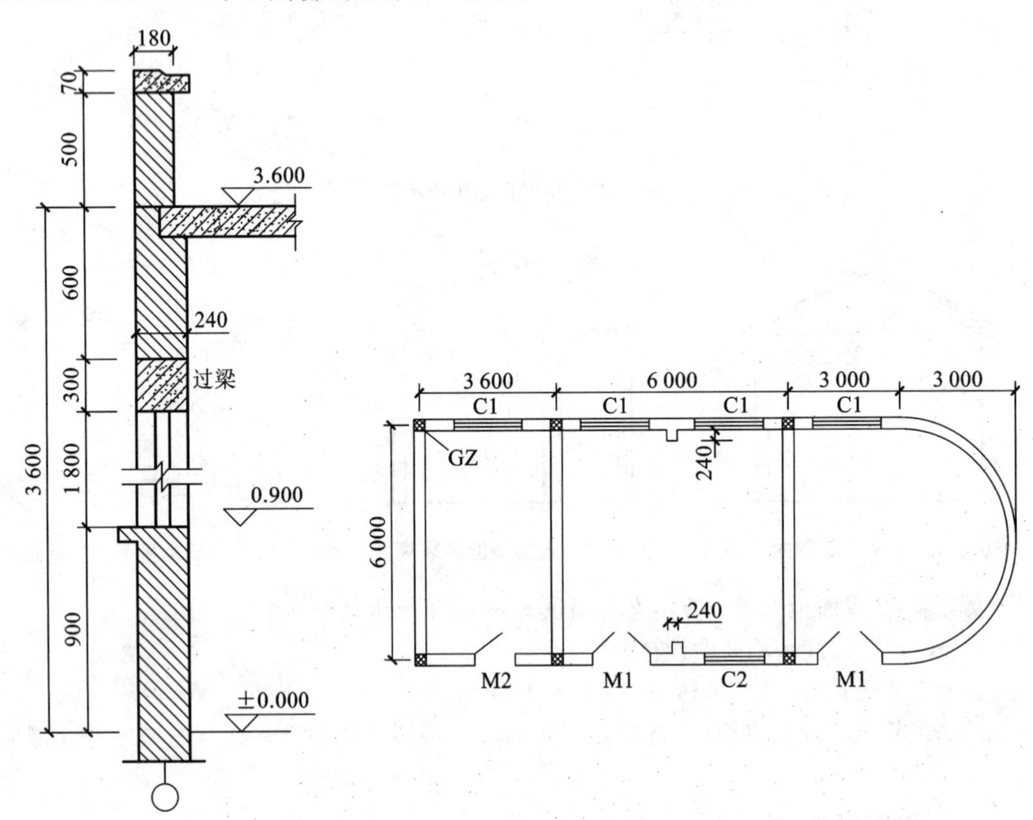

图 8-33 某单层建筑物平面图及剖面图

解 砖墙工程量＝外墙工程量＋内墙工程量＋女儿墙工程量

外墙工程量＝(外墙中心线长×外墙高－门窗洞口面积)×墙厚－构造柱体积＋墙垛工程量

$$V_{外}=\{[(3.6+6.0+3.0)\times 2+6.0+3.14\times 3.0-0.24\times 6]\times 3.6-(1.8\times 1.8\times 4+1.5\times 2.7\times 2+1.5\times 1.8+1.0\times 2.7)\}\times 0.24\ m^3+0.24\times 0.24\times 3.6\times 2\ m^3-1.5\ m^3=26.42\ m^3$$

内墙工程量＝内墙净长×内墙高×内墙厚

$$V_{内}=(6.0-0.24)\times 2\times 3.6\times 0.24\ m^3=9.95\ m^3$$

女儿墙工程量＝女儿墙中心线长×女儿墙高×女儿墙厚

$$V_{女儿墙}=\{[(3.6+0.03)+6.0+3.0]\times 2+3.14\times(3.0+0.03)+(6.0+0.03\times 2)-0.24\times 6\}\times 0.5\times 0.18\ m^3=3.55\ m^3$$

所以 $$V=(26.42+9.95+3.55)\ m^3=39.92\ m^3$$

9. 实心砖柱(010401009)

(1) 项目特征：砖品种、规格、强度，柱类型，砂浆强度、配合比。

(2) 工作内容：砂浆制作、运输，砌砖，刮缝，材料运输。

(3) 计量单位：m^3。

(4) 工程量计算规则：按设计图示尺寸以体积计算，扣除混凝土及钢筋混凝土梁垫、梁头、板头所占体积。

10. 多孔砖柱(010401010)

(1) 项目特征：砖品种、规格、强度，柱类型，砂浆强度、配合比。

(2) 工作内容：砂浆制作、运输，砌砖，刮缝，材料运输。

(3) 计量单位：m^3。

(4) 工程量计算规则：按设计图示尺寸以体积计算，扣除混凝土及钢筋混凝土梁垫、梁头、板头所占体积。

11. 砖检查井(010401011)

(1) 项目特征：井截面、深度，砖品种、规格、强度等级，垫层材料种类、厚度，底板厚度，井盖安装，混凝土强度等级，砂浆强度等级，防潮层材料种类。

(2) 工作内容：砂浆制作、运输，铺设垫层，底板混凝土制作、运输、浇筑、振捣、养护，砌砖，刮缝，井池底、井池壁抹灰，抹防潮层，材料运输。

(3) 计量单位：座。

(4) 工程量计算规则：按设计图示尺寸以数量计算。

12. 零星砌砖(010401012)

(1) 项目特征：零星砌砖名称、部位，砖品种、规格、强度等级，砂浆强度等级、配合比。

(2) 工作内容：砂浆制作、运输，砌砖，刮缝，材料运输。

(3) 计量单位：m^3 或 m^2 或 m 或个。

(4) 工程量计算规则：

① 按设计图示尺寸截面积乘以长度以体积计算。

② 按设计图示尺寸以水平投影面积计算。

③ 按设计图示尺寸以长度计算。

④ 按设计图示尺寸以数量计算。

13. 砖散水、地坪(010401013)

(1) 项目特征：砖品种、规格、强度等级，垫层材料种类、厚度，散水、地坪厚度，面层种类、厚度，砂浆强度等级。

(2) 工作内容：土方挖、运、填，地基找平、夯实，铺设垫层，砌砖散水、地坪，抹砂浆面层。

(3) 计量单位：m^2。

(4) 工程量计算规则：按设计图示尺寸以面积计算。

14. 砖地沟、明沟(010401014)

(1) 项目特征：砖品种、规格、强度等级，沟截面尺寸，垫层材料种类、厚度，混凝土强度等级，砂浆强度等级。

(2) 工作内容：土方挖、运、填，铺设垫层，底板混凝土制作、运输、浇筑、振捣、养护，砌砖，刮缝、抹灰，材料运输。

(3) 计量单位：m。

(4) 工程量计算规则:按设计图示以中心线长度计算。

15. 说明

(1) 基础与墙(柱)身使用同一种材料时,以设计室内地面为界(有地下室者,以地下室室内设计地面为界),以下为基础,以上为墙(柱)身。基础与墙身使用不同材料时,设计室内地面高度不超过±300 mm时,以不同材料为分界线,如图8-34所示;设计室内地面高度大于±300 mm时,以设计室内地面为分界线,如图8-35所示。

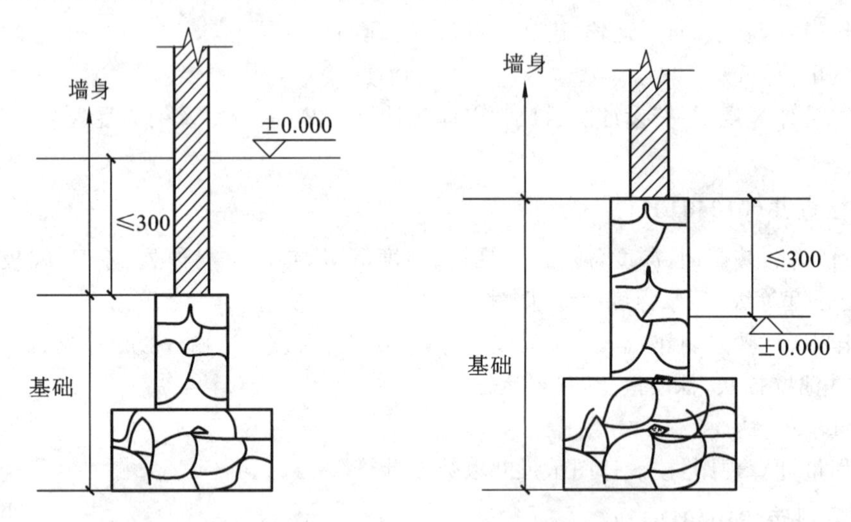

图8-34 基础和墙身使用不同材料,且材料分界点距±0.000≤300

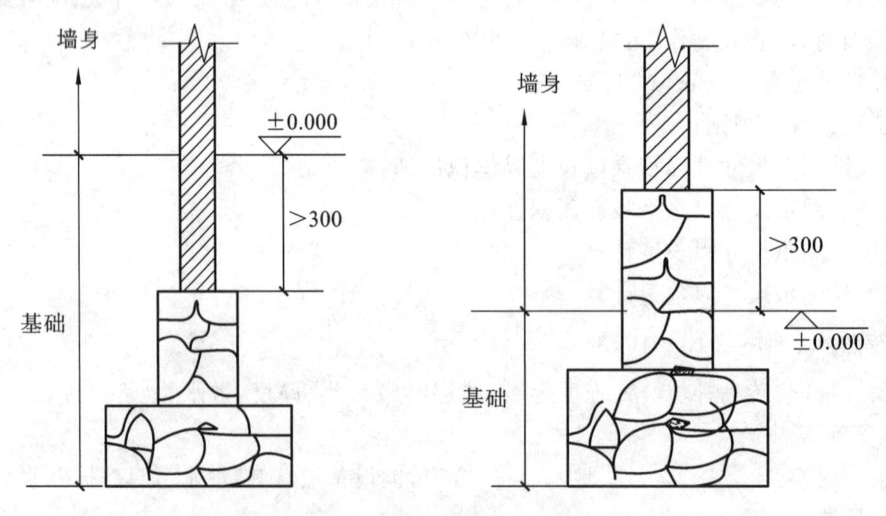

图8-35 基础和墙身使用不同材料,且材料分界点距±0.000>300

(2) 砖围墙以设计室外地坪为界,以下为基础,以上为墙身。

(3) 框架外表面的镶贴砖部分,按零星项目编码列项。

(4) 附墙烟囱、通风道、垃圾道应按设计图示尺寸以体积(扣除孔洞所占体积)计算并计入所依附的墙体体积内。当设计规定孔洞内需抹灰时,应按墙、柱面装饰与隔断、幕墙工程中零星抹灰项目编码列项。

(5) 空斗墙的窗间墙、窗台下、楼板下、梁头下等的实砌部分,按零星砌砖项目编码列项。

(6)“空花墙”项目适用于各种类型的空花墙，使用混凝土花格砌筑的空花墙，实砌墙体与混凝土花格应分别计算，混凝土花格按混凝土及钢筋混凝土中预制构件相关项目编码列项。

(7) 台阶、台阶挡墙、梯带、锅台、炉灶、蹲台、池槽、池槽腿、砖胎模、花台、花池、楼梯栏板、阳台栏板、地垄墙、不超过 0.3 m^2 的孔洞填塞等，应按零星砌砖项目编码列项。砖砌锅台与炉灶可按外形尺寸以个计算，砖砌台阶可按水平投影面积以平方米计算，小便槽、地垄墙可按长度计算，其他工程以立方米计算。

(8) 砌体内加固筋应按混凝土及钢筋混凝土工程中相关项目编码列项。

(9) 砖砌体勾缝按墙、柱面装饰与隔断、幕墙工程相关项目编码列项。

(10) 检查井内的爬梯按混凝土及钢筋混凝土工程中相关项目编码列项，井内的混凝土构件按混凝土及钢筋混凝土工程中混凝土及钢筋混凝土预制构件编码列项。

(11) 如施工图设计标注做法见标准图集时，应在项目特征描述中注明图集的编号、页号及节点大样。

8.5.2 砌块砌体(010402)

1. 砌块墙(010402001)

(1) 项目特征：砌块品种、规格、强度，墙体类型，砂浆强度。

(2) 工作内容：砂浆制作、运输，砌砖、砌块，勾缝，材料运输。

(3) 计量单位：m^3。

(4) 工程量计算规则：按设计图示尺寸以体积计算，扣除门窗、洞口、嵌入墙内的钢筋混凝土柱、梁、圈梁、挑梁、过梁，以及凹进墙内的壁龛、管槽、暖气槽、消火栓箱所占体积，不扣除梁头、板头、檩头、垫木、木楞头、沿缘木、木砖、门窗走头、砌块墙内加固钢筋、木筋、铁件、钢管及单个面积不超过 0.3 m^2 的孔洞所占的体积。凸出墙面的腰线、挑檐、压顶、窗台线、虎头砖、门窗套的体积不增加，凸出墙面的砖垛并入墙体体积内进行计算。

(5) 计算公式：

$$V=(\text{墙长}\times\text{墙高}-\text{洞口面积})\times\text{墙厚}-\text{嵌入体所占体积}+\text{附墙垛体积} \quad (8\text{-}12)$$

2. 砌块柱(010402002)

(1) 项目特征：砌块品种、规格、强度等级，墙体类型，砂浆强度。

(2) 工作内容：砂浆制作、运输，砌砖、砌块，勾缝，材料运输。

(3) 计量单位：m^3。

(4) 工程量计算规则：按设计图示尺寸以体积计算，扣除混凝土及钢筋混凝土梁垫、梁头、板头所占体积。

3. 说明

(1) 砌体内加筋，墙体拉结的制作、安装，应按混凝土及钢筋混凝土工程中相关项目编码列项。

(2) 砌块排列应上下错缝搭砌，如果搭错缝长度满足不了规定的压搭要求，应采取压砌钢筋网片的措施，具体构造要求按设计规定。若设计无规定时，应注明由投标人根据工程实际情况自行考虑；钢筋网片按金属结构工程中相应项目编码列项。

(3) 砌体垂直灰缝宽大于 30 mm 时，采用 C20 细石混凝土灌实，灌注的混凝土应按混凝土及钢筋混凝土工程中的相关项目编码列项。

8.5.3 石砌体(010403)

1. 石基础(010403001)

(1) 项目特征:石料种类、规格,基础类型,砂浆强度等级。

(2) 适用范围:适用于各种规格(粗料石、细料石等)、各种材质(砂石、青石等)和各种类型(柱基、墙基、直行、弧形等)的基础。

(3) 工作内容:砂浆制作、运输,吊装,砌石,防潮层铺设,材料运输。

(4) 计量单位:m^3。

(5) 工程量计算规则:按设计图示尺寸以体积计算,包括附墙垛基础宽出部分体积,不扣除基础砂浆防潮层及单个面积不超过 0.3 m^2 的孔洞所占的体积,靠墙暖气沟的挑檐不增加面积。基础长度:外墙按中心线计算,内墙按净长计算。

例 8-13 某基础平面图如图 8-36 所示,1—1 剖面图如图 8-37 所示,基础采用 MU30 毛石基础,采用 M5.0 水泥砂浆砌筑,所有轴线居中,基底标高−2.10 m,试计算该基础工程量。

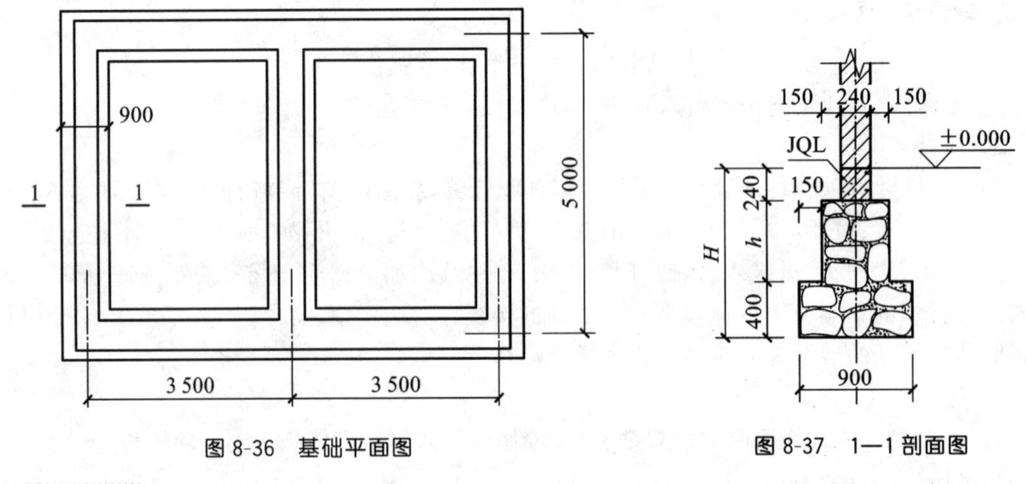

图 8-36 基础平面图　　图 8-37 1—1 剖面图

解 毛石基础工程量为

V =(外墙中心线长+内墙净长)×毛石基础横截面面积

=[(3.5+3.5+5.0)×2]×[0.9×0.4+(2.1−0.4−0.24)×(0.9−0.15×2)] m^3

=29.66 m^3

2. 石勒脚(010403002)

(1) 项目特征:石料种类、规格,加工要求,勾缝,砂浆强度、配合比。

(2) 适用范围:适用于各种规格(粗料石、细料石)、各种材质(砂石、青石、大理石、花岗岩石)和各种类型(直行、弧形)的勒脚。

(3) 工作内容:砂浆制作、运输,吊装,砌石,加工,勾缝,运输。

(4) 计量单位:m^3。

(5) 工程量计算规则:按设计图示尺寸以体积计算。

3. 石墙(010403003)

(1) 项目特征:石料种类、规格,加工要求,勾缝,砂浆强度、配合比。

(2) 适用范围:适用于各种规格、各种材质和各种类型的墙体。

(3) 工作内容:砂浆制作、运输,吊装,砌石,加工,勾缝,运输。

(4) 计量单位:m^3。

(5) 工程量计算规则:按设计图示尺寸以体积计算,扣除门窗、洞口、嵌入墙内的钢筋混凝土柱、梁、圈梁、挑梁、过梁,以及凹进墙内的壁龛、管槽、暖气槽、消火栓箱所占体积,不扣除梁头、板头、檩头、垫木、木楞头、沿缘木、木砖、门窗走头、砌块墙内加固钢筋、木筋、铁件、钢管及单个面积不超过 0.3 m^2 的孔洞所占的体积。凸出墙面的腰线、挑檐、压顶、窗台线、虎头砖、门窗套的体积不增加,凸出墙面的砖垛并入墙体体积内进行计算。

(6) 计算公式:

$$V=(\text{墙长}\times\text{墙高}-\text{洞口面积})\times\text{墙厚}-\text{嵌入体所占体积}+\text{附墙垛体积} \quad (8\text{-}13)$$

4. 石挡土墙(010403004)

(1) 项目特征:石料种类、规格,加工,勾缝,砂浆强度、配合比。

(2) 适用范围:适用于各种规格(粗料石、细料石、块石、毛石、卵石)、各种材质(砂石、青石、石灰石)和各种类型(直行、弧形、台阶形)的挡土墙。

(3) 工作内容:砂浆制作、运输,吊装,砌石,变形缝、泄水孔、压顶抹灰,滤水层,勾缝,材料运输。

(4) 计量单位:m^3。

(5) 工程量计算规则:按设计图示尺寸以体积计算。

5. 石柱(010403005)

(1) 项目特征:石料种类、规格,加工,勾缝,砂浆强度、配合比。

(2) 适用范围:适用于各种规格、各种材质和各种类型的石柱。

(3) 工作内容:砂浆制作、运输,吊装,砌石,加工,勾缝,材料运输。

(4) 计量单位:m^3。

(5) 工程量计算规则:按设计图示尺寸以体积计算。

6. 石栏杆(010403006)

(1) 项目特征:石料种类、规格,加工,勾缝,砂浆强度、配合比。

(2) 适用范围:适用于无雕饰的一般石栏杆。

(3) 工作内容:砂浆制作、运输,吊装,砌石,加工,勾缝,材料运输。

(4) 计量单位:m。

(5) 工程量计算规则:按设计图示以长度计算。

7. 石护坡(010403007)

(1) 项目特征:垫层材料种类、厚度,石料种类、规格,护坡厚度、高度,石表面加工要求,勾缝要求,砂浆强度等级、配合比。

(2) 适用范围:适用于各种石质、各种石料的护坡。

(3) 工作内容:砂浆制作、运输,吊装,砌石,加工,勾缝,材料运输。

(4) 计量单位:m^3。

(5) 工程量计算规则:按设计图示尺寸以体积计算。

8. 石台阶(010403008)

(1) 项目特征:垫层材料种类、厚度,石料种类、规格,护坡厚度、高度,石表面加工要求,勾缝要求,砂浆强度等级、配合比。

(2) 适用范围:石台阶项目包括石梯带(垂带),不包括石梯膀,石梯膀应按桩基工程相关项目编码列项。

(3) 工作内容:铺设垫层,石料加工,砂浆制作、运输,砌石,石表面加工,勾缝,材料运输。

(4) 计量单位:m^3。

(5) 工程量计算规则:按设计图示尺寸以体积计算。

9. 石坡道(010403009)

(1) 项目特征:垫层材料种类、厚度,石料种类、规格,护坡厚度、高度,石表面加工要求,勾缝要求,砂浆强度等级、配合比。

(2) 工作内容:铺设垫层,石料加工,砂浆制作、运输,砌石,石表面加工,勾缝,材料运输。

(3) 计量单位:m^2。

(4) 工程量计算规则:按图示尺寸以水平投影面积计算。

10. 石地沟、石明沟(010403010)

(1) 项目特征:沟截面尺寸,土壤类别、运距,垫层材料种类、厚度,石料种类、规格,石表面加工要求,勾缝要求,砂浆强度等级、配合比。

(2) 工作内容:土方挖、运,砂浆制作、运输,铺设垫层,砌石,石表面加工,勾缝,回填,材料运输。

(3) 计量单位:m。

(4) 工程量计算规则:按设计图示尺寸以中心线长度计算。

11. 说明

(1) 石基础、石勒脚、石墙的划分:基础与勒脚应以设计室外地坪为界,勒脚与墙身应以设计室内地面为界。石围墙内外地坪标高不同时,应以较低地坪标高为界,以下为基础;内外标高之差为挡土墙时,挡土墙以上为墙身。

(2) 当施工图设计标注做法见标准图集时,应在项目特征描述中注明图集的编号、页号及节点大样。

8.5.4 垫层(010404)

1. 垫层(010404001)

(1) 项目特征:垫层材料种类、配合比、厚度。

(2) 工作内容:垫层材料的拌制、垫层铺设、材料运输。

(3) 计量单位:m^3。

(4) 工程量计算规则:按设计图示尺寸以体积计算。

(5) 计算公式:

$$V=\text{基础垫层长}\times\text{基础垫层宽}\times\text{挖土深度} \tag{8-14}$$

式中,外墙基础垫层按其中心线长计算,内墙基础垫层按其净长计算。

2. 说明

除混凝土垫层应按混凝土及钢筋混凝土工程中的相关项目编码列项外，没有包括垫层要求的清单项目应按砌筑工程中的垫层项目编码列项，即本项目适用于除混凝土垫层以外的其他垫层项目。

8.5.5 计算实例

例 8-14 某单层建筑物平面图、基础平面图及剖面图如图 8-38 至图 8-42 所示，±0.00 采用机制红砖，M10 混合砂浆砌筑，墙体均采用承重多孔砖，M7.5 水泥石灰砂浆砌筑，外墙上钢筋混凝土梁及门窗上过梁共计 4.32 m^3，内墙上钢筋混凝土梁及门窗上过梁共计 2.12 m^3，女儿墙中混凝土压顶为 0.24 m^3。M1:1 500 mm×3 000 mm;M2:1 000 mm×2 700 mm;C1:1 500 mm×2 100 mm;C2:2 000 mm×2 100 mm。试计算其砌体工程量。

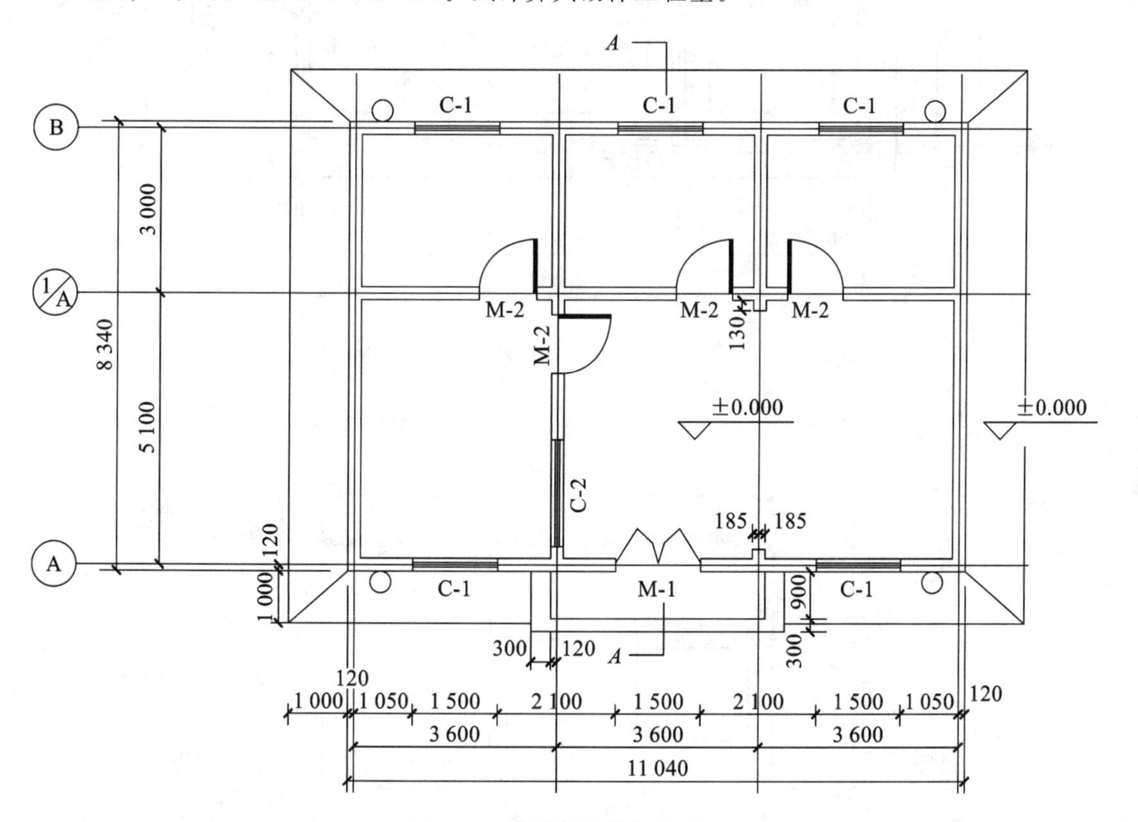

图 8-38 某单层建筑物平面图

解 (1) 砖基础工程量为

V=三层大放脚砖基础工程量+四层大放脚砖基础工程量

$V_{三层大放脚砖基础工程量}$=[10.8+8.1×2+(3.0−0.24)×2+(5.1−0.24)]×[0.24×(1.65−0.45−0.12×2−0.06)+0.12×(0.24+0.06×2)+0.06×0.48+0.12×0.6] m^3

=13.46 m^3

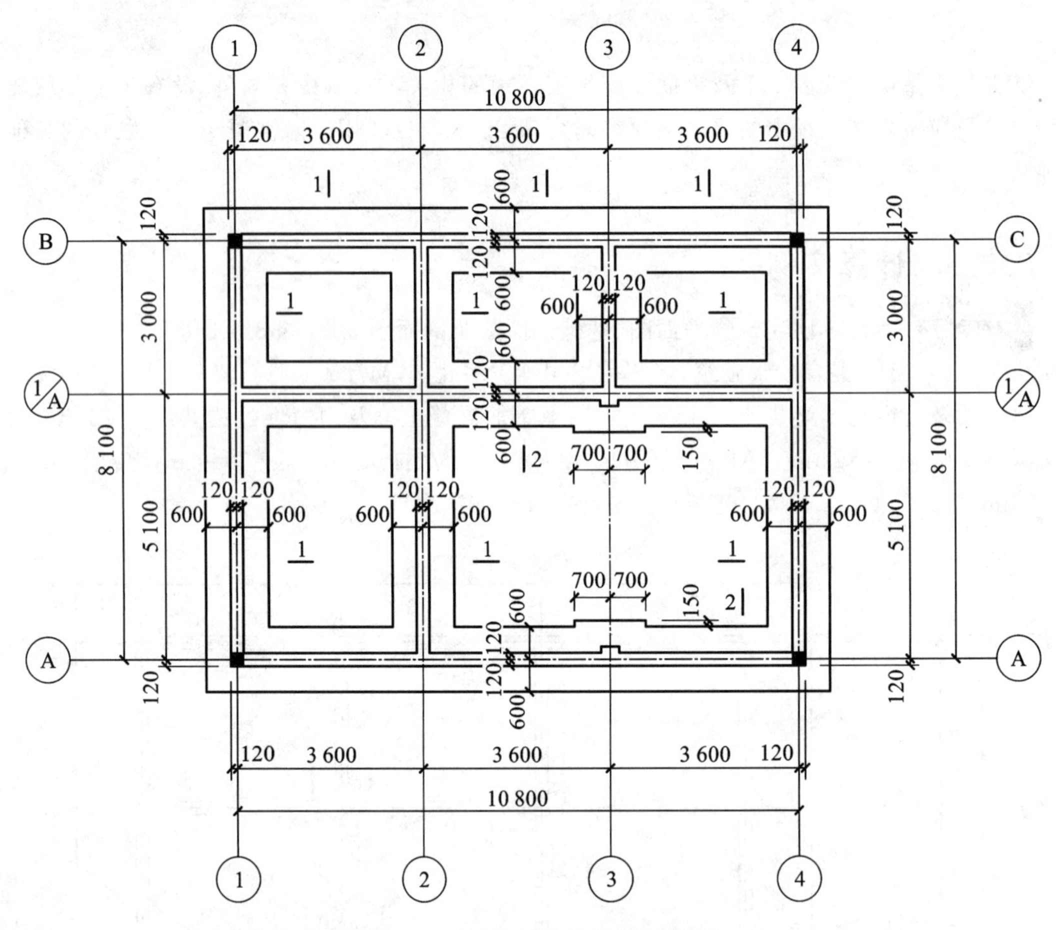

图 8-39　某单层建筑物基础平面图

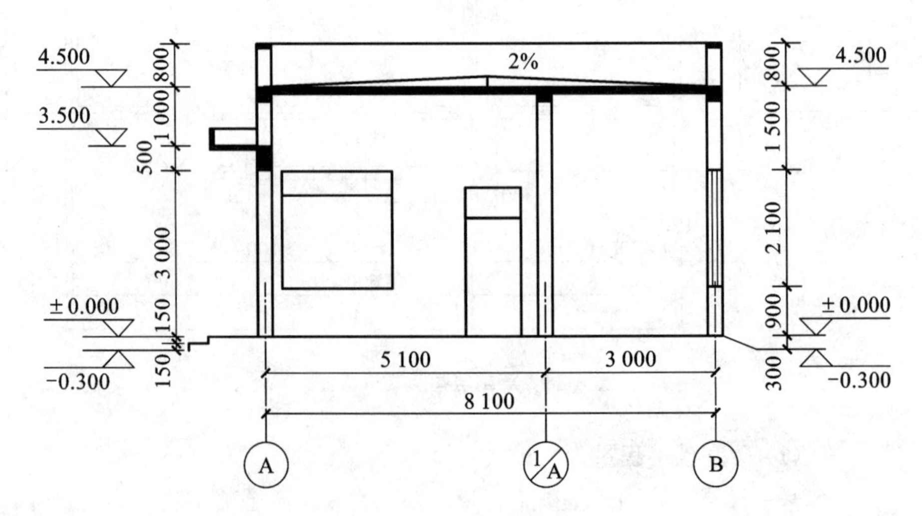

图 8-40　*A*—*A* 剖面图

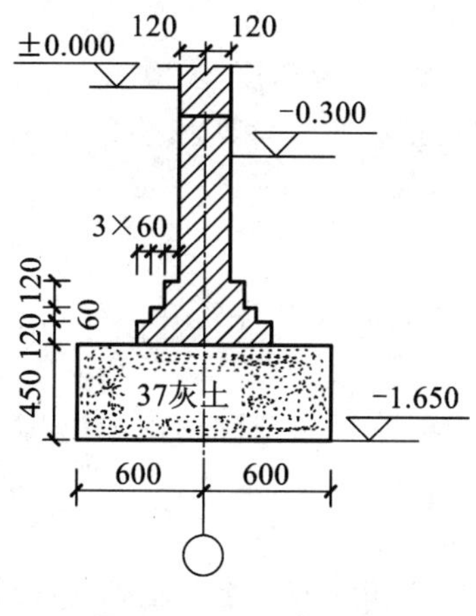

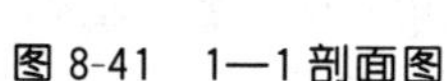
图 8-41　1—1 剖面图

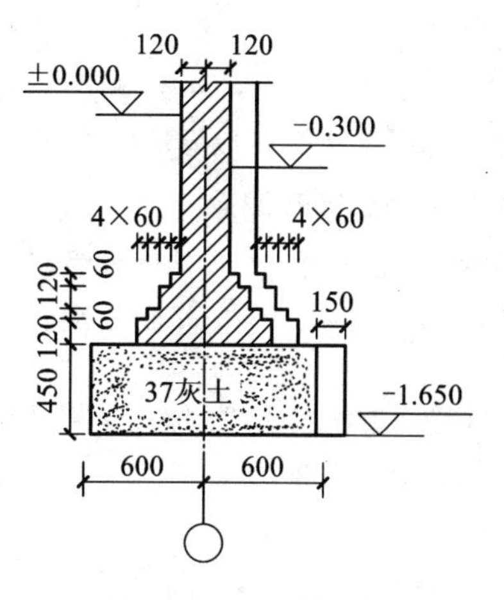

图 8-42　2—2 剖面图

$$
\begin{aligned}
V_{\text{四层大放脚砖基础工程量}} = \{&(10.8-0.24)\times2\times[(1.65-0.45-0.12\times2-0.06\times2)\times0.24 \\
&+(0.24+0.06\times2)\times0.06+(0.24+0.06\times4)\times0.12+(0.24+0.06\times6) \\
&\times0.06+0.72\times0.12]+0.13\times2\times[(1.65-0.45-0.12\times2-0.06\times2) \\
&\times0.37+(0.37+0.06\times2)\times0.06+0.61\times0.12+0.73\times0.06+0.85\times0.06]\}\ \mathrm{m^3} \\
=\ &8.65\ \mathrm{m^3}
\end{aligned}
$$

$\therefore V=(13.46+8.65)\ \mathrm{m^3}=22.11\ \mathrm{m^3}$

(2) 砖墙工程量为

$$V=\text{外墙工程量}+\text{内墙工程量}$$

$$
\begin{aligned}
V_{\text{外墙工程量}}=\{&[(10.8+8.1)\times2\times4.5-1.5\times2.1\times5-1.5\times3.0]\times0.24 \\
&+0.13\times4.5\times0.37-4.32\}\ \mathrm{m^3}=31.86\ \mathrm{m^3}
\end{aligned}
$$

$$
\begin{aligned}
V_{\text{内墙工程量}}=\{&[(3.0-0.24)\times2\times4.5+(5.1-0.24)+(10.8-0.24)] \\
&\times4.5-1.0\times2.7\times4-2.0\times2.1\}\times0.24\ \mathrm{m^3}+0.13\times4.5\times0.37\ \mathrm{m^3}-2.12\ \mathrm{m^3} \\
=\ &37.98\ \mathrm{m^3}
\end{aligned}
$$

$\therefore V=(31.86+37.98)\ \mathrm{m^3}=69.84\ \mathrm{m^3}$

(3) 女儿墙工程量为

$$V=[(10.8+8.1)\times2\times0.8\times0.24-0.24]\ \mathrm{m^3}=7.02\ \mathrm{m^3}$$

8.6 混凝土及钢筋混凝土工程(0105)计量

8.6.1　现浇混凝土基础(010501)

1. 垫层(010501001)

(1) 项目特征:混凝土种类、强度等级。

(2) 工作内容:模板及支撑制作、安装、拆除、堆放、运输,以及清理模内杂物、刷隔离剂等;混凝土制作、运输、浇筑、振捣、养护。

(3) 计量单位:$\mathrm{m^3}$。

(4) 工程量计算规则:按设计图示尺寸以体积计算,不扣除伸入承台基础的桩头所占体积。

(5) 计算公式：

$$V=\text{基础垫层长}\times\text{基础垫层宽}\times\text{挖土深度} \tag{8-15}$$

式中，外墙基础垫层按外墙中心线长计算，内墙基础垫层按其净长计算。

2. 带形基础(010501002)

(1) 项目特征：混凝土种类、强度等级。

(2) 适用范围：适用于各种带形基础，包括有肋式、无肋式及浇筑在一字排桩上面的带形基础。

(3) 工作内容：模板及支撑制作、安装、拆除、堆放、运输，以及清理模内杂物、刷隔离剂等；混凝土制作、运输、浇筑、振捣、养护。

(4) 计量单位：m^3。

(5) 工程量计算规则：按设计图示尺寸以体积计算，不扣除伸入承台基础的桩头所占体积。

(6) 计算公式：

$$V=\text{基础垫层长}\times\text{基础垫层宽}\times\text{挖土深度} \tag{8-16}$$

式中，外墙基础垫层按外墙中心线长计算，内墙基础垫层按其净长计算。

注：

计算内墙基槽挖土、内墙混凝土条形基础、内墙砖石基础、内墙基础垫层等工程量时，经常涉及内墙基槽净长线、内墙基础净长线、内墙基础垫层净长线、内墙净长线等，易混淆。一般情况下，内墙基槽挖土按内墙基槽净长线计算，内墙砖石基础按内墙净长线计算，内墙混凝土条形基础按内墙基础净长线计算，内墙基础垫层按内墙基础垫层净长线计算。

3. 独立基础(010501003)

(1) 项目特征：混凝土种类、强度等级。

(2) 适用范围：适用于块体柱基、杯基、无筋倒圆台基础、壳体基础、电梯井基础等。同一工程中若有不同形式的独立基础，应分别编码列项。

(3) 工作内容：模板及支撑制作、安装、拆除、堆放、运输，以及清理模内杂物、刷隔离剂等；混凝土制作、运输、浇筑、振捣、养护。

(4) 计量单位：m^3。

(5) 工程量计算规则：按设计图示尺寸以体积计算，不扣除伸入承台基础的桩头所占体积。

4. 满堂基础(010501004)

(1) 项目特征：混凝土种类、强度等级。

(2) 适用范围：适用于箱式满堂基础、筏片基础等。

(3) 工作内容：模板及支撑制作、安装、拆除、堆放、运输，以及清理模内杂物、刷隔离剂等；混凝土制作、运输、浇筑、振捣、养护。

(4) 计量单位：m^3。

(5) 工程量计算规则：按设计图示尺寸以体积计算，不扣除伸入承台基础的桩头所占体积。

5. 桩承台基础(010501005)

(1) 项目特征：混凝土种类、强度等级。

(2) 适用范围：适用于浇筑在组桩(如梅花桩)上的承台。

(3) 工作内容：模板及支撑制作、安装、拆除、堆放、运输，以及清理模内杂物、刷隔离剂等；混凝土制作、运输、浇筑、振捣、养护。

(4) 计量单位：m^3。

(5) 工程量计算规则：按设计图示尺寸以体积计算，不扣除伸入承台基础的桩头所占体积。

6. 设备基础(010501006)

(1) 项目特征：混凝土种类、强度等级，灌浆材料及其强度等级。

(2) 适用范围：适用于设备的块体基础、框架式基础等。

(3) 工作内容：模板及支撑制作、安装、拆除、堆放、运输，以及清理模内杂物、刷隔离剂等；混凝土制作、运输、浇筑、振捣、养护。

(4) 计量单位：m^3。

(5) 工程量计算规则：按设计图示尺寸以体积计算，不扣除伸入承台基础的桩头所占体积。

7. 说明

(1) 有肋带形基础、无肋带形基础应按现浇混凝土基础工程中的相关项目列项，并注明肋高。

(2) 箱式满堂基础中的柱、梁、墙、板，分别按现浇混凝土柱、现浇混凝土梁、现浇混凝土墙、现浇混凝土板工程中的相关项目编码列项，箱式满堂基础底板按现浇混凝土基础工程中的相关项目编码列项。有梁式满堂基础的底板与梁合并列项。

(3) 框架式设备基础中的柱、梁、墙、板分别按现浇混凝土柱、现浇混凝土梁、现浇混凝土墙、现浇混凝土板工程中的相关项目编码列项，基础部分按现浇混凝土基础工程中的相关项目编码列项。

(4) 如为毛石混凝土基础，项目特征应描述毛石所占比例。

例 8-15 某建筑物基础采用有梁式满堂基础，如图 8-43 所示，混凝土为 C20，底板保护层厚 400 mm，垫层厚 100 mm，采用 C10 砾石混凝土，试计算基础混凝土工程量。

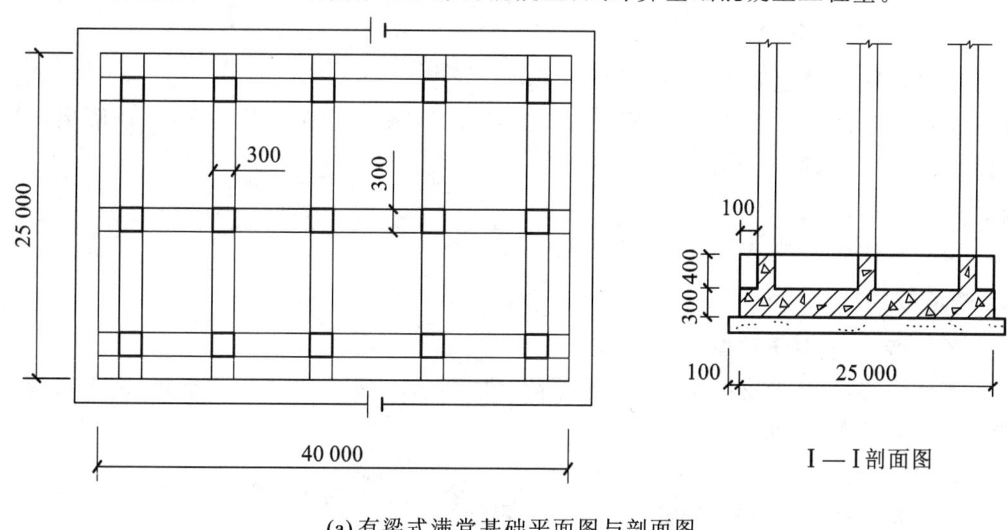

(a) 有梁式满堂基础平面图与剖面图

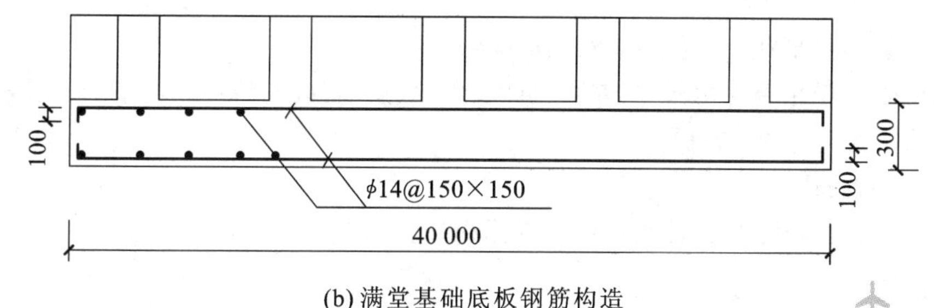

(b) 满堂基础底板钢筋构造

图 8-43 有梁式满堂基础

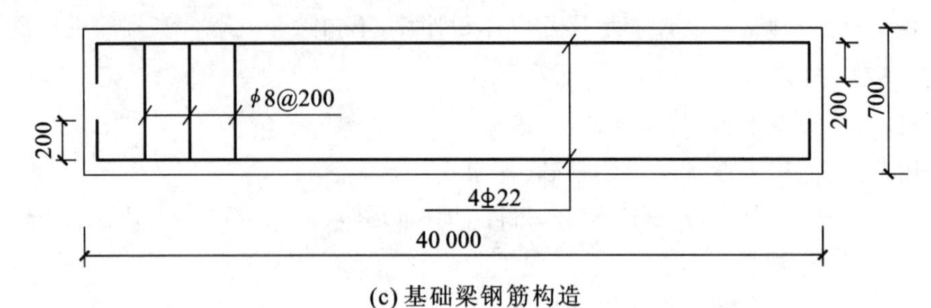

(c) 基础梁钢筋构造

续图 8-43

解 (1) 基础垫层工程量为

$$V_{垫层}=(25.0+0.1\times2)\times(40.0+0.1\times2)\times0.1\ \text{m}^3=101.30\ \text{m}^3$$

(2) 基础底板工程量为

$$V_{底板}=25.0\times40.0\times0.3\ \text{m}^3=300\ \text{m}^3$$

(3) 基础梁工程量为

$$V_{梁}=0.4\times0.3\times[40.0\times3.0+(25.0-0.3\times3)\times5]\ \text{m}^3=28.86\ \text{m}^3$$

$$\therefore V_{有梁式满堂基础}=(300+28.86)\ \text{m}^3=328.86\ \text{m}^3$$

8.6.2 现浇混凝土柱(010502)

1. 矩形柱(010502001)

(1) 项目特征:混凝土种类、强度等级。

(2) 工作内容:模板及支撑制作、安装、拆除、堆放、运输,以及清理模内杂物、刷隔离剂等;混凝土制作、运输、浇筑、振捣、养护。

(3) 计量单位:m^3。

(4) 工程量计算规则:按设计图示尺寸以体积计算。

2. 构造柱(010502002)

(1) 项目特征:混凝土种类、强度等级。

(2) 工作内容:模板及支撑制作、安装、拆除、堆放、运输,以及清理模内杂物、刷隔离剂等;混凝土制作、运输、浇筑、振捣、养护。

(3) 计量单位:m^3。

(4) 工程量计算规则:按设计图示尺寸以体积计算。

3. 异形柱(010502003)

(1) 项目特征:柱形状,混凝土种类、强度等级。

(2) 工作内容:模板及支撑制作、安装、拆除、堆放、运输,以及清理模内杂物、刷隔离剂等;混凝土制作、运输、浇筑、振捣、养护。

(3) 计量单位:m^3。

(4) 工程量计算规则:按设计图示尺寸以体积计算。

4. 说明

(1) 柱截面按实计算,柱高按下列原则确定:①有梁板的柱高,应自柱基上表面(或楼板上表面)至上一层楼板上表面之间的高度计算(见图 8-44);②无梁板的柱高,应自柱基上表面(或楼板上表面)至柱帽下表面之间的高度计算(见图 8-45);③框架柱的柱高,应自柱基上表面至柱顶高度计算(见图 8-46);④构造柱按全高计算,嵌接墙体部分(马牙槎)并入柱身体积中进行计算(见图 8-47);⑤依附柱上的牛腿和升板的柱帽,并入柱身体积中进行计算。升板的柱帽是指升板建筑中连接板与柱之间的构件。

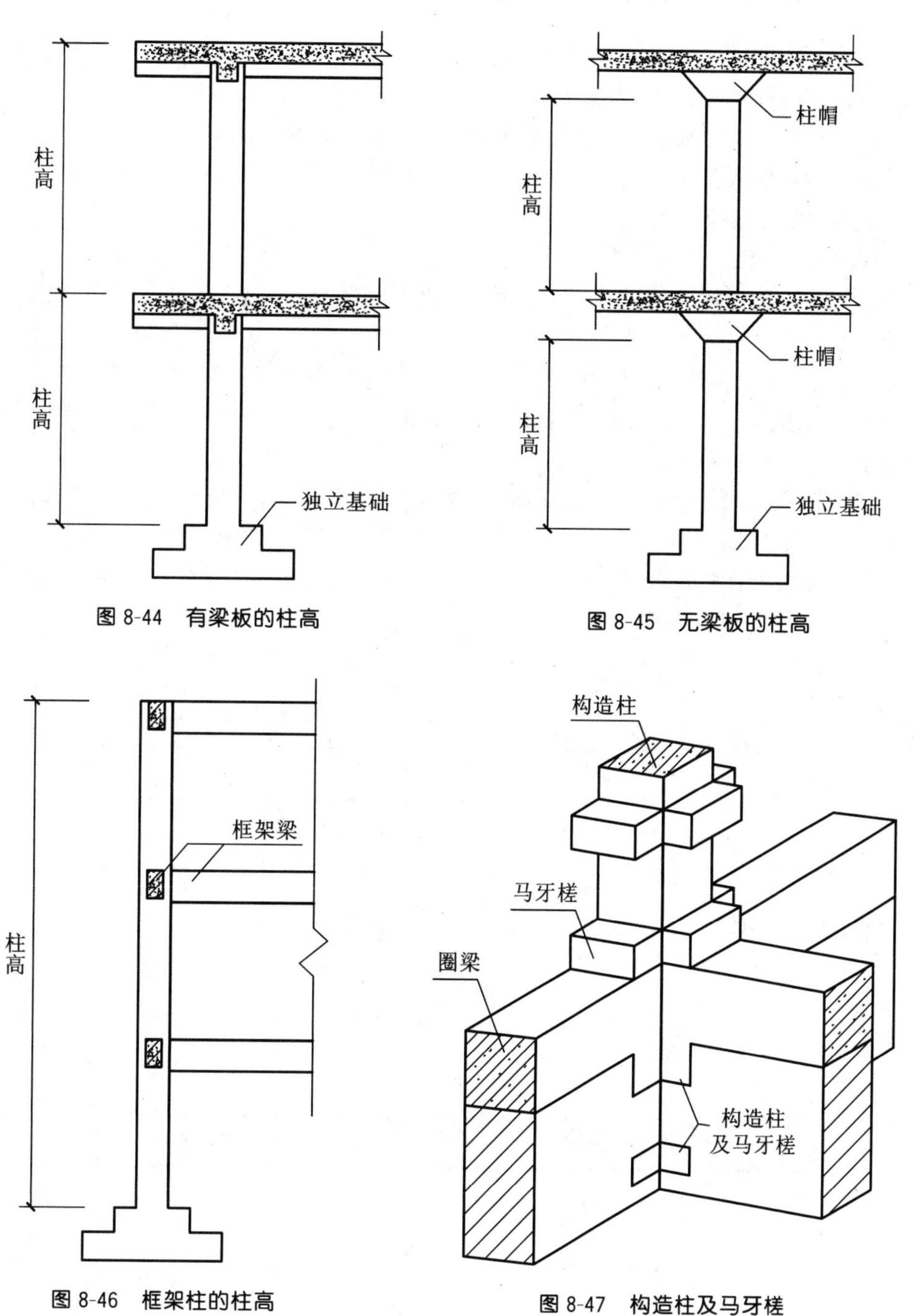

图 8-44　有梁板的柱高　　图 8-45　无梁板的柱高

图 8-46　框架柱的柱高　　图 8-47　构造柱及马牙槎

(2) 混凝土种类有清水混凝土、彩色混凝土,当在同一地区既能使用预拌(商品)混凝土,又允许现场搅拌混凝土时,应注明。

(3) 混凝土柱上的钢牛腿按金属结构工程中的零星钢构件编码列项;圆柱按异形柱项目编码列项;单独的薄壁柱根据其截面形状,以异形柱项目编码列项;与墙相连接的薄壁柱按现浇混凝土墙项目编码列项(薄壁柱指柱截面宽的尺寸较小的柱)。

8.6.3 现浇混凝土梁(010503)

1. 基础梁(010503001)

(1) 项目特征:混凝土种类、强度等级。

(2) 适用范围:适用于独立基础间架设的承受上部墙传来荷载的梁。

(3) 工作内容:模板及支撑制作、安装、拆除、堆放、运输,以及清理模内杂物、刷隔离剂等;混凝土制作、运输、浇筑、振捣、养护。

(4) 计量单位:m^3。

(5) 计量规则:按设计图示尺寸以体积计算,伸入墙内的梁头、梁垫并入梁体积内。梁长按下列原则确定。

① 梁与柱连接时,梁长算至柱内侧面(见图 8-48);主梁与次梁连接时,次梁长算至主梁内侧面(见图 8-49);梁端与混凝土墙连接时,梁长算至混凝土墙内侧面;梁端与砖墙交接时,伸入砖墙的部分(包括梁头)并入梁内。

② 外墙上圈梁长取外墙中心线长,内墙上圈梁长取内墙净长。圈梁与主次梁或柱交接时,圈梁长度算至主次梁或柱侧面;圈梁与构造柱相交时,其相交部分的体积计入构造柱内。

③ 过梁长度按设计规定计算,无设计规定时,按门窗洞口宽度两端各加 250 mm 进行计算。

④ 弧形、拱形梁长取其中轴线的长度。

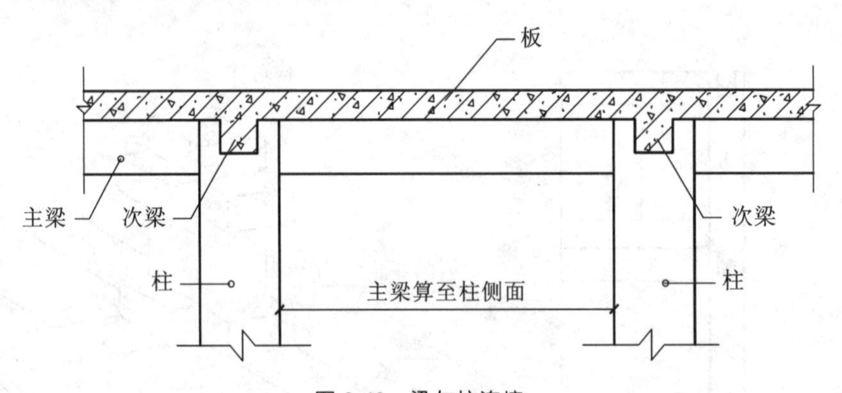

图 8-48　梁与柱连接

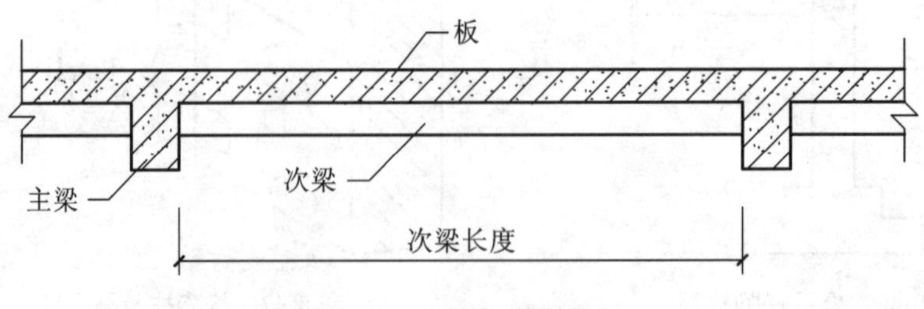

图 8-49　主梁与次梁连接

2. 矩形梁(010503002)

(1) 项目特征:混凝土种类、强度等级。

(2) 工作内容:模板及支撑制作、安装、拆除、堆放、运输,以及清理模内杂物、刷隔离剂等;混凝土制作、运输、浇筑、振捣、养护。

(3) 计量单位:m^3。

(4) 计量规则:按设计图示尺寸以体积计算,伸入墙内的梁头、梁垫并入梁体积内,梁长按上述规定确定。

3. 异形梁(010503003)

(1) 项目特征:混凝土种类、强度等级。

(2) 工作内容:模板及支撑制作、安装、拆除、堆放、运输,以及清理模内杂物、刷隔离剂等;混凝土制作、运输、浇筑、振捣、养护。

(3) 计量单位:m^3。

(4) 计量规则:按设计图示尺寸以体积计算,伸入墙内的梁头、梁垫并入梁体积内,梁长按上述规定确定。

4. 圈梁(010503004)

(1) 项目特征:混凝土种类、强度等级。

(2) 适用范围:适用于为了加强结构整体性而在构造上设置的封闭水平梁。

(3) 工作内容:模板及支撑制作、安装、拆除、堆放、运输,以及清理模内杂物、刷隔离剂等;混凝土制作、运输、浇筑、振捣、养护。

(4) 计量单位:m^3。

(5) 计量规则:按设计图示尺寸以体积计算,伸入墙内的梁头、梁垫并入梁体积内,梁长按上述规定确定。

5. 过梁(010503005)

(1) 项目特征:混凝土种类、强度等级。

(2) 适用范围:适用于建筑物门窗洞口上所设置的梁。

(3) 工作内容:模板及支撑制作、安装、拆除、堆放、运输,以及清理模内杂物、刷隔离剂等;混凝土制作、运输、浇筑、振捣、养护。

(4) 计量单位:m^3。

(5) 计量规则:按设计图示尺寸以体积计算,伸入墙内的梁头、梁垫并入梁体积内,梁长按上述规定确定。

6. 弧形梁、拱形梁(010503006)

(1) 项目特征:混凝土种类、强度等级。

(2) 工作内容:模板及支撑制作、安装、拆除、堆放、运输,以及清理模内杂物、刷隔离剂等;混凝土制作、运输、浇筑、振捣、养护。

(3) 计量单位:m^3。

(4) 计量规则:按设计图示尺寸以体积计算,伸入墙内的梁头、梁垫并入梁体积内,梁长按上述规定确定。

8.6.4 现浇混凝土墙(010504)

1. 直形墙(010504001)

(1) 项目特征:混凝土种类、强度等级。

(2) 工作内容:模板及支撑制作、安装、拆除、堆放、运输,以及清理模内杂物、刷隔离剂等;混凝土制作、运输、浇筑、振捣、养护。

(3) 计量单位:m^3。

(4) 计量规则:按设计图示尺寸以体积计算,扣除门窗洞口及单个面积大于 0.3 m^2 的孔洞所占体积,墙垛及突出墙面部分并入墙体体积内进行计算。

2. 弧形墙(010504002)

(1) 项目特征:混凝土种类、强度等级。

(2) 工作内容:模板及支撑制作、安装、拆除、堆放、运输,以及清理模内杂物、刷隔离剂等;混凝土制作、运输、浇筑、振捣、养护。

(3) 计量单位:m^3。

(4) 计量规则:按设计图示尺寸以体积计算,扣除门窗洞口及单个面积大于 0.3 m^2 的孔洞所占体积,墙垛及突出墙面部分并入墙体体积内进行计算。

3. 短肢剪力墙(010504003)

(1) 项目特征:混凝土种类、强度等级。

(2) 工作内容:模板及支撑制作、安装、拆除、堆放、运输,以及清理模内杂物、刷隔离剂等;混凝土制作、运输、浇筑、振捣、养护。

(3) 计量单位:m^3。

(4) 计量规则:按设计图示尺寸以体积计算,扣除门窗洞口及单个面积大于 0.3 m^2 的孔洞所占体积,墙垛及突出墙面部分并入墙体体积内进行计算。

4. 挡土墙(010504004)

(1) 项目特征:混凝土种类、强度等级。

(2) 工作内容:模板及支撑制作、安装、拆除、堆放、运输,以及清理模内杂物、刷隔离剂等;混凝土制作、运输、浇筑、振捣、养护。

(3) 计量单位:m^3。

(4) 计量规则:按设计图示尺寸以体积计算,扣除门窗洞口及单个面积大于 0.3 m^2 的孔洞所占体积,墙垛及突出墙面部分并入墙体体积内进行计算。

5. 说明

短肢剪力墙是指截面厚度不大于 300 mm,各肢截面高度与厚度之比的最大值大于 4 但不大于 8 的剪力墙。各肢截面高度与厚度之比的最大值不大于 4 的剪力墙按现浇混凝土柱项目编码列项。

8.6.5 现浇混凝土板(010505)

1. 有梁板(010505001)、平板(010505003)、拱板(010505004)、薄壳板(010505005)、栏板(010505006)

(1) 项目特征:混凝土种类、强度等级。

(2) 工作内容:模板及支撑制作、安装、拆除、堆放、运输,以及清理模内杂物、刷隔离剂等;混凝土制作、运输、浇筑、振捣、养护。

(3) 计量单位:m^3。

(4) 计量规则:按设计图示尺寸以体积计算,不扣除单个面积不超过 0.3 m^2 的柱、垛及孔洞所占体积。

2. 无梁板(010505002)

(1) 项目特征:混凝土种类、强度等级。

(2) 工作内容:模板及支撑制作、安装、拆除、堆放、运输,以及清理模内杂物、刷隔离剂等;混凝土制作、运输、浇筑、振捣、养护。

(3) 计量单位:m^3。

(4) 计量规则:按设计图示尺寸以体积计算,不扣除单个面积不超过 0.3 m^2 的柱、垛及孔洞所占体积。

3. 天沟(檐沟)、挑檐板(010505007)

(1) 项目特征:混凝土种类、强度等级。

(2) 工作内容:模板及支撑制作、安装、拆除、堆放、运输,以及清理模内杂物、刷隔离剂等;混凝土制作、运输、浇筑、振捣、养护。

(3) 计量单位:m^3。

(4) 计量规则:按设计图示尺寸以体积计算。

4. 雨篷、悬挑板、阳台板(010505008)

(1) 项目特征:混凝土种类、强度等级。

(2) 工作内容:模板及支撑制作、安装、拆除、堆放、运输,以及清理模内杂物、刷隔离剂等;混凝土制作、运输、浇筑、振捣、养护。

(3) 计量单位:m^3。

(4) 计量规则:按设计图示尺寸以墙外部分体积计算,包括伸出墙外的牛腿和雨篷反挑檐的体积。

5. 空心板(010505009)

(1) 项目特征:混凝土种类、强度等级。

(2) 工作内容:模板及支撑制作、安装、拆除、堆放、运输,以及清理模内杂物、刷隔离剂等;混凝土制作、运输、浇筑、振捣、养护。

(3) 计量单位:m^3。

(4) 计量规则:按设计图示尺寸以体积计算,空心板(GBF 高强薄壁蜂巢芯板等)应扣除空心部分体积。

6. 其他板(010505010)

(1) 项目特征:混凝土种类、强度等级。

(2) 工作内容:模板及支撑制作、安装、拆除、堆放、运输,以及清理模内杂物、刷隔离剂等;混凝土制作、运输、浇筑、振捣、养护。

(3) 计量单位:m^3。

(4) 计量规则:按设计图示尺寸以体积计算。

7. 说明

(1) 压型钢板混凝土楼板扣除构件内压型钢板所占体积,有梁板(包括主、次梁与板)按梁、板体积之和计算,无梁板按板和柱帽体积之和计算,各类板伸入墙内的板头并入板体积内进行计算,薄壳板的肋、基梁并入薄壳体积内进行计算。

(2) 现浇挑檐、天沟、雨篷、阳台与板(包括屋面板、楼板)连接时,以外墙外边线为分界线;与圈梁(包括其他梁)连接时,以梁外边线为分界线。外边线以外为挑檐、天沟、雨篷或阳台。

(3) 混凝土板采用浇筑复合高强薄型空心管时,其工程量应扣除管所占体积,复合高强薄型空心管应包括在报价内。采用轻质材料浇筑在有梁板内时,轻质材料应包括在报价内。

8.6.6 现浇混凝土楼梯(010506)

1. 直形楼梯(010506001)

(1) 项目特征:混凝土种类、强度等级。

(2) 工作内容:模板及支撑制作、安装、拆除、堆放、运输,以及清理模内杂物、刷隔离剂等;混凝土制作、运输、浇筑、振捣、养护。

(3) 计量单位:m^2 或 m^3。

(4) 计量规则:①按设计图示尺寸以水平投影面积计算,不扣除宽度不超过 500 mm 的楼梯井,伸入墙内部分不计算;②按设计图示尺寸以体积计算。

2. 弧形楼梯(010506002)

(1) 项目特征:混凝土种类、强度等级。

(2) 工作内容:模板及支撑制作、安装、拆除、堆放、运输,以及清理模内杂物、刷隔离剂等;混凝土制作、运输、浇筑、振捣、养护。

(3) 计量单位:m^2 或 m^3。

(4) 计量规则:①按设计图示尺寸以水平投影面积计算,不扣除宽度不超过 500 mm 的楼梯井,伸入墙内部分不计算;②按设计图示尺寸以体积计算。

3. 说明

(1) 整体楼梯(包括直形楼梯、弧形楼梯)的水平投影面积包括休息平台、平台梁、斜梁和楼梯的连接梁。当整体楼梯与现浇楼板无梯梁连接时,以楼梯的最后一个踏步边缘加 300 mm 为界。

(2) 直形楼梯可分为三种形式——双向楼梯、单坡直形楼梯和三折楼梯,在提供清单项时可分别列项编码,并注明其特征;弧形楼梯可分为两种形式——圆弧形楼梯和螺旋楼梯,在提供清单项时可分别列项编码,并注明其特征,螺旋楼梯中间的柱单独列项。

例 8-16 如图 8-50、图 8-51 所示,求现浇钢筋混凝土整体楼梯工程量(共有四层楼梯)。

解

$$整体楼梯工程量=(3.6-0.24)\times(6.3-0.24)\times 4\ m^2=81.45\ m^2$$

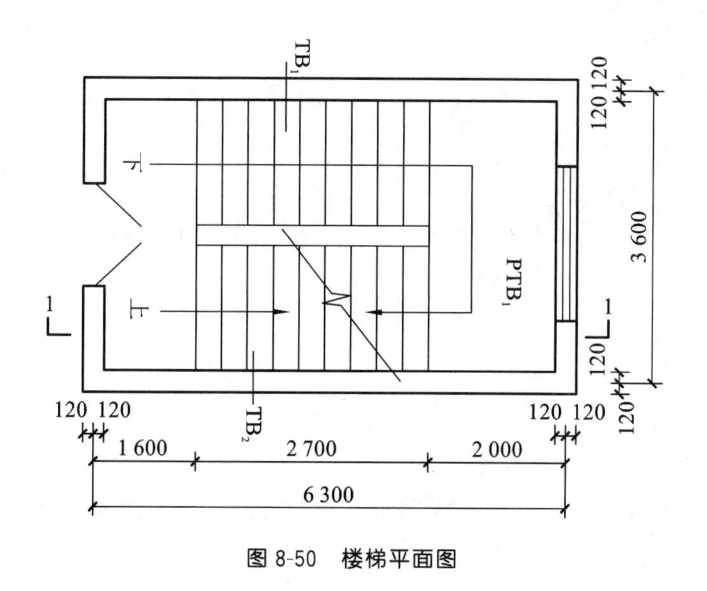

图 8-50 楼梯平面图

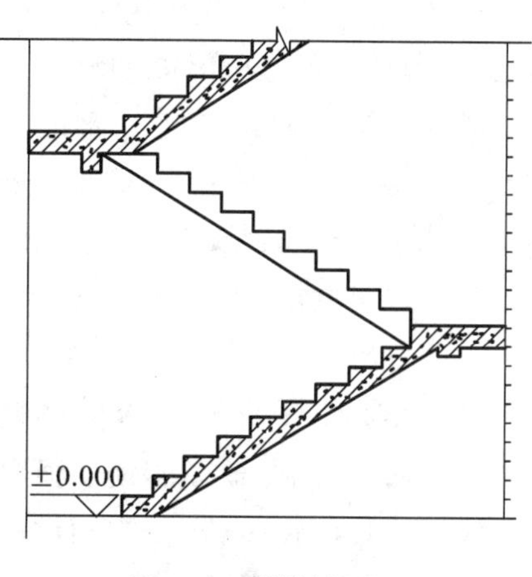

图 8-51 楼梯剖面图

8.6.7 现浇混凝土其他构件(010507)

1. 散水、坡道(010507001)

(1) 项目特征:垫层材料种类、厚度,面层厚度,混凝土种类,混凝土强度等级,变形缝填塞材料种类。

(2) 工作内容:地基夯实;铺设垫层;模板及支撑制作、安装、拆除、堆放、运输,以及清理模内杂物、刷隔离剂等;混凝土制作、运输、浇筑、振捣、养护;变形缝填塞。

(3) 计量单位:m^2。

(4) 计量规则:按设计图示尺寸以水平投影面积计算,不扣除单个不超过 0.3 m^2 孔洞所占面积。

2. 室外地坪(010507002)

(1) 项目特征:地坪厚度、混凝土强度等级。

(2) 工作内容:地基夯实;铺设垫层;模板及支撑制作、安装、拆除、堆放、运输,以及清理模内杂物、刷隔离剂等;混凝土制作、运输、浇筑、振捣、养护;变形缝填塞。

(3) 计量单位:m^2。

(4) 计量规则:按设计图示尺寸以水平投影面积计算,不扣除单个不超过 0.3 m^2 孔洞所占面积。

3. 电缆沟、地沟(010507003)

(1) 项目特征:土壤类别,沟截面净空尺寸,垫层材料种类、厚度,混凝土种类、强度等级,防护材料种类。

(2) 工作内容:地基夯实;铺设垫层;模板及支撑制作、安装、拆除、堆放、运输,以及清理模内杂物、刷隔离剂等;混凝土制作、运输、浇筑、振捣、养护;变形缝填塞。

(3) 计量单位:m。

(4) 计量规则:按设计图示尺寸以中心线长度计算。

4. 台阶(010507004)

(1) 项目特征:踏步高、宽,混凝土种类、强度等级。

(2) 工作内容:地基夯实;铺设垫层;模板及支撑制作、安装、拆除、堆放、运输,以及清理模内杂物、刷隔离剂等;混凝土制作、运输、浇筑、振捣、养护;变形缝填塞。

(3) 计量单位:m^2 或 m^3。

(4) 计量规则:①按设计图示尺寸以水平投影面积计算;②按设计图示尺寸以体积计算。

5. 扶手、压顶(010507005)

(1) 项目特征:断面尺寸,混凝土种类、强度等级。

(2) 工作内容:地基夯实;铺设垫层;模板及支撑制作、安装、拆除、堆放、运输,以及清理模内杂物、刷隔离剂等;混凝土制作、运输、浇筑、振捣、养护;变形缝填塞。

(3) 计量单位:m 或 m^3。

(4) 计量规则:①按设计图示的中心线延长米计算;②按设计图示尺寸以体积计算。

6. 化粪池、检查井(010507006)

(1) 项目特征:部位,混凝土强度等级,防水、抗渗要求。

(2) 工作内容:地基夯实;铺设垫层;模板及支撑制作、安装、拆除、堆放、运输,以及清理模内杂物、刷隔离剂等;混凝土制作、运输、浇筑、振捣、养护;变形缝填塞。

(3) 计量单位:座或 m^3。

(4) 计量规则:①按设计图示尺寸以数量计算;②按设计图示尺寸以体积计算。

7. 其他构件(010507007)

(1) 项目特征:构件类型、规格、部位,混凝土种类、强度等级。

(2) 工作内容:地基夯实;铺设垫层;模板及支撑制作、安装、拆除、堆放、运输,以及清理模内杂物、刷隔离剂等;混凝土制作、运输、浇筑、振捣、养护;变形缝填塞。

(3) 计量单位:m^3。

(4) 计量规则:按设计图示尺寸以体积计算。

8. 说明

(1) 现浇混凝土小型池槽、垫块、门框等,应按其他构件项目编码列项。

(2) 架空式混凝土台阶按现浇楼梯计算。

8.6.8 后浇带(010508)

后浇带是一种刚性变形缝,适用于不允许留设柔性变形缝的部位。后浇带的浇筑应待两侧结构主体混凝土干缩变形稳定后进行。此项目适用于基础(满堂式)、梁、墙、板后浇的混凝土带,一般宽在 700~1 000 mm 之间。

(1) 项目特征:混凝土种类、强度等级。

(2) 工作内容:模板及支撑制作、安装、拆除、堆放、运输,以及清理模内杂物、刷隔离剂等;混凝土制作、运输、浇筑、振捣、养护,以及混凝土交接面、钢筋等的清理。

(3) 计量单位:m^3。

(4) 计量规则:按设计图示尺寸以体积计算。

8.6.9 预制混凝土柱(010509)

1. 预制混凝土柱(010509001)

(1) 项目特征:图代号,单件体积,安装高度,混凝土强度等级,砂浆(细石混凝土)强度等级、配合比。

(2) 工作内容:模板制作、安装、拆除、堆放、运输,以及清理模内杂物、刷隔离剂等;混凝土制作、运输、浇筑、振捣、养护;构件运输、安装;砂浆制作、运输;接头灌缝、养护。

(3) 计量单位:m^3 或根。

(4) 计量规则:①按设计图示尺寸以体积计算;②按设计图示尺寸以数量计算,以根计量时,必须描述单件体积。

2. 异形柱(010509002)

(1) 项目特征:图代号,单件体积,安装高度,混凝土强度等级,砂浆(细石混凝土)强度等级、配合比。

(2) 工作内容:模板制作、安装、拆除、堆放、运输,以及清理模内杂物、刷隔离剂等;混凝土制作、运输、浇筑、振捣、养护;构件运输、安装;砂浆制作、运输;接头灌缝、养护。

(3) 计量单位:m^3 或根。

(4) 计量规则:①按设计图示尺寸以体积计算;②按设计图示尺寸以数量计算,以根计量时,必须描述单件体积。

8.6.10 预制混凝土梁(010510)

矩形梁(010510001)、异形梁(010510002)、过梁(010510003)、拱形梁(010510004)、鱼腹式吊车梁(010510005)、其他梁(010510006)

(1) 项目特征:图代号,单件体积,安装高度,混凝土强度等级,砂浆(细石混凝土)强度等级、配合比。

(2) 工作内容:模板制作、安装、拆除、堆放、运输,以及清理模内杂物、刷隔离剂等;混凝土制作、运输、浇筑、振捣、养护;构件运输、安装;砂浆制作、运输;接头灌缝、养护。

(3) 计量单位:m^3 或根。

(4) 计量规则:①按设计图示尺寸以体积计算;②按设计图示尺寸以数量计算,以根计量时,必须描述单件体积。

8.6.11 预制混凝土屋架(010511)

折线型屋架(010511001)、组合屋架(010511002)、薄腹屋架(010511003)、门式刚架(010511004)、天窗架(010511005)

(1) 项目特征:图代号,单件体积,安装高度,混凝土强度等级,砂浆(细石混凝土)强度等级、配合比。

(2) 工作内容:模板制作、安装、拆除、堆放、运输,以及清理模内杂物、刷隔离剂等;混凝土制作、运输、浇筑、振捣、养护;构件运输、安装;砂浆制作、运输;接头灌缝、养护。

(3) 计量单位:m^3 或榀。

(4) 计量规则:①按设计图示尺寸以体积计算;②按设计图示尺寸以数量计算。

注:(1) 以榀计量时,必须描述单件体积。

(2) 三角形屋架按折线型屋架项目编码列项。

8.6.12 预制混凝土板(010512)

1. 平板(010512001)、空心板(010512002)、槽形板(010512003)、网架板(010512004)、折线板(010512005)、带肋板(010512006)、大型板(010512007)

(1) 项目特征:图代号,单件体积,安装高度,混凝土强度等级,砂浆(细石混凝土)强度等级、配合比。

(2) 工作内容:模板制作、安装、拆除、堆放、运输,以及清理模内杂物、刷隔离剂等;混凝土制作、运输、浇筑、振捣、养护;构件运输、安装;砂浆制作、运输;接头灌缝、养护。

(3) 计量单位:m^3 或块。

(4) 计量规则:①按设计图示尺寸以体积计算,不扣除单个面积不超过 300 mm×300 mm 的孔洞所占体积,扣除空心板孔洞体积;②按设计图示尺寸以数量计算。

2. 沟盖板、井盖板、井圈(010512008)

(1) 项目特征:单件体积,安装高度,混凝土及砂浆强度等级、配合比。

(2) 工作内容:模板制作、安装、拆除、堆放、运输,以及清理模内杂物、刷隔离剂等;混凝土制作、运输、浇筑、振捣、养护;构件运输、安装;砂浆制作、运输;接头灌缝、养护。

(3) 计量单位:m^3 或块(套)。

(4) 计量规则:①按设计图示尺寸以体积计算;②按设计图示尺寸以数量计算。

注:(1) 以块、套计量时,必须描述单件体积。

(2) 不带肋的预制遮阳板、雨篷板、挑檐板、栏板等,应按预制混凝土板中的平板项目编码列项。

(3) 预制 F 形板、双 T 形板、单肋板和带反挑檐的雨篷板、挑檐板、遮阳板等,应按预制混凝土板中的带肋板项目编码列项。

(4) 预制大型墙板、大型楼板、大型屋面板等,应按预制混凝土板中的大型板项目编码列项。

8.6.13 预制混凝土楼梯(010513)

预制混凝土楼梯(010513001)

(1) 项目特征:楼梯类型、单件体积、混凝土及砂浆强度等级。

(2) 工作内容:模板制作、安装、拆除、堆放、运输,以及清理模内杂物、刷隔离剂等;混凝土制作、运输、浇筑、振捣、养护;构件运输、安装;砂浆制作、运输;接头灌缝、养护。

(3) 计量单位:m^3 或段。

(4) 计量规则:①按设计图示尺寸以体积计算,扣除空心踏步板孔洞体积;②按设计图示尺寸以数量计算。

注:以段计量时,必须描述单件体积。

8.6.14 其他预制构件(010514)

1. 垃圾道、通风道、烟道(010514001)

(1) 项目特征:单件体积、混凝土强度等级、砂浆强度等级。

(2) 工作内容:模板制作、安装、拆除、堆放、运输,以及清理模内杂物、刷隔离剂等;混凝土制作、运输、浇筑、振捣、养护;构件运输、安装;砂浆制作、运输;接头灌缝、养护。

(3) 计量单位:m^3 或 m^2 或根(块、套)。

(4) 计量规则:①按设计图示尺寸以体积计算,不扣除单个面积不超过 300 mm×300 mm 的孔洞所占体积,扣除烟道、垃圾道、通风道的孔洞所占体积;②按设计图示尺寸以面积计算,不扣除单个面积不超过 300 mm×300 mm 的孔洞所占面积;③按设计图示尺寸以数量计算。

2. 其他构件(010514002)

(1) 项目特征:单件体积、构件类型、混凝土及砂浆强度等级。

(2) 工作内容:模板制作、安装、拆除、堆放、运输,以及清理模内杂物、刷隔离剂等;混凝土制作、运输、浇筑、振捣、养护;构件运输、安装;砂浆制作、运输;接头灌缝、养护。

(3) 计量单位:m^3 或 m^2 或根(块、套)。

(4) 计量规则:①按设计图示尺寸以体积计算,不扣除单个面积不超过 300 mm×300 mm 的孔洞所占体积,扣除烟道、垃圾道、通风道的孔洞所占体积;②按设计图示尺寸以面积计算,不扣除单个面积不超过 300 mm×300 mm 的孔洞所占面积;③按设计图示尺寸以数量计算。

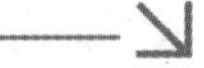

注:(1) 以块、根、套计量时,必须描述单件体积。

(2) 预制钢筋混凝土小型池槽、压顶、扶手、垫块、隔热板、花格等,按其他预制构件中的其他构件项目编码列项。

8.6.15 钢筋工程(010515)

1. 现浇构件钢筋(010515001)

(1) 项目特征:钢筋种类、规格。

(2) 工作内容:钢筋制作、运输,钢筋安装,焊接(绑扎)。

(3) 计量单位:t。

(4) 计量规则:按设计图示尺寸钢筋(网)长度(面积)乘以单位理论质量计算。

2. 预制构件钢筋(010515002)

(1) 项目特征:钢筋种类、规格。

(2) 工作内容:钢筋制作、运输,钢筋安装,焊接(绑扎)。

(3) 计量单位:t。

(4) 计量规则:按设计图示尺寸钢筋(网)长度(面积)乘以单位理论质量计算。

3. 钢筋网片(010515003)

(1) 项目特征:钢筋种类、规格。

(2) 工作内容:钢筋制作、运输,钢筋安装,焊接(绑扎)。

(3) 计量单位:t。

(4) 计量规则:按设计图示尺寸钢筋(网)长度(面积)乘以单位理论质量计算。

4. 钢筋笼(010515004)

(1) 项目特征:钢筋种类、规格。

(2) 工作内容:钢筋制作、运输,钢筋安装,焊接(绑扎)。

(3) 计量单位:t。

(4) 计量规则:按设计图示尺寸钢筋(网)长度(面积)乘以单位理论质量计算。

5. 先张法预应力钢筋(010515005)

(1) 项目特征:钢筋种类、规格,锚具种类。

(2) 工作内容:钢筋制作、运输,钢筋张拉。

(3) 计量单位:t。

(4) 计量规则:按设计图示尺寸钢筋长度乘以单位理论质量计算。

6. 后张法预应力钢筋(010515006)、预应力钢丝(010515007)、预应力钢绞线(010515008)

(1) 项目特征:钢筋种类、规格,钢丝种类、规格,钢绞线种类、规格,锚具种类,砂浆强度等级。

(2) 工作内容:钢筋、钢丝、钢绞线制作、运输、安装,预埋管孔道铺设,锚具安装,砂浆制作、运输,孔道压浆、养护。

(3) 计量单位:t。

(4) 计量规则:按设计图示尺寸钢筋(丝束、绞线)长度乘以单位理论质量计算,钢筋计算长度分不同锚具按相关规定确定。

注:(1) 低合金钢筋两端均采用螺杆锚具时,钢筋长度按孔道长度减 0.35 m 计算,螺杆另行计算。

(2) 低合金钢筋一端采用镦头插片,另一端采用螺杆锚具时,钢筋长度按孔道长度计算,螺杆另行计算。

(3) 低合金钢筋一端采用镦头插片,另一端采用帮条锚具时,钢筋长度按孔道长度增加 0.15 m 计算;两端均采用帮条锚具时,钢筋长度按孔道长度增加 0.3 m 计算。

(4) 低合金钢筋采用后张混凝土自锚时,钢筋长度按孔道长度增加 0.35 m 计算。

(5) 低合金钢筋(钢绞线)采用 JM、XM、QM 型锚具,孔道长度不超过 20 m 时,钢筋长度按孔道长度增加 1 m 计算;孔道长度大于 20 m 时,钢筋长度按孔道长度增加 1.8 m 计算。

(6) 碳素钢丝采用锥形锚具,孔道长度不超过 20 m 时,钢丝束长度按孔道长度增加 1 m 计算;孔道长度大于 20 m 时,钢丝束长度按孔道长度增加 1.8 m 计算 。

(7) 碳素钢丝采用镦头锚具时,钢丝束长度按孔道长度增加 0.35 m 计算。

7. 支撑钢筋(铁马)(010515009)

(1) 项目特征:钢筋种类、规格。

(2) 工作内容:钢筋制作、焊接、安装。

(3) 计量单位:t。

(4) 计量规则:按钢筋长度乘以单位理论质量计算。

8. 声测管(010515010)

(1) 项目特征:材质、规格、型号。

(2) 工作内容:检测管截断、封头,套管制作、焊接,定位、固定。

(3) 计量单位:t。

(4) 计量规则:按设计图示尺寸以质量计算。

9. 说明

(1) 现浇构件中伸出构件的锚固钢筋应并入钢筋工程量内。除设计(包括规范规定)标明的搭接外，其他施工搭接不计算工程量，在综合单价中综合考虑。

（2）现浇构件中固定位置的支撑钢筋、双层钢筋用的“铁马”在编制工程量清单时，如果设计未明确，其工程量可为暂估量，结算时按现场签证数量计算。

8.6.16 螺栓、铁件(010516)

1. 螺栓(010516001)

（1）项目特征：螺栓种类、规格。

（2）工作内容：螺栓、铁件制作、运输、安装。

（3）计量单位：t。

（4）计量规则：按设计图示尺寸以质量计算。

2. 预埋铁件(010516002)

（1）项目特征：钢材种类、规格，铁件尺寸。

（2）工作内容：螺栓、铁件制作、运输、安装。

（3）计量单位：t。

（4）计量规则：按设计图示尺寸以质量计算。

3. 机械连接(010516003)

（1）项目特征：连接方式，螺纹套筒种类、规格。

（2）工作内容：钢筋套丝、套筒连接。

（3）计量单位：个。

（4）计量规则：按设计图示尺寸以数量计算。

8.6.17 计算实例

例 8-17 某建筑物带形基础如图 8-52 所示，计算该带形混凝土基础在(a)、(b)、(c)三种断面情况下的混凝土工程量。

解

(a) 断面为矩形时：

$$V=\text{基础断面面积}\times\text{基础长度}$$

$$V=(1.0\times0.3)\times[(3.6+3.0+4.8)\times2+(4.8-0.5\times2)]\ \text{m}^3=7.98\ \text{m}^3$$

(b) 断面为锥形时：

$$V=\text{外墙下基础混凝土工程量}+\text{内墙下基础混凝土工程量}+\text{内外墙 T 形搭接部分混凝土工程量}$$

$$V_{\text{外墙下基础}}=\text{外墙中心线长}\times\text{基础断面面积}$$

$$V_{\text{内墙下基础}}=\text{内墙下基础底净长}\times\text{基础断面面积}$$

$$V_{\text{搭接}}=\text{内墙与外墙搭接长度}\times\text{梯形部分高度}\times(\text{基底宽度}+2\times\text{基顶宽度})/6$$

$$\begin{aligned}\text{基础断面面积}&=\text{基底宽度}\times\text{矩形部分高度}+(\text{基底宽度}+\text{基顶宽度})\times\text{梯形部分高度}/2\\&=[1.0\times0.3+(1.0+0.4)\times0.2/2]\ \text{m}^2=0.44\ \text{m}^2\end{aligned}$$

$$V_{\text{外墙下基础}}=(3.6+3.6+4.8)\times2\times0.44\ \text{m}^3=10.56\ \text{m}^3$$

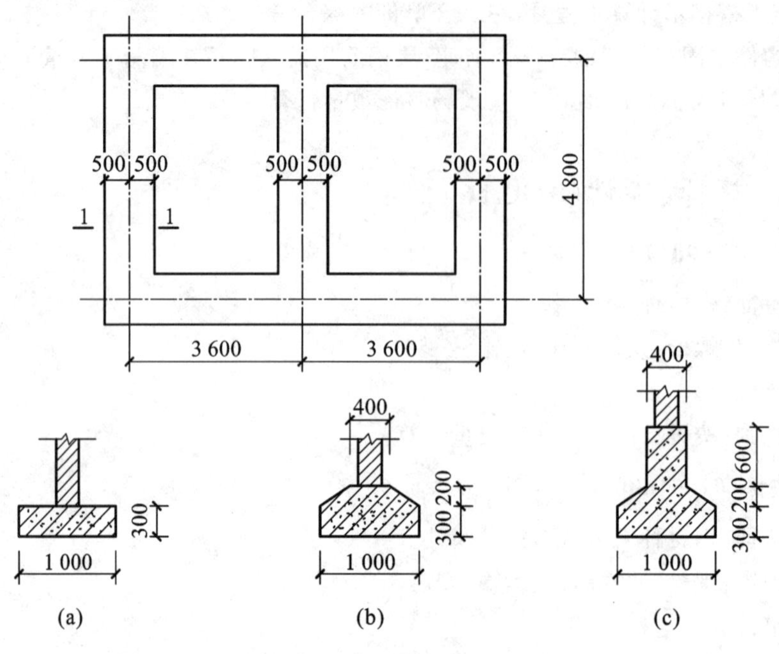

图 8-52　某建筑物带形基础

$$V_{内墙下基础}=(4.8-1.0)\times 0.44\ m^3=1.67\ m^3$$

$$V_{内外墙搭接部分}=(1.0-0.4)/2\times(1.0+2\times 0.4)/6\times 0.2\ m^3=0.02\ m^3$$

$$\therefore V=(10.56+1.67+0.02\times 2)\ m^3=12.27\ m^3$$

（c）断面为带肋锥形时：

V＝外墙下基础混凝土工程量＋内墙下基础混凝土工程量＋内外墙 T 形搭接部分混凝土工程量

带肋锥形断面面积＝基底宽度×矩形部分高度＋(基底宽度＋基顶宽度)×梯形部分高度/2＋基顶宽度×肋梁部分高度

$$=[1.0\times 0.3+(1.0+0.4)\times 0.2/2+0.6\times 0.4]\ m^2=0.68\ m^2$$

$$V_{外墙下基础}=(3.6+3.6+4.8)\times 2\times 0.68\ m^3=16.32\ m^3$$

$$V_{内墙下基础}=(4.8-1.0)\times 0.68\ m^3=2.58\ m^3$$

$$V_{内外墙搭接部分}=(1.0-0.4)/2\times[(1.0+0.4\times 2)/6\times 0.2+0.6\times 0.4]\ m^3=0.09\ m^3$$

$$\therefore V=(16.32+2.58+0.09\times 2)\ m^3=19.08\ m^3$$

例 8-18　某项目施工图如图 8-53、图 8-54 所示，采用商业混凝土，混凝土强度等级为 C30，计算该有梁板混凝土工程量。

解

$$\begin{aligned}V&=混凝土板工程量+板下混凝土梁工程量\\&=\{[(6.3+0.125\times 2)\times(3.6+0.25)-0.4\times 0.45\times 4]\times 0.1\\&\quad+(6.3-0.325\times 2)\times 0.25\times(0.5-0.1)\times 2\\&\quad+(3.6-0.275\times 2)\times 0.25\times(0.45-0.1)\times 2\}\ m^3\\&=4.11\ m^3\end{aligned}$$

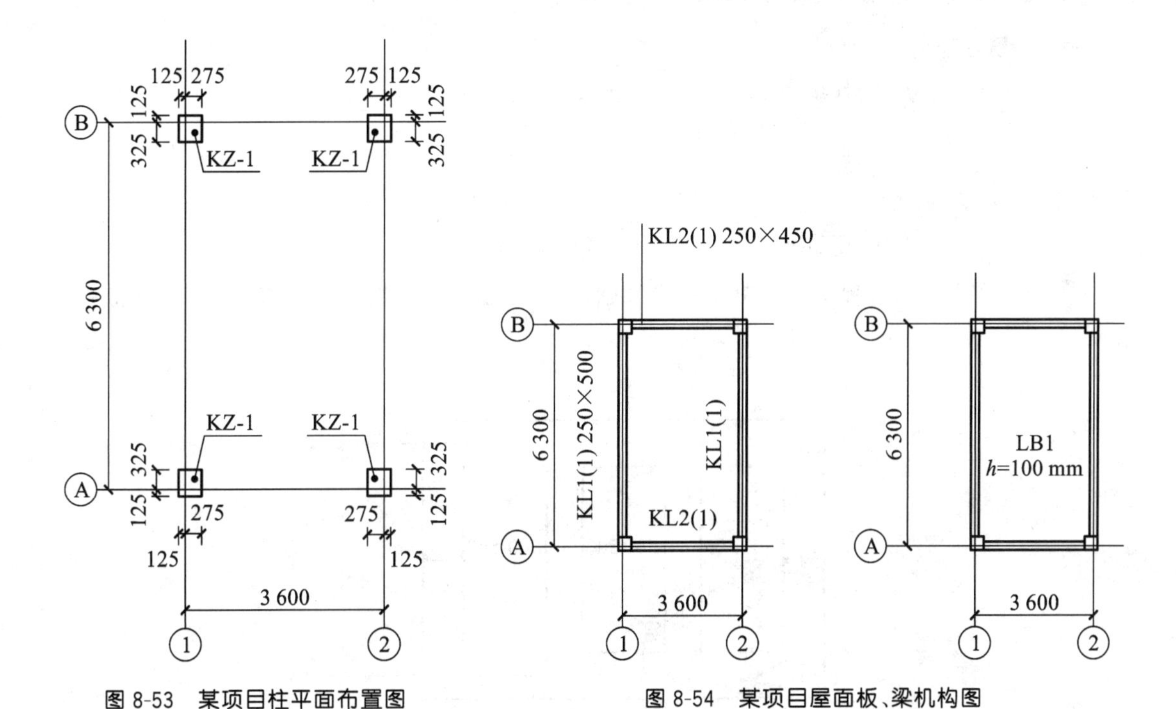

图 8-53　某项目柱平面布置图

图 8-54　某项目屋面板、梁机构图

例 8-19　某工程独立基础配筋图如图 8-55 所示，混凝土强度等级为 C25，钢筋采用绑扎连接，试计算该基础钢筋工程量。

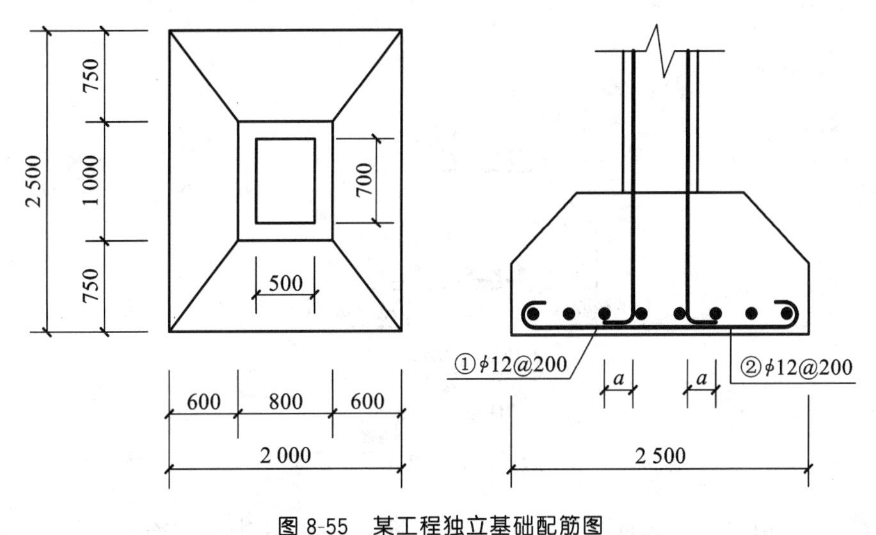

图 8-55　某工程独立基础配筋图

解　①号受力筋 ϕ12@200：

钢筋重量＝钢筋长度×钢筋根数×钢筋单位理论重量

钢筋长度＝基础长度－2×保护层厚度＋6.25×2×钢筋直径

＝(2.5－2×0.04＋6.25×2×0.012) m＝2.57 m

$$钢筋根数=\frac{基础宽度-2\times 保护层厚度}{钢筋间距}+1=\frac{2-2\times 0.04}{0.2}+1=10.6$$

故取钢筋根数为 11 根。

钢筋重量＝2.57×11×0.888 kg＝25.104 kg

同理，②号受力筋 $\phi12@200$：

$$钢筋长度=(2-2\times0.04+6.25\times2\times0.012)\ \text{m}=2.07\ \text{m}$$

$$钢筋根数=\frac{2.5-2\times0.04}{0.2}+1=13.1$$

故取钢筋根数为 14 根。

$$钢筋重量=2.07\times14\times0.888\ \text{kg}=25.734\ \text{kg}$$

例 8-20 某工程采用混凝土条形基础，如图 8-56 所示，混凝土等级为 C25，钢筋采用绑扎搭接，搭接长度为 38 d，试计算该基础钢筋工程量。

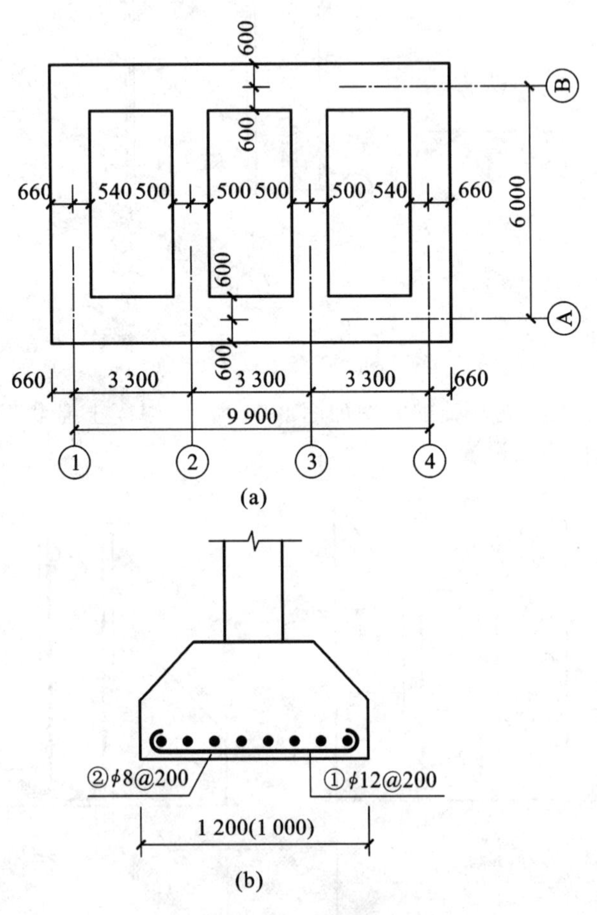

图 8-56 条形基础配筋示意图

解 用 L 表示钢筋计算长度，n 表示钢筋根数，G 表示钢筋工程量，g 表示钢筋单位理论重量。

(1) 外墙基础受力筋 $\phi12@200$：

$$L=(1.2-2\times0.04+6.25\times2\times0.012)\ \text{m}=1.27\ \text{m}$$

$$n=\left(\frac{9.9+0.66\times2-2\times0.04}{0.2}+1\right)\times2+\left(\frac{6.0+0.6\times2-2\times0.04}{0.2}+1\right)\times2=188$$

$$G=L\times n\times g=1.27\times188\times0.888\ \text{kg}=212.02\ \text{kg}$$

(2) 外墙分布筋 $\phi8@200$：

$$L=[(9.9-2\times0.54+38\times0.008)\times2+(6.0-0.6\times2+38\times0.008)\times2]\ \text{m}=28.46\ \text{m}$$

$$n=\frac{1.2-2\times0.04}{0.2}+1=6.6$$

取 $n=7$。

$$G=L\times n\times g=28.46\times7\times0.395\ \text{kg}=78.69\ \text{kg}$$

（3）内墙下基础受力筋 ϕ12@200：

$$L=(1.0-2\times0.04+6.25\times2\times0.012)\ \text{m}=1.07\ \text{m}$$

$$n=\left(\frac{6.0-2\times0.6+1.2\div4\times2}{0.2}+1\right)\times2=56$$

$$G=L\times n\times g=1.07\times56\times0.888\ \text{kg}=53.21\ \text{kg}$$

（4）内墙下基础分布筋 ϕ8@200：

$$L=(6.0-2\times0.6+38\times0.008\times2)\ \text{m}=5.41\ \text{m}$$

$$n=\frac{1.0-2\times0.04}{0.2}+1=5.6$$

取 $n=6$。

$$G=L\times n\times g=5.41\times6\times0.395\ \text{kg}=12.82\ \text{kg}$$

该基础钢筋合计为

分布筋 ϕ8@200:(78.69+12.82) kg=91.51 kg

受力筋 ϕ12@200:(212.02+53.21) kg=265.23 kg

例 8-21 某工程采用双向板，板支撑在砖墙上，墙厚 240 mm，板厚 120 mm。双向板配筋示意图如图 8-57 所示，板底配置受力筋 ϕ8@150，形成四周交叉，故不配置分布筋，板四周配置有负弯矩筋 ϕ6@200，负弯矩筋相应配置有架立筋 ϕ6@250（图中一般不画出），架立筋与双向交叉的受力筋搭接长度为 30 d，求板内钢筋工程量。

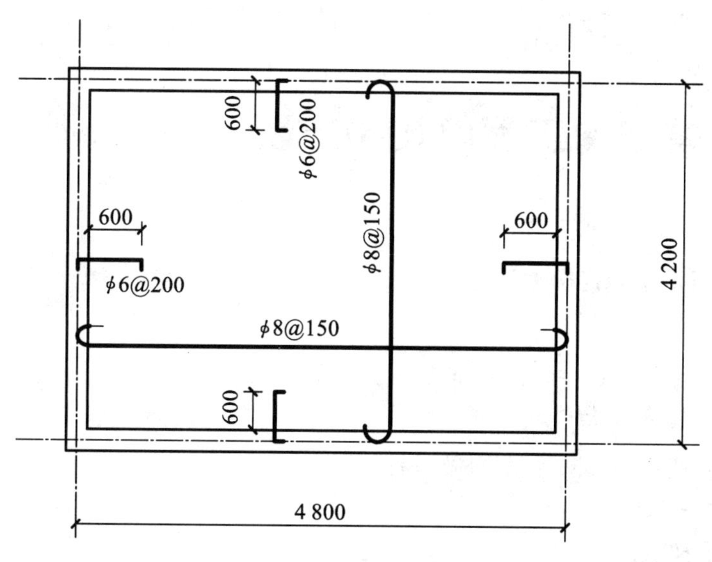

图 8-57 双向板配筋示意图

解 用 L 表示钢筋计算长度，n 表示钢筋根数，G 表示钢筋工程量。

（1）长边受力筋 ϕ8@150：

$$L=(4.8+0.24-2\times0.015+6.25\times2\times0.008)\ \text{m}=5.11\ \text{m}$$

$$n=\frac{4.2+0.24-2\times0.015}{0.15}+1=30.4$$

取 $n=31$。

$$G=5.11\times31\times0.395\ \text{kg}=62.57\ \text{kg}=0.063\ \text{t}$$

(2) 短边受力筋 $\phi8@150$：

$$L=4.2+0.24-2\times0.015+6.25\times2\times0.008)\ \text{m}=4.51\ \text{m}$$

$$n=\frac{(4.8+0.24-1\times0.015)}{0.15}+1=34.5$$

取 $n=35$。

$$G=4.51\times35\times0.395\ \text{kg}=62.35\ \text{kg}=0.062\ \text{t}$$

(3) 负弯矩筋 $\phi6@200$：

$$L=[0.24-0.015+0.6+2\times(0.12-0.015\times2)]\ \text{m}=1.005\ \text{m}$$

$$n=\left[\frac{(4.8+0.24-2\times0.015)}{0.2}+1+\frac{(4.2+0.24-2\times0.015)}{0.2}+1\right]\times2=102$$

$$G=1.005\times102\times0.222\ \text{kg}=22.76\ \text{kg}=0.023\ \text{t}$$

(4) 架立筋 $\phi6@250$：

长边：$L_1=(4.8-0.24-2\times0.6+2\times30\times0.006)\ \text{m}=3.72\ \text{m}$

短边：$L_2=(4.2-0.24-2\times0.6+2\times30\times0.006)\ \text{m}=3.12\ \text{m}$

$$n=\frac{0.24-0.015+0.6}{0.25}+1=4.3$$

取 $n=5$。

$$G=(3.72+3.12)\times2\times5\times0.222\ \text{kg}=15.18\ \text{kg}=0.015\ \text{t}$$

8.7 金属结构工程(0106)计量

8.7.1 钢网架(010601)

钢网架(010601001)

(1) 项目特征：钢材品种、规格，网架节点形式、连接方式，网架跨度、安装高度，探伤要求，防火要求。

(2) 工作内容：拼装、安装、探伤、补刷油漆。

(3) 计量单位：t。

(4) 计量规则：按设计图示尺寸以质量计算，不扣除孔眼的质量，焊条、铆钉等不另增加质量。

8.7.2 钢屋架、钢托架、钢桁架、钢架桥(010602)

1. 钢屋架(010602001)

(1) 项目特征：钢材品种、规格，单榀质量，屋架跨度、安装高度，螺栓种类，探伤要求，防火要求。

(2) 工作内容：拼装、安装、探伤、补刷油漆。

(3) 计量单位:榀或 t。

(4) 计量规则:①按设计图示尺寸以数量计算;②按设计图示尺寸以质量计算,不扣除孔眼的质量,焊条、铆钉、螺栓等不另增加质量。

2. 钢托架(010602002)、钢桁架(010602003)

(1) 项目特征:钢材品种、规格,单榀质量,安装高度,螺栓种类,探伤要求,防火要求。

(2) 工作内容:拼装、安装、探伤、补刷油漆。

(3) 计量单位:t。

(4) 计量规则:按设计图示尺寸以质量计算,不扣除孔眼的质量,焊条、铆钉、螺栓等不另增加质量。

3. 钢架桥(010602004)

(1) 项目特征:钢材品种、规格,单榀质量,安装高度,螺栓种类,探伤要求。

(2) 工作内容:拼装、安装、探伤、补刷油漆。

(3) 计量单位:t。

(4) 计量规则:按设计图示尺寸以质量计算,不扣除孔眼的质量,焊条、铆钉、螺栓等不另增加质量。

注:以榀计量时,按标准图设计的,应注明标准图代号;按非标准图设计的,项目特征必须描述单榀屋架的质量。

8.7.3 钢柱(010603)

1. 实腹钢柱(010603001)、空腹钢柱(010603002)

(1) 项目特征:钢类型,钢材品种、规格,单根柱质量,螺栓种类,探伤要求,防火要求。

(2) 工作内容:拼装、安装、探伤、补刷油漆。

(3) 计量单位:t。

(4) 计量规则:按设计图示尺寸以质量计算,不扣除孔眼的质量,焊条、铆钉、螺栓等不另增加质量,依附在钢柱上的牛腿及悬臂梁等并入钢柱工程量内。

2. 钢管柱(010603003)

(1) 项目特征:钢材品种、规格,单根柱质量,螺栓种类,探伤要求,防火要求。

(2) 工作内容:拼装、安装、探伤、补刷油漆。

(3) 计量单位:t。

(4) 计量规则:按设计图示尺寸以质量计算,不扣除孔眼的质量,焊条、铆钉、螺栓等不另增加质量,钢管柱上的节点板、加强环、内衬管、牛腿等并入钢管柱工程量内。

3. 说明

(1) 实腹钢柱类型指十字形、T 形、L 形、H 形。

(2) 空腹钢柱类型指箱形、格构式等。

(3) 型钢混凝土柱浇筑钢筋混凝土时,其混凝土和钢筋应按混凝土及钢筋混凝土工程中的相关项目编码列项。

8.7.4 钢梁(010604)

1. 钢梁(010604001)

(1) 项目特征:梁类型,钢材品种、规格,单根质量,螺栓种类,安装高度,探伤要求,防火要求。

(2) 工作内容:拼装、安装、探伤、补刷油漆。

(3) 计量单位:t。

(4) 计量规则:按设计图示尺寸以质量计算,不扣除孔眼的质量,焊条、铆钉、螺栓等不另增加质量,制动梁、制动板、制动桁架、车挡并入钢吊车梁工程量内。

2. 钢吊车梁(010604002)

(1) 项目特征:梁类型,钢材品种、规格,单根质量,螺栓种类,安装高度,探伤要求,防火要求。

(2) 工作内容:拼装、安装、探伤、补刷油漆。

(3) 计量单位:t。

(4) 计量规则:按设计图示尺寸以质量计算,不扣除孔眼的质量,焊条、铆钉、螺栓等不另增加质量,制动梁、制动板、制动桁架、车挡并入钢吊车梁工程量内。

3. 说明

(1) 梁类型指 H 形、L 形、T 形、箱形、格构式等。

(2) 型钢混凝土梁浇筑钢筋混凝土时,其混凝土和钢筋应按混凝土及钢筋混凝土工程中的相关项目编码列项。

8.7.5 钢板楼板、钢板墙板(010605)

1. 钢板楼板(010605001)

(1) 项目特征:钢材品种、规格,钢板厚度,螺栓种类,防火要求。

(2) 工作内容:拼装、安装、探伤、补刷油漆。

(3) 计量单位:m^2。

(4) 计量规则:按设计图示尺寸以铺设水平投影面积计算,不扣除单个面积不超过 0.3 m^2 的柱、垛及孔洞所占面积。

2. 钢板墙板(010605002)

(1) 项目特征:钢材品种、规格,钢板厚度,复合板厚度,螺栓种类,复合板夹芯材料种类、层数、型号、规格,防火要求。

(2) 工作内容:拼装、安装、探伤、补刷油漆。

(3) 计量单位:m^2。

(4) 计量规则:按设计图示尺寸以铺挂展开面积计算,不扣除单个面积不超过 0.3 m^2 的梁、孔洞所占面积,包角、包边、窗台泛水等不另增加面积。

3. 说明

(1) 钢板楼板上浇筑钢筋混凝土时,其混凝土和钢筋应按混凝土及钢筋混凝土工程中的相关项目编码列项。

(2) 压型钢板楼板按钢板楼板项目编码列项。

8.7.6 钢构件(010606)

1. 钢支撑、钢拉条(010606001)

(1) 项目特征:钢材品种、规格,构件类型,安装高度,螺栓种类,探伤要求,防火要求。

(2) 工作内容:拼装、安装、探伤、补刷油漆。

(3) 计量单位:t。

(4) 计量规则:按设计图示尺寸以质量计算,不扣除孔眼的质量,焊条、铆钉、螺栓等不另增加质量。

2. 钢檩条(010606002)

(1) 项目特征:钢材品种、规格,构件类型,安装高度,螺栓种类,探伤要求,防火要求。

(2) 工作内容:拼装、安装、探伤、补刷油漆。

(3) 计量单位:t。

(4) 计量规则:按设计图示尺寸以质量计算,不扣除孔眼的质量,焊条、铆钉、螺栓等不另增加质量。

3. 钢天窗架(010606003)

(1) 项目特征:钢材品种、规格,构件类型,安装高度,螺栓种类,探伤要求,防火要求。

(2) 工作内容:拼装、安装、探伤、补刷油漆。

(3) 计量单位:t。

(4) 计量规则:按设计图示尺寸以质量计算,不扣除孔眼的质量,焊条、铆钉、螺栓等不另增加质量。

4. 钢挡风架(010606004)、钢墙架(010606005)

(1) 项目特征:钢材品种、规格,构件类型,安装高度,螺栓种类,探伤要求,防火要求。

(2) 工作内容:拼装、安装、探伤、补刷油漆。

(3) 计量单位:t。

(4) 计量规则:按设计图示尺寸以质量计算,不扣除孔眼的质量,焊条、铆钉、螺栓等不另增加质量。

5. 钢平台(010606006)、钢走道(010606007)

(1) 项目特征:钢材品种、规格,螺栓种类,防火要求。

(2) 工作内容:拼装、安装、探伤、补刷油漆。

(3) 计量单位:t。

(4) 计量规则:按设计图示尺寸以质量计算,不扣除孔眼的质量,焊条、铆钉、螺栓等不另增加质量。

6. 钢梯(010606008)

(1) 项目特征:钢材品种、规格,钢梯形式,螺栓种类,防火要求。

(2) 工作内容:拼装、安装、探伤、补刷油漆。

(3) 计量单位:t。

(4) 计量规则:按设计图示尺寸以质量计算,不扣除孔眼的质量,焊条、铆钉、螺栓等不另增加质量。

7. 钢护栏(010606009)

(1) 项目特征:钢材品种、规格,防火要求。

(2) 工作内容:拼装、安装、探伤、补刷油漆。

(3) 计量单位:t。

(4) 计量规则:按设计图示尺寸以质量计算,不扣除孔眼的质量,焊条、铆钉、螺栓等不另增加质量。

8. 钢漏斗(010606010)、钢板天沟(010606011)

(1) 项目特征:钢材品种、规格,漏斗、天沟形式,安装高度,探伤要求。

(2) 工作内容:拼装、安装、探伤、补刷油漆。

(3) 计量单位:t。

(4) 计量规则:按设计图示尺寸以质量计算,不扣除孔眼的质量,焊条、铆钉、螺栓等不另增加质量,依附漏斗或天沟的型钢并入漏斗或天沟工程量内。

9. 钢支架(010606012)

(1) 项目特征:钢材品种、规格,安装高度,防火要求。

(2) 工作内容:拼装、安装、探伤、补刷油漆。

(3) 计量单位:t。

(4) 计量规则:按设计图示尺寸以质量计算,不扣除孔眼的质量,焊条、铆钉、螺栓等不另增加质量。

10. 零星钢构件(010606013)

(1) 项目特征:构件名称,钢材品种、规格。

(2) 工作内容:拼装、安装、探伤、补刷油漆。

(3) 计量单位:t。

(4) 计量规则:按设计图示尺寸以质量计算,不扣除孔眼的质量,焊条、铆钉、螺栓等不另增加质量。

11. 说明

(1) 钢墙架项目包括墙架柱、墙架梁和连接杆件。

(2) 钢支撑、钢拉条类型指单式、复式,钢檩条类型指型钢式、格构式,钢漏斗形式指方形、圆形,钢板天沟形式指矩形沟或半圆形沟。

(3) 加工铁件等小型构件时,按钢构件工程中的零星钢构件项目编码列项。

8.7.7 金属制品(010607)

1. 成品空调金属百叶护栏(010607001)

(1) 项目特征:材料品种、规格,边框材质。

(2) 工作内容:安装、校正、预埋铁件、安装螺栓。

(3) 计量单位：m^2。

(4) 计量规则：按设计图示尺寸以框外围展开面积计算。

2. 成品栅栏(010607002)

(1) 项目特征：材料品种、规格，边框及立柱型钢品种、规格。

(2) 工作内容：安装、校正、预埋铁件、安装螺栓及金属立柱。

(3) 计量单位：m^2。

(4) 计量规则：按设计图示尺寸以框外围展开面积计算。

3. 成品雨篷(010607003)

(1) 项目特征：材料品种、规格，雨篷宽度，晾衣竿品种、规格。

(2) 工作内容：安装、校正、预埋铁件、安装螺栓。

(3) 计量单位：m 或 m^2。

(4) 计量规则：①按设计图示尺寸以接触边长度计算；②按设计图示尺寸以框外围展开面积计算。

4. 金属网栏(010607004)

(1) 项目特征：材料品种、规格，边框及立柱型钢品种、规格。

(2) 工作内容：安装、校正、安装螺栓及金属立柱。

(3) 计量单位：m^2。

(4) 计量规则：按设计图示尺寸以框外围展开面积计算。

5. 砌块墙钢丝网加固(010607005)、后浇带金属网(010607006)

(1) 项目特征：材料品种、规格，加固方式。

(2) 工作内容：铺贴、锚固。

(3) 计量单位：m^2。

(4) 计量规则：按设计图示尺寸以面积计算。

注：抹灰钢丝网加固按金属制品工程中的砌块墙钢丝网加固项目编码列项。

8.7.8 计算实例

例 8-22 某项目空腹钢柱图如图 8-58 所示，空腹钢柱共 12 根，由加工厂制作，运输到现场拼装、安装，运输距离为 5 km，红丹防锈漆刷两遍，试计算该空腹钢柱工程量。

解 槽钢 25a：

$$(3.2-0.008\times2)\times2\times27.5/1000\times12\ t=2.101\ t$$

$\phi350\times350\times8$：

$$0.35\times0.35\times0.008\times7.85\times2\times12\ t=0.185\ t$$

$\phi150\times8$：

$$(3.2-0.008\times2)\times2\times0.15\times0.008\times7.85\times12\ t=0.720\ t$$

∴该空腹钢柱工程量 $=(2.101+0.185+0.720)\ t=3.006\ t$

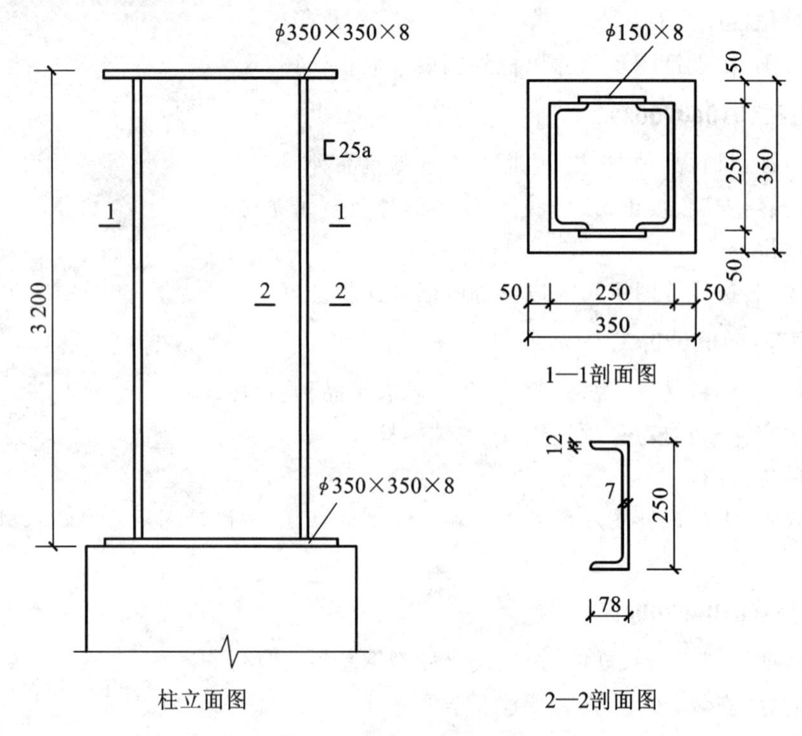

图 8-58 某项目空腹钢柱图

8.8 木结构工程(0107)计量

8.8.1 木屋架(010701)

1. 木屋架(010701001)

(1) 项目特征:跨度,材料品种、规格,刨光要求,拉杆及夹板种类,防护材料种类。

(2) 工作内容:制作、运输、安装、刷防护材料。

(3) 计量单位:榀或 m^3。

(4) 计量规则:①按设计图示尺寸以数量计算;②按设计图示的规格尺寸以体积计算。

2. 钢木屋架(010701002)

(1) 项目特征:跨度,木材及钢材品种、规格,防护材料种类。

(2) 工作内容:制作、运输、安装、刷防护材料。

(3) 计量单位:榀。

(4) 计量规则:按设计图示尺寸以数量计算。

3. 说明

(1) 与木屋架相连接的挑椽木、钢夹板构件、连接螺栓应包括在木屋架报价内,钢拉杆(下弦拉杆)、受拉腹杆、钢夹板、连接螺栓应包括在钢木屋架报价内。

(2) 屋架的跨度应以上、下弦中心线两交点之间的距离计算。

(3) 带气楼的屋架和马尾、折角,以及正交部分的半屋架,按相关屋架项目编码列项。

(4) 以榀计量时,按标准图设计的,应注明标准图代号;按非标准图设计的,项目特征必须按木屋架工程要求予以描述。

8.8.2 木构件(010702)

1. 木柱(010702001)、木梁(010702002)

(1) 项目特征:构件规格、尺寸,木材种类,刨光要求,防护材料种类。

(2) 工作内容:制作、运输、安装、刷防护材料。

(3) 计量单位:m^3。

(4) 计量规则:按设计图示尺寸以体积计算。

2. 木檩(010702003)

(1) 项目特征:构件规格、尺寸,木材种类,刨光要求,防护材料种类。

(2) 工作内容:制作、运输、安装、刷防护材料。

(3) 计量单位:m^3 或 m。

(4) 计量规则:①按设计图示尺寸以体积计算;②按设计图示尺寸以长度计算。

3. 木楼梯(010702004)

(1) 项目特征:楼梯形式、木材种类、刨光要求、防护材料种类。

(2) 工作内容:制作、运输、安装、刷防护材料。

(3) 计量单位:m^2。

(4) 计量规则:按设计图示尺寸以水平投影面积计算,不扣除宽度不超过 300 m 的楼梯井,伸入墙内部分不计算。

4. 其他木构件(010702005)

(1) 项目特征:构件名称、规格、尺寸,木材种类,刨光要求,防护材料种类。

(2) 工作内容:制作、运输、安装、刷防护材料。

(3) 计量单位:m^3 或 m。

(4) 计量规则:①按设计图示尺寸以体积计算;②按设计图示尺寸以长度计算。

5. 说明

(1) 木楼梯的栏杆(栏板)、扶手,应按其他装饰工程中的相关项目编码列项。

(2) 以米计量时,项目特征必须描述构件规格、尺寸。

8.8.3 屋面木基层(010703)

1. 屋面木基层(010703001)

(1) 项目特征:椽子断面尺寸及椽距,望板材料种类、厚度,防护材料种类。

(2) 工作内容:椽子制作、安装,望板制作、安装,顺水条和挂瓦条制作、安装,刷防护材料。

(3) 计量单位:m^2。

(4) 计量规则:按设计图示尺寸以斜面积计算,不扣除房上烟囱、风帽底座、风道、小气窗、斜沟等所占面积,小气窗的出檐部分不增加面积。

8.8.4 计算实例

例 8-23 图 8-59 所示为某项目所采用的方木屋架，现场制作，不刨光，拉杆为 $\phi10$ 的圆钢，试计算该方木屋架工程量。

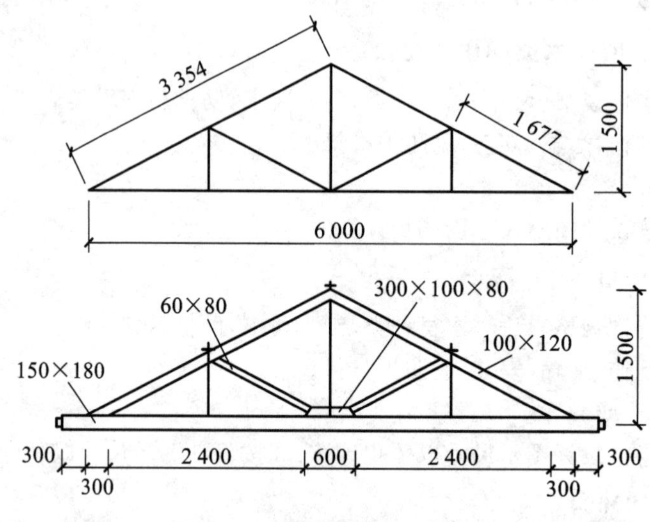

图 8-59 某项目屋架施工图

解 下弦杆工程量为

$$0.15\times0.18\times6.6\times4\ \text{m}^3=0.713\ \text{m}^3$$

上弦杆工程量为

$$0.10\times0.12\times3.354\times2\times4\ \text{m}^3=0.322\ \text{m}^3$$

斜撑工程量为

$$0.06\times0.08\times1.677\times2\times4\ \text{m}^3=0.064\ \text{m}^3$$

垫木工程量为

$$0.30\times0.10\times0.08\times4\ \text{m}^3=0.010\ \text{m}^3$$

该方木屋架工程量为

$$(0.713+0.322+0.064+0.010)\ \text{m}^3=1.11\ \text{m}^3$$

8.9 门窗工程(0108)计量

8.9.1 木门(010801)

1. 木质门(010801001)、木质门带套(010801002)、木质连窗门(010801003)、木质防火门(010801004)

(1) 项目特征：门代号及洞口尺寸，镶嵌玻璃品种、厚度。

(2) 工作内容：门安装、玻璃安装、五金安装。

(3) 计量单位：樘或 m^2。

(4) 计量规则:①按设计图示尺寸以数量计算;②按设计图示洞口尺寸以面积计算。

2. 木门框(010801005)

(1) 项目特征:门代号及洞口尺寸、框截面尺寸、防护材料种类。

(2) 工作内容:木门框制作、安装、运输,刷防护材料。

(3) 计量单位:樘或 m。

(4) 计量规则:①按设计图示尺寸以数量计算;②按设计图示框的中心以延长米计算。

3. 门锁安装(010801006)

(1) 项目特征:锁品种、规格。

(2) 工作内容:安装。

(3) 计量单位:个或套。

(4) 计量规则:按设计图示尺寸以数量计算。

4. 说明

(1) 木质门应区分镶板木门、企口木板门、实木装饰门、胶合板门、夹板装饰门、木纱门、全玻门(带木质扇框)、木质半玻门(带木质扇框)等项目,分别编码列项。

(2) 木门五金应包括折页、插销、门碰珠、弓背拉手、搭机、木螺丝、弹簧折页(自动门)、管子拉手(自由门、地弹门)、地弹簧(地弹门)、角铁、门轧头(地弹门、自由门)等。

(3) 木质门带套计量时,按洞口尺寸以面积计算,不包括门套的面积,但门套应计算在综合单价中。

(4) 以樘计量时,项目特征必须描述洞口尺寸;以平方米计量时,项目特征可不描述洞口尺寸。

(5) 单独制作、安装木门框时,按木门框项目编码列项。

8.9.2 金属门(010802)

1. 金属(塑钢)门(010802001)

(1) 项目特征:门代号及洞口尺寸,门框或扇外围尺寸,门框、扇材质,玻璃品种、厚度。

(2) 工作内容:门安装、五金安装、玻璃安装。

(3) 计量单位:樘或 m^2。

(4) 计量规则:①按设计图示尺寸以数量计算;②按设计图示洞口尺寸以面积计算。

2. 彩板门(010802002)

(1) 项目特征:门代号及洞口尺寸、门框或扇外围尺寸。

(2) 工作内容:门安装、五金安装、玻璃安装。

(3) 计量单位:樘或 m^2。

(4) 计量规则:①按设计图示尺寸以数量计算;②按设计图示洞口尺寸以面积计算。

3. 钢质防火门(010802003)

(1) 项目特征:门代号及洞口尺寸,门框或扇外围尺寸,门框、扇材质。

(2) 工作内容:门安装、五金安装、玻璃安装。

(3) 计量单位:樘或 m^2。

(4) 计量规则:①按设计图示尺寸以数量计算;②按设计图示洞口尺寸以面积计算。

4. 防盗门(010802004)

(1) 项目特征:门代号及洞口尺寸,门框或扇外围尺寸,门框、扇材质。

(2) 工作内容:门安装、五金安装。

(3) 计量单位:樘或 m^2。

(4) 计量规则:①按设计图示尺寸以数量计算;②按设计图示洞口尺寸以面积计算。

5. 说明

(1) 金属门应区分金属平开门、金属推拉门、金属地弹门、全玻门(带金属扇框)、金属半玻门(带金属扇框)等项目,分别编码列项。

(2) 铝合金门五金包括地弹簧、门锁、拉手、门插、门铰、螺丝等。

(3) 金属门五金包括L形执手插锁(双舌)、执手锁(单舌)、门轨头、地锁、防盗门机、门眼(锚眼)、门碰珠、电子锁(磁卡锁)、闭门器、装饰拉手等。

(4) 以樘计量时,项目特征必须描述洞口尺寸,若没有洞口尺寸,则必须描述门框或扇的外围尺寸;以平方米计量时,项目特征可不描述洞口及门框、扇的外围尺寸。

(5) 以平方米计量,但无设计图示洞口尺寸时,按门框、扇的外围尺寸以面积计算。

8.9.3 金属卷帘(闸)门(010803)

金属卷帘(闸)门(010803001)、防火卷帘(闸)门(010803002)

(1) 项目特征:门代号及洞口尺寸,门材质,启动装置品种、规格。

(2) 工作内容:门安装、五金安装。

(3) 计量单位:樘或 m^2。

(4) 计量规则:①按设计图示尺寸以数量计算;②按设计图示洞口尺寸以面积计算。

8.9.4 厂库房大门、特种门(010804)

1. 木板大门(010804001)、钢木大门(010804002)、全钢板大门(010804003)

(1) 项目特征:门代号及洞口尺寸,门框或扇外围尺寸,门框、扇材质;五金种类、规格,防护材料种类。

(2) 适用范围:木板大门适用于厂库房的平开、推拉、带观察窗、不带观察窗等各类塑木板大门,钢木大门适用于厂库房的平开、推拉、单面铺木板、双面铺木板、防风型、保暖型等各类型钢木大门,全钢板大门适用于厂库房的平开、推拉、折叠、单面铺钢板、双面铺钢板等各类型全钢板大门。

(3) 工作内容:门及骨架制作、运输,门、五金配件安装,刷防护材料。

(4) 计量单位:樘或 m^2。

(5) 计量规则:①按设计图示尺寸以数量计算;②按设计图示洞口尺寸以面积计算。

2. 防护铁丝门(010804004)

(1) 项目特征:门代号及洞口尺寸,门框或扇外围尺寸,门框、扇材质,五金种类、规格,防护材料种类。

(2) 适用范围:适用于钢管骨架铁丝门、角钢骨架铁丝门、木骨架铁丝门等。

(3) 工作内容:门及骨架制作、运输,门、五金配件安装,刷防护材料。

(4) 计量单位：樘或 m^2。

(5) 计量规则：①按设计图示尺寸以数量计算；②按设计图示洞口尺寸以面积计算。

3. 金属格栅门(010804005)

(1) 项目特征：门代号及洞口尺寸，门框或扇外围尺寸，门框、扇材质，启动装置的品种、规格。

(2) 工作内容：门安装，启动装置、五金配件安装。

(3) 计量单位：樘或 m^2。

(4) 计量规则：①按设计图示尺寸以数量计算；②按设计图示洞口尺寸以面积计算。

4. 钢质花饰大门(010804006)

(1) 项目特征：门代号及洞口尺寸，门框或扇外围尺寸，门框、扇材质，启动装置的品种、规格。

(2) 工作内容：门安装，启动装置、五金配件安装。

(3) 计量单位：樘或 m^2。

(4) 计量规则：①按设计图示尺寸以数量计算；②按设计图示洞口尺寸以面积计算。

5. 特种门(010804007)

(1) 项目特征：门代号及洞口尺寸，门框或扇外围尺寸，门框、扇材质。

(2) 适用范围：适用于各种放射线门、密闭门、保温门、隔音门、冷藏库门等具有特殊使用功能的门。

(3) 工作内容：门安装、五金配件安装。

(4) 计量单位：樘或 m^2。

(5) 计量规则：①按设计图示尺寸以数量计算；②按设计图示洞口尺寸以面积计算。

6. 说明

(1) 同一工程的同一类型的某种门，若五金种类、规格，油漆品种，刷漆遍数，开启方式等不同，都会影响到价格的确定，要分别编码列项。

(2) 特种门应区分冷藏门、冷冻间门、保温门、变电室门、隔音门、放射线门、人防门、金库门等项目，分别编码列项。

(3) 以樘计量时，项目特征必须描述洞口尺寸，若没有洞口尺寸，则必须描述门框或扇的外围尺寸；以平方米计量时，项目特征可不描述洞口及门框、扇的外围尺寸。

(4) 以平方米计量，但无设计图示洞口尺寸时，按门框、扇的外围尺寸以面积计算。

8.9.5 其他门(010805)

1. 电子感应门(010805001)、旋转门(010805002)

(1) 项目特征：门代号及洞口尺寸，门框或扇外围尺寸，门框、扇材质，玻璃品种、厚度，启动装置的品种、规格，电子配件的品种、规格。

(2) 工作内容：门安装，启动装置、五金、电子配件安装。

(3) 计量单位：樘或 m^2。

(4) 计量规则：①按设计图示尺寸以数量计算；②按设计图示洞口尺寸以面积计算。

2. 电子对讲门(010805003)、电动伸缩门(010805004)

(1) 项目特征:门代号及洞口尺寸,门框或扇外围尺寸,门材质,玻璃品种、厚度,启动装置的品种、规格,电子配件的品种、规格。

(2) 工作内容:门安装,启动装置、五金、电子配件安装。

(3) 计量单位:樘或 m^2。

(4) 计量规则:①按设计图示尺寸以数量计算;②按设计图示洞口尺寸以面积计算。

3. 全玻璃自由门(010805005)

(1) 项目特征:门代号及洞口尺寸,门框或扇外围尺寸,门材质,玻璃品种、厚度,启动装置的品种、规格,电子配件的品种、规格。

(2) 工作内容:门安装、五金安装。

(3) 计量单位:樘或 m^2。

(4) 计量规则:①按设计图示尺寸以数量计算;②按设计图示洞口尺寸以面积计算。

4. 镜面不锈钢饰面门(010805006)、复合材料门(010805007)

(1) 项目特征:门代号及洞口尺寸,门框或扇外围尺寸,门材质,玻璃品种、厚度,启动装置的品种、规格,电子配件的品种、规格。

(2) 工作内容:门安装、五金安装。

(3) 计量单位:樘或 m^2。

(4) 计量规则:①按设计图示尺寸以数量计算;②按设计图示洞口尺寸以面积计算。

8.9.6 木窗(010806)

1. 木质窗(010806001)

(1) 项目特征:窗代号及洞口尺寸,玻璃品种、厚度。

(2) 工作内容:窗安装、五金安装、玻璃安装。

(3) 计量单位:樘或 m^2。

(4) 计量规则:①按设计图示尺寸以数量计算;②按设计图示洞口尺寸以面积计算。

2. 木飘(凸)窗(010806002)、木橱窗(010806003)

(1) 项目特征:窗代号,框截面及外围展开面积,玻璃品种、厚度,防护材料种类。

(2) 工作内容:窗制作、运输、安装,五金、玻璃安装,刷防护材料。

(3) 计量单位:樘或 m^2。

(4) 计量规则:①按设计图示尺寸以数量计算;②按设计图示尺寸以框外围展开面积计算。

3. 木纱窗(010806004)

(1) 项目特征:窗代号及框外围尺寸,窗纱材料品种、规格。

(2) 工作内容:窗安装、五金安装。

(3) 计量单位:樘或 m^2。

(4) 计量规则:①按设计图示尺寸以数量计算;②按框的外围尺寸以面积计算。

4. 说明

(1) 木质窗应区分木百叶窗、木组合窗、木天窗、木固定窗、木装饰空花窗等项目,分别编码列项。

(2) 以樘计量时,项目特征必须描述洞口尺寸,若没有洞口尺寸,则必须描述窗、框的外围尺寸;以平方米计量时,项目特征可不描述洞口尺寸及框的外围尺寸。

(3) 以平方米计量,但无设计图示洞口尺寸时,按窗、框的外围尺寸以面积计算。

(4) 木橱窗、木飘(凸)窗以樘计量时,项目特征必须描述框截面及外围展开面积。

(5) 木窗五金包括折页、插销、风钩、木螺丝、滑轮滑轨、推拉窗等。

8.9.7 金属窗(010807)

1. 金属(塑钢、断桥)窗(010807001)、金属防火窗(010807002)

(1) 项目特征:窗代号及洞口尺寸,框、扇材质,玻璃品种、厚度。

(2) 工作内容:窗安装、五金安装、玻璃安装。

(3) 计量单位:樘或 m^2。

(4) 计量规则:①按设计图示尺寸以数量计算;②按设计图示洞口尺寸以面积计算。

2. 金属百叶窗(010807003)

(1) 项目特征:窗代号及洞口尺寸,框、扇材质,玻璃品种、厚度。

(2) 工作内容:窗安装、五金安装。

(3) 计量单位:樘或 m^2。

(4) 计量规则:①按设计图示尺寸以数量计算;②按设计图示洞口尺寸以面积计算。

3. 金属纱窗(010807004)

(1) 项目特征:窗代号及框的外围尺寸,框的材质,窗纱材料品种、规格。

(2) 工作内容:窗安装、五金安装。

(3) 计量单位:樘或 m^2。

(4) 计量规则:①按设计图示尺寸以数量计算;②按框的外围尺寸以面积计算。

4. 金属格栅窗(010807005)

(1) 项目特征:窗代号及洞口尺寸,框的外围尺寸,框、扇材质。

(2) 工作内容:窗安装、五金安装。

(3) 计量单位:樘或 m^2。

(4) 计量规则:①按设计图示尺寸以数量计算;②按设计图示洞口尺寸以面积计算。

5. 金属(塑钢、断桥)橱窗(010807006)

(1) 项目特征:窗代号,框的外围展开面积,框、扇材质,玻璃品种、厚度,防护材料种类。

(2) 工作内容:窗制作、运输、安装,五金、玻璃安装,刷防护材料。

(3) 计量单位:樘或 m^2。

(4) 计量规则:①按设计图示尺寸以数量计算;②按设计图示尺寸以框的外围展开面积计算。

6. 金属(塑钢、断桥)飘(凸)窗(010807007)

(1) 项目特征:窗代号,框的外围展开面积,框、扇材质,玻璃品种、厚度。

(2) 工作内容:窗安装、五金安装、玻璃安装。

(3) 计量单位:樘或 m^2。

(4) 计量规则:①按设计图示尺寸以数量计算;②按设计图示尺寸以框的外围展开面积计算。

7. 彩板窗(010807008)、复合材料窗(010807009)

(1) 项目特征:窗代号及洞口尺寸,框的外围尺寸,框、扇材质。

(2) 工作内容:窗安装、五金安装、玻璃安装。

(3) 计量单位:樘或 m^2。

(4) 计量规则:①按设计图示尺寸以数量计算;②按设计图示洞口尺寸或框的外围尺寸以面积计算。

8. 说明

(1) 金属窗应区分金属组合窗、防盗窗等项目,分别编码列项。

(2) 以樘计量时,项目特征必须描述洞口尺寸,若没有洞口尺寸,则必须描述窗、框的外围尺寸;以平方米计量时,项目特征可不描述洞口尺寸及框的外围尺寸。

(3) 以平方米计量,但无设计图示洞口尺寸时,按窗、框的外围尺寸以面积计算。

(4) 金属橱窗、金属飘(凸)窗以樘计量时,项目特征必须描述框的外围展开面积。

(5) 金属窗五金包括折页、螺丝、执手、卡锁、铰拉、风撑、滑轮、滑轨、拉把、拉手、角码、牛角制等。

8.9.8 门窗套(010808)

1. 木门窗套(010808001)

(1) 项目特征:窗代号及洞口尺寸,门窗套展开宽度,基层材料种类,面层材料品种、规格,线条品种、规格,防护材料种类。

(2) 适用范围:适用于单独门窗套的制作、安装。

(3) 工作内容:清理基层,立筋制作、安装,基层板安装,面层铺贴,线条安装,刷防护材料。

(4) 计量单位:樘或 m^2 或 m。

(5) 计量规则:①按设计图示尺寸以数量计算;②按设计图示尺寸以展开面积计算;③按设计图示中心以延长米计算。

2. 木筒子板(010808002)、饰面夹板筒子板(010808003)

(1) 项目特征:筒子板宽度,基层材料种类,面层材料品种、规格,线条品种、规格,防护材料种类。

(2) 工作内容:清理基层,立筋制作、安装,基层板安装,面层铺贴,线条安装,刷防护材料。

(3) 计量单位:樘或 m^2 或 m。

(4) 计量规则:①按设计图示尺寸以数量计算;②按设计图示尺寸以展开面积计算;③按设计图示中心以延长米计算。

3. 金属门窗套(010808004)

(1) 项目特征:窗代号及洞口尺寸,门窗套展开宽度,基层材料种类,面层材料品种、规格,防护材料种类。

(2) 工作内容:清理基层,立筋制作、安装,基层板安装,面层铺贴,刷防护材料。

(3) 计量单位:樘或 m^2 或 m。

(4) 计量规则:①按设计图示尺寸以数量计算;②按设计图示尺寸以展开面积计算;③按设

计图示中心以延长米计算。

4. 石材门窗套(010808005)

(1) 项目特征:窗代号及洞口尺寸,门窗套展开宽度,黏结层厚度,砂浆配合比,面层材料品种、规格,线条品种、规格。

(2) 工作内容:清理基层,立筋制作、安装,基层抹灰,面层铺贴,线条安装。

(3) 计量单位:樘或 m^2 或 m。

(4) 计量规则:①按设计图示尺寸以数量计算;②按设计图示尺寸以展开面积计算;③按设计图示中心以延长米计算。

5. 门窗木贴脸(010808006)

(1) 项目特征:门窗代号及洞口尺寸、贴脸板宽度、防护材料种类。

(2) 工作内容:清理基层,立筋制作、安装,基层抹灰,面层铺贴,线条安装。

(3) 计量单位:樘或 m。

(4) 计量规则:①按设计图示尺寸以数量计算;②按设计图示中心以延长米计算。

6. 成品木门窗套(010808007)

(1) 项目特征:门窗代号及洞口尺寸、贴脸板宽度、防护材料种类。

(2) 工作内容:清理基层,立筋制作、安装,板安装。

(3) 计量单位:樘或 m^2 或 m。

(4) 计量规则:①按设计图示尺寸以数量计算;②按设计图示尺寸以展开面积计算;③按设计图示中心以延长米计算。

7. 说明

(1) 以樘计量时,项目特征必须描述洞口尺寸、门窗套展开宽度。

(2) 以平方米计量时,项目特征可不描述洞口尺寸、门窗套展开宽度。

(3) 以米计量时,项目特征必须描述门窗套展开宽度、筒子板及贴脸宽度。

8.9.9 窗台板(010809)

1. 木窗台板(010809001)、铝塑窗台板(010809002)、金属窗台板(010809003)

(1) 项目特征:基层材料种类,窗台面板材质、规格、颜色,防护材料种类。

(2) 工作内容:基层清理,窗台板制作、安装,刷防护材料。

(3) 计量单位:m^2。

(4) 计量规则:按设计图示尺寸以展开面积计算。

2. 石材窗台板(010809004)

(1) 项目特征:黏结层厚度,砂浆配合比,窗台板材质、规格、颜色。

(2) 工作内容:基层清理,抹找平层,窗台板制作、安装。

(3) 计量单位:m^2。

(4) 计量规则:按设计图示尺寸以展开面积计算。

8.9.10 窗帘、窗帘盒、窗帘轨(010810)

1. 窗帘(010810001)

(1) 项目特征:窗帘材质,窗帘高度、宽度,窗帘层数,带幔要求。

(2) 工作内容：制作、运输、安装。

(3) 计量单位：m 或 m^2。

(4) 计量规则：①按设计图示尺寸以成活后长度计算；②按设计图示尺寸以成活后展开面积计算。

2. 木窗帘盒(010810002)、饰面夹板、塑料窗帘盒(010810003)、铝合金窗帘盒(010810004)

(1) 项目特征：窗帘盒材质、规格，防护材料种类。

(2) 工作内容：制作、运输、安装，刷防护材料。

(3) 计量单位：m。

(4) 计量规则：按设计图示尺寸以长度计算。

3. 窗帘轨(010810005)

(1) 项目特征：窗帘轨材质、规格、数量，防护材料种类。

(2) 工作内容：制作、运输、安装，刷防护材料。

(3) 计量单位：m。

(4) 计量规则：按设计图示尺寸以长度计算。

4. 说明

(1) 窗帘若是双层，项目特征必须描述每层材质。

(2) 窗帘以米计量时，项目特征必须描述窗帘高度和宽度。

8.9.11 计算实例

例 8-24 某起居室门洞尺寸为 1 200 mm×2 100 mm，设计做门套装饰，如图 8-60 所示，砖硬木筒子板厚 300 mm，宽 300 mm，贴脸宽 800 mm，试计算筒子板、贴脸工程量。

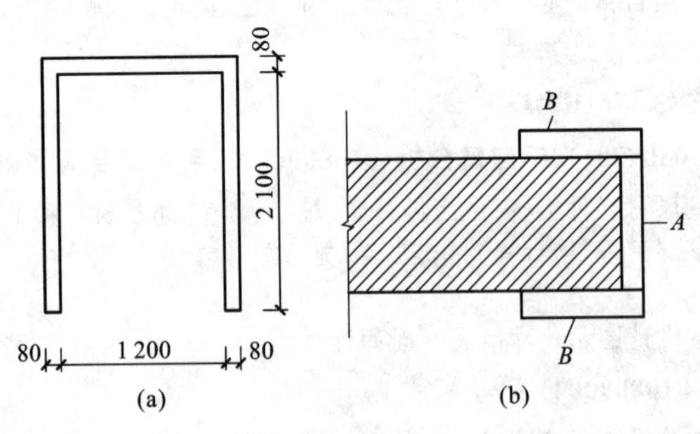

图 8-60 门洞贴脸

解 (1) 筒子板工程量为

$$(1.2+2.1\times 2)\times 0.3\ m^2=1.62\ m^2$$

(2) 贴脸工程量为

$$(2.1\times 2+1.2+0.08\times 2)\ m=5.56\ m$$

8.10 屋面及防水工程(0109)计量

8.10.1 瓦屋面、型材屋面及其他屋面(010901)

1. 瓦屋面(010901001)

(1) 项目特征:瓦品种、规格,黏结层砂浆配合比。

(2) 适用范围:适用于青瓦、平瓦、石棉水泥瓦等屋面。

(3) 工作内容:砂浆制作、运输、摊铺、养护,安瓦、做瓦脊。

(4) 计量单位:m^2。

(5) 计量规则:按设计图示尺寸以斜面积计算,不扣除房上烟囱、风帽底座、风道、小气窗、斜沟等所占面积,小气窗出檐部分不增加面积。

2. 型材屋面(010901002)

(1) 项目特征:型材品种、规格,金属檩条材料品种、规格,接缝、嵌缝材料种类。

(2) 适用范围:适用于压型钢板、金属压型夹心板等屋面。

(3) 工作内容:檩条制作、运输、安装,屋面型材安装,接缝、嵌缝。

(4) 计量单位:m^2。

(5) 计量规则:按设计图示尺寸以斜面积计算,不扣除房上烟囱、风帽底座、风道、小气窗、斜沟等所占面积,小气窗出檐部分不增加面积。

3. 阳光板屋面(010901003)

(1) 项目特征:阳光板品种、规格,骨架材料,接缝、嵌缝材料,油漆。

(2) 工作内容:骨架制作、运输、安装,刷防护材料,阳光板安装,接缝、嵌缝。

(3) 计量单位:m^2。

(4) 计量规则:按设计图示尺寸以斜面积计算,不扣除屋面面积不超过 0.3 m^2 的孔洞所占面积。

4. 玻璃钢屋面(010901004)

(1) 项目特征:玻璃钢品种、规格,骨架材料品种、规格,玻璃钢固定方式,接缝、嵌缝材料种类,油漆品种,刷漆遍数。

(2) 工作内容:骨架制作、运输、安装,刷防护材料、油漆,玻璃钢制作、安装,接缝、嵌缝。

(3) 计量单位:m^2。

(4) 计量规则:按设计图示尺寸以斜面积计算,不扣除屋面面积不超过 0.3 m^2 的孔洞所占面积。

5. 膜结构屋面(010901005)

(1) 项目特征:膜布品种、规格,支柱(网架)钢材品种、规格,钢丝绳品种、规格,锚固基座做法,油漆品种,刷漆遍数。

(2) 工作内容:膜布热压胶接,支柱(网架)制作、安装,膜布安装,穿钢丝绳、锚头锚固,锚固基座处理、挖土、回填,刷防护材料、油漆。

(3) 计量单位:m^2。

(4) 计量规则:按设计图示尺寸以需要覆盖的水平投影面积计算。

注:膜结构是一种由膜布与柱、网架支撑和拉结结构等组成的屋盖篷顶结构。

6. 说明

(1) 瓦屋面若在木基层上铺瓦,则项目特征不必描述黏结层砂浆的配合比;瓦屋面若铺防水层,则按屋面防水及其他工程中的相关项目编码列项。

(2) 型材屋面、阳光板屋面、玻璃钢屋面的柱、梁、屋架,按金属结构工程、木结构工程中的相关项目编码列项。

8.10.2 屋面防水及其他(010902)

1. 屋面卷材防水(010902001)

(1) 项目特征:卷材品种、规格、厚度,防水层数,防水层做法。

(2) 适用范围:适用于胶结材料粘贴卷材的防水屋面等。

(3) 工作内容:基层处理、刷底油、铺油毡卷材、接缝。

(4) 计量单位:m^2。

(5) 计量规则:按设计图示尺寸以面积计算,其中斜屋顶(不包括平屋顶找坡)按斜面积计算,平屋顶按水平投影面积计算,不扣除房上烟囱、风帽底座、风道、屋面小气窗和斜沟所占面积,屋面的女儿墙、伸缩缝和天窗等处的弯起部分并入屋面工程量内。

2. 屋面涂膜防水(010902002)

(1) 项目特征:防水膜品种,涂膜厚度、遍数,增强材料种类。

(2) 工作内容:基层处理、刷基层处理剂、铺布、喷涂防水层。

(3) 计量单位:m^2。

(4) 计量规则:按设计图示尺寸以面积计算,其中斜屋顶(不包括平屋顶找坡)按斜面积计算,平屋顶按水平投影面积计算,不扣除房上烟囱、风帽底座、风道、屋面小气窗和斜沟所占面积,屋面的女儿墙、伸缩缝和天窗等处的弯起部分并入屋面工程量内。

3. 屋面刚性层(010902003)

(1) 项目特征:刚性层厚度,混凝土种类、强度等级,嵌缝材料种类,钢筋规格、型号。

(2) 适用范围:适用于细石混凝土、块体混凝土、预应力和钢纤维混凝土屋面等。

(3) 工作内容:基层处理,混凝土制作、运输、铺筑、养护,钢筋制作、安装。

(4) 计量单位:m^2。

(5) 计量规则:按设计图示尺寸以面积计算,不扣除房上烟囱、风帽底座、风道等所占面积,刚性防水屋面的分格缝、泛水、变形缝部位的防水卷材、密封材料、背衬材料、沥青麻丝等应包含在报价内。

4. 屋面排水管(010902004)

(1) 项目特征:排水管品种、规格,雨水斗、山墙出水口品种、规格,接缝、嵌缝材料种类,涂料品种,刷漆遍数。

(2) 适用范围:适用于各种排水管材项目。

(3) 工作内容：排水管及配件安装、固定，雨水斗、山墙出水口、雨水箅子安装，接缝、嵌缝，刷漆。

(4) 计量单位：m。

(5) 计量规则：按设计图示尺寸以长度计算，如设计未标注尺寸，以檐口至设计室外散水上表面垂直距离计算，排水管、雨水口、箅子板、水斗、埋设管卡箍、裁管、接缝、嵌缝等包含在报价内。

5. 屋面排（透）气管（010902005）

(1) 项目特征：排气管品种、规格，接缝、嵌缝材料，涂料品种，刷漆遍数。

(2) 工作内容：排水管及配件安装、固定，铁件制作、安装，接缝、嵌缝，刷漆。

(3) 计量单位：m。

(4) 计量规则：按设计图示尺寸以长度计算。

6. 屋面（廊、阳台）泄（吐）水管（010902006）

(1) 项目特征：吐水管品种、规格，接缝、嵌缝材料，吐水管长度，涂料品种。

(2) 工作内容：吐水管及配件安装、固定，接缝、嵌缝，刷漆。

(3) 计量单位：根或个。

(4) 计量规则：按设计图示尺寸以数量计算，计量单位为根（个）。

7. 屋面天沟、檐沟（010902007）

(1) 项目特征：材料品种、规格，接缝、嵌缝材料种类。

(2) 工作内容：天沟材料铺设，配件安装，接缝、嵌缝，刷防护材料。

(3) 计量单位：m^2。

(4) 计量规则：按设计图示尺寸以展开面积计算，铁皮和卷材天沟按展开面积计算，排水管、雨水口、箅子板、水斗、嵌缝等包含在报价内。

8. 屋面变形缝（010902008）

(1) 项目特征：嵌缝及止水带材料种类、盖缝材料、防护材料种类。

(2) 工作内容：清缝，填塞，止水带安装，盖缝制作、安装，刷防护材料。

(3) 计量单位：m。

(4) 计量规则：按设计图示尺寸以长度计算。

9. 说明

(1) 屋面刚性层无钢筋时，其钢筋项目特征不必描述。

(2) 屋面找平层按楼地面装饰工程中的平面砂浆找平层项目编码列项。

(3) 屋面防水搭接及附加层用量不另行计算，在综合单价中考虑。

(4) 屋面保温找坡层按保温、隔热、防腐工程中的保温隔热屋面项目编码列项。

8.10.3 墙面防水、防潮（010903）

1. 墙面卷材防水（010903001）

(1) 项目特征：卷材品种、规格、厚度，防水层数，防水层做法。

(2) 适用范围：适用于墙面等部位的卷材防水，涂膜防水中抹找平层、刷基础处理剂、胶粘防水卷材及特殊处理部位的嵌缝材料、附加卷材衬垫等。

(3) 工作内容:基层处理,刷黏结剂,铺设防水卷材,接缝、嵌缝。

(4) 计量单位:m^2。

(5) 计量规则:按设计图示尺寸以面积计算。

2. 墙面涂膜防水(010903002)

(1) 项目特征:防水膜品种,涂膜厚度、遍数,增强材料种类。

(2) 适用范围:同墙面卷材防水。

(3) 工作内容:基层处理、刷基层处理剂、铺布、喷涂防水层。

(4) 计量单位:m^2。

(5) 计量规则:按设计图示尺寸以面积计算。

3. 墙面砂浆防水(防潮)(010903003)

(1) 项目特征:防水层做法,砂浆厚度、配合比,钢丝网规格。

(2) 工作内容:基层处理,挂钢丝网片,设置分格缝,砂浆制作、运输、养护。

(3) 计量单位:m^2。

(4) 计量规则:按设计图示尺寸以展开面积计算,铁皮和卷材天沟按展开面积计算,排水管、雨水口、箅子板、水斗、嵌缝等包含在报价内。

4. 墙面变形缝(010903004)

(1) 项目特征:嵌缝材料及止水带材料种类、盖缝材料、防护材料种类。

(2) 工作内容:清缝,填塞,止水带安装,盖缝制作、安装,刷防护材料。

(3) 计量单位:m。

(4) 计量规则:按设计图示尺寸以长度计算。

5. 说明

(1) 墙面防水搭接及附加层用量不另行计算,在综合单价中考虑。

(2) 墙面变形缝若做双面,工程量乘系数 2。

(3) 墙面找平层按墙、柱面装饰与隔断、幕墙工程中的立面砂浆找平层项目编码列项。

8.10.4 楼(地)面防水、防潮(010904)

1. 楼(地)面卷材防水(010904001)

(1) 项目特征:卷材品种、规格、厚度,防水层数,防水层做法,反边高度。

(2) 适用范围:适用于楼(地)面的卷材防水,涂膜防水中抹找平层、刷基础处理剂、胶粘防水卷材及特殊处理部位的嵌缝材料、附加卷材衬垫等。

(3) 工作内容:基层处理,刷黏结剂,铺设防水卷材,接缝、嵌缝。

(4) 计量单位:m^2。

(5) 计量规则:按设计图示尺寸以面积计算。楼(地)面防水:按主墙间净空面积计算,扣除凸出地面的构筑物、设备基础等所占面积,不扣除间壁墙及单个面积不超过 0.3 m^2 的柱、垛、烟囱和孔洞所占面积;楼(地)面防水反边高度不超过 300 mm 时按楼(地)面防水、防潮项目计算,楼(地)面防水反边高度大于 300 mm 时按墙面防水、防潮项目计算。

2. 楼(地)面涂膜防水(010904002)

(1) 项目特征:防水膜品种,涂膜厚度、遍数,增强材料种类、反边高度。

(2) 适用范围：适用于楼（地）面的卷材防水，涂膜防水中抹找平层、刷基础处理剂、胶粘防水卷材及特殊处理部位的嵌缝材料、附加卷材衬垫等。

(3) 工作内容：基层处理、刷基层处理剂、铺布、喷涂防水层。

(4) 计量单位：m^2。

(5) 计量规则：按设计图示尺寸以面积计算。楼（地）面防水：按主墙间净空面积计算，扣除凸出地面的构筑物、设备基础等所占面积，不扣除间壁墙及单个面积不超过 0.3 m^2 的柱、垛、烟囱和孔洞所占面积；楼（地）面防水反边高度不超过 300 mm 时按楼（地）面防水、防潮项目计算，楼（地）面防水反边高度大于 300 mm 时按墙面防水、防潮项目计算。

3. 楼（地）面砂浆防水（防潮）(010904003)

(1) 项目特征：防水层做法，砂浆厚度、配合比，反边高度。

(2) 工作内容：基层处理，砂浆制作、运输、摊铺、养护。

(3) 计量单位：m^2。

(4) 计量规则：按设计图示尺寸以面积计算。楼（地）面防水：按主墙间净空面积计算，扣除凸出地面的构筑物、设备基础等所占面积，不扣除间壁墙及单个面积不超过 0.3 m^2 的柱、垛、烟囱和孔洞所占面积；楼（地）面防水反边高度不超过 300 mm 时按楼（地）面防水、防潮项目计算，楼（地）面防水反边高度大于 300 mm 时按墙面防水、防潮项目计算。

4. 楼（地）面变形缝(010904004)

(1) 项目特征：嵌缝材料种类、止水带材料种类、盖缝材料、防护材料种类。

(2) 适用范围：适用于楼（地）面部位的抗震缝、温度缝、沉降缝的处理。

(3) 工作内容：清缝，填塞防水材料，止水带安装，盖缝制作、安装，刷防护材料。

(4) 计量单位：m。

(5) 计量规则：按设计图示尺寸以长度计算。

5. 说明

(1) 楼（地）面防水找平层按楼地面装饰工程中的平面砂浆找平层项目编码列项。

(2) 楼（地）面防水搭接及附加层用量不另行计算，在综合单价中考虑。

8.10.5 计算实例

例 8-25 某屋顶平面示意图如图 8-61 所示。工程做法为：4 mm 厚高聚物改性沥青卷材防水层一道；卷材沿女儿墙卷起高度为 250 mm；20 mm 厚 1∶3 水泥砂浆找平层；1∶6 水泥焦渣找 2%坡，最薄处 30 mm 焊；60 mm 厚聚苯乙烯泡沫塑料板保温层。试计算屋顶平面防水工程量。

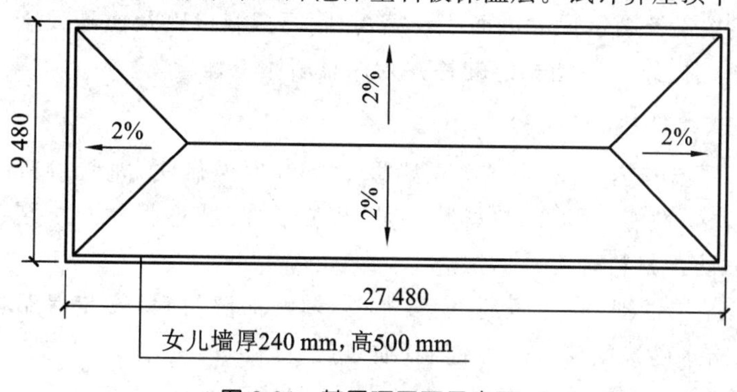

图 8-61 某屋顶平面示意图

解

屋顶平面防水工程量＝[(9.48－0.24×2)×(27.48－0.24×2)＋(9＋27)×2×0.25] m^2
＝261 m^2

8.11 保温、隔热、防腐工程(0110)计量

8.11.1 保温、隔热(011001)

1. 保温隔热屋面(011001001)

(1) 项目特征:保温隔热材料品种、规格、厚度,隔气层材料品种、厚度,黏结材料种类、做法,防护材料种类、做法。

(2) 工作内容:基层清理、刷黏结材料、铺粘保温层、铺刷(喷)防护材料。

(3) 计量单位:m^2。

(4) 计量规则:按设计图示尺寸以面积计算,扣除面积大于 0.3 m^2 的孔洞所占面积。

2. 保温隔热天棚(011001002)

(1) 项目特征:保温隔热面层材料品种、规格、性能,保温隔热材料品种、规格及厚度,黏结材料种类及做法,防护材料种类及做法。

(2) 工作内容:基层清理、刷黏结材料、铺粘保温层、铺刷(喷)防护材料。

(3) 计量单位:m^2。

(4) 计量规则:按设计图示尺寸以面积计算,扣除面积大于 0.3 m^2 的柱、垛、孔洞所占面积,与天棚相连的梁按展开面积计算,且并入天棚工程量内。

3. 保温隔热墙面(011001003)

(1) 项目特征:保温隔热部位、方式,踢脚线、勒脚线保温做法,龙骨材料品种、规格,保温隔热面层材料品种、规格、性能,保温隔热材料品种、规格及厚度,增强网及抗裂、防水砂浆种类,黏结材料种类及做法,防护材料种类及做法。

(2) 工作内容:基层清理,刷界面剂,安装龙骨,填贴保温材料,安装保温板,粘贴面层,铺设增强格网,抹抗裂、防水砂浆面层,嵌缝,铺刷(喷)防护材料。

(3) 计量单位:m^2。

(4) 计量规则:按设计图示尺寸以面积计算,扣除门窗洞口以及面积大于 0.3 m^2 的梁、孔洞所占面积,门窗洞口侧壁以及与墙相连的柱并入保温墙体工程量内。

4. 保温隔热柱、梁(011001004)

(1) 项目特征:保温隔热部位、方式,踢脚线、勒脚线保温做法,龙骨材料品种、规格,保温隔热面层材料品种、规格、性能,保温隔热材料品种、规格及厚度,增强网及抗裂、防水砂浆种类,黏结材料种类及做法,防护材料种类及做法。

(2) 工作内容:基层清理,刷界面剂,安装龙骨,填贴保温材料,安装保温板,粘贴面层,铺设增强格网,抹抗裂、防水砂浆面层,嵌缝,铺刷(喷)防护材料。

(3) 计量单位:m^2。

(4) 计量规则：按设计图示尺寸以面积计算。柱按设计图示柱断面保温层中心线展开长度乘以保温层高度以面积计算，扣除面积大于 0.3 m^2 的梁所占面积；梁按设计图示梁断面保温层中心线展开长度乘以保温层长度以面积计算。

5. 保温隔热楼地面(011001005)

(1) 项目特征：保温隔热部位，保温隔热材料品种、规格、厚度，隔气层材料品种、厚度，黏结材料种类、做法，防护材料种类、做法。

(2) 工作内容：基层清理、刷黏结材料、铺粘保温层、铺刷(喷)防护材料。

(3) 计量单位：m^2。

(4) 计量规则：按设计图示尺寸以面积计算，扣除面积大于 0.3 m^2 的柱、垛、孔洞等所占面积，门洞、空圈、暖气包槽、壁龛的开口部分不增加面积。

6. 其他保温隔热(011001006)

(1) 项目特征：保温隔热部位、方式，隔气层材料品种、厚度，保温隔热面层材料品种、规格、性能，保温隔热材料品种、规格及厚度，黏结材料种类及做法，增强网及抗裂、防水砂浆种类，防护材料种类及做法。

(2) 工作内容：基层清理、刷黏结材料、铺粘保温层、铺刷(喷)防护材料。

(3) 计量单位：m^2。

(4) 计量规则：按设计图示尺寸以展开面积计算，扣除面积大于 0.3 m^2 的孔洞所占面积。

7. 说明

(1) 保温隔热装饰面层，应按楼地面装饰工程，墙、柱面装饰与隔断、幕墙工程，天棚工程，油漆、涂料、裱糊工程，其他装饰工程中的相关项目编码列项；仅做找平层时，按楼地面装饰工程中的平面砂浆找平层项目编码列项，或按墙、柱面装饰与隔断、幕墙工程中的立面砂浆找平层项目编码列项。

(2) 柱帽保温隔热应并入保温隔热天棚工程量内。

(3) 池槽保温隔热应按其他保温隔热项目编码列项。

(4) 保温隔热方式指内保温、外保温、夹心保温。

(5) 保温柱、梁适用于不与墙、天棚相连的独立柱、梁。

8.11.2 防腐面层(011002)

1. 防腐混凝土面层(011002001)

(1) 项目特征：防腐部位，面层厚度，混凝土种类，胶泥种类、配合比。

(2) 工作内容：基层清理，基层刷稀胶泥，混凝土制作、运输、摊铺、养护。

(3) 计量单位：m^2。

(4) 计量规则：按设计图示尺寸以面积计算。平面防腐：扣除凸出地面的构筑物、设备基础等，以及面积大于 0.3 m^2 的孔洞、柱、垛等所占面积；门洞、空圈、暖气包槽、壁龛的开口部分不增加面积。立面防腐：扣除门、窗、洞口，以及面积大于 0.3 m^2 的孔洞、梁所占面积；门、窗洞口侧壁，垛突出部分按展开面积并入墙面积内。

2. 防腐砂浆面层(011002002)

(1) 项目特征：防腐部位，面层厚度，砂浆、胶泥种类、配合比。

(2) 工作内容:基层清理,基层刷稀胶泥,混凝土制作、运输、摊铺、养护。

(3) 计量单位:m^2。

(4) 计量规则:按设计图示尺寸以面积计算。平面防腐:扣除凸出地面的构筑物、设备基础等,以及面积大于0.3 m^2 的孔洞、柱、垛等所占面积;门洞、空圈、暖气包槽、壁龛的开口部分不增加面积。立面防腐:扣除门、窗、洞口,以及面积大于0.3 m^2 的孔洞、梁所占面积;门、窗洞口侧壁,垛突出部分按展开面积并入墙面积内。

注:踢脚线防腐不与防腐砂浆面层项目合并,另列项目水泥砂浆踢脚线。

3. 防腐胶泥面层(011002003)

(1) 项目特征:防腐部位,面层厚度,胶泥种类、配合比。

(2) 工作内容:基层清理,胶泥调制、摊铺。

(3) 计量单位:m^2。

(4) 计量规则:按设计图示尺寸以面积计算。平面防腐:扣除凸出地面的构筑物、设备基础等,以及面积大于0.3 m^2 的孔洞、柱、垛等所占面积;门洞、空圈、暖气包槽、壁龛的开口部分不增加面积。立面防腐:扣除门、窗、洞口,以及面积大于0.3 m^2 的孔洞、梁所占面积;门、窗洞口侧壁,垛突出部分按展开面积并入墙面积内。

4. 玻璃钢防腐面层(011002004)

(1) 项目特征:防腐部位、玻璃钢种类、贴布材料、面层材料。

(2) 适用范围:适用于树脂胶料与增强材料复合而成的玻璃钢防腐面层。

(3) 工作内容:基层清理,底漆、刮腻子,胶浆配制、涂刷。

(4) 计量单位:m^2。

(5) 计量规则:按设计图示尺寸以面积计算。平面防腐:扣除凸出地面的构筑物、设备基础等,以及面积大于0.3 m^2 的孔洞、柱、垛等所占面积;门洞、空圈、暖气包槽、壁龛的开口部分不增加面积。立面防腐:扣除门、窗、洞口,以及面积大于0.3 m^2 的孔洞、梁所占面积;门、窗洞口侧壁,垛突出部分按展开面积并入墙面积内。

5. 聚氯乙烯板面层(011002005)

(1) 项目特征:防腐部位,面层材料品种、厚度,黏结材料种类。

(2) 工作内容:基层清理,配料、涂胶,聚氯乙烯板铺设。

(3) 计量单位:m^2。

(4) 计量规则:按设计图示尺寸以面积计算。平面防腐:扣除凸出地面的构筑物、设备基础等,以及面积大于0.3 m^2 的孔洞、柱、垛等所占面积;门洞、空圈、暖气包槽、壁龛的开口部分不增加面积。立面防腐:扣除门、窗、洞口,以及面积大于0.3 m^2 的孔洞、梁所占面积;门、窗洞口侧壁,垛突出部分按展开面积并入墙面积内。

6. 块料防腐面层(011002006)

(1) 项目特征:防腐部位,块料品种、规格,黏结材料种类,勾缝材料种类。

(2) 适用范围:适用于地面、沟槽、基础、踢脚线的各类块料防腐工程。

(3) 工作内容:基层清理、铺贴块料、胶泥调制、勾缝。

(4) 计量单位:m^2。

(5) 计量规则:按设计图示尺寸以面积计算。平面防腐:扣除凸出地面的构筑物、设备基础等，以及面积大于0.3 m^2 的孔洞、柱、垛等所占面积；门洞、空圈、暖气包槽、壁龛的开口部分不增加面积。立面防腐：扣除门、窗、洞口，以及面积大于0.3 m^2 的孔洞、梁所占面积；门、窗洞口侧壁，垛突出部分按展开面积并入墙面积内。

7. 池、槽块料防腐面层(011002007)

(1) 项目特征：防腐池、槽名称、代号，块料品种、规格，黏结材料种类，勾缝材料种类。

(2) 工作内容：基层清理、铺贴块料、胶泥调制、勾缝。

(3) 计量单位：m^2。

(4) 计量规则：按设计图示尺寸以展开面积计算。

8. 说明

防腐踢脚线应按楼地面装饰工程中的踢脚线项目编码列项。

8.11.3 其他防腐(011003)

1. 隔离层(011003001)

(1) 项目特征：隔离层部位、品种、做法，粘贴材料种类。

(2) 适用范围：适用于楼地面的沥青类、树脂玻璃钢类防腐工程的隔离层。

(3) 工作内容：基层清理、刷油，煮沥青，胶泥调制，隔离层铺设。

(4) 计量单位：m^2。

(5) 计量规则：按设计图示尺寸以面积计算。平面防腐：扣除凸出地面的构筑物、设备基础等，以及面积大于0.3 m^2 的孔洞、柱、垛等所占面积；门洞、空圈、暖气包槽、壁龛的开口部分不增加面积。立面防腐：扣除门、窗、洞口，以及面积大于0.3 m^2 的孔洞、梁所占面积；门、窗洞口侧壁，垛突出部分按展开面积并入墙面积内。

2. 砌筑沥青浸渍砖(011003002)

(1) 项目特征：砌筑部位、浸渍砖规格、胶泥种类、浸渍砖砌法。

(2) 工作内容：基层清理、胶泥调制、浸渍砖铺砌。

(3) 计量单位：m^3。

(4) 计量规则：按设计图示尺寸以体积计算。

3. 防腐涂料(011003003)

(1) 项目特征：涂刷部位，基层材料，腻子种类、遍数，涂料品种、遍数。

(2) 工作内容：基层清理、刮腻子、刷涂料。

(3) 计量单位：m^2。

(4) 计量规则：按设计图示尺寸以面积计算。平面防腐：扣除凸出地面的构筑物、设备基础等，以及面积大于0.3 m^2 的孔洞、柱、垛等所占面积；门洞、空圈、暖气包槽、壁龛的开口部分不增加面积。立面防腐：扣除门、窗、洞口，以及面积大于0.3 m^2 的孔洞、梁所占面积；门、窗洞口侧壁，垛突出部分按展开面积并入墙面积内。

8.11.4 计算实例

例8-26 某仓库防腐地面、踢脚线抹铁屑砂浆，厚度为20 mm，如图8-62所示，计算地面、踢脚线防腐工程量。

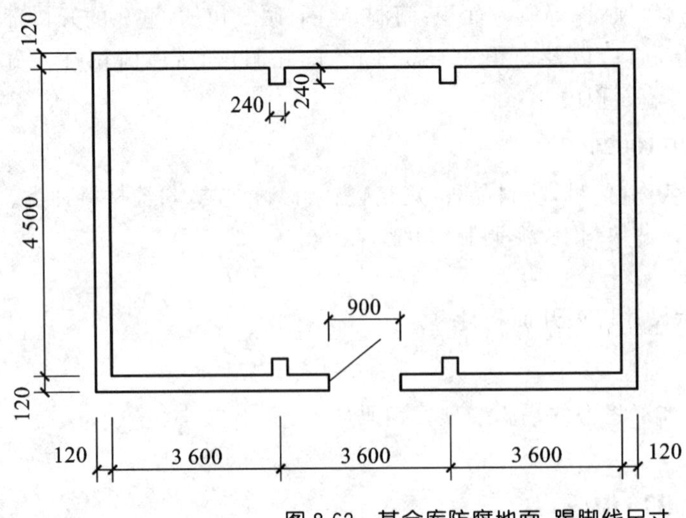

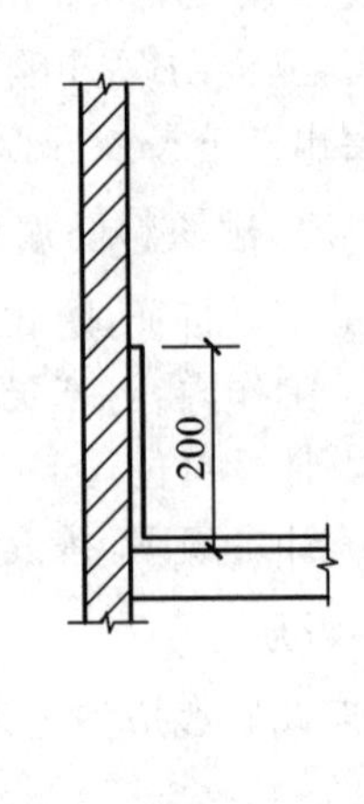

图 8-62　某仓库防腐地面、踢脚线尺寸

解

地面防腐工程量＝(10.8－0.24)×(4.5－0.24) m^2＝44.99 m^2

踢脚线防腐工程量＝[(10.8－0.24＋0.24×4＋4.5－0.24)×2－0.9＋0.12×2]×0.2 m^2＝6.18 m^2

8.12 楼地面装饰工程(0111)计量

8.12.1　整体面层及找平层(011101)

1. 水泥砂浆楼地面(011101001)

(1) 项目特征：找平层厚度，砂浆配合比，素水泥浆遍数，面层厚度、砂浆配合比，面层做法、要求。

(2) 工作内容：基层清理、抹找平层、抹面层、材料运输。

(3) 计量单位：m^2。

(4) 计量规则：按设计图示尺寸以面积计算，扣除凸出地面构筑物、设备基础、室内铁道、地沟等所占面积，不扣除间壁墙及面积小于 0.3 m^2 的柱、垛、附墙烟囱和孔洞所占面积，门洞、空圈、暖气包槽、壁龛的开口部分不增加面积。

2. 现浇水磨石楼地面(011101002)

(1) 项目特征：找平层厚度，砂浆配合比，面层厚度，水泥石子浆配合比，嵌条材料种类、规格，石子种类、规格、颜色，颜料种类、颜色，图案要求，磨光、酸洗、打蜡要求。

(2) 工作内容：基层清理，抹找平层，面层铺设，嵌缝条安装，磨光、酸洗、打蜡，材料运输。

(3) 计量单位：m^2。

(4) 计量规则：按设计图示尺寸以面积计算，扣除凸出地面构筑物、设备基础、室内铁道、地沟等所占面积，不扣除间壁墙及面积小于 0.3 m^2 的柱、垛、附墙烟囱和孔洞所占面积，门洞、空圈、暖气包槽、壁龛的开口部分不增加面积。

3. 细石混凝土楼地面(011101003)

(1) 项目特征:找平层厚度、砂浆配合比、面层厚度、混凝土强度等级。

(2) 工作内容:基层清理、抹找平层、面层铺设、材料运输。

(3) 计量单位:m^2。

(4) 计量规则:按设计图示尺寸以面积计算,扣除凸出地面构筑物、设备基础、室内铁道、地沟等所占面积,不扣除间壁墙及面积小于 0.3 m^2 的柱、垛、附墙烟囱和孔洞所占面积,门洞、空圈、暖气包槽、壁龛的开口部分不增加面积。

4. 菱苦土楼地面(011101004)

(1) 项目特征:找平层厚度、砂浆配合比、面层厚度、打蜡要求。

(2) 工作内容:基层清理、抹找平层、面层铺设、打蜡、材料运输。

(3) 计量单位:m^2。

(4) 计量规则:按设计图示尺寸以面积计算,扣除凸出地面构筑物、设备基础、室内铁道、地沟等所占面积,不扣除间壁墙及面积小于 0.3 m^2 的柱、垛、附墙烟囱和孔洞所占面积,门洞、空圈、暖气包槽、壁龛的开口部分不增加面积。

5. 自流坪楼地面(011101005)

(1) 项目特征:找平层厚度,砂浆配合比,界面剂材料种类,中层漆材料种类、厚度,面漆材料种类、厚度,面层材料种类。

(2) 工作内容:基层处理,抹找平层,涂界面剂,涂刷中层漆,打磨、吸尘,镘自流坪面漆(浆),拌和自流坪浆料,铺面层。

(3) 计量单位:m^2。

(4) 计量规则:按设计图示尺寸以面积计算,扣除凸出地面构筑物、设备基础、室内铁道、地沟等所占面积,不扣除间壁墙及面积小于 0.3 m^2 的柱、垛、附墙烟囱和孔洞所占面积,门洞、空圈、暖气包槽、壁龛的开口部分不增加面积。

6. 平面砂浆找平层(011101006)

(1) 项目特征:找平层厚度、砂浆配合比。

(2) 工作内容:基层清理、抹找平层、材料运输。

(3) 计量单位:m^2。

(4) 计量规则:按设计图示尺寸以面积计算。

7. 说明

(1) 水泥砂浆面层处理是拉毛还是提浆压光,应在面层做法要求中描述。

(2) 平面砂浆找平层只适用于仅做找平层的平面抹灰。

(3) 间壁墙指墙厚 120 mm 的墙。

(4) 楼地面混凝土垫层另按垫层项目编码列项,除混凝土外的其他材料垫层按垫层项目编码列项。

8.12.2 块料面层(011102)

1. 石材楼地面(011102001)

(1) 项目特征:找平层厚度,砂浆配合比,结合层厚度,面层材料品种、规格、颜色,嵌缝材料种类，防护层材料种类，酸洗、打蜡要求。

(2) 工作内容：基层清理，抹找平层，面层铺设、磨边，嵌缝，刷防护材料，酸洗、打蜡，材料运输。

(3) 计量单位：m^2。

(4) 计量规则：按设计图示尺寸以面积计算，门洞、空圈、暖气包槽、壁龛的开口部分并入相应的工程量内。

2. 碎石材楼地面(011102002)

(1) 项目特征：找平层厚度，砂浆配合比，结合层厚度，面层材料品种、规格、颜色，嵌缝材料种类，防护层材料种类，酸洗、打蜡要求。

(2) 工作内容：基层清理，抹找平层，面层铺设、磨边，嵌缝，刷防护材料，酸洗、打蜡，材料运输。

(3) 计量单位：m^2。

(4) 计量规则：按设计图示尺寸以面积计算，门洞、空圈、暖气包槽、壁龛的开口部分并入相应的工程量内。

3. 块料楼地面(011102003)

(1) 项目特征：找平层厚度，砂浆配合比，结合层厚度，面层材料品种、规格、颜色，嵌缝材料种类，防护层材料种类，酸洗、打蜡要求。

(2) 工作内容：基层清理，抹找平层，面层铺设、磨边，嵌缝，刷防护材料，酸洗、打蜡，材料运输。

(3) 计量单位：m^2。

(4) 计量规则：按设计图示尺寸以面积计算，门洞、空圈、暖气包槽、壁龛的开口部分并入相应的工程量内。

4. 说明

(1) 在描述碎石材项目的面层材料特征时可不用描述规格、颜色。

(2) 石材、块料与黏结材料的结合面所刷的防渗材料的种类在防护层材料种类中描述。

(3) 块料面层项目的工作内容中的磨边指施工现场磨边，后面章节的工作内容中涉及的磨边的含义与此相同。

8.12.3 橡塑面层(011103)

1. 橡胶板楼地面(011103001)

(1) 项目特征：黏结层厚度，材料种类，面层材料品种、规格、颜色，压线条种类。

(2) 工作内容：基层清理、面层铺贴、压缝条装钉、材料运输。

(3) 计量单位：m^2。

(4) 计量规则：按设计图示尺寸以面积计算，门洞、空圈、暖气包槽、壁龛的开口部分并入相应的工程量内。

2. 橡胶板卷材楼地面(011103002)

(1) 项目特征：黏结层厚度，材料种类，面层材料品种、规格、颜色，压线条种类。

(2) 工作内容：基层清理、面层铺贴、压缝条装钉、材料运输。

(3) 计量单位：m^2。

(4) 计量规则：按设计图示尺寸以面积计算，门洞、空圈、暖气包槽、壁龛的开口部分并入相应的工程量内。

3. 塑料板楼地面(011103003)

(1) 项目特征：黏结层厚度，材料种类，面层材料品种、规格、颜色，压线条种类。

(2) 工作内容：基层清理、面层铺贴、压缝条装钉、材料运输。

(3) 计量单位：m^2。

(4) 计量规则：按设计图示尺寸以面积计算，门洞、空圈、暖气包槽、壁龛的开口部分并入相应的工程量内。

4. 塑料卷材楼地面(011103004)

(1) 项目特征：黏结层厚度，材料种类，面层材料品种、规格、颜色，压线条种类。

(2) 工作内容：基层清理、面层铺贴、压缝条装钉、材料运输。

(3) 计量单位：m^2。

(4) 计量规则：按设计图示尺寸以面积计算，门洞、空圈、暖气包槽、壁龛的开口部分并入相应的工程量内。

注：橡塑面层项目如涉及找平层，应按平面砂浆找平层项目编码列项。

8.12.4 其他材料面层(011104)

1. 地毯楼地面(011104001)

(1) 项目特征：面层材料品种、规格、颜色，防护材料种类，黏结材料种类，压线条种类。

(2) 工作内容：基层清理、铺贴面层、刷防护材料、压缝条装钉、材料运输。

(3) 计量单位：m^2。

(4) 计量规则：按设计图示尺寸以面积计算，门洞、空圈、暖气包槽、壁龛的开口部分并入相应的工程量内。

2. 竹、木(复合)地板(011104002)、金属复合地板(011104003)

(1) 项目特征：龙骨材料种类、规格、铺设间距，基层材料种类、规格，面层材料品种、规格、颜色，防护材料种类。

(2) 工作内容：基层清理，龙骨、基层及面层铺设，刷防护材料。

(3) 计量单位：m^2。

(4) 计量规则：按设计图示尺寸以面积计算，门洞、空圈、暖气包槽、壁龛的开口部分并入相应的工程量内。

3. 防静电活动地板(011104004)

(1) 项目特征：支架高度，材料种类，面层材料品种、规格、颜色，防护材料种类。

(2) 工作内容：基层清理、固定支架安装、活动面层安装、刷防护材料。

(3) 计量单位：m^2。

(4) 计量规则：按设计图示尺寸以面积计算，门洞、空圈、暖气包槽、壁龛的开口部分并入相应的工程量内。

8.12.5　踢脚线(011105)

1. 水泥砂浆踢脚线(011105001)

(1) 项目特征：踢脚线高度，底层、面层厚度，砂浆配合比。

(2) 工作内容：基层清理、底层和面层抹灰、材料运输。

(3) 计量单位：m^2 或 m。

(4) 计量规则：①按设计图示长度乘高度以面积计算；②按延长米计算。

2. 石材踢脚线(011105002)、块料踢脚线(011105003)

(1) 项目特征：踢脚线高度，粘贴层厚度，材料种类，面层材料品种、规格、颜色，防护材料种类。

(2) 工作内容：基层清理，底层抹灰，面层铺贴、磨边，擦缝，磨光、酸洗、打蜡，刷防护材料，材料运输。

(3) 计量单位：m^2 或 m。

(4) 计量规则：①按设计图示长度乘高度以面积计算；②按延长米计算。

3. 塑料板踢脚线(011105004)

(1) 项目特征：踢脚线高度，粘贴层材料，面层材料种类、规格、颜色。

(2) 工作内容：基层清理、铺贴，面层铺贴，材料运输。

(3) 计量单位：m^2 或 m。

(4) 计量规则：①按设计图示长度乘高度以面积计算；②按延长米计算。

4. 木质踢脚线(011105005)、金属踢脚线(011105006)、防静电踢脚线(011105007)

(1) 项目特征：踢脚线高度，基层材料种类、规格，面层材料颜色。

(2) 工作内容：基层清理、铺贴，面层铺贴，材料运输。

(3) 计量单位：m^2 或 m。

(4) 计量规则：①按设计图示长度乘高度以面积计算；②按延长米计算。

注：块料与黏结材料的结合面所刷的防渗材料的种类在防护材料种类中描述。

8.12.6　楼梯面层(011106)

1. 石材楼梯面层(011106001)、块料楼梯面层(011106002)、拼碎块料面层(011106003)

(1) 项目特征：找平层厚度，砂浆配合比，黏结层厚度，材料种类，面层材料品种、规格、颜色，防滑条材料种类、规格，勾缝材料种类，防护材料种类，酸洗、打蜡要求。

(2) 工作内容：基层清理，抹找平层，面层铺贴、磨边，贴嵌防滑条，勾缝，刷防护材料，酸洗、打蜡，材料运输。

(3) 计量单位：m^2。

(4) 计量规则：按设计图示尺寸以楼梯(包括踏步、休息平台及小于 500 mm 的楼梯井)水平投影面积计算。楼梯与楼地面相连时，算至梯口梁内侧边沿；无梯口梁者，算至最上一层踏步边沿加 300 mm。

2. 水泥砂浆楼梯面层(011106004)

(1) 项目特征:找平层厚度,砂浆配合比,面层厚度,防滑条材料种类、规格。

(2) 工作内容:基层清理、抹找平层、抹面层、抹防滑条、材料运输。

(3) 计量单位:m^2。

(4) 计量规则:按设计图示尺寸以楼梯(包括踏步、休息平台及小于 500 mm 的楼梯井)水平投影面积计算。楼梯与楼地面相连时,算至梯口梁内侧边沿;无梯口梁者,算至最上一层踏步边沿加 300 mm。

3. 现浇水磨石楼梯面层(011106005)

(1) 项目特征:找平层厚度,砂浆配合比,面层厚度,水泥石子浆配合比,防滑条材料种类、规格,石子种类、规格、颜色,颜料种类、颜色,磨光、酸洗、打蜡要求。

(2) 工作内容:基层清理,抹找平层,抹面层,贴嵌防滑条,磨光、酸洗、打蜡,材料运输。

(3) 计量单位:m^2。

(4) 计量规则:按设计图示尺寸以楼梯(包括踏步、休息平台及小于 500 mm 的楼梯井)水平投影面积计算。楼梯与楼地面相连时,算至梯口梁内侧边沿;无梯口梁者,算至最上一层踏步边沿加 300 mm。

4. 地毯楼梯面层(011106006)

(1) 项目特征:基层种类,面层材料品种、规格、颜色,防护材料种类,黏结材料种类,固定配件种类、规格。

(2) 工作内容:基层清理、铺贴面层、固定配件安装、刷防护材料。

(3) 计量单位:m^2。

(4) 计量规则:按设计图示尺寸以楼梯(包括踏步、休息平台及小于 500 mm 的楼梯井)水平投影面积计算。楼梯与楼地面相连时,算至梯口梁内侧边沿;无梯口梁者,算至最上一层踏步边沿加 300 mm。

5. 木板楼梯面层(011106007)

(1) 项目特征:基层材料种类、规格,面层材料品种、规格、颜色,黏结材料种类,防护材料种类。

(2) 工作内容:基层清理、面层铺贴、刷防护材料、材料运输。

(3) 计量单位:m^2。

(4) 计量规则:按设计图示尺寸以楼梯(包括踏步、休息平台及小于 500 mm 的楼梯井)水平投影面积计算。楼梯与楼地面相连时,算至梯口梁内侧边沿;无梯口梁者,算至最上一层踏步边沿加 300 mm。

6. 橡胶板楼梯面层(011106008)、塑料板楼梯面层(011106009)

(1) 项目特征:黏结层厚度,材料种类,面层材料品种、规格、颜色,压线条种类。

(2) 工作内容:基层清理、面层铺贴、压缝条装钉、材料运输。

(3) 计量单位:m^2。

(4) 计量规则:按设计图示尺寸以楼梯(包括踏步、休息平台及小于 500 mm 的楼梯井)水平投影面积计算。楼梯与楼地面相连时,算至梯口梁内侧边沿;无梯口梁者,算至最上一层踏步边沿加 300 mm。

7. 说明

(1) 在描述碎石材项目的面层材料特征时可不用描述规格、颜色。

(2) 块料与黏结材料的结合面所刷的防渗材料的种类在防护材料种类中描述。

8.12.7 台阶装饰(011107)

1. 石材台阶面(011107001)、块料台阶面(011107002)、拼碎块料台阶面(011107003)

(1) 项目特征:找平层厚度,砂浆配合比,黏结材料种类,面层材料品种、规格、颜色,勾缝材料种类,防滑条材料种类、规格,防护材料种类。

(2) 工作内容:基层清理、抹找平层、面层铺贴、贴嵌防滑条、勾缝、刷防护材料、材料运输。

(3) 计量单位:m^2。

(4) 计量规则:按设计图示尺寸以台阶(包括最上层踏步边沿加 300 mm)水平投影面积计算。

2. 水泥砂浆台阶面(011107004)

(1) 项目特征:找平层及面层厚度、砂浆配合比、防滑条材料种类。

(2) 工作内容:基层清理、抹找平层、抹面层、抹防滑条、材料运输。

(3) 计量单位:m^2。

(4) 计量规则:按设计图示尺寸以台阶(包括最上层踏步边沿加 300 mm)水平投影面积计算。

3. 现浇水磨石台阶面(011107005)

(1) 项目特征:找平层厚度,砂浆配合比,面层厚度,水泥石子浆配合比,防滑条材料种类、规格,石子种类、规格、颜色,颜料种类、颜色,磨光、酸洗、打蜡要求。

(2) 工作内容:清理基层,抹找平层,抹面层,贴嵌防滑条,打磨、酸洗、打蜡,材料运输。

(3) 计量单位:m^2。

(4) 计量规则:按设计图示尺寸以台阶(包括最上层踏步边沿加 300 mm)水平投影面积计算。

4. 剁假石台阶面(011107006)

(1) 项目特征:找平层及面层厚度、砂浆配合比、剁假石要求。

(2) 工作内容:清理基层、抹找平层、抹面层、剁假石、材料运输。

(3) 计量单位:m^2。

(4) 计量规则:按设计图示尺寸以台阶(包括最上层踏步边沿加 300 mm)水平投影面积计算。

5. 说明

(1) 在描述碎石材项目的面层材料特征时可不用描述规格、颜色。

(2) 块料与黏结材料的结合面所刷的防渗材料的种类在防护材料种类中描述。

8.12.8 零星装饰项目(011108)

1. 石材零星项目(011108001)、拼碎石材零星项目(011108002)、块料零星项目(011108003)

(1) 项目特征:找平层及面层厚度、砂浆配合比、剁假石要求。

(2) 工作内容:清理基层、抹找平层、抹面层、剁假石、材料运输。

(3) 计量单位:m^2。

(4) 计量规则:按设计图示尺寸以面积计算。

2. 水泥砂浆零星项目(011108004)

(1) 项目特征:找平层及面层厚度、砂浆配合比、剁假石要求。

(2) 工作内容:清理基层、抹找平层、抹面层、材料运输。

(3) 计量单位:m^2。

(4) 计量规则:按设计图示尺寸以面积计算。

3. 说明

(1) 楼梯、台阶牵边和侧面镶贴块料面层时,不大于 0.5 m^2 的少量分散的楼地面镶贴块料面层,应按零星装饰项目执行。

(2) 块料与黏结材料的结合面所刷的防渗材料种类在防护材料种类中描述。

8.12.9 计算实例

例 8-27 某工程台阶平面图、剖面图如图 8-63 所示,楼梯构造做法为:20 mm 厚 1∶3 水泥砂浆结合层,20 mm 厚芝麻白花岗岩面层。计算台阶面层工程量。

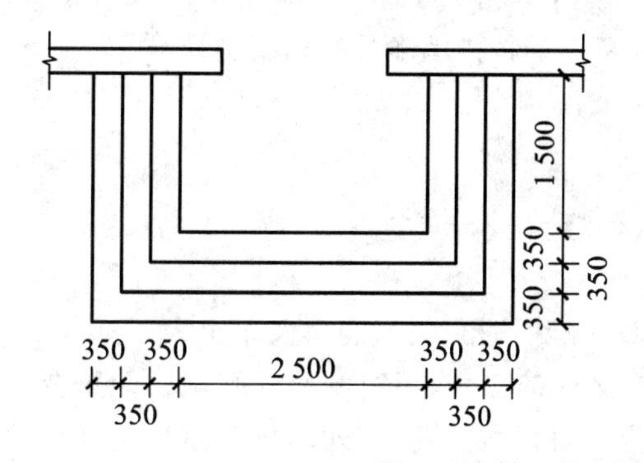

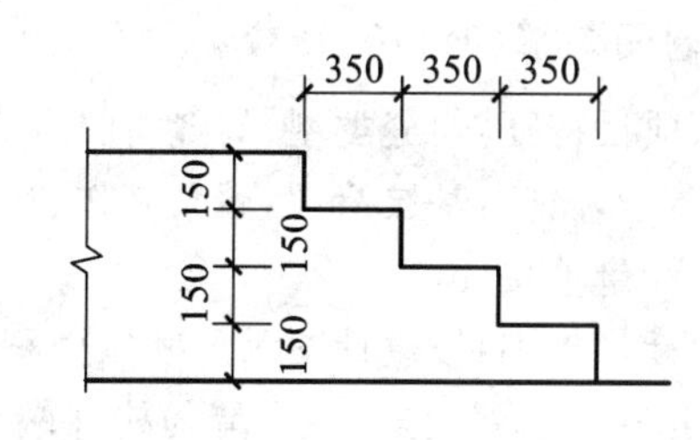

图 8-63 某工程台阶平面图、剖面图

解

$$台阶面层工程量=[(2.5+0.35\times6)\times(1.5+0.35\times3)-(2.5-0.3\times2)\times(1.5-0.3)]\ m^2=9.45\ m^2$$

例 8-28 某工程现浇钢筋混凝土楼梯做水磨石面层,墙厚均为 240 mm。地面做法为:1∶3 水泥砂浆找平层,厚 15 mm;1∶2 白水泥石子浆面层,厚 20 mm,贴嵌钢防滑条,如图 8-64 所示。计算楼梯面层工程量。

解

$$楼梯面层工程量=(1.6+3.5-0.12)\times(1.5+0.18+1.5-0.24)\ m^2=14.64\ m^2$$

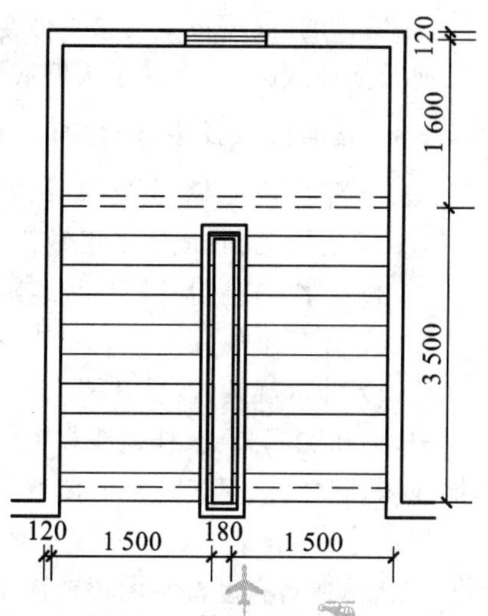

图 8-64 楼梯平面示意图

8.13 墙、柱面装饰与隔断、幕墙工程(0112)计量……

8.13.1 墙面抹灰(011201)

1. 墙面一般抹灰(011201001)、墙面装饰抹灰(011201002)

(1) 项目特征:墙体类型、底层厚度、面层厚度、砂浆配合比、装饰面材料种类、分格缝宽度、材料种类。

(2) 工作内容:基层清理,砂浆制作、运输,底层抹灰,抹面层,抹装饰面,勾分格缝。

(3) 计量单位:m^2。

(4) 计量规则:按设计图示尺寸以面积计算,扣除墙裙、门窗洞口及单个大于 0.3 m^2 的孔洞面积,不扣除踢脚线、挂镜线和墙与构件端头交接处的面积,门窗洞口和孔洞的侧壁及顶面不增加面积,附墙柱、梁、垛、烟囱侧壁并入相应的墙面面积内。其中,外墙抹灰面积按外墙垂直投影面积计算;外墙裙抹灰面积按外墙长度乘以高度计算;内墙抹灰面积按主墙间的净长乘以高度计算,无墙裙的,高度按室内楼地面至天棚底面计算,有墙裙的,高度按墙裙顶至天棚底面计算,有吊顶天棚抹灰的,高度算至天棚底面;内墙裙抹灰面积按内墙净长乘以高度计算。

2. 墙面勾缝(011201003)

(1) 项目特征:勾缝类型、勾缝材料种类。

(2) 工作内容:基层清理,砂浆制作、运输,勾缝。

(3) 计量单位:m^2。

(4) 计量规则:按设计图示尺寸以面积计算,扣除墙裙、门窗洞口及单个大于 0.3 m^2 的孔洞面积,不扣除踢脚线、挂镜线和墙与构件端头交接处的面积,门窗洞口和孔洞的侧壁及顶面不增加面积,附墙柱、梁、垛、烟囱侧壁并入相应的墙面面积内。其中,外墙抹灰面积按外墙垂直投影面积计算;外墙裙抹灰面积按外墙长度乘以高度计算;内墙抹灰面积按主墙间的净长乘以高度计算,无墙裙的,高度按室内楼地面至天棚底面计算,有墙裙的,高度按墙裙顶至天棚底面计算,有吊顶天棚抹灰的,高度算至天棚底面;内墙裙抹灰面积按内墙净长乘以高度计算。

3. 立面砂浆找平(011201004)

(1) 项目特征:基层类型,找平层砂浆厚度、配合比。

(2) 适用范围:适用于仅做找平层的立面抹灰。

(3) 工作内容:基层清理,砂浆制作、运输,抹灰找平。

(4) 计量单位:m^2。

(5) 计量规则:按设计图示尺寸以面积计算,扣除墙裙、门窗洞口及单个大于 0.3 m^2 的孔洞面积,不扣除踢脚线、挂镜线和墙与构件端头交接处的面积,门窗洞口和孔洞的侧壁及顶面不增加面积,附墙柱、梁、垛、烟囱侧壁并入相应的墙面面积内。其中,外墙抹灰面积按外墙垂直投影面积计算;外墙裙抹灰面积按外墙长度乘以高度计算;内墙抹灰面积按主墙间的净长乘以高度计算,无墙裙的,高度按室内楼地面至天棚底面计算,有墙裙的,高度按墙裙顶至天棚底面计算,有吊顶天棚抹灰的,高度算至天棚底面;内墙裙抹灰面积按内墙净长乘以高度计算。

4. 说明

(1) 立面砂浆找平项目适用于仅做找平层的立面抹灰。

(2) 墙面抹石灰砂浆、水泥砂浆、混合砂浆、聚合物水泥砂浆、麻刀石灰浆、石膏灰浆等,按墙面抹灰项目中的墙面一般抹灰项目列项;墙面水刷石、斩假石、干粘石、假面砖等,按墙面抹灰项目中的墙面装饰抹灰项目列项。

(3) 飘窗凸出外墙面增加的抹灰并入外墙工程量内。

(4) 有吊顶天棚的内墙面抹灰,抹至吊顶以上部分在综合单价中考虑。

8.13.2 柱(梁)面抹灰(011202)

1. 柱(梁)面一般抹灰(011202001),柱(梁)面装饰抹灰(011202002)

(1) 项目特征:柱(梁)体类型,底层厚度,面层厚度,砂浆配合比,装饰面材料种类,分格缝宽度、材料种类。

(2) 工作内容:基层清理,砂浆制作、运输,底层面层抹灰,勾分格缝。

(3) 计量单位:m^2。

(4) 计量规则:

① 柱面抹灰:按设计图示柱断面周长乘高度以面积计算。

② 梁面抹灰:按设计图示梁断面周长乘高度以面积计算。

2. 柱(梁)面砂浆找平(011202003)

(1) 项目特征:柱(梁)体类型,找平的砂浆厚度、配合比。

(2) 工作内容:基层清理,砂浆制作、运输,抹灰找平。

(3) 计量单位:m^2。

(4) 计量规则:

① 柱面抹灰:按设计图示柱断面周长乘高度以面积计算。

② 梁面抹灰:按设计图示梁断面周长乘高度以面积计算。

3. 柱面勾缝(011202004)

(1) 项目特征:勾缝类型、勾缝材料种类。

(2) 工作内容:基层清理,砂浆制作、运输,勾缝。

(3) 计量单位:m^2。

(4) 计量规则:按设计图示柱断面周长乘高度以面积计算。

4. 说明

(1) 砂浆找平项目适用于仅做找平层的柱(梁)面抹灰。

(2) 柱(梁)面抹石灰砂浆、水泥砂浆、混合砂浆、聚合物水泥砂浆、麻刀石灰浆、石膏灰浆等,按柱(梁)面抹灰项目中的柱(梁)面一般抹灰项目编码列项;柱(梁)面水刷石、斩假石、干粘石、假面砖等,按柱(梁)面抹灰项目中的柱(梁)面装饰抹灰项目编码列项。

8.13.3 零星抹灰(011203)

1. 零星项目一般抹灰(011203001)、零星项目装饰抹灰(011203002)

(1) 项目特征:基层类型、部位,底层厚度,面层厚度,砂浆配合比,装饰面材料种类,分格缝宽度、材料种类。

(2) 工作内容:基层清理,砂浆制作、运输,勾缝。

(3) 计量单位:m^2。

(4) 计量规则:按设计图示尺寸以面积计算。

2. 零星项目砂浆找平(011203003)

(1) 项目特征:基层类型、部位,找平的砂浆厚度、配合比。

(2) 工作内容:基层清理,砂浆制作、运输,抹灰找平。

(3) 计量单位:m^2。

(4) 计量规则:按设计图示尺寸以面积计算。

3. 说明

(1) 零星项目抹石灰砂浆、水泥砂浆、混合砂浆、聚合物水泥砂浆、麻刀石灰浆、石膏灰浆等,按零星抹灰项目中的零星项目一般抹灰项目编码列项;水刷石、斩假石、干粘石、假面砖等,按零星抹灰项目中的零星项目装饰抹灰项目编码列项。

(2) 墙、柱(梁)面小于 0.5 m^2 的少量分散的抹灰按零星抹灰项目编码列项。

8.13.4 墙面块料面层(011204)

1. 石材墙面(011204001)、拼碎石材墙面(011204002)、块料墙面(011204003)

(1) 项目特征:墙体类型,安装方式,面层材料品种、规格、颜色,缝宽,嵌缝材料种类,防护材料种类,磨光、酸洗、打蜡要求。

(2) 工作内容:基层清理,砂浆制作、运输,黏结层铺贴,面层安装,嵌缝,刷防护材料,磨光、酸洗、打蜡。

(3) 计量单位:m^2。

(4) 计量规则:按镶贴表面积计算。

2. 干挂石材钢骨架(011204004)

(1) 项目特征:骨架种类、规格,防锈漆品种、遍数。

(2) 工作内容:基层清理,砂浆制作、运输,黏结层铺贴,面层安装,嵌缝,刷防护材料,磨光、酸洗、打蜡。

(3) 计量单位:t。

(4) 计量规则:按设计图示以质量计算。

3. 说明

(1) 在描述碎块项目的面层材料特征时可不用描述规格、颜色。

(2) 安装方式可描述为砂浆或黏结剂粘贴、挂贴、干挂等,不论哪种安装方式,都要详细描述与组价相关的内容。

8.13.5 柱(梁)块料面层(011205)

1. 石材柱面(011205001)、块料柱面(011205002)、拼碎块柱面(011205003)

(1) 项目特征:柱截面类型、尺寸,安装方式,面层材料品种、规格、颜色,缝宽,嵌缝材料种类，防护材料种类，磨光、酸洗、打蜡要求。

(2) 工作内容：基层清理，砂浆制作、运输，黏结层铺贴，面层安装，嵌缝，刷防护材料，磨光、酸洗、打蜡。

(3) 计量单位：m^2。

(4) 计量规则：按镶贴表面积计算。

2. 石材梁面(011205004)、块料梁面(011205005)

(1) 项目特征：安装方式，面层材料品种、规格、颜色，缝宽，嵌缝材料种类，防护材料种类，磨光、酸洗、打蜡要求。

(2) 工作内容：基层清理，砂浆制作、运输，黏结层铺贴，面层安装，嵌缝，刷防护材料，磨光、酸洗、打蜡。

(3) 计量单位：m^2。

(4) 计量规则：按镶贴表面积计算。

3. 说明

(1) 在描述碎块项目的面层材料特征时可不用描述规格、颜色。

(2) 柱(梁)面干挂石材钢骨架按墙面块料面层中的相应项目编码列项。

8.13.6 镶贴零星块料(011206)

1. 石材零星项目(011206001)、块料零星项目(011206002)、拼碎块零星项目(011206003)

(1) 项目特征：基层类型、部位，安装方式，面层材料品种、规格、颜色，缝宽，嵌缝材料种类，防护材料种类，磨光、酸洗、打蜡要求。

(2) 工作内容：基层清理，砂浆制作、运输，面层安装，嵌缝，刷防护材料，磨光、酸洗、打蜡。

(3) 计量单位：m^2。

(4) 计量规则：按镶贴表面积计算。

2. 说明

(1) 在描述碎块项目的面层材料特征时可不用描述规格、颜色。

(2) 零星项目干挂石材钢骨架按墙面块料面层中的相应项目编码列项。

(3) 墙、柱面小于 0.5 m^2 的少量分散的镶贴块料面层按镶贴零星块料项目编码列项。

8.13.7 墙饰面(011207)

1. 墙面装饰板(011207001)

(1) 项目特征：龙骨材料种类、规格、中距，隔离层材料种类、规格，基层材料种类、规格，面层材料品种、规格、颜色，压条材料种类、规格。

(2) 工作内容：基层清理，龙骨制作、运输、安装，钉隔离层，基层铺钉，面层铺贴。

(3) 计量单位：m^2。

(4) 计量规则：按设计图示墙净长乘净高以面积计算，扣除门窗洞口及单个大于 0.3 m^2 的孔洞所占面积。

2. 墙面装饰浮雕(011207002)

(1) 项目特征：基层类型、浮雕材料种类、浮雕样式。

(2) 工作内容：基层清理，材料制作、运输，安装成型。

(3) 计量单位：m^2。

(4) 计量规则：按设计图示尺寸以面积计算。

8.13.8 柱(梁)饰面(011208)

1. 柱(梁)面装饰(011208001)

(1) 项目特征：龙骨材料种类、规格、中距，隔离层材料种类、规格，基层材料种类、规格，面层材料品种、规格、颜色，压条材料种类、规格。

(2) 工作内容：基层清理，龙骨制作、运输、安装，钉隔离层，基层铺钉，面层铺贴。

(3) 计量单位：m^2。

(4) 计量规则：按设计图示饰面外围尺寸以面积计算，柱帽、柱墩并入相应柱饰面工程量内。

2. 成品装饰柱(011208002)

(1) 项目特征：柱截面、高度尺寸，柱材质。

(2) 工作内容：柱运输、固定、安装。

(3) 计量单位：根或 m。

(4) 计量规则：①按设计数量计算；②按设计长度计算。

8.13.9 幕墙工程(011209)

1. 带骨架幕墙(011209001)

(1) 项目特征：骨架材料种类、规格、中距，面层材料品种、规格、颜色，面层固定方式，隔离带、框边封闭材料品种、规格，嵌缝、塞口材料种类。

(2) 工作内容：骨架制作、运输、安装，面层安装，隔离带、框边封闭，嵌缝、塞口，清洗。

(3) 计量单位：m^2。

(4) 计量规则：按设计图示框外围尺寸以面积计算，与幕墙同种材质的窗所占面积不扣除，其价格包括在幕墙项目报价内；如窗的材质与幕墙的不同，可包括在幕墙报价内，也可单独编码列项；若单独编码列项，则要在项目清单名称栏中进行描述；若门窗包括在隔断项目报价内，则门窗洞口面积不扣除。

2. 全玻璃(无框玻璃)幕墙(011209002)

(1) 项目特征：玻璃品种、规格、颜色，黏结塞口材料种类，固定方式。

(2) 工作内容：幕墙安装，嵌缝、塞口，清洗。

(3) 计量单位：m^2。

(4) 计量规则：按设计图示尺寸以面积计算，带肋全玻璃幕墙按展开面积计算。

3. 说明

幕墙钢骨架按墙面块料面层项目中的干挂石材钢骨架项目编码列项。

8.13.10 隔断(011210)

1. 木隔断(011210001)

(1) 项目特征：骨架、边框材料种类、规格，隔板材料品种、规格、颜色，嵌缝、塞口材料品种，压条材料种类。

(2) 工作内容:骨架及边框制作、运输、安装,隔板制作、运输、安装,嵌缝、塞口,压缝条装钉。

(3) 计量单位:m^2。

(4) 计量规则:按设计图示框外围尺寸以面积计算,不扣除单个不超过 0.3 m^2 的孔洞所占面积;浴厕门的材质与隔断相同时,门的面积并入隔断面积内。

2. 金属隔断(011210002)

(1) 项目特征:骨架、边框材料种类、规格,隔板材料品种、规格、颜色,嵌缝、塞口材料品种。

(2) 工作内容:骨架及边框制作、运输、安装,隔板制作、运输、安装,嵌缝、塞口。

(3) 计量单位:m^2。

(4) 计量规则:按设计图示框外围尺寸以面积计算,不扣除单个不超过 0.3 m^2 的孔洞所占面积;浴厕门的材质与隔断相同时,门的面积并入隔断面积内。

3. 玻璃隔断(011210003)

(1) 项目特征:边框材料种类、规格,玻璃品种、规格、颜色,嵌缝、塞口材料品种。

(2) 工作内容:边框及玻璃制作、运输、安装,嵌缝、塞口。

(3) 计量单位:m^2。

(4) 计量规则:按设计图示框外围尺寸以面积计算,不扣除单个不超过 0.3 m^2 的孔洞所占面积。

4. 塑料隔断(011210004)

(1) 项目特征:边框材料种类、规格,隔板材料品种、规格、颜色,嵌缝、塞口材料品种。

(2) 工作内容:骨架及边框制作、运输、安装,隔板制作、运输、安装,嵌缝、塞口。

(3) 计量单位:m^2。

(4) 计量规则:按设计图示框外围尺寸以面积计算,不扣除单个不超过 0.3 m^2 的孔洞所占面积。

5. 成品隔断(011210005)

(1) 项目特征:隔断材料品种、规格、颜色,配件品种、规格。

(2) 工作内容:隔断运输、安装,嵌缝、塞口。

(3) 计量单位:m^2 或间。

(4) 计量规则:①以平方米计量,按设计图示框外围尺寸以面积计算;②以间计量,按设计间的数量计算。

6. 其他隔断(011210006)

(1) 项目特征:骨架、边框材料种类、规格,隔板材料品种、规格、颜色,嵌缝、塞口材料品种。

(2) 工作内容:骨架及边框安装,隔板安装,嵌缝、塞口。

(3) 计量单位:m^2 或间。

(4) 计量规则:按设计图示框外围尺寸以面积计算,不扣除单个不超过 0.3 m^2 的孔洞所占面积。

注:隔断上的门窗可包括在隔断项目报价内,也可单独编码列项,要在清单项目名称栏中进行描述。若门窗包括在隔断项目报价内,则门窗洞口面积不扣除。

8.13.11 计算实例

例 8-29 某工程平面图如图 8-65 所示，该工程为砖混结构，室内净高为 3.8 m，门洞尺寸为 1 000 mm×2 100 mm，窗洞尺寸为 1 500 mm×1 800 mm，窗台高 900 mm。室内 900 mm 高以下内墙面做法为：底层厚 15 mm 水泥砂浆 1∶3，结合层厚 5 mm 水泥砂浆 1∶1，面层全瓷墙面砖 200 mm×300 mm。室内 900 mm 高以上内墙面做法为：底层厚 15 mm 混合砂浆 1∶1∶6，面层厚 5 mm 混合砂浆 1∶1∶4。求墙面抹灰工程量及块料工程量。

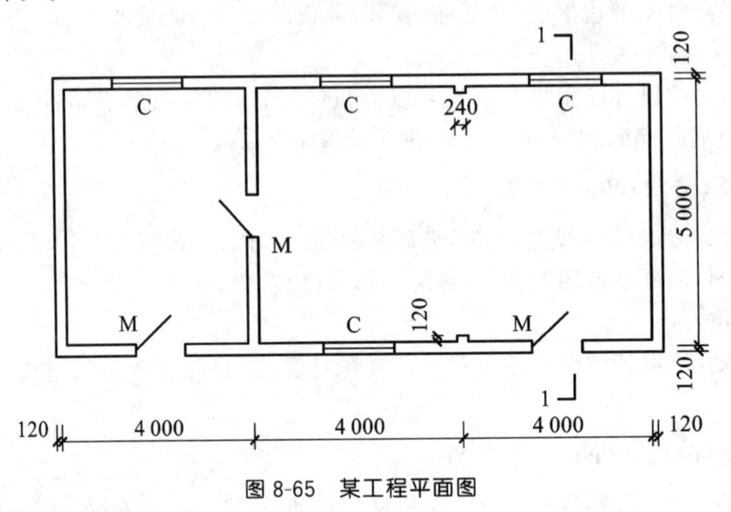

图 8-65 某工程平面图

解

墙面一般抹灰工程量＝{[(12－0.24×2＋0.12×2)×2＋(5－0.24)×4]×(3.8－0.9)－1.0×(2.1－0.9)×4－1.5×1.8×4} m^2＝107.82 m^2

块料工程量＝{[(12－0.24×2＋0.12×2)×2＋(5－0.24)×4]×0.9－1.0×0.9×4} m^2＝34.70 m^2

8.14 天棚工程(0113)计量

8.14.1 天棚抹灰(011301)

天棚抹灰(011301001)

(1) 项目特征：基层类型、抹灰厚度、材料种类、砂浆配合比。

(2) 工作内容：基层清理、底层抹灰、抹面层。

(3) 计量单位：m^2。

(4) 计量规则：按设计图示尺寸以水平投影面积计算，不扣除间壁墙、垛、柱、附墙烟囱、检查口和管道所占的面积，带梁天棚的梁两侧抹灰面积并入天棚面积内，板式楼梯底面抹灰按斜面积计算，锯齿形楼梯底板抹灰按展开面积计算。

8.14.2 天棚吊顶(011302)

1. 吊顶天棚(011302001)

(1) 项目特征:吊顶形式,吊杆规格、高度,龙骨材料种类、规格、中距,基层材料种类、规格,面层材料品种、规格,压条材料种类、规格,嵌缝材料种类,防护材料种类。

(2) 工作内容:基层清理、吊杆安装、龙骨安装、基层板铺贴、面层铺贴、嵌缝、刷防护材料。

(3) 计量单位:m^2。

(4) 计量规则:按设计图示尺寸以水平投影面积计算,天棚面中的灯槽及跌级、锯齿形、吊挂式、藻井式天棚面积不展开计算,不扣除间壁墙、检查口、附墙烟囱、柱、垛和管道所占面积,扣除单个大于 0.3 m^2 的孔洞、独立柱及与天棚相连的窗帘盒所占的面积。

注:天棚抹灰与天棚吊顶工程量的计算规则有所不同:天棚抹灰不扣除柱、垛所占面积;天棚吊顶不扣除柱、垛所占面积,但扣除独立柱所占面积。

2. 格栅吊顶(011302002)

(1) 项目特征:龙骨材料种类、规格、中距,基层材料种类、规格,面层材料品种、规格,防护材料种类。

(2) 工作内容:基层清理、安装龙骨、基层板及面层铺贴、刷防护材料。

(3) 计量单位:m^2。

(4) 计量规则:按设计图示尺寸以水平投影面积计算。

3. 吊筒吊顶(011302003)

(1) 项目特征:吊筒形状、规格,吊筒材料种类,防护材料种类。

(2) 工作内容:基层清理,吊筒制作、安装,刷防护材料。

(3) 计量单位:m^2。

(4) 计量规则:按设计图示尺寸以水平投影面积计算。

4. 藤条造型悬挂吊顶(011302004)、织物软雕吊顶(011302005)

(1) 项目特征:骨架材料种类、规格,面层材料的品种、规格。

(2) 工作内容:基层清理、龙骨安装、铺贴面层。

(3) 计量单位:m^2。

(4) 计量规则:按设计图示尺寸以水平投影面积计算。

5. 装饰网架吊顶(011302006)

(1) 项目特征:网架材料的品种、规格。

(2) 工作内容:基层清理,网架制作、安装。

(3) 计量单位:m^2。

(4) 计量规则:按设计图示尺寸以水平投影面积计算。

8.14.3 天棚吊顶(011303)

采光天棚(011303001)

(1) 项目特征:骨架类型,固定类型,固定材料品种、规格,面层材料品种、规格,嵌缝、塞口材料种类。

(2) 工作内容:清理基层,面层制作、安装,嵌缝、塞口,清洗。

(3) 计量单位:m^2。

(4) 计量规则:按框外围展开面积计算。

注:采光天棚骨架不包括在采光天棚项目中,应单独按金属结构工程项目中的相关项目编码列项。

8.14.4 天棚其他装饰(011304)

1. 灯带(槽)(011304001)

(1) 项目特征:灯带形式、尺寸,格栅片材料品种、规格,安装、固定方式。

(2) 工作内容:安装、固定。

(3) 计量单位:m^2。

(4) 计量规则:按设计图示尺寸以框外围面积计算。

2. 送风口、回风口(011304002)

(1) 项目特征:风口材料品种、规格,安装、固定方式,防护材料种类。

(2) 工作内容:安装、固定,刷防护材料。

(3) 计量单位:个。

(4) 计量规则:按设计图示尺寸以数量计算。

8.14.5 计算实例

例 8-30 某工程平面图如图 8-66 所示,墙厚 240 mm,天棚基层为混凝土现浇板,柱断面尺寸为 400 mm×400 mm。

(1) 若天棚为麻刀石灰浆面层,试计算天棚抹灰工程量。

(2) 若天棚面层粘贴 6 mm 厚铝塑板吊顶,试计算天棚吊顶工程量。

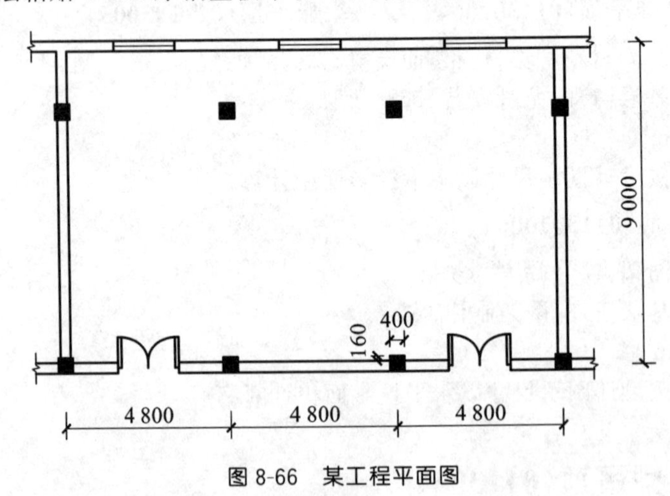

图 8-66 某工程平面图

解 (1)天棚抹灰工程量=(4.8×3−0.24)×(9−0.24) m^2=124.04 m^2

(2) 天棚吊顶工程量＝[(4.8×3－0.24)×(9－0.24)－0.4×0.4×2] m^2＝123.72 m^2

8.15 油漆、涂料、裱糊工程(0114)计量

8.15.1 门油漆(011401)

1. 木门油漆(011401001)

(1) 项目特征:门类型、门代号及洞口尺寸、腻子种类、刮腻子遍数、防护材料种类、油漆品种、刷漆遍数。

(2) 工作内容:基层清理,刮腻子,刷防护材料、油漆。

(3) 计量单位:樘或 m^2。

(4) 计量规则:①按设计图示尺寸以数量计算;②按设计图示洞口尺寸以面积计算。

2. 金属门油漆(011401002)

(1) 项目特征:门类型、门代号及洞口尺寸、腻子种类、刮腻子遍数、防护材料种类、油漆品种、刷漆遍数。

(2) 工作内容:除锈,基层清理,刮腻子,刷防护材料、油漆。

(3) 计量单位:樘或 m^2。

(4) 计量规则:①按设计图示尺寸以数量计算;②按设计图示洞口尺寸以面积计算。

3. 说明

(1) 木门油漆应区分木大门、单层大门、双层(一玻一纱)木门、双层(单裁口)木门、全玻璃自由门、半玻璃自由门、装饰门及有框门或无框门等项目,分别编码列项。

(2) 金属门油漆应区分平开门、推拉门、钢制防火门等项目,分别编码列项。

(3) 以平方米计量时,项目特征可不必描述洞口尺寸。

8.15.2 窗油漆(011402)

1. 木窗油漆(011402001)

(1) 项目特征:窗类型、窗代号及洞口尺寸、腻子种类、刮腻子遍数、防护材料种类、油漆品种、刷漆遍数。

(2) 工作内容:基层清理,刮腻子,刷防护材料、油漆。

(3) 计量单位:樘或 m^2。

(4) 计量规则:①按设计图示尺寸以数量计算;②按设计图示洞口尺寸以面积计算。

2. 金属窗油漆(011402002)

(1) 项目特征:窗类型、窗代号及洞口尺寸、腻子种类、刮腻子遍数、防护材料种类、油漆品种、刷漆遍数。

(2) 工作内容:除锈,基层清理,刮腻子,刷防护材料、油漆。

(3) 计量单位:樘或 m^2。

(4) 计量规则:①按设计图示尺寸以数量计算;②按设计图示洞口尺寸以面积计算。

3. 说明

(1) 木窗油漆应区分单层木窗、双层(一玻一纱)木窗、双层框扇(单裁口)木窗、双层框三层(二玻一纱)木窗、单层组合窗、双层组合窗、木百叶窗、木推拉窗等项目,分别编码列项。

(2) 金属窗油漆应区分平开窗、推拉窗、固定窗、组合窗、金属格栅窗等项目,分别编码列项。

(3) 以平方米计量时,项目特征可不必描述洞口尺寸。

8.15.3 木扶手及其他板条、线条油漆(011403)

木扶手油漆(011403001),窗帘盒油漆(011403002),封檐板、顺水板油漆(011403003),挂衣板、黑板框油漆(011403004),挂镜线、窗帘棍、单独木线油漆(011403005)

(1) 项目特征:断面尺寸,腻子种类、遍数,防护材料种类,油漆。

(2) 工作内容:基层清理,刮腻子,刷防护材料、油漆。

(3) 计量单位:m。

(4) 计量规则:按设计图示尺寸以长度计算。

注:木扶手应区分带托板与不带托板,分别编码列项;若是木栏杆带扶手,木扶手不应单独列项,应包含在木栏杆油漆中。

8.15.4 木材面油漆(011404)

1. 木护墙、木墙裙油漆(011404001),窗台板、筒子板、盖板、门窗套、踢脚线油漆(011404002),清水板条天棚、檐口油漆(011404003),木方格吊顶天棚油漆(011404004),吸音板墙面、天棚面油漆(011404005),暖气罩油漆(011404006),其他木材面(011404007)

(1) 项目特征:腻子种类、遍数,防护材料种类,油漆品种,刷漆遍数。

(2) 工作内容:基层清理,刮腻子,刷防护材料、油漆。

(3) 计量单位:m^2。

(4) 计量规则:按设计图示尺寸以面积计算。

2. 木间壁、木隔断油漆(011404008),玻璃间壁露明墙筋油漆(011404009),木栅栏、木栏杆(带扶手)油漆(011404010)

(1) 项目特征:腻子种类、遍数,防护材料种类,油漆品种,刷漆遍数。

(2) 工作内容:基层清理,刮腻子,刷防护材料、油漆。

(3) 计量单位:m^2。

(4) 计量规则:按设计图示尺寸以单面外围面积计算。

3. 衣柜、壁柜油漆(011404011),梁、柱饰面油漆(011404012),零星木装修油漆(011404013)

(1) 项目特征:腻子种类、遍数,防护材料种类,油漆品种,刷漆遍数。

(2) 工作内容:基层清理,刮腻子,刷防护材料、油漆。

(3) 计量单位:m^2。

(4) 计量规则:按设计图示尺寸以油漆部分展开面积计算。

4. 木地板油漆(011404014)

(1) 项目特征:腻子种类、遍数,防护材料种类,油漆品种,刷漆遍数。

(2) 工作内容:基层清理,刮腻子,刷防护材料、油漆。

(3) 计量单位:m^2。

(4) 计量规则:按设计图示尺寸以面积计算,空洞、空圈、暖气包槽、壁龛的开口部分并入相应的工程量内。

5. 木地板烫硬蜡面(011404015)

(1) 项目特征:硬蜡品种、面层处理要求。

(2) 工作内容:基层清理、烫蜡。

(3) 计量单位:m^2。

(4) 计量规则:按设计图示尺寸以面积计算,空洞、空圈、暖气包槽、壁龛的开口部分并入相应的工程量内。

8.15.5 金属面油漆(011405)

金属面油漆(011405001)

(1) 项目特征:构件名称,腻子,防护材料,油漆品种、遍数。

(2) 工作内容:基层清理、烫蜡。

(3) 计量单位:t 或 m^2。

(4) 计量规则:①按设计图示尺寸以质量计算;②按设计展开面积计算。

8.15.6 抹灰面油漆(011406)

1. 抹灰面油漆(011406001)

(1) 项目特征:构件名称,腻子,防护材料,油漆品种、遍数。

(2) 工作内容:基层清理,刮腻子,刷防护材料、油漆。

(3) 计量单位:m^2。

(4) 计量规则:按设计图示尺寸以面积计算。

2. 抹灰线条油漆(011406002)

(1) 项目特征:线条宽度、道数,腻子种类,刮腻子遍数,防护材料种类,油漆品种,刷漆遍数。

(2) 工作内容:基层清理,刮腻子,刷防护材料、油漆。

(3) 计量单位:m。

(4) 计量规则:按设计图示尺寸以长度计算。

3. 满刮腻子(011406003)

(1) 项目特征:基层类型、腻子种类、刮腻子遍数。

(2) 工作内容:基层清理、刮腻子。

(3) 计量单位:m^2。

(4) 计量规则:按设计图示尺寸以面积计算。

8.15.7 喷刷涂料(011407)

1. 墙面喷刷涂料(011407001)、天棚喷刷涂料(011407002)

(1) 项目特征:基层类型、腻子种类、刮腻子遍数、防护材料种类、油漆品种、刷漆遍数。

(2) 工作内容：基层清理，刮腻子，刷、喷涂料。

(3) 计量单位：m^2。

(4) 计量规则：按设计图示尺寸以面积计算。

2. 空花格、栏杆刷涂料(011407003)

(1) 项目特征：腻子种类、刮腻子遍数、涂料品种、喷刷遍数。

(2) 工作内容：基层清理，刮腻子，刷、喷涂料。

(3) 计量单位：m^2。

(4) 计量规则：按设计图示尺寸以单面外围面积计算。

3. 线条刷涂料(011407004)

(1) 项目特征：基层类型，线条宽度，刮腻子遍数，刷防护材料、油漆。

(2) 工作内容：基层清理，刮腻子，刷、喷涂料。

(3) 计量单位：m。

(4) 计量规则：按设计图示尺寸以长度计算。

4. 金属构件刷防火涂料(011407005)

(1) 项目特征：构件名称、防火等级要求、涂料品种、喷刷遍数。

(2) 工作内容：基层清理，刷防护材料、油漆。

(3) 计量单位：t 或 m^2。

(4) 计量规则：①按设计图示尺寸以质量计算；②按设计展开面积计算。

5. 木材构件喷刷防火涂料(011407006)

(1) 项目特征：构件名称、防火等级要求、涂料品种、喷刷遍数。

(2) 工作内容：基层清理、刷防护材料。

(3) 计量单位：m^2。

(4) 计量规则：按设计图示尺寸以面积计算。

注：喷刷墙面涂料部位要注明内墙或外墙。

8.15.8 喷刷涂料(011408)

墙纸裱糊(011408001)、织锦缎裱糊(011408002)

(1) 项目特征：基层类型，裱糊部位，腻子种类，刮腻子遍数，黏结材料种类，防护材料种类，面层材料品种、规格、颜色。

(2) 工作内容：基层清理、刮腻子、面层铺贴、刷防护材料。

(3) 计量单位：m^2。

(4) 计量规则：按设计图示尺寸以面积计算。

8.15.9 计算实例

例 8-31 某工程平面图如图 8-65 所示，该工程为砖混结构，室内净高为 3.8 m，单层木门，底油一遍，调和漆二遍，门洞尺寸为 1 000 mm×2 100 mm；单层木窗，底油一遍，调和漆二遍，窗洞尺寸为 1 500 mm×1 800 mm，窗台高 900 mm。内墙做法：抹灰面上仿瓷涂料二遍。天棚做法：抹灰面上仿瓷涂料二遍。求油漆工程量。

木门油漆工程量＝1.0×2.1×3 m^2＝6.3 m^2

木窗油漆工程量＝1.5×1.8×4 m^2＝10.80 m^2

8.16 其他装饰工程(0115)计量

8.16.1 柜类、货架(011501)

柜台(011501001)、酒柜(011501002)、衣柜(011501003)、存包柜(011501004)、鞋柜(011501005)、书柜(011501006)、厨房壁柜(011501007)、木壁柜(011501008)、厨房低柜(011501009)、厨房吊柜(011501010)、矮柜(011501011)、吧台背柜(011501012)、酒吧吊柜(011501013)、酒吧台(011501014)、展台(011501015)、收银台(011501016)、试衣间(011501017)、货架(011501018)、书架(011501019)、服务台(011501020)

(1) 项目特征：台柜规格，材料种类、规格，五金种类、规格，防护材料种类，油漆品种、刷漆遍数。

(2) 工作内容：台柜制作、运输、安装，防护材料、油漆，五金件安装。

(3) 计量单位：个或 m 或 m^3。

(4) 计量规则：①按设计图示尺寸以数量计算；②按设计图示尺寸以延长米计算；③按设计图示尺寸以体积计算。

8.16.2 压条、装饰线(011502)

1. 金属装饰线(011502001)、木质装饰线(011502002)、石材装饰线(011502003)、石膏装饰线(011502004)、镜面玻璃线(011502005)、铝塑装饰线(011502006)、塑料装饰线(011502007)

(1) 项目特征：基层类型，线条材料品种、规格、颜色，防护材料种类。

(2) 工作内容：线条制作、安装，刷防护材料。

(3) 计量单位：m。

(4) 计量规则：按设计图示尺寸以长度计算。

2. GRC 装饰线条(011502008)

(1) 项目特征：基层类型、线条规格、线条安装部位、填充材料种类。

(2) 工作内容：线条制作、安装。

(3) 计量单位：m。

(4) 计量规则：按设计图示尺寸以长度计算。

8.16.3 扶手、栏杆、栏板装饰(011503)

1. 金属扶手、栏杆、栏板(011503001)，硬木扶手、栏杆、栏板(011503002)，塑料扶手、栏杆、栏板(011503003)

(1) 项目特征：扶手材料种类、规格，栏杆材料种类、规格，栏板材料种类、规格、颜色，固定配件种类,防护材料种类。

(2) 工作内容:制作、运输、安装,刷防护材料。

(3) 计量单位:m。

(4) 计量规则:按设计图示尺寸以扶手中心线长度(包括弯头长度)计算。

2. GRC 栏杆、扶手(011503004)

(1) 项目特征:栏杆规格,安装间距,扶手类型、规格,填充材料种类。

(2) 工作内容:制作、运输、安装,刷防护材料。

(3) 计量单位:m。

(4) 计量规则:按设计图示尺寸以扶手中心线长度(包括弯头长度)计算。

3. 金属靠墙扶手(011503005)、硬木靠墙扶手(011503006)、塑料靠墙扶手(011503007)

(1) 项目特征:扶手材料种类、规格,固定配件种类,防护材料种类。

(2) 工作内容:制作、运输、安装,刷防护材料。

(3) 计量单位:m。

(4) 计量规则:按设计图示尺寸以扶手中心线长度(包括弯头长度)计算。

4. 玻璃栏板(011503008)

(1) 项目特征:栏板玻璃种类、规格、颜色,固定方式,固定配件种类。

(2) 工作内容:制作、运输、安装,刷防护材料。

(3) 计量单位:m。

(4) 计量规则:按设计图示尺寸以扶手中心线长度(包括弯头长度)计算。

8.16.4 暖气罩(011504)

饰面板暖气罩(011504001)、塑料板暖气罩(011504002)、金属暖气罩(011504003)

(1) 项目特征:暖气罩材质、防护材料种类。

(2) 工作内容:暖气罩制作、运输、安装,刷防护材料。

(3) 计量单位:m^2。

(4) 计量规则:按设计图示尺寸以垂直投影面积(不展开)计算。

8.16.5 浴厕配件(011505)

1. 洗漱台(011505001)

(1) 项目特征:材料品种、规格、颜色,支架、配件品种、规格。

(2) 工作内容:台面及支架制作、运输、安装,杆、环、盒配件安装,刷油漆。

(3) 计量单位:个。

(4) 计量规则:①按设计图示尺寸以台面外接矩形面积计算,不扣除孔洞、挖弯、削角所占面积,挡板、吊沿板面积并入台面面积内;②按设计图示尺寸以数量计算。

2. 晒衣架(011505002)、帘子杆(011505003)、浴缸拉手(011505004)、卫生间扶手(011505005)

(1) 项目特征:材料品种、规格、颜色,支架、配件品种、规格。

(2) 工作内容:台面及支架制作、运输、安装,杆、环、盒配件安装,刷油漆。

(3) 计量单位:个或 m^2。

(4) 计量规则:按设计图示尺寸以数量计算。

3. 毛巾杆(架)(011505006)

(1) 项目特征:材料品种、规格、颜色,支架、配件品种、规格。

(2) 工作内容:台面及支架制作、运输、安装,杆、环、盒配件安装,刷油漆。

(3) 计量单位:套。

(4) 计量规则:按设计图示尺寸以数量计算。

4. 毛巾环(011505007)

(1) 项目特征:材料品种、规格、颜色,支架、配件品种、规格。

(2) 工作内容:台面及支架制作、运输、安装,杆、环、盒配件安装,刷油漆。

(3) 计量单位:副。

(4) 计量规则:按设计图示尺寸以数量计算。

5. 卫生纸盒(011505008)、肥皂盒(011505009)

(1) 项目特征:材料品种、规格、颜色,支架、配件品种、规格。

(2) 工作内容:台面及支架制作、运输、安装,杆、环、盒配件安装,刷油漆。

(3) 计量单位:个。

(4) 计量规则:按设计图示尺寸以数量计算。

6. 镜面玻璃(011505010)

(1) 项目特征:镜面玻璃品种、规格,框材质、断面尺寸,基层材料种类,防护材料种类。

(2) 工作内容:基层安装,玻璃及框制作、运输、安装。

(3) 计量单位:m^2。

(4) 计量规则:按设计图示尺寸以边框外围面积计算。

7. 镜箱(011505011)

(1) 项目特征:箱体材质、规格,玻璃品种、规格,基层材料种类,防护材料种类,油漆品种,刷漆遍数。

(2) 工作内容:基层安装,箱体制作、运输、安装,玻璃安装,刷防护材料、油漆。

(3) 计量单位:个。

(4) 计量规则:按设计图示尺寸以数量计算。

8.16.6 雨篷、旗杆(011506)

1. 雨篷吊挂饰面(011506001)

(1) 项目特征:基层类型,龙骨材料种类、规格、中距,面层材料品种、规格,吊顶(天棚)材料品种、规格,嵌缝材料种类,防护材料种类。

(2) 工作内容:底层抹灰,龙骨基层安装,面层安装,刷防护材料、油漆。

(3) 计量单位:m^2。

(4) 计量规则:按设计图示尺寸以水平投影面积计算。

2. 金属旗杆(011506002)

(1) 项目特征:旗杆材料种类、规格,旗杆高度(指旗杆台座上表面至杆顶的尺寸),基础材料种类,基座材料种类,基座面层材料种类、规格。

(2) 工作内容:土石挖、填、运,基础混凝土浇筑,旗杆制作、安装,旗杆台座制作、饰面。

(3) 计量单位:根。

(4) 计量规则:按设计图示尺寸以数量计算。

3. 玻璃雨篷(011506003)

(1) 项目特征:玻璃雨篷固定方式,龙骨材料种类、规格、中距,玻璃材料品种、规格,嵌缝材料种类,防护材料种类。

(2) 工作内容:龙骨基层安装,面层安装,刷防护材料、油漆。

(3) 计量单位:m^2。

(4) 计量规则:按设计图示尺寸以水平投影面积计算。

8.16.7 招牌、灯箱(011507)

1. 平面、箱式招牌(011507001)

(1) 项目特征:箱体规格、基层材料、面层材料、防护材料种类。

(2) 工作内容:基层安装,箱体及支架制作、运输、安装,面层制作、安装,刷防护材料、油漆。

(3) 计量单位:m^2。

(4) 计量规则:按设计图示尺寸以正立面边框外围面积计算,复杂形状的凸凹造型部分不增加面积。

2. 竖式标箱(011507002)、灯箱(011507003)

(1) 项目特征:箱体规格、基层材料、面层材料、防护材料种类。

(2) 工作内容:基层安装,箱体及支架制作、运输、安装,面层制作、安装,刷防护材料、油漆。

(3) 计量单位:个。

(4) 计量规则:按设计图示尺寸以数量计算。

3. 信报箱(011507004)

(1) 项目特征:箱体规格、基层材料、面层材料、保护材料种类、户数。

(2) 工作内容:基层安装,箱体及支架制作、运输、安装,面层制作、安装,刷防护材料、油漆。

(3) 计量单位:个。

(4) 计量规则:按设计图示尺寸以数量计算。

8.16.8 美术字(011508)

泡沫塑料字(011508001)、有机玻璃字(011508002)、木质字(011508003)、金属字(011508004)、吸塑字(011508005)

(1) 项目特征:基层类型,镌字材料品种、颜色,字体规格,固定方式,油漆品种,刷漆遍数。

(2) 工作内容:字制作、运输、安装,刷油漆。

(3) 计量单位:个。

(4) 计量规则:按设计图示尺寸以数量计算。

8.16.9 计算实例

例 8-32 某工程楼梯平面图、剖面图如图 8-67 所示，硬木扶手，斜长系数为 1.15，试计算扶手工程量。

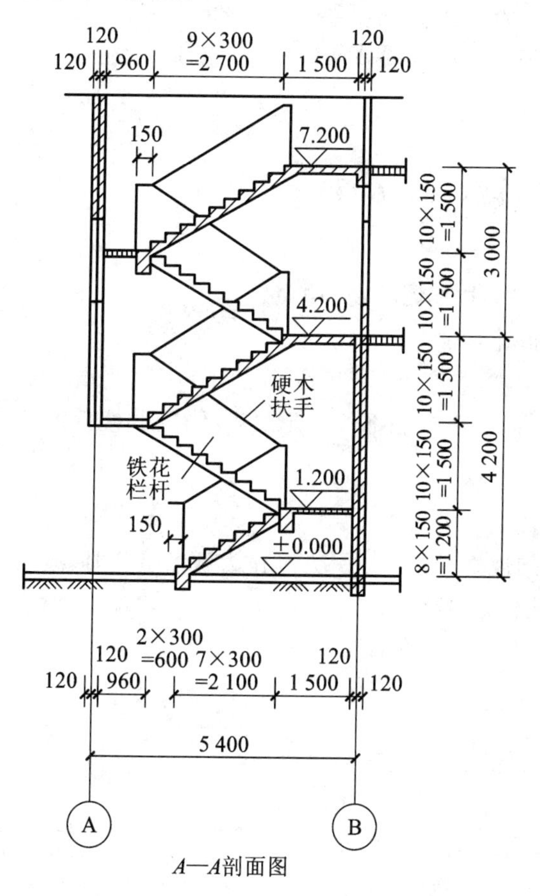

A—A剖面图

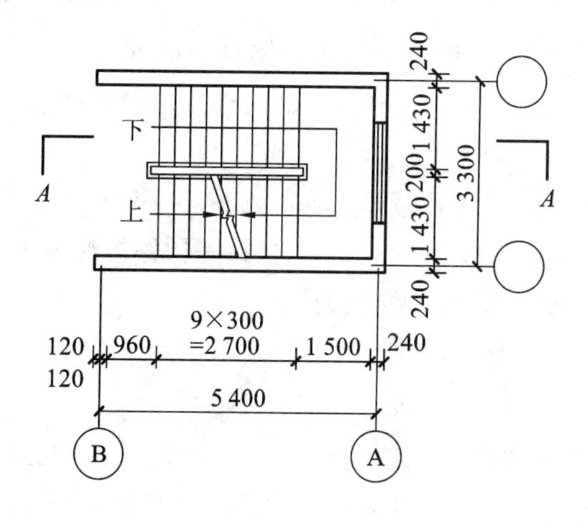

图 8-67 楼梯平面图、剖面图

解

扶手工程量=[0.15+(2.1+2.7×4)×1.15+(0.3+0.2)×4+0.15+1.43] m=18.57 m

8.17 拆除工程(0116)计量

8.17.1 砖砌体拆除(011601)

1. 砖砌体拆除(011601001)

(1) 项目特征：砌体名称、砌体材质、拆除高度、拆除砌体的截面尺寸、砌体表面的附着物种类。

(2) 工作内容：拆除，控制扬尘，清理，建渣场内、外运输。

(3) 计量单位：m^3 或 m。

(4) 计量规则：①按拆除的体积计算；②按拆除部位的延长米计算。

2. 说明

(1) 砌体名称指墙、柱、水池。

(2) 砌体表面的附着物种类指抹灰层、块料层、龙骨及装饰面层等。

(3) 以米计量时，如砖地沟、砖明沟等，必须描述拆除部位的截面尺寸；以立方米计量时，截面尺寸则不必描述。

8.17.2 混凝土及钢筋混凝土构件拆除(011602)

1. 混凝土构件拆除(011602001)、钢筋混凝土构件拆除(011602002)

(1) 项目特征：构件名称、厚度或规格、尺寸，构件表面的附着物种类。

(2) 工作内容：拆除，控制扬尘，清理，建渣场内、外运输。

(3) 计量单位：m^3 或 m 或 m^2。

(4) 计量规则：①按拆除构件的混凝土体积计算；②按拆除部位的延长米计算；③按拆除部位的面积计算。

2. 说明

(1) 以立方米作为计量单位时，可不描述构件的规格、尺寸；以平方米作为计量单位时，应描述构件的厚度；以米作为计量单位时，则必须描述构件的规格、尺寸。

(2) 构件表面的附着物种类指抹灰层、块料层、龙骨及装饰面层等。

8.17.3 木构件拆除(011603)

1. 木构件拆除(011603001)

(1) 项目特征：构件名称、厚度或规格、尺寸，构件表面的附着物种类。

(2) 工作内容：拆除，控制扬尘，清理，建渣场内、外运输。

(3) 计量单位：m^3 或 m 或 m^2。

(4) 计量规则：①按拆除构件的混凝土体积计算；②按拆除部位的延长米计算；③按拆除部位的面积计算。

2. 说明

(1) 拆除的木构件应按木梁、木柱、木楼梯、木屋架、承重木楼板等分别在构件名称中描述。

(2) 以立方米作为计量单位时，可不描述构件的规格、尺寸；以平方米作为计量单位时，应描述构件的厚度；以米作为计量单位时，则必须描述构件的规格、尺寸。

(3) 构件表面的附着物种类指抹灰层、块料层、龙骨及装饰面层等。

8.17.4 抹灰层拆除(011604)

1. 平面抹灰层拆除(011604001)、立面抹灰层拆除(011604002)、天棚抹灰面拆除(011604003)

(1) 项目特征：拆除部位、抹灰层种类。

(2) 工作内容：拆除，控制扬尘，清理，建渣场内、外运输。

(3) 计量单位：m^2。

(4) 计量规则：按拆除部位的面积计算。

2. 说明

(1) 单独拆除抹灰层应按抹灰层拆除项目中的相关项目编码列项。

(2) 抹灰层种类可描述为一般抹灰或装饰抹灰。

8.17.5 块料面层拆除(011605)

1. 平面块料拆除(011605001)、立面块料拆除(011605002)

(1) 项目特征：拆除的基层类型、饰面材料种类。

(2) 工作内容：拆除，控制扬尘，清理，建渣场内、外运输。

(3) 计量单位：m^2。

(4) 计量规则：按拆除部位的面积计算。

2. 说明

(1) 如仅拆除块料层，不用描述拆除的基层类型。

(2) 拆除的基层类型的描述指砂浆层、防水层、干挂或挂贴所采用的钢骨架层等。

8.17.6 龙骨及饰面拆除(011606)

1. 楼地面龙骨及饰面拆除(011606001)、墙柱面龙骨及饰面拆除(011606002)、天棚面龙骨及饰面拆除(011606003)

(1) 项目特征：拆除的基层类型、龙骨及饰面材料种类。

(2) 工作内容：拆除，控制扬尘，清理，建渣场内、外运输。

(3) 计量单位：m^2。

(4) 计量规则：按拆除部位的面积计算。

2. 说明

(1) 拆除的基层类型的描述指砂浆层、防水层等。

(2) 如仅拆除龙骨及饰面，不用描述拆除的基层类型。

(3) 如只拆除饰面，不用描述龙骨材料种类。

8.17.7 屋面拆除(011607)

1. 刚性层拆除(011607001)

(1) 项目特征：刚性层厚度。

(2) 工作内容：拆除，控制扬尘，清理，建渣场内、外运输。

(3) 计量单位：m^2。

(4) 计量规则：按拆除部位的面积计算。

2. 防水层拆除(011607002)

(1) 项目特征：防水层种类。

(2) 工作内容:拆除,控制扬尘,清理,建渣场内、外运输。

(3) 计量单位:m^2。

(4) 计量规则:按拆除部位的面积计算。

8.17.8 铲除油漆涂料裱糊面(011608)

1. 铲除油漆面(011608001)、铲除涂料面(011608002)、铲除裱糊面(011608003)

(1) 项目特征:铲除部位名称、铲除部位截面尺寸。

(2) 工作内容:铲除,控制扬尘,清理,建渣场内、外运输。

(3) 计量单位:m^2 或 m。

(4) 计量规则:①按铲除部位的面积计算;②按铲除部位的延长米计算。

2. 说明

(1) 单独铲除油漆涂料裱糊面的工程按铲除油漆涂料裱糊面项目中的相关项目编码列项。

(2) 铲除部位名称的描述指墙面、柱面、天棚、门窗等。

(3) 以米计量时,必须描述铲除部位的截面尺寸;以平方米计量时,不用描述铲除部位的截面尺寸。

8.17.9 栏杆栏板、轻质隔断隔墙拆除(011609)

1. 栏杆、栏板拆除(011609001)

(1) 项目特征:栏杆(板)高度,栏杆、栏板种类。

(2) 工作内容:拆除,控制扬尘,清理,建渣场内、外运输。

(3) 计量单位:m^2 或 m。

(4) 计量规则:①按拆除部位的面积计算;②按拆除部位的延长米计算。

2. 隔断隔墙拆除(011609002)

(1) 项目特征:拆除隔墙的骨架种类、拆除隔墙的饰面种类。

(2) 工作内容:拆除,控制扬尘,清理,建渣场内、外运输。

(3) 计量单位:m^2。

(4) 计量规则:按拆除部位的面积计算。

8.17.10 门窗拆除(011610)

木门窗拆除(011610001)、金属门窗拆除(011610002)

(1) 项目特征:室内高度、门窗洞口尺寸。

(2) 工作内容:拆除,控制扬尘,清理,建渣场内、外运输。

(3) 计量单位:m^2 或樘。

(4) 计量规则:①按拆除部位的面积计算;②按拆除樘数计算。

8.17.11 金属构件拆除(011611)

1. 钢梁拆除(011611001)、钢柱拆除(011611002)

(1) 项目特征:构件名称,拆除构件规格、尺寸。

(2) 工作内容:拆除,控制扬尘,清理,建渣场内、外运输。
(3) 计量单位:t 或 m。
(4) 计量规则:①按拆除构件的质量计算;②按拆除构件的延长米计算。

2. 钢网架拆除(011611003)

(1) 项目特征:构件名称,拆除构件规格、尺寸。
(2) 工作内容:拆除,控制扬尘,清理,建渣场内、外运输。
(3) 计量单位:t。
(4) 计量规则:按拆除构件的质量计算。

3. 钢支撑、钢墙架拆除(011611004),其他金属构件拆除(011611005)

(1) 项目特征:构件名称,拆除构件规格、尺寸。
(2) 工作内容:拆除,控制扬尘,清理,建渣场内、外运输。
(3) 计量单位:t 或 m。
(4) 计量规则:①按拆除构件的质量计算;②按拆除构件的延长米计算。

8.17.12 管道及卫生洁具拆除(011612)

1. 管道拆除(011612001)

(1) 项目特征:管道种类、材质,管道上的附着物。
(2) 工作内容:拆除,控制扬尘,清理,建渣场内、外运输。
(3) 计量单位:m。
(4) 计量规则:按拆除管道的延长米计算。

2. 卫生洁具拆除(011612002)

(1) 项目特征:卫生洁具种类。
(2) 工作内容:拆除,控制扬尘,清理,建渣场内、外运输。
(3) 计量单位:套或个。
(4) 计量规则:按拆除的数量计算。

8.17.13 灯具、玻璃拆除(011613)

1. 灯具拆除(011613001)

(1) 项目特征:拆除灯具高度、灯具种类。
(2) 工作内容:拆除,控制扬尘,清理,建渣场内、外运输。
(3) 计量单位:套。
(4) 计量规则:按拆除的数量计算。

2. 玻璃拆除(011613002)

(1) 项目特征:玻璃厚度、拆除部位。
(2) 工作内容:拆除,控制扬尘,清理,建渣场内、外运输。
(3) 计量单位:m^2。
(4) 计量规则:按拆除部位的面积计算。

8.17.14 其他构件拆除(011614)

1. 暖气罩拆除(011614001)

(1) 项目特征:暖气罩材质。

(2) 工作内容:拆除,控制扬尘,清理,建渣场内、外运输。

(3) 计量单位:个或 m。

(4) 计量规则:①按拆除的个数计算;②按拆除部位的延长米计算。

2. 柜体拆除(011614002)

(1) 项目特征:柜体材质,柜体尺寸,长、宽、高。

(2) 工作内容:拆除,控制扬尘,清理,建渣场内、外运输。

(3) 计量单位:个或 m。

(4) 计量规则:①按拆除的个数计算;②按拆除部位的延长米计算。

3. 窗台板拆除(011614003)

(1) 项目特征:窗台板平面尺寸。

(2) 工作内容:拆除,控制扬尘,清理,建渣场内、外运输。

(3) 计量单位:块或 m。

(4) 计量规则:①按拆除的数量计算;②按拆除部位的延长米计算。

4. 筒子板拆除(011614004)

(1) 项目特征:筒子板的平面尺寸。

(2) 工作内容:拆除,控制扬尘,清理,建渣场内、外运输。

(3) 计量单位:块或 m。

(4) 计量规则:①按拆除的数量计算;②按拆除部位的延长米计算。

5. 窗帘盒拆除(011614005)

(1) 项目特征:窗帘盒的平面尺寸。

(2) 工作内容:拆除,控制扬尘,清理,建渣场内、外运输。

(3) 计量单位:m。

(4) 计量规则:按拆除部位的延长米计算。

6. 窗帘轨拆除(011614006)

(1) 项目特征:窗帘轨的材质。

(2) 工作内容:拆除,控制扬尘,清理,建渣场内、外运输。

(3) 计量单位:m。

(4) 计量规则:按拆除部位的延长米计算。

注:双轨窗帘轨拆除按双轨长度分别计算工程量。

8.17.15 开孔(打洞)(011615)

1. 开孔(打洞)(011615001)

(1) 项目特征:部位、打洞部位材质、洞尺寸。

(2) 工作内容：拆除，控制扬尘，清理，建渣场内、外运输。

(3) 计量单位：个。

(4) 计量规则：按数量计算。

2. 说明

(1) 部位可描述为墙面或楼板。

(2) 打洞部位材质可描述为页岩砖或空心砖或钢筋混凝土等。

8.18 措施项目工程(0117)计量

8.18.1 脚手架工程(011701)

1. 综合脚手架(011701001)

(1) 项目特征：建筑结构形式、檐口高度。

(2) 工作内容：场内、场外材料搬运，搭、拆脚手架、斜道、上料平台，安全网铺设，选择附墙点与主体连接，测试电动装置、安全锁等，拆除脚手架后材料的堆放。

(3) 计量单位：m^2。

(4) 计量规则：按建筑面积计算。

2. 外脚手架(011701002)

(1) 项目特征：搭设方式、搭设高度。

(2) 工作内容：场内、场外材料搬运，搭、拆脚手架、斜道、上料平台，安全网铺设，拆除脚手架后材料的堆放。

(3) 计量单位：m^2。

(4) 计量规则：按所服务对象的垂直投影面积计算。

3. 里脚手架(011701003)

(1) 项目特征：搭设方式、搭设高度。

(2) 工作内容：场内、场外材料搬运，搭、拆脚手架、斜道、上料平台，安全网铺设，拆除脚手架后材料的堆放。

(3) 计量单位：m^2。

(4) 计量规则：按所服务对象的垂直投影面积计算。

4. 悬空脚手架(011701004)

(1) 项目特征：搭设方式、悬挑宽度、脚手架材质。

(2) 工作内容：场内、场外材料搬运，搭、拆脚手架、斜道、上料平台，安全网铺设，拆除脚手架后材料的堆放。

(3) 计量单位：m^2。

(4) 计量规则：按搭设的水平投影面积计算。

5. 挑脚手架(011701005)

(1) 项目特征：搭设方式、悬挑宽度、脚手架材质。

(2) 工作内容:场内、场外材料搬运,搭、拆脚手架、斜道、上料平台,安全网铺设,拆除脚手架后材料的堆放。

(3) 计量单位:m。

(4) 计量规则:按搭设长度乘以搭设层数以延长米计算。

6. 满堂脚手架(011701006)

(1) 项目特征:搭设方式、搭设高度、脚手架材质。

(2) 工作内容:场内、场外材料搬运,搭、拆脚手架、斜道、上料平台,安全网铺设,拆除脚手架后材料的堆放。

(3) 计量单位:m^2。

(4) 计量规则:按搭设的水平投影面积计算。

7. 整体提升架(011701007)

(1) 项目特征:搭设方式及启动装置、搭设高度。

(2) 工作内容:场内、场外材料搬运,选择附墙点与主体连接,搭、拆脚手架、斜道、上料平台,安全网铺设,测试电动装置、安全锁等,拆除脚手架后材料的堆放。

(3) 计量单位:m^2。

(4) 计量规则:按所服务对象的垂直投影面积计算。

8. 外装饰吊篮(011701008)

(1) 项目特征:升降方式及启动装置、搭设高度及吊篮型号。

(2) 工作内容:场内、场外材料搬运,吊篮安装,安全网铺设,测试电动装置、安全锁、平衡控制器等,吊篮拆卸。

(3) 计量单位:m^2。

(4) 计量规则:按所服务对象的垂直投影面积计算。

9. 说明

(1) 使用综合脚手架时,不再使用外脚手架、里脚手架等单项脚手架;综合脚手架适用于能够按建筑面积计算规则计算建筑面积的建筑工程脚手架,不适用于房屋加层、构筑物及附属工程脚手架。

(2) 同一建筑物有不同檐高时,根据建筑物竖向切面分别按不同檐高编列清单项目。

(3) 整体提升架已包括 2 m 高的防护架体设施。

(4) 脚手架材质可以不描述,但应注明由投标人根据工程实际情况按照国家现行标准《建筑施工扣件式钢管脚手架安全技术规范》(JGJ 130—2011)、《建筑施工附着升降脚手架管理暂行规定》等规范自行确定。

8.18.2 混凝土模板及支架(撑)(011702)

1. 基础(011702001)

(1) 项目特征:基础类型。

(2) 工作内容:模板制作,模板安装、拆除、整理、堆放及场内、外运输,清理模板黏结物及模内杂物,刷隔离剂等。

(3) 计量单位:m^2。

(4) 计量规则:按模板与现浇混凝土构件的接触面积计算;现浇钢筋混凝土墙、板单孔面积不超过 0.3 m^2 的孔洞不予以扣除,洞侧壁模板亦不增加;单孔面积大于 0.3 m^2 的孔洞应予以扣除,洞侧壁模板面积并入墙、板工程量内计算;现浇框架分别按梁、板、柱的有关规定计算;附墙柱、暗梁、暗柱并入墙内工程量内计算;柱、梁、墙、板相互连接的重叠部分,均不计算模板面积;构造柱按图示外露部分计算模板面积。

2. 矩形柱(011702002)、构造柱(011702003)

(1) 工作内容:模板制作,模板安装、拆除、整理、堆放及场内、外运输,清理模板黏结物及模内杂物,刷隔离剂等。

(2) 计量单位:m^2。

(3) 计量规则:按模板与现浇混凝土构件的接触面积计算;现浇钢筋混凝土墙、板单孔面积不超过 0.3 m^2 的孔洞不予以扣除,洞侧壁模板亦不增加;单孔面积大于 0.3 m^2 的孔洞应予以扣除,洞侧壁模板面积并入墙、板工程量内计算;现浇框架分别按梁、板、柱的有关规定计算;附墙柱、暗梁、暗柱并入墙内工程量内计算;柱、梁、墙、板相互连接的重叠部分,均不计算模板面积;构造柱按图示外露部分计算模板面积。

3. 异形柱(011702004)

(1) 项目特征:柱截面形状。

(2) 工作内容:模板制作,模板安装、拆除、整理、堆放及场内、外运输,清理模板黏结物及模内杂物,刷隔离剂等。

(3) 计量单位:m^2。

(4) 计量规则:按模板与现浇混凝土构件的接触面积计算;现浇钢筋混凝土墙、板单孔面积不超过 0.3 m^2 的孔洞不予以扣除,洞侧壁模板亦不增加;单孔面积大于 0.3 m^2 的孔洞应予以扣除,洞侧壁模板面积并入墙、板工程量内计算;现浇框架分别按梁、板、柱的有关规定计算;附墙柱、暗梁、暗柱并入墙内工程量内计算;柱、梁、墙、板相互连接的重叠部分,均不计算模板面积;构造柱按图示外露部分计算模板面积。

4. 基础梁(011702005)

(1) 项目特征:梁截面形状。

(2) 工作内容:模板制作,模板安装、拆除、整理、堆放及场内、外运输,清理模板黏结物及模内杂物,刷隔离剂等。

(3) 计量单位:m^2。

(4) 计量规则:按模板与现浇混凝土构件的接触面积计算;现浇钢筋混凝土墙、板单孔面积不超过 0.3 m^2 的孔洞不予以扣除,洞侧壁模板亦不增加;单孔面积大于 0.3 m^2 的孔洞应予以扣除,洞侧壁模板面积并入墙、板工程量内计算;现浇框架分别按梁、板、柱的有关规定计算;附墙柱、暗梁、暗柱并入墙内工程量内计算;柱、梁、墙、板相互连接的重叠部分,均不计算模板面积;构造柱按图示外露部分计算模板面积。

5. 矩形梁(011702006)

(1) 项目特征:支撑高度。

(2) 工作内容:模板制作,模板安装、拆除、整理、堆放及场内、外运输,清理模板黏结物及模内杂物,刷隔离剂等。

(3) 计量单位:m^2。

(4) 计量规则:按模板与现浇混凝土构件的接触面积计算;现浇钢筋混凝土墙、板单孔面积不超过 0.3 m^2 的孔洞不予以扣除,洞侧壁模板亦不增加;单孔面积大于 0.3 m^2 的孔洞应予以扣除,洞侧壁模板面积并入墙、板工程量内计算;现浇框架分别按梁、板、柱的有关规定计算;附墙柱、暗梁、暗柱并入墙内工程量内计算;柱、梁、墙、板相互连接的重叠部分,均不计算模板面积;构造柱按图示外露部分计算模板面积。

6. 异形梁(011702007)

(1) 项目特征:梁截面形状,支撑高度。

(2) 工作内容:模板制作,模板安装、拆除、整理、堆放及场内、外运输,清理模板黏结物及模内杂物,刷隔离剂等。

(3) 计量单位:m^2。

(4) 计量规则:按模板与现浇混凝土构件的接触面积计算;现浇钢筋混凝土墙、板单孔面积不超过 0.3 m^2 的孔洞不予以扣除,洞侧壁模板亦不增加;单孔面积大于 0.3 m^2 的孔洞应予以扣除,洞侧壁模板面积并入墙、板工程量内计算;现浇框架分别按梁、板、柱的有关规定计算;附墙柱、暗梁、暗柱并入墙内工程量内计算;柱、梁、墙、板相互连接的重叠部分,均不计算模板面积;构造柱按图示外露部分计算模板面积。

7. 圈梁(011702008)、过梁(011702009)

(1) 工作内容:模板制作,模板安装、拆除、整理、堆放及场内、外运输,清理模板黏结物及模内杂物,刷隔离剂等。

(2) 计量单位:m^2。

(3) 计量规则:按模板与现浇混凝土构件的接触面积计算;现浇钢筋混凝土墙、板单孔面积不超过 0.3 m^2 的孔洞不予以扣除,洞侧壁模板亦不增加;单孔面积大于 0.3 m^2 的孔洞应予以扣除,洞侧壁模板面积并入墙、板工程量内计算;现浇框架分别按梁、板、柱的有关规定计算;附墙柱、暗梁、暗柱并入墙内工程量内计算;柱、梁、墙、板相互连接的重叠部分,均不计算模板面积;构造柱按图示外露部分计算模板面积。

8. 弧形、拱形梁(011702010)

(1) 项目特征:梁截面形状、支撑高度。

(2) 工作内容:模板制作,模板安装、拆除、整理、堆放及场内、外运输,清理模板黏结物及模内杂物,刷隔离剂等。

(3) 计量单位:m^2。

(4) 计量规则:按模板与现浇混凝土构件的接触面积计算;现浇钢筋混凝土墙、板单孔面积不超过 0.3 m^2 的孔洞不予以扣除,洞侧壁模板亦不增加;单孔面积大于 0.3 m^2 的孔洞应予以扣除,洞侧壁模板面积并入墙、板工程量内计算;现浇框架分别按梁、板、柱的有关规定计算;附墙柱、暗梁、暗柱并入墙内工程量内计算;柱、梁、墙、板相互连接的重叠部分,均不计算模板面积;构造柱按图示外露部分计算模板面积。

9. 直形墙(011702011),弧形墙(011702012),短肢剪力墙、电梯井壁(011702013)

(1) 工作内容:模板制作,模板安装、拆除、整理、堆放及场内、外运输,清理模板黏结物及模内杂物,刷隔离剂等。

(2) 计量单位:m^2。

(3) 计量规则:按模板与现浇混凝土构件的接触面积计算;现浇钢筋混凝土墙、板单孔面积不超过0.3 m^2的孔洞不予以扣除,洞侧壁模板亦不增加;单孔面积大于0.3 m^2的孔洞应予以扣除,洞侧壁模板面积并入墙、板工程量内计算;现浇框架分别按梁、板、柱的有关规定计算;附墙柱、暗梁、暗柱并入墙内工程量内计算;柱、梁、墙、板相互连接的重叠部分,均不计算模板面积;构造柱按图示外露部分计算模板面积。

10. 有梁板(011702014)、无梁板(011702015)、平板(011702016)、拱板(011702017)、薄壳板(011702018)、空心板(011702019)、其他板(011702020)

(1) 项目特征:支撑高度。

(2) 工作内容:模板制作,模板安装、拆除、整理、堆放及场内、外运输,清理模板黏结物及模内杂物,刷隔离剂等。

(3) 计量单位:m^2。

(4) 计量规则:按模板与现浇混凝土构件的接触面积计算;现浇钢筋混凝土墙、板单孔面积不超过0.3 m^2的孔洞不予以扣除,洞侧壁模板亦不增加;单孔面积大于0.3 m^2的孔洞应予以扣除,洞侧壁模板面积并入墙、板工程量内计算;现浇框架分别按梁、板、柱的有关规定计算;附墙柱、暗梁、暗柱并入墙内工程量内计算;柱、梁、墙、板相互连接的重叠部分,均不计算模板面积;构造柱按图示外露部分计算模板面积。

11. 栏板(011702021)

(1) 工作内容:模板制作,模板安装、拆除、整理、堆放及场内、外运输,清理模板黏结物及模内杂物,刷隔离剂等。

(2) 计量单位:m^2。

(3) 计量规则:按模板与现浇混凝土构件的接触面积计算;现浇钢筋混凝土墙、板单孔面积不超过0.3 m^2的孔洞不予以扣除,洞侧壁模板亦不增加;单孔面积大于0.3 m^2的孔洞应予以扣除,洞侧壁模板面积并入墙、板工程量内计算;现浇框架分别按梁、板、柱的有关规定计算;附墙柱、暗梁、暗柱并入墙内工程量内计算;柱、梁、墙、板相互连接的重叠部分,均不计算模板面积;构造柱按图示外露部分计算模板面积。

12. 天沟、檐沟(011702022)

(1) 项目特征:构件类型。

(2) 工作内容:模板制作,模板安装、拆除、整理、堆放及场内、外运输,清理模板黏结物及模内杂物,刷隔离剂等。

(3) 计量单位:m^2。

(4) 计量规则:按模板与现浇混凝土构件的接触面积计算。

13. 雨篷、悬挑板、阳台板(011702023)

(1) 项目特征:构件类型、板厚度。

(2) 工作内容:模板制作,模板安装、拆除、整理、堆放及场内、外运输,清理模板黏结物及模内杂物,刷隔离剂等。

(3) 计量单位:m^2。

(4) 计量规则:按图示外挑部分尺寸的水平投影面积计算,挑出墙外的悬臂梁及板边不另计算。

14. 楼梯(011702024)

(1) 项目特征:楼梯类型。

(2) 工作内容:模板制作,模板安装、拆除、整理、堆放及场内、外运输,清理模板黏结物及模内杂物,刷隔离剂等。

(3) 计量单位：m^2。

(4) 计量规则：按楼梯(包括休息平台、平台梁、斜梁和楼层板的连接梁)的水平投影面积计算，不扣除宽度不超过 500 mm 的楼梯井所占面积，楼梯踏步、踏步板、平台梁等侧面模板不另计算，伸入墙内部分亦不增加。

15. 其他现浇构件(011702025)

(1) 项目特征：构件类型。

(2) 工作内容：模板制作，模板安装、拆除、整理、堆放及场内、外运输，清理模板黏结物及模内杂物，刷隔离剂等。

(3) 计量单位：m^2。

(4) 计量规则：按模板与现浇混凝土构件的接触面积计算。

16. 电缆沟、地沟(011702026)

(1) 项目特征：沟类型、沟截面。

(2) 工作内容：模板制作，模板安装、拆除、整理、堆放及场内、外运输，清理模板黏结物及模内杂物，刷隔离剂等。

(3) 计量单位：m^2。

(4) 计量规则：按模板与电缆沟、地沟的接触面积计算。

17. 台阶(011702027)

(1) 项目特征：台阶踏步宽。

(2) 工作内容：模板制作，模板安装、拆除、整理、堆放及场内、外运输，清理模板黏结物及模内杂物，刷隔离剂等。

(3) 计量单位：m^2。

(4) 计量规则：按图示台阶水平投影面积计算，台阶端头两侧不另计算模板面积，架空式混凝土台阶按现浇楼梯计算。

18. 扶手(011702028)

(1) 项目特征：扶手断面尺寸。

(2) 工作内容：模板制作，模板安装、拆除、整理、堆放及场内、外运输，清理模板黏结物及模内杂物，刷隔离剂等。

(3) 计量单位：m^2。

(4) 计量规则：按模板与扶手的接触面积计算。

19. 散水(011702029)

(1) 工作内容：模板制作，模板安装、拆除、整理、堆放及场内、外运输，清理模板黏结物及模内杂物，刷隔离剂等。

(2) 计量单位：m^2。

(3) 计量规则：按模板与散水的接触面积计算。

20. 后浇带(011702030)

(1) 项目特征：后浇带部位。

(2) 工作内容：模板制作，模板安装、拆除、整理、堆放及场内、外运输，清理模板黏结物及模内杂物，刷隔离剂等。

(3) 计量单位：m^2。

(4) 计量规则:按模板与后浇带的接触面积计算。

21. 化粪池(011702031)

(1) 项目特征:化粪池部位、规格。

(2) 工作内容:模板制作,模板安装、拆除、整理、堆放及场内、外运输,清理模板黏结物及模内杂物,刷隔离剂等。

(3) 计量单位:m^2。

(4) 计量规则:按模板与混凝土的接触面积计算。

22. 检查井(011702032)

(1) 项目特征:检查井部位、规格。

(2) 工作内容:模板制作,模板安装、拆除、整理、堆放及场内、外运输,清理模板黏结物及模内杂物,刷隔离剂等。

(3) 计量单位:m^2。

(4) 计量规则:按模板与混凝土的接触面积计算。

23. 说明

(1) 原槽浇灌的混凝土基础,不计算模板。

(2) 混凝土模板及支撑(架)项目,只适用于以平方米计量,按模板与混凝土构件的接触面积计算。以立方米计量的模板及支撑(架)项目,按混凝土及钢筋混凝土实体项目执行,其综合单价中应包含模板及支撑(架)。

(3) 采用清水模板时,应在特征中注明。

(4) 当现浇混凝土梁、板的支撑高度超过 3.6 m 时,项目特征应描述支撑高度。

8.18.3 垂直运输(011703)

1. 垂直运输(011703001)

(1) 项目特征:建筑物建筑类型及结构形式,地下室建筑面积,建筑物檐口高度、层数。

(2) 工作内容:垂直运输机械的固定装置、基础制作、安装,行走式垂直运输机械轨道的铺设、拆除、摊销。

(3) 计量单位:m^2 或天。

(4) 计量规则:①按建筑面积计算;②按施工工期日历天数计算。

2. 说明

(1) 建筑物的檐口高度是指设计室外地坪至檐口滴水的高度(平屋顶系指屋面板底高度),突出主体建筑物屋顶的电梯机房、楼梯出口间、水箱间、瞭望塔、排烟机房等不计入檐口高度。

(2) 垂直运输指施工工程在合理工期内所需垂直运输机械。

(3) 同一建筑物有不同檐高时,按建筑物的不同檐高做纵向分割,分别计算建筑面积,以不同檐高分别编码列项。

8.18.4 超高施工增加(011704)

1. 超高施工增加(011704001)

(1) 项目特征:建筑物建筑类型及结构形式;建筑物檐口高度、层数;单层建筑物檐口高度超过 20 m,多层建筑物超过 6 层部分的建筑面积。

(2) 工作内容：建筑物超高引起的人工工效降低以及人工工效降低引起的机械降效，高层施工用水加压水泵的安装、拆除及工作台班，通信联络设备的使用及摊销。

(3) 计量单位：m^2。

(4) 计量规则：按建筑物超高部分的建筑面积计算。

2. 说明

(1) 单层建筑物檐口高度超过 20 m，多层建筑物超过 6 层时，可按超高部分的建筑面积计算超高施工增加；计算层数时，地下室不计入层数。

(2) 同一建筑物有不同檐高时，可按不同高度的建筑面积分别计算建筑面积，以不同檐高分别编码列项。

8.18.5 大型机械设备进、出场及安拆(011705)

大型机械设备进、出场及安拆(011705001)

(1) 项目特征：机械设备名称，机械设备规格、型号。

(2) 工作内容：安拆费包括施工机械设备在现场进行安装、拆卸所需人工、材料、机械和试运转费用，以及机械辅助设施的折旧、搭设、拆除等费用；进、出场费包括施工机械设备整体或分体自停放地点运至施工现场或由一施工地点运至另一施工地点所发生的运输、装卸、辅助材料等费用。

(3) 计量单位：台次。

(4) 计量规则：按使用机械设备的数量计算。

8.18.6 施工排水、降水(011706)

1. 成井(011706001)

(1) 项目特征：成井方式，地层情况，成井直径，井管类型、直径。

(2) 工作内容：准备钻孔机械、埋设护筒、钻机就位、泥浆制作、固壁、成孔、出渣、清孔等，对接上、下井管(滤管)，焊接，安放，下滤料，洗井，连接试抽等。

(3) 计量单位：m。

(4) 计量规则：按设计图示尺寸以钻孔深度计算。

2. 排水、降水(011706002)

(1) 项目特征：机械规格、型号，降、排水管规格。

(2) 工作内容：管道安装、拆除，场内搬运，抽水、降水设备维修等。

(3) 计量单位：昼夜。

(4) 计量规则：按排、降水日历天数计算。

注：相应专项设计不具备时，可按暂估量计算。

8.18.7 安全文明施工及其他措施项目(011707)

1. 安全文明施工(011707001)

工作内容及包含范围：

① 环境保护。现场施工机械设备降低噪音、防扰民措施，水泥和其他易飞扬细颗粒建筑材料密闭存放或采取覆盖措施等，工程防扬尘洒水，土石方、建渣外运车辆防护措施等，现场污染源的控制、生活垃圾清理外运、场地排水排污措施，其他环境保护措施。

② 文明施工。"五牌一图"；现场围挡的墙面美化（包括内外粉刷、刷白、标语等）、压顶装饰；现场厕所便槽刷白、贴面砖，水泥砂浆地面或者地砖，建筑物内临时便利设施；其他施工现场临时设施的装饰、装修、美化措施；现场生活卫生措施；符合卫生要求的饮水设备、淋浴、消毒等设施；生活用洁净燃料；防煤气中毒、防蚊虫叮咬等措施；施工现场操作场地的硬化；现场绿化、治安综合治理；现场配备医药保健器材、物品和急救人员培训；现场工人的防暑降温，电风扇、空调等设备及用电；其他文明施工措施。

③ 安全施工。安全资料、特殊作业专项方案的编制，安全施工标志的购置及安全宣传；"三宝"（安全帽、安全带、安全网），"四口"（楼梯口、电梯井口、通道口、预留洞口），"五临边"（阳台围边、楼板围边、屋面围边、槽坑围边、卸料平台两侧），水平防护架、垂直防护架、外架封闭等防护；施工安全用电，包括配电箱三级配电、两级保护装置要求、外电防护措施；起重机、塔吊等起重设备（含井架、门架）及外用电梯的安全防护措施（含警示标志），卸料平台的临边防护、层间安全门、防护棚等设施；建筑工地起重机械的检验、检测；施工机具防护棚及其围栏的安全保护措施；施工安全防护通道；工人的安全防护用品、用具购置；消防设施与消防器材的配置；电气保护、安全照明设施；其他安全防护措施。

④ 临时设施。施工现场采用彩色定型钢板；砖、混凝土砌块等围挡的安砌、维修、拆除；施工现场临时建筑物、构筑物的搭设、维修、拆除，如临时宿舍、办公室、食堂、厨房、厕所、诊疗所、文化福利用房、仓库、加工场、搅拌台、简易水塔、水池等；施工现场临时设施的搭设、维修、拆除，如临时供水管道、临时供电管线、小型临时设施等；施工现场规定范围内的临时简易道路铺设，临时排水沟、排水设施的安砌、维修、拆除；其他临时设施的搭设、维修、拆除。

2. 夜间施工（011707002）

工作内容及包含范围：

① 夜间固定照明灯具和临时可移动照明灯具的设置、拆除。

② 夜间施工时现场交通、安全标志、警示灯等的设置、移动、拆除。

③ 夜间照明设备及照明用电、施工人员夜班补助、夜间施工劳动效率降低等。

3. 非夜间施工照明（011707003）

工作内容及包含范围：

为保证工程施工正常进行，在地下室等特殊施工部位施工时所采用的照明设备的安拆、维护及照明用电等。

4. 二次搬运（011707004）

工作内容及包含范围：

由于施工场地条件的限制而发生的材料、成品、半成品等一次运输不能到达堆放地点时必须进行的二次或多次搬运。

5. 冬雨季施工（011707005）

工作内容及包含范围：

① 冬雨（风）季施工时增加的临时设施（防寒保温、防雨、防风设施）的搭设、拆除。

② 冬雨（风）季施工时对砌体、混凝土等采用的特殊加温、保温和养护措施。

③ 冬雨(风)季施工时施工现场的防滑处理、对影响施工的雨雪的清除。

④ 冬雨(风)季施工时增加的临时设施、施工人员的劳动保护用品、冬雨(风)季施工劳动效率降低等。

6. 地上、地下设施、建筑物的临时保护设施(011707006)

工作内容及包含范围:

在工程施工过程中对已建成的地上、地下设施和建筑物进行的遮盖、封闭、隔离等必要保护措施。

7. 已完工程及设备的保护(011707007)

工作内容及包含范围:

对已完工程及设备采取的覆盖、包裹、封闭、隔离等必要保护措施。

思考题

1. 如图 8-68 所示,所标注的平面图尺寸为轴线到轴线的尺寸,已知内、外墙均为 240 墙体,试计算建筑物的建筑面积。

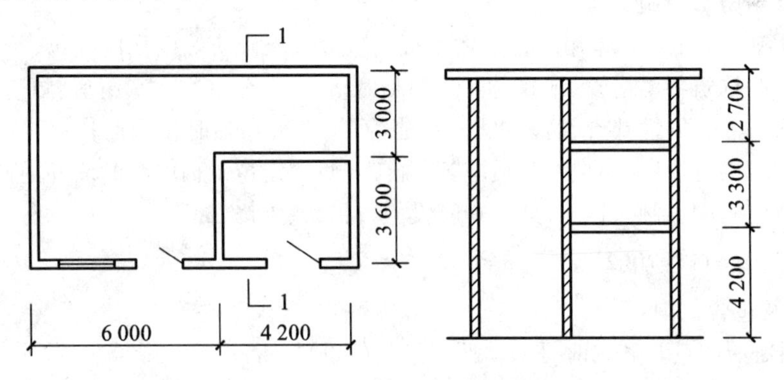

图 8-68　某建筑物平面图及剖面图

2. 如图 8-69 所示,试计算基坑挖土方工程量。

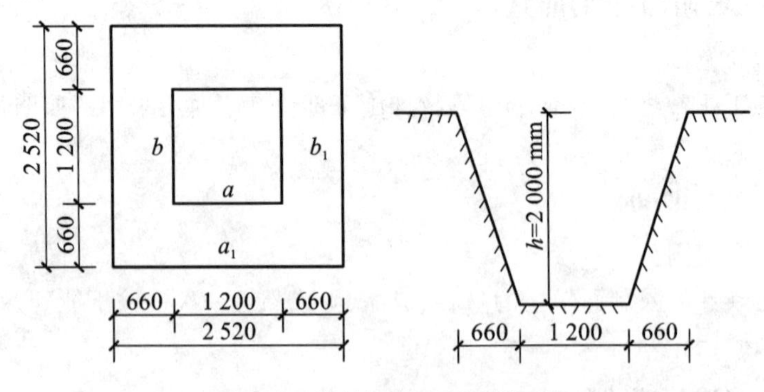

图 8-69　某基坑平面图及剖面图

3. 某建筑物基础平面图及剖面图如图 8-70 所示，①、②、③轴线上外墙基础剖面图如图 8-70(a)所示，②轴线上内墙剖面图如图 8-70(b)所示，试计算其基础挖土方及回填土工程量。

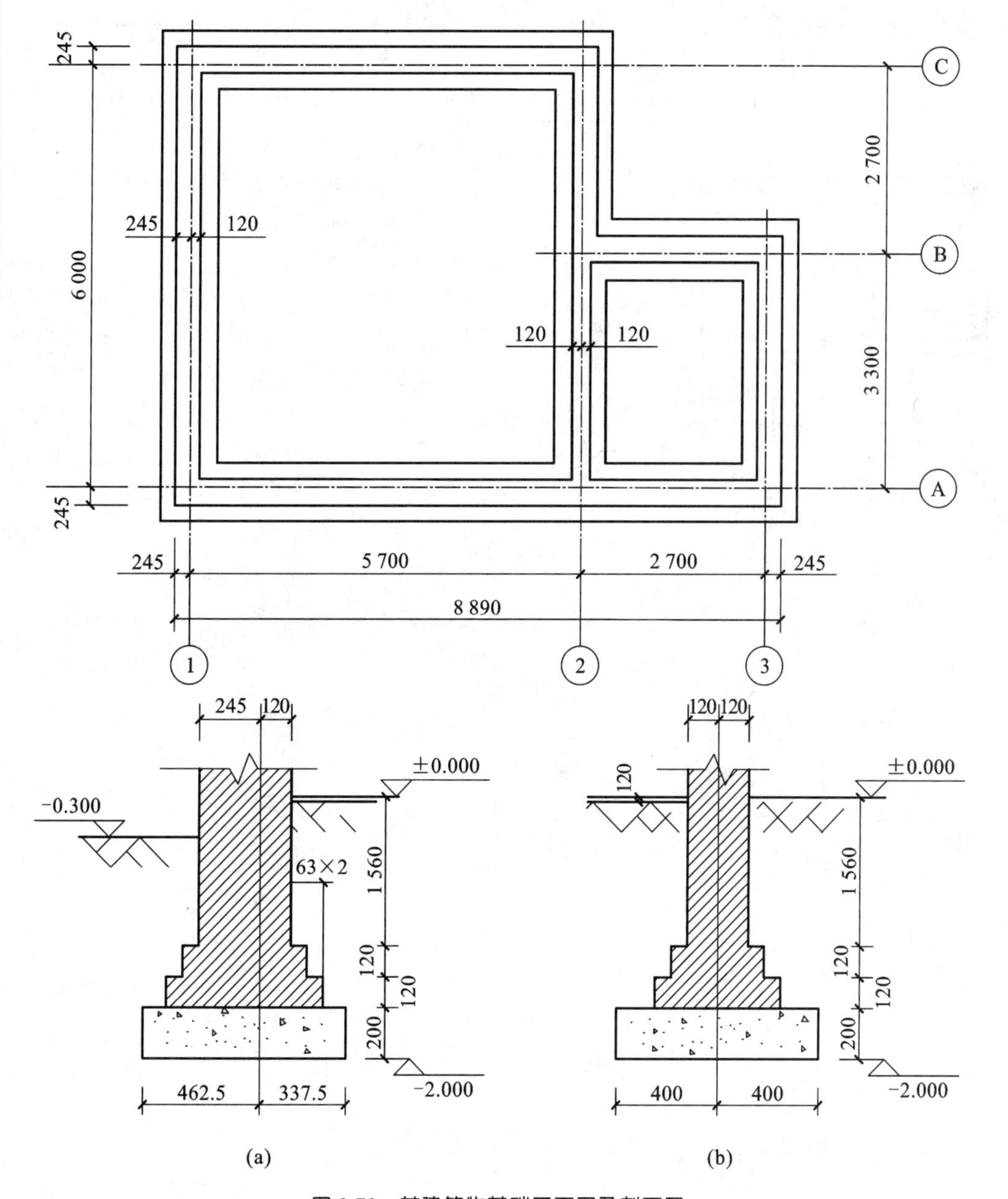

图 8-70　某建筑物基础平面图及剖面图

4. 某工程基础平面图及剖面图、屋面结构平面图、屋面挑檐详图如图 8-71 至图 8-74 所示。±0.00 以下采用 MU10 标准机制红砖，M10 水泥砂浆砌筑；±0.00 以上采用 KP1 承重多孔砖，规格为 240 mm×115 mm×90 mm，M7.5 混合砂浆砌筑；图中未注明的墙厚均为 240 mm。基础垫层采用 C15 混凝土，梁、柱采用 C25 混凝土，其余均采用 C20 混凝土，门窗过梁不考虑，构造柱无马牙槎。地面及台阶做法：素土回填，150 mm 厚 3∶7 灰土，60 mm 厚 C15 混凝土垫层，素水泥浆(掺建筑胶)一道，20 mm 厚 1∶3 水泥砂浆结合层，5 mm 厚 1∶2.5 水泥砂浆黏结层，铺 10 mm 厚 600 mm×600 mm 地砖。屋面做法：1∶6 水泥焦渣找坡最薄处 30 mm 厚(平均厚度为 80 mm)；50 mm 厚挤塑聚苯板；20 mm 厚 1∶2.5 水泥砂浆找平层；涂刷基层处理剂；2 mm 厚 APP 防水卷材一道，上翻 300 mm；20 mm 厚 1∶3 水泥砂浆保护层。外砖墙面做法：12 mm 厚 1∶3 水泥砂浆打底，6 mm 厚 1∶2.5 水泥砂浆找平，4 mm 厚聚合物水泥砂浆黏结层，粘贴 6 mm 厚 45 mm×100 mm 面砖，1∶1 聚合物水泥砂浆勾缝。所有轴线均居 240 墙中，土壤类别为二类土。试计算基础挖土方工程量，砖基础工程量，构造柱混凝土工程量，梁 L1、L2 混凝土工程量，板 B1、B2、B3、B4 混凝土工程量，屋面防水层工程量。

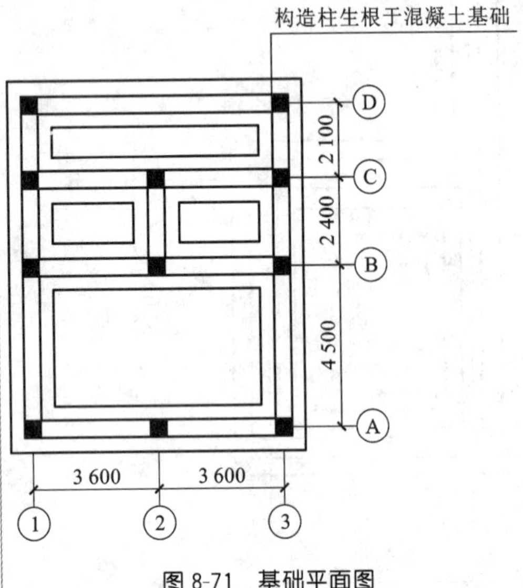

图 8-71　基础平面图

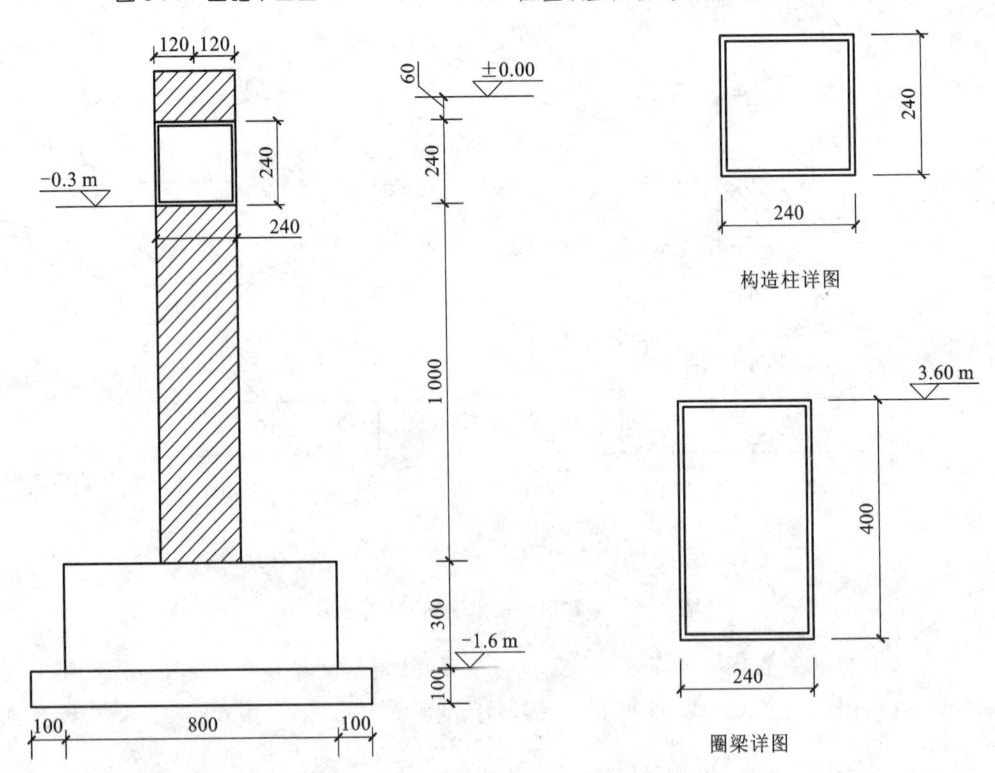

图 8-72　基础剖面图及构造柱、圈梁详图

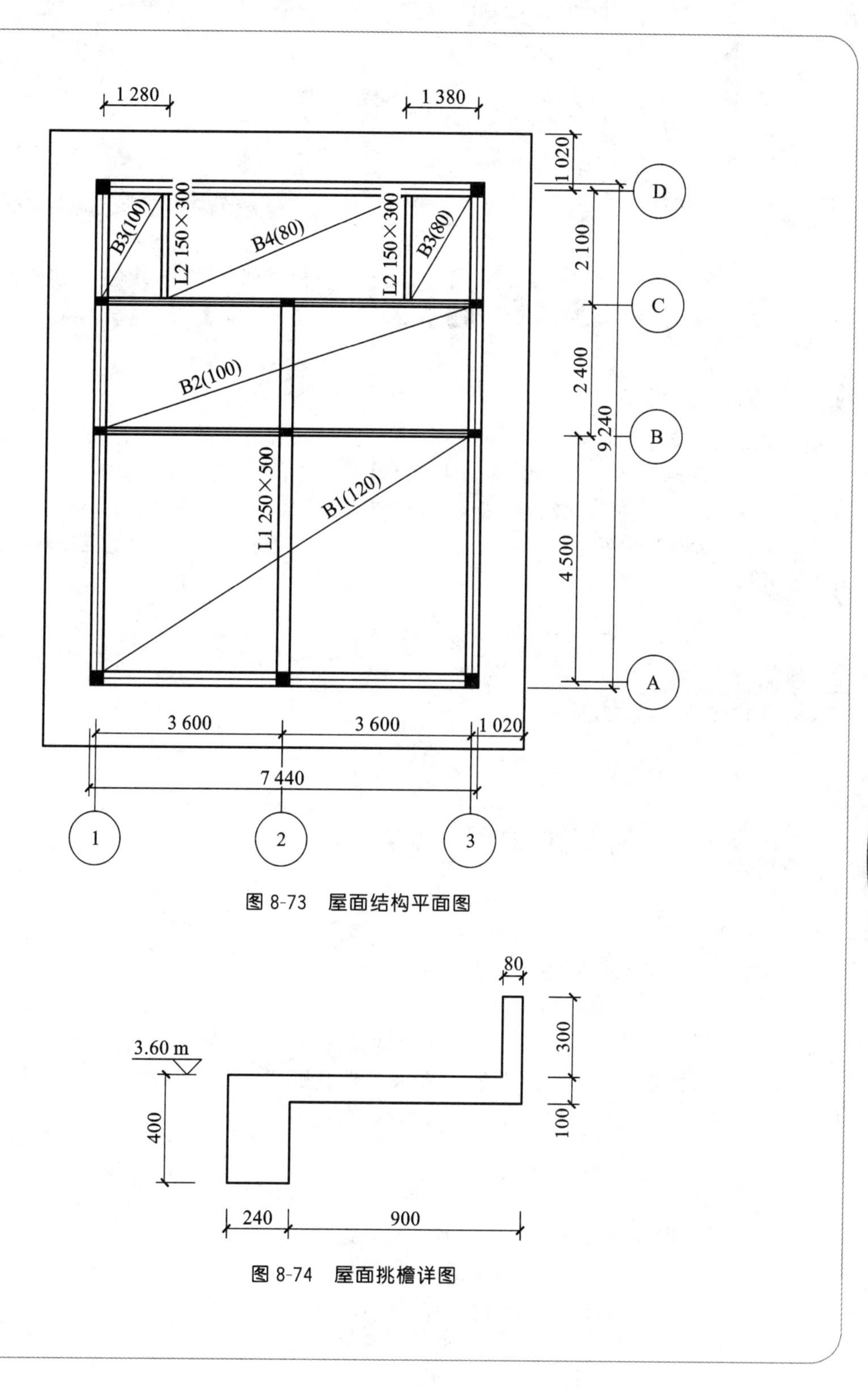

图 8-73　屋面结构平面图

图 8-74　屋面挑檐详图

Chapter 9

第9章　工程价款结算及竣工决算

知识点

本章主要介绍了工程价款结算的相关知识，建设项目竣工验收的概念、条件和程序，工程竣工决算的内容和编制，工程竣工结算与竣工决算的关系，建设项目保修费用的处理。通过本章学习，应了解建设项目竣工验收的概念和程序，熟悉工程价款结算及竣工决算的相关概念和内容，掌握工程竣工结算与竣工决算的关系，掌握工程价款的结算及建设项目保修的范围和最低保修期限。

重点

工程价款结算、工程竣工决算。

难点

工程价款结算。

9.1 工程价款结算

9.1.1　工程结算及分类

工程结算是指在工程建设的经济活动中，由于劳务供应，建筑材料、设备及工器具的购买，工程价款的支付和资金划拨等经济往来而发生的以货币形式表现的工程经济文件。按其内容的不同，可将工程结算分为工程价款结算、设备及工器具购置结算、劳务供应结算、其他货币资金结算等。

1. 工程价款的约定内容

发包人、承包人应当在合同条款中对涉及工程价款结算的一些事项进行约定：

(1) 预付工程款的数额、支付时间及抵扣方式；

(2) 工程计量与支付工程进度款的方式、数额及时间；

(3) 工程价款的调整因素、方法、程序、支付及时间；

(4) 索赔与现场签证的程序、金额确认与支付时间；

(5) 发生工程价款争议的解决方法及时间；

(6) 承担风险的内容、范围，以及超出约定的内容、范围的调整方法；

(7) 工程竣工价款结算的编制与核对、支付及时间；

(8) 工程质量保修金的数额、预扣方式及时间；

(9) 与履行合同、支付价款相关的其他事项等。

2. 工程价款的主要结算方式

(1) 根据财政部、原建设部《建设工程价款结算暂行办法》的规定，工程价款结算应按合同约定办理，合同未做约定或约定不明的，发、承包双方应依照下列规定与文件协商处理：

① 国家有关法律、法规和规章制度；

② 国务院建设行政主管部门，省、自治区、直辖市或有关部门发布的工程造价计价标准、计价办法等有关规定；

③ 建设项目的合同、补充协议、变更签证和现场签证，以及经发、承包人认可的其他有效文件；

④ 其他可依据的材料。

(2) 工程价款的结算方式主要有以下几种：

① 按月结算与支付，即实行按月支付进度款，竣工后清算的办法。合同工期在两个年度以上的工程，在年终进行工程盘点，办理年度结算。

② 分段结算与支付，即当年开工，当年不能竣工的单项或单位工程，按照工程形象进度划分不同阶段进行结算。分段结算可以按月预支工程款。分段的划分标准由各部门或省、自治区、直辖市、计划单列出规定。

③ 竣工后一次结算，建设项目或单项工程全部建筑安装工程建设期在 12 个月以内，或者工程承包合同价值在 100 万元以下的，可以实行工程价款每月月中预支，竣工后一次结算。

实行竣工后一次结算和分段结算的工程，当年结算的工程款与分年度的工作量一致，年终不另清算。

④ 目标结款方式，即将合同中的工程内容分解成不同的验收单元，当承包商完成单元工程内容并经业主(或其委托人)验收后，业主支付构成单元工程的工程价款。其实质是运用合同手段、财务手段对工程的完成进行主动控制。

⑤ 结算双方约定的其他结算方式。

9.1.2 工程预付款及计算

施工企业承包工程，一般都实行包工包料，这就需要一定数量的备料周转金。在工程承包合同条款中，一般要明文规定发包人在开工前拨付给承包人一定限额的工程预付款。此预付款构成施工企业为该承包工程项目储备主要材料、结构件所需的流动资金。

按照《建设工程价款结算暂行办法》的规定，在具备施工条件的前提下，发包人应在双方签订合同后的 1 个月内或不迟于约定的开工日期前 7 天内预付工程款，发包人不按约定预付，承包人应在预付时间到期后 10 天内向发包人发出求预付的通知，发包人收到通知后仍不按要求预付，承包人可在发出通知 14 天后停止施工，发包人应从约定应付之日起向承包人支付应付款的利息(利率按同期银行贷款利率计)，并承担违约责任。

工程预付款仅用于承包人支付施工开始时与本工程有关的动员费用。如承包人滥用此款，发包人有权立即收回。在承包人向发包人提交金额等于预付款数额的银行保函后，发包人按规定的金额和规定的时间向承包人支付预付款，在发包人全部扣回预付款之前，该银行保函将一直有效。当预付款被发包人扣回时，银行保函金额相应递减。

1. 预付备料款的数额

包工包料工程的预付款按合同约定拨付，原则上预付比例不低于合同金额的10%，不高于合同金额的30%，对于重大工程项目，按年度工程计划逐年预付。计价执行《建设工程工程量清单计价规范》(GB 50500—2013)的规定，实体性消耗和非实体性消耗部分应在合同中分别约定预付款比例。

预付备料款限额由下列主要因素决定：主要材料(包括外购构件)占工程造价的比重、材料储备期、施工工期。

对于施工企业常年应备的工程预付备料款，可按下式计算

$$工程预付备料款=\frac{年度承包工程总值\times 主要材料所占比重}{年度施工日历天数}\times 材料储备天数 \tag{9-1}$$

式中，材料储备天数可近似按式(9-2)计算

$$材料储备天数=\frac{经常储备量+安全储备量}{平均日需要量} \tag{9-2}$$

计算出材料储备天数后，取其中最大值，作为工程预付备料款公式中的材料储备天数。

例 9-1 设某项目施工图预算价为1 000万元，计划工期为320天，其中材料费占65%，材料储备期为100天，试计算甲方应向乙方预付备料款的金额。

解 甲方应向乙方预付备料款的金额为

$$\frac{1\ 000\times 0.65}{320}\times 100\ 万元=203.13\ 万元$$

在实际工程中，为简化计算，工程预付备料款限额可用工程总造价乘以工程预付备料款额度求得，即

$$工程预付备料款限额=工程总造价\times 工程预付备料款额度 \tag{9-3}$$

式(9-3)中的工程预付备料款额度，是根据各地工程类别、施工工期及供应条件来确定的。

一般建筑工程应不超过当年建筑工作量(包括水、电、暖)的30%，安装工程按年安装工作量的10%，材料费所占比重较多的安装工程按年计划产值的15%左右拨付。

在实际工程中，预付备料款的数额要根据各工程类型、合同工期、承包方式和供应体制等不同条件而定。例如，工业项目中钢结构和管道安装费占比重较大的工程，其主要材料费占比重比一般安装工程的要高，因而预付备料款数额也要相应提高；工期短的工程比工期长的工程更高；材料由施工单位自购的比由建设单位供应主要材料的要高。但只包定额工日(不包材料定额，一切材料由建设单位供给)的，则可以不预付备料款。

2. 预付备料款的扣回

发包单位拨付给承包单位的预付备料款属于预支性质。当工程进展到一定阶段，需要储备的材料越来越少，建设单位应将工程预付备料款逐渐从工程进度款中扣回，并在工程竣工结算前全部收完。扣款方式必须在合同中约定。扣款方式有以下两种：

(1) 可以从未完工程尚需的主要材料及构件的价值相当于工程预付备料款数额时起扣，从每次工程结算价款中，按材料所占比重扣抵工程价款，竣工前扣清。预付备料款起扣点的计算如下：

$$未完工程尚需的主要材料及构件的价值=预付备料款$$

因为

未完工程尚需的主要材料及构件的价值＝未完工程价款额×主要材料费所占比重

所以当未完工程价款额×主要材料费所占比重＝预付备料款时，得

$$未完工程价款额=\frac{预付备料款}{主要材料费所占比重}$$

此时，工程所需的主要材料、构件的储备资金，可全部由预付备料款供应，以后就可陆续扣回预付备料款。

起扣点＝承包工程价款总额－未完工程价款额

其基本表达式是

$$T=P-\frac{m}{N} \tag{9-4}$$

式中：T——起扣点，即工程预付备料款开始扣回时的累计完成工程量金额；

m——工程预付备料款限额；

N——主要材料费所占比重；

P——承包工程价款总额。

（2）原建设部发布的招标文件范本中规定，在承包人完成金额累计达到合同总价的10%后，由承包人开始向发包人还款，发包人从每次应付给承包人的金额中扣回工程预付备料款，发包人至少在合同规定的完工期前三个月将工程预付备料款的总计金额按逐次分摊的办法扣回。当发包人一次付给承包人的余额少于规定扣回的金额时，其差额应转入下一次支付中作为债务结转。

每次应扣回的数额为

第一次应扣回预付备料款＝（累计已完工程价值－起扣点）×主要材料费所占比重

以后各次应扣回预付备料款＝每次结算的已完工程价值×主要材料费所占比重

实际经济活动的情况比较复杂，有些工程工期较短，就无须分期扣回；有些工程工期较长，如跨年度施工，预付备料款可以不扣或少扣，并于次年按应预付备料款调整，多还少补，具体情况具体分析。

9.1.3　中间结算

施工企业在工程建设过程中，按逐月完成的分部分项工程量计算各项费用，向建设单位办理中间结算手续。

现行的中间结算办法是，施工企业在旬末或月中旬向建设单位提出预支工程款账单，预支一旬或半月的工程款，月终再提出工程款结算账单和已完工程月报表，收取当月工程价款，并通过建设银行进行结算。按月进行结算，要对现场已施工完毕的工程逐一进行清点，资料提出后要交监理工程师和建设单位审查签证。为简化手续，多年来采用的办法是，以施工企业提出的统计进度月报表为支取工程款的凭证，即通常所称的工程进度款。其支付步骤一般为：工程量测量与统计—提交已完工程量报告—发包人核实并确认—提出支付工程款申请—支付工程进度款。

1. 工程量计算

根据《建设工程价款结算暂行办法》的规定，工程量计算的主要规定是：

（1）承包人应当按照合同约定的方法和时间，向发包人提交已完工程量的报告；发包人接到报告后14天内核实已完工程量，并在核实前1天通知承包人，承包人应提供条件并派人参加核

实。承包人收到通知后不参加核实，以发包人核实的工程量作为工程价款支付的依据；发包人不按约定时间通知承包人，致使承包人未能参加核实，核实结果无效。

(2) 发包人收到承包人报告后14天内未核实完工程量，从第15天起，承包人报告的工程量即视为被确认，作为工程价款支付的依据；双方合同另有约定的，按合同执行。

(3) 对承包人超出设计图纸(含设计变更)范围和因承包人原因造成返工的工程量，发包人不予计量。

2. 合同收入的组成

财政部制定的《企业会计准则第15号——建造合同》中对合同收入的组成内容进行了解释。合同收入包括两部分内容：

(1) 合同中规定的初始收入，即建造承包商与客户在双方签订的合同中最初商定的合同总金额，它构成了合同收入的基本内容。

(2) 由合同变更、索赔、奖励等构成的收入，这部分首付并不构成合同双方在签订合同时已在合同中商定的合同总金额，而是在执行合同过程中由于合同变更、索赔、奖励等原因而形成的追加收入。

3. 工程进度款支付

(1) 根据确定的工程计量结果，承包人向发包人提出支付工程进度款申请，14天内发包人应按不低于工程价款的60%、不高于工程价款的90%向承包人支付工程进度款。按约定时间发包人应扣回预付备料款，与工程进度款同期结算抵扣。

(2) 发包人超过约定的支付时间而不支付工程进度款时，承包人应及时向发包人发出要求付款的通知，发包人收到承包人通知后仍不能按要求付款，可与承包人协商签订延期付款协议，经承包人同意后可延期支付。协议应明确延期支付时间和从工程计算结果确认后第15天起计算应付款的利息(利率按同期银行贷款利率计算)。

(3) 发包人不按合同约定支付工程进度款，双方又未达成延期付款协议，导致施工无法进行时，承包人可停止施工，由发包人承担违约责任。

9.1.4 质量保证金

根据《建设工程质量保证金管理办法》，建设工程质量保证金是指发包人与承包人在建设工程承包合同中约定，从应付工程款中预留，用以保证承包人在缺陷责任期内对建设工程出现的缺陷进行维修的资金。

1. 缺陷和缺陷责任期

(1) 缺陷。缺陷是指建设工程质量不符合工程建设强制性标准、设计文件及承包合同的约定。

(2) 缺陷责任期。缺陷责任期一般为6个月、12个月或24个月，具体可由发、承包双方在合同中约定。缺陷责任期从工程通过竣(交)工验收之日起计。由于承包人原因导致工程无法按规定期限进行竣(交)工验收的，缺陷责任期从实际通过竣(交)工验收之日起计；由于发包人原因导致工程无法按规定期限进行竣(交)工验收的，在承包人提交竣(交)工验收报告90天后，工程自动进入缺陷责任期。

2. 质量保证金的预留和返还

(1) 承、发包双方的约定。发包人应当在招标文件中明确质量保证金预留、返还等内容，发、承包人在合同条款中对涉及质量保证金的下列事项进行约定：

① 质量保证金预留、返还方式；

② 质量保证金预留比例、期限；

③ 质量保证金是否计付利息，如计付利息，利息的计算方式；

④ 缺陷责任期的期限及计算方式；

⑤ 质量保证金预留、返还及工程维修质量、费用等争议的处理程序；

⑥ 缺陷责任期内出现缺陷的索赔方式。

（2）质量保证金的预留。建设工程竣工结算后，发包人应按照合同约定及时向承包人支付工程结算价款并预留质量保证金。全部或者部分使用政府投资的建设项目，按工程价款结算总额5%左右的比例预留质量保证金。社会投资项目采用预留质量保证金方式的，预留质量保证金的比例可参照执行。

（3）质量保证金的返还。缺陷责任期内，承包人认真履行合同约定的责任，到期后，承包人向发包人申请返还质量保证金，发包人在接到承包人返还质量保证金申请后，应于14日内会同承包人按照合同约定的内容进行核实。如无异议，发包人应当在核实后14日内将质量保证金返还给承包人，逾期支付的，从逾期之日起，按照同期银行贷款利息计付利息，并承担违约责任。发包人在接到承包人返还质量保证金申请后14日内不予答复，经催告后14日内仍不予答复，视同认可承包人的返还质量保证金申请。

9.1.5 工程竣工结算方式及其审查

工程竣工结算是指施工企业按照合同规定的内容全部完成所承包的工程，经验收后质量合格，并符合合同要求之后，向发包单位进行的最终工程价款结算。工程竣工结算分为单位工程竣工结算、单项工程竣工结算和建设项目竣工总结算。

在实际工程中，当年开工、当年竣工的工程，只需办理一次结算；跨年度的工程，在年终办理一次年终结算，将未完工程转到下一年度，此时竣工结算等于各年度结算的总和。

1. 工程竣工结算的编审

（1）单位工程竣工结算由承包人编制，发包人审查；实行总承包的工程，由具体承包人编制，在总包人审查的基础上，发包人审查。

（2）单项工程竣工结算或建设项目竣工总结算由总（承）包人编制，发包人可直接进行审查，也可以委托具有相应资质的工程造价咨询机构进行审查。政府投资的项目，由同级财政部门审查。单项工程竣工结算或建设项目竣工总结算经发、承包人签字盖章后有效。

承包人应在合同约定期限内完成项目竣工结算编制工作，未在规定期限内完成，并且不能提出正当理由延期的，责任自负。

（3）工程竣工结算审查。单项工程竣工后，承包人应在提交竣工验收报告的同时，向发包人递交竣工结算报告及完整的结算资料，发包人进行审查。工程竣工结算审查是竣工结算阶段的一项重要工作。经审查核实的工程竣工结算是核实建设工程造价的依据，也是建设项目验收后编制竣工决算和核实新增固定资产价值的依据。因此，发包人、监理公司及审计部门等，都十分关注竣工结算的审核把关。一般从以下几方面入手：

① 核对合同条款。首先，应该核对竣工工程内容是否符合合同条件要求，工程是否竣工验收合格，只有按合同要求完成全部工程并验收合格后才能列入竣工结算；其次，应按合同约定的

结算方法、计价定额、取费标准、主材料价格和优惠条款等，对工程竣工结算进行审核，若发现合同开口或有漏洞，应请发包人与承包人认真研究，明确结算要求。

② 检查隐蔽验收记录。所有隐蔽工程均需进行验收，两人以上签证；实行工程监理的项目应经监理工程师签证确认。审核竣工结算时应该核对隐蔽工程施工记录和验收签证，手续完整、工程量与竣工图一致方可列入竣工结算。

③ 落实设计变更签证。设计有修改、变更，应由原设计单位出具设计变更通知单和修改图纸，设计、校审人员签字并加盖公章，经建设单位和监理工程师审查同意后签证；重大设计变更应经原审批部门审批，否则不应列入竣工结算。

④ 按图核实工程量。竣工结算的工程量应依据竣工图、设计变更单和现场签证等进行核算，并按规定的计算规则计算工程量。

⑤ 认真核实单价。结算单价应按现场的计价原则和计价方法确定，不得违背。

⑥ 注意各项费用计取。建筑安装工程的取费标准应按合同要求或项目建设期间与计价定额配套使用的建筑安装工程费用定额及有关规定执行，先审核各项费率、价格指数或换算系数是否正确，价差调整计算是否符合要求，再核实特殊费用和计算程序。

⑦ 防止各种计算误差。工程竣工结算子目多、篇幅大，往往有计算误差。应认真核算，防止因计算误差多计或少算。

发包人应按表 9-1 规定的时限进行核对、审查，并提出审查意见。

表 9-1　工程竣工结算审查时限

工程竣工结算报告金额	审查时间
500 万元以下	从接到竣工结算报告和完整的竣工结算资料之日起 20 天
500 万元～2 000 万元	从接到竣工结算报告和完整的竣工结算资料之日起 30 天
2 000 万元～5 000 万元	从接到竣工结算报告和完整的竣工结算资料之日起 45 天
5 000 万元以上	从接到竣工结算报告和完整的竣工结算资料之日起 60 天

建设项目竣工总结算在最后一个单项工程竣工结算审查确认后 15 天内汇总，送发包人后 30 天内审查完成。

2. 工程竣工价款结算

1）工程竣工价款结算的过程

(1) 发包人收到竣工结算报告及完整的结算资料后，按表 9-1 中规定的时限或合同约定的期限，对结算报告及资料没有提出意见，则视同认可。

(2) 承包人如未在规定时间内提供完整的工程竣工结算资料，经发包人催促后 14 天内仍未提供或没有明确答复，发包人有权根据已有资料进行审复，责任由承包人自负。

(3) 根据确认的竣工结算报告，承包人向发包人申请支付工程竣工结算款。发包人应在收到申请后 15 天内支付工程竣工结算款，到期没有支付的，应承担违约责任。承包人可以催告发包人支付结算价款，如达成延期支付协议，发包人应按同期银行贷款利率支付拖欠工程价款的利息。如未达成延期支付协议，承包人可以与发包人协商将该工程折价，或申请人民法院将该工程依法拍卖，承包人就该工程折价或者拍卖的价款优先受偿。

2）索赔价款结算

发、承包人未能按合同约定履行自己的各项义务或发生错误，给另一方造成经济损失的，由受损失方按合同约定提出索赔，索赔金额按合同约定支付。

3）合同以外零星项目工程价款结算

发包人要求承包人完成合同以外零星项目，承包人应在接受发包人要求的7天内就用工数量和单价、机械台班数量和单价、使用材料和金额等向发包人提出施工签证，发包人签证后施工。如发包人未签证，承包人施工后发生争议的，责任由承包人自负。

9.1.6　合同解除的价款结算与支付

发、承包双方协商一致解除合同的，按照达成的协议办理结算和支付合同价款。

1. 不可抗力解除合同

由于不可抗力而解除合同的，发包人除应向承包人支付合同解除之日前已完成工程但尚未支付的合同价款外，还应支付下列金额。

（1）合同中约定应由发包人承担的费用。

（2）已实施或部分实施的措施项目应付价款。

（3）承包人为合同工程合理订购且已交付的材料和工程设备贷款。发包人一经支付此项贷款，该材料和工程设备即成为发包人的财产。

（4）承包人撤离现场所需的合理费用，包括员工遣送费和临时工程拆除、施工设备运离现场的费用。

（5）承包人为完成合同工程而预期开支的任何合理费用，且该项费用未包括在本款其他各项支付之内。

发、承包双方办理结算合同价款时，应扣除合同解除之日前发包人应向承包人收回的价款。当发包人应扣除的金额超过了应支付的金额，则承包人应在合同解除后的56天内将其差额退还给发包人。

2. 违约解除合同

（1）承包人违约。因承包人违约而解除合同的，发包人应暂停向承包人支付任何价款。发包人应在合同解除后28天内核实合同解除时承包人已完成的全部合同价款以及按施工进度计划已运至现场的材料和工程设备价款，按合同约定核算承包人应支付的违约金以及造成损失的索赔金额，并将结果通知承包人。发、承包双方应在28天内予以确认或提出意见，并办理结算合同价款。如果发包人应扣除的金额超过了应支付的金额，则承包人应在合同解除后的56天内将其差额退还给发包人。发、承包双方不能就解除合同后的结算达成一致的，按照合同约定的争议解决方式处理。

（2）发包人违约。因发包人违约而解除合同的，发包人除应按照有关不可抗力解除合同的规定向承包人支付各项价款外，还需按合同约定核算发包人应支付的违约金以及给承包人造成损失或损害的索赔金额费用。该笔费用由承包人提出，发包人核实后与承包人协商确定后的7天内向承包人签发支付证书。协商不能达成一致的，按照合同约定的争议解决方式处理。

9.1.7　工程价款价差调整的主要方法

工程价款价差调整的方法有工程造价指数调整法、实际价格调整法、调价文件计算法、调值公式法等。

1. 工程造价指数调整法

这种方法是发、承包双方采用当时的预算(或概算)定额单价计算出承包合同价,待竣工时,根据合理的工期及当地工程造价管理部门所公布的该月度(或季度)的工程造价指数,对原承包合同价予以调整,重点调整那些由于实际人工费、材料费、施工机械费等上涨及工程变更因素造成的价差,并对承包人给以调价补偿。调价方法如下

$$\text{工程价差调整额}=\text{工程合同价}\times\frac{\text{竣工时工程造价指数}}{\text{签订合同时工程造价指数}} \tag{9-5}$$

2. 实际价格调整法

在我国,由于建筑材料需要市场采购的范围越来越大,有些地区规定对钢材、木材、水泥等三大材料的价格采取按实际价格结算的方法,工程承包人可凭发票按实报销。这种方法方便正确,但由于是实报实销,因而承包商对降低成本不感兴趣。为了避免副作用,地方主管部门要定期发布最高限价,同时合同文件中应规定发包人或工程师有权要求承包人选择更廉价的供应来源。

3. 调价文件计算法

这种方法是发、承包双方采取按当时的预算价格承包,在合同工期内,按照造价管理部门调价文件的规定进行抽料补差。有的地方是定期发布主要材料供应价格和管理价格,对这一时期的工程进行抽料补差。

4. 调值公式法

根据国际惯例,对于建设项目工程价款的动态结算,一般采用此法。

建筑安装工程费用价格调值公式一般包括固定部分、材料部分和人工部分。但当建筑安装工程的规模和复杂性增加时,公式也变得更为复杂。调值公式一般如下

$$p=p_0\left(a_0+a_1\frac{A}{A_0}+a_2\frac{B}{B_0}+a_3\frac{C}{C_0}+a_4\frac{D}{D_0}+\cdots\right) \tag{9-6}$$

式中:p——调值后合同价款或工程实际结算款;

p_0——合同价款中工程预算进度款;

a_0——固定要素,代表合同支付中不能调整的部分占合同总价的比重;

$a_1,a_2,a_3,\cdots$——有关各项费用(如人工费、钢材费、水泥费、运输费等)在合同总价中所占比重,$a_1+a_2+a_3+\cdots=1$;

$A_0,B_0,C_0,D_0,\cdots$——投标截止日期前28天与$a_1,a_2,a_3,a_4,\cdots$对应的各项费用的基期价格指数或价格;

$A,B,C,D,\cdots$——在工程结算月份与$a_1,a_2,a_3,a_4,\cdots$对应的各项费用的现行价格指数或价格。

在运用调值公式进行工程价款价差调整时要注意以下几点:

(1) 固定要素通常的取值范围在0.15～0.35之间。固定要素对调价的结果影响很大,它与调价余额成反比。固定要素相当微小的变化,隐含着在实际调价时很大的费用变动。所以,承包人在调值公式中采用的固定要素取值要尽可能偏小。

(2) 调值公式中有关的各项费用,按一般国际惯例,只选择用量大、价格高且具有代表性的一些典型人工费和材料费,通常是大宗的水泥、沙石料、钢材、木材、沥青等,并且它们的价格指数变化综合代表材料费的价格变化,以便尽量与实际情况接近。

(3) 各部分成本的比重系数,在许多招标文件中要求承包人在投标中提出,并在价格分析中

予以论证。但有的是由发包人在招标文件中规定一个允许范围，由投标人在此范围内选定。

(4) 调整有关各项费用，使其与合同条款规定的相一致，签订合同时，发、承包双方一般应商定调整的有关费用和因素，以及物价波动到何种程度才进行调整，在国际工程中，一般在±5%以上才进行调整。

(5) 调整有关各项费用时应注意地点与时点。地点一般指工程所在地或指定的某地市场价格，时点指的是某月某日的市场价格。这里要确定两个时点价格，即签订合同时间某个时点的市场价格(基础价格)和每次支付前一定时间的时点价格。这两个时点就是计算调值的依据。

(6) 确定每个品种的系数和固定要素系数，品种的系数要根据该品种价格对总造价的影响程度而定。

例 9-2 某项目于 2008 年 5 月 1 日签署合同价 1 000 万元，合同约定固定系数为 0.2，2009 年 5 月 1 日结算时发现，钢材涨价 13%，水泥涨价 16%，其中钢材和水泥占调值部分的比例分别为 25%和 30%，求实际结算价。

解 实际结算价为

$$p=1\ 000\times\left(0.2+\frac{113}{100}\times25\%\times0.8+\frac{116}{100}\times30\%\times0.8+\frac{100}{100}\times45\%\times0.8\right)\text{万元}=1\ 064.4\ \text{万元}$$

9.1.8 工程价款结算争议的处理

1. 合同价款争议

工程造价咨询机构接受发包人或承包人委托，编审工程竣工结算时，应按合同约定和实际履约事项认真办理，出具的竣工结算报告经发、承包双方签字后生效。当事人一方对报告有异议的，可对工程结算中的有异议部分，向有关部门申请咨询后协商处理。若不能达成一致的，双方可按合同约定的争议或纠纷解决程序办理。

2. 质量争议

发包人对工程质量有异议时，对于已竣工验收或已竣工未验收但实际投入使用的工程，其质量争议按该工程保修合同执行；对于已竣工未验收且未实际投入使用的工程以及停工、停建工程的质量争议，应当就有争议部分的竣工结算暂缓办理，双方可就有争议的工程委托有资质的检测鉴定机构进行检测，根据检测结果确定解决方案，或按工程质量监督机构的处理决定执行，其余部分的竣工结算依照约定处理。

3. 争议解决

当事人对工程造价发生合同纠纷时，可通过下列办法解决：

(1) 双方协商确定。

(2) 按合同条款约定的办法提请调整。

(3) 向有关仲裁机构申请仲裁或向人民法院起诉。

9.1.9 工程竣工结算的编制原则与作用

1. 工程竣工结算的编制原则

编制竣工结算是一项严肃而细致的工作，既要正确地贯彻执行国家或地方的有关规定，又要实事求是地核算施工企业完成的工程价值。因此，施工企业在编制竣工结算时，应遵循下列原则。

(1) 要对办理竣工结算的项目进行全面的清点(包括工程数量、工程质量等),这些内容都必须符合设计及验收规范要求。对于未完成或质量不合格的工程,不能进行结算。需要返工的,应返工修补合格后才能结算。

(2) 施工企业应以对国家负责的态度、实事求是的精神,正确地确定工程最终造价,反对巧立名目、高估乱要的不正之风。

(3) 严格按照国家或地区的定额、取费标准、调价系数及工程合同(或协议书)要求,编制结算书。

(4) 编制竣工结算书时,应按编制程序和方法进行工作。

2. 工程竣工结算的主要作用

(1) 工程竣工结算是确定工程最终造价,施工单位与建设单位结清工程价款并完结经济合同责任的依据。

(2) 工程竣工结算为施工单位确定工程的最终收入,是进行经济核算和考核工程成本的依据。

(3) 工程竣工结算反映了建筑安装工作量和工程实物量的实际完成情况,是统计竣工率的依据。

(4) 工程竣工结算是建设单位落实投资完成额的依据,是结算工程价款和施工单位与建设单位从财务方面处理账务往来的依据。

(5) 工程竣工结算是建设单位编制竣工决算的基础资料。

例 9-3 某建筑工程承包合同总额为 600 万元,计划 2016 年上半年内完工,主要材料及结构件金额占工程造价的 62.5%,预付备料款额度为 25%,2016 年上半年各月实际完成施工产值如表 9-2 所示,试问如何按月结算工程款?

表 9-2 某建筑工程 2016 年上半年各月实际完成施工产值表 单位:万元

二月	三月	四月	五月(竣工)
100	140	180	180

解 该建筑工程项目的预付备料款数额为

$$600\times25\%\text{万元}=150\text{ 万元}$$

起扣点为

$$T=(600-150/62.5\%)\text{万元}=360\text{ 万元}$$

该建筑工程项目按月结算情况如表 9-3 所示。

表 9-3 某建筑工程项目按月结算工程款情况 单位:万元

	二月	三月	四月	五月
已完工程量	100	140	180	180
累计完工	100	240	420	
扣款	0	0	(420−360)×62.5%=37.5	180×62.5%=112.5
支付工程款	100	140	180−37.5=142.5	180−112.5=67.5

9.2 竣工验收

9.2.1 建设项目竣工验收概述

1. 建设项目竣工验收的概念

建设项目竣工验收是指由发包人、承包人和项目验收委员会，以项目批准的设计任务书和设计文件，以及国家或部门颁发的施工验收规范和质量检验标准为依据，按照一定的程序和手续，在项目建成并试生产合格后，对工程项目的总体进行检验和认证、综合评价和鉴定的活动。按照我国建设程序的规定，竣工验收是建设工程的最后阶段，是建设项目施工阶段和保修阶段的中间过程，是全面检验建设项目是否符合设计要求和工程质量检验标准的重要环节。只有经过竣工验收，建设项目才能实现由承包人管理向发包人管理的过渡，它标志着建设投资成果投入生产或使用，对促进建设项目及时投产或交付使用、发挥投资效果、总结建设经验有着重要的作用。

工业生产项目须经试生产（投料试车）合格，形成生产能力，能正常生产出产品后，才能进行验收；非工业生产项目应能正常使用后，才能进行验收。

建设项目竣工验收，按被验收的对象划分为：单位工程验收、单项工程验收及工程整体验收。通常所说的建设项目竣工验收指的是工程整体验收，是指发包人在建设项目按批准的设计文件所规定的内容全部建成后，向使用单位交工的过程。其验收程序是：整个建设项目按设计要求全部建成，经过第一阶段的交工验收，符合设计要求，并具备竣工图、竣工结算、竣工决算等必要的文件资料后，由建设项目主管部门或发包人，按照国家有关部门关于《建设项目（工程）竣工验收办法》的规定，及时向负责验收的单位提出竣工验收申请报告，按现行验收组织规定，接受由银行、物资、环保、劳动、统计、消防及其他有关部门组成的验收委员会或验收组的验收，办理固定资产移交手续。验收委员会或验收组负责建设的各个环节，听取有关单位的工作报告，审阅工程技术档案资料，并实地查验建筑工程和设备安装情况，对工程设计、施工和设备质量等方面提出全面的评价。

2. 建设项目竣工验收的作用

(1) 全面考核建设成果，检查设计、工程质量是否符合要求，确保建设项目按设计要求的各项技术经济指标正常使用。

(2) 通过竣工验收办理固定资产使用手续，可以总结工程建设经验，为提高建设项目的经济效益和管理水平提供重要依据。

(3) 建设项目竣工验收是项目施工阶段的最后一个程序，是建设成果转入生产使用的标志，是审查投资使用是否合理的重要环节。

(4) 建设项目建成投产交付使用后，能否取得良好的宏观效益，需要经过国家权威管理部门按照技术规范、技术标准组织验收确认。通过建设项目验收，国家可以全面考核项目的建设成果，检验建设项目决策、设计、设备制造和管理水平，以及总结建设经验。因此，竣工验收是建设项目转入投产使用的必要环节。

9.2.2 建设项目竣工验收的条件和依据

1. 竣工验收的条件

国务院2000年1月发布的第279号令《建设工程质量管理条例》规定，建设工程竣工验收应当具备以下条件：

(1) 完成建设工程设计和合同约定的各项内容，并满足使用要求。

(2) 有完整的技术档案和施工管理资料。

(3) 有工程使用的主要建筑材料、建筑构配件和设备的进场试验报告。

(4) 有勘察、设计、施工、工程监理等单位分别签署的质量合格文件。

(5) 发包人已按合同约定支付工程款。

(6) 有承包人签署的工程质量保修书。

(7) 在建设行政主管部门及工程质量监督站等有关部门的历次抽查中，责令整改的问题全部整改完毕。

(8) 工程项目前期审批手续齐全。

2. 竣工验收的标准

1) 工业建设项目竣工验收的标准

根据国家规定，工业建设项目竣工验收、交付生产使用，必须满足以下要求：

(1) 生产性项目和辅助性公用设施，已按设计要求完成，能满足生产使用要求。

(2) 主要工艺设备、动力设备均已安装配套，经无负荷联动试车和有负荷联动试车后合格，并已形成生产能力，能够生产出设计文件所规定的产品。

(3) 必要的生产设施已按设计要求建成。

(4) 生产准备工作能适应投产的需要，其中包括生产指挥系统的建立，经过培训的生产人员已能够上岗操作，生产所需的原材料、燃料和备品备件的储备，经验收检查后能够满足连续生产要求。

(5) 环境保护设施、劳动安全卫生设施、消防设施已按设计要求与主体工程同时建成使用。

(6) 生产性投资项目，如工业项目的土建工程、安装工程、人防工程、管道工程、通信工程等的施工和竣工验收，必须按照国家批准的中华人民共和国国家标准《××工程施工质量验收规范》和主管部门批准的中华人民共和国行业标准《××工程施工及验收规程》执行。

2) 民用建设项目竣工验收的标准

(1) 建设项目各单位工程和单项工程，均已符合项目竣工验收标准。

(2) 建设项目配套工程和附属工程均已施工结束，达到设计规定的相应质量要求，并具备正常使用条件。

3. 竣工验收的范围

国家颁布的建设法规规定，凡新建、扩建、改建的基本建设项目和技术改造项目(所有列入固定资产投资计划的建设项目或单项工程)，已按国家批准的设计文件所规定的内容建成，符合验收标准，即工业投资项目经负荷试车考核，试生产期间能够正常生产出合格产品，形成生产能力的，非工业投资项目符合设计要求，能够正常使用的，不论是属于哪种建设性质，都应及时组织验收，办理固定资产移交手续。有的工期较长、建设设备装置较多的大型工程，为了及时发挥其经济效益，对于其能够独立生产的单项工程，也可以根据建成时间的先后顺序，分期分批地组织竣工验收；对于能生产中间产品的一些单项工程，若不能提前投料试车，可按生产要求与生产最终产品的工程同步建成竣工后，再进行全部验收。此外，对于某些特殊情况，工程施工虽未全部按设计要求完成，也应进行验收，这些特殊情况主要有：

（1）因少数非主要设备或某些特殊材料短期内不能解决，虽然工程内容尚未全部完成，但已可以投产或使用的工程项目。

（2）规定要求的内容已完成，但因外部条件的制约，如流动资金不足、生产所需原材料不能满足等，而使已建工程不能投入使用的项目。

（3）有些建设项目或单项工程已形成部分生产能力，但近期内不能按原设计规模续建，应从实际情况出发，经主管部门批准后，可缩小规模，对已完成的工程和设备组织竣工验收，移交固定资产。

4. 竣工验收的依据

建设项目竣工验收的主要依据包括：

（1）上级主管部门对该项目批准的各种文件。

（2）可行性研究报告。

（3）施工图设计文件及设计变更协商记录。

（4）国家颁布的各种标准和现行的施工验收规范。

（5）工程承包合同文件。

（6）技术设备说明书。

（7）建筑安装工程统计规定及主管部门关于工程竣工的规定。

9.2.3 建设项目竣工验收的方式与程序

1. 建设项目竣工验收的方式

建设项目竣工验收的方式可分为单位工程竣工验收、单项工程竣工验收和全部工程竣工验收三种。

1）单位工程竣工验收

单位工程竣工验收（又称中间验收）是承包人以单位工程或某专业工程为对象，独立签订建设项目施工合同，达到竣工条件后，承包人可单独进行交工，发包人根据竣工验收的依据和标准，按施工合同约定的工程内容组织竣工验收。这阶段工作由监理单位组织，发包人和承包人派人参加验收工作。单位工程验收资料是最终验收的依据。

2）单项工程竣工验收

单项工程竣工验收是在一个总体建设项目中，一个单项工程已完成设计图纸规定的工程内容，能满足生产要求或具备使用条件后，承包人向监理单位提交“工程竣工报告”和“工程竣工报验单”，经确认后向发包人发出“交付竣工验收通知书”，说明工程完工情况、竣工验收准备情况、设备无负荷单机试车情况，具体约定单项工程竣工验收的有关工作。这阶段工作由发包人组织，会同承包人、监理单位、设计单位和使用单位等有关部门完成。

3）全部工程竣工验收

全部工程竣工验收是建设项目已按设计规定全部建成，达到竣工验收的条件，由发包人组织，设计、施工、监理等单位和档案部门进行全部工程的竣工验收。

2. 建设项目竣工验收的程序

建设项目全部建成，经过各单项工程的验收后符合设计要求，并具备竣工图表、竣工决算、工程总结等必要的文件资料，由建设项目主管部门或发包人向负责验收的单位提出竣工验收申请报告，按程序验收。工程竣工验收报告应经项目经理和承包人等有关负责人审核签字。竣工验收的一般程序如下。

1）承包人申请交工验收

承包人在完成了合同工程或按合同约定可分部移交工程的，可申请交工验收，即向发包人提交“工程竣工报验单”。

2）监理工程师现场初步验收

监理工程师收到“工程竣工报验单”后，应由监理工程师组成验收组，对竣工的工程项目的竣工资料和各专业工程的质量进行初验。在初验中发现的质量问题，要及时书面通知承包人，令其修理甚至返工。经整改合格后，监理工程师签署“工程竣工报验单”，并向发包人提出质量评估报告。

3）单项工程验收

单项工程验收又称交工验收，即验收合格后发包人方可投入使用。由发包人组织的交工验收，由监理单位、设计单位、承包人、工程质量监督站等参加，主要依据国家颁布的有关技术规范和施工承包合同进行检查或检验。

验收合格后，发包人和承包人共同签署“交工验收证书”，然后由发包人将有关技术资料和试车记录、试车报告及交工验收报告一并上报主管部门，经批准后该部分工程即可投入使用。验收合格的单项工程，在全部工程验收时，原则上不再办理验收手续。

4）全部工程竣工验收

全部施工完成后，由国家主管部门组织的竣工验收，称为全部工程竣工验收，又称为动用验收。全部工程竣工验收分为验收准备、预验收和正式验收三个阶段。

（1）验收准备。发包人、承包人和其他有关单位均应进行验收准备。

（2）预验收。建设项目竣工验收准备工作结束后，由发包人或上级主管部门会同监理单位、设计单位、承包人及有关单位或部门组成预验收组进行验收。

（3）正式验收。建设项目的正式竣工验收是由国家、地方政府、建设项目投资商或开发商，以及有关单位领导和专家参加的最终整体验收。大中型和限额以上的建设项目的正式验收，由国家投资主管部门或其委托项目主管部门或地方政府组织验收，一般由竣工验收委员会（或验收小组）主任（或组长）主持，具体工作由总监理工程师组织实施。国家重点工程的大型建设项目，由国家有关部委邀请有关方面的人员参加，组成工程验收委员会进行验收。小型和限额以下的建设项目由项目主管部门组织，发包人、监理单位、承包人、设计单位和使用单位共同参加验收工作。

发包人在竣工验收过程中，如发现工程不符合竣工条件，应责令承包人进行返修，并重新组织竣工验收，直到通过验收为止。验收完毕后需签署竣工验收鉴定书。

9.3 工程竣工决算

9.3.1 工程竣工决算概述

竣工决算是由建设单位编制的反映建设项目和投资效果的文件，是竣工验收报告的重要组成部分。所有竣工验收的项目应在办理手续之前,对所有建设项目的财产和物资进行认真清理,及时、准确地编报竣工决算。它对于总结、分析建设过程的经验教训,提高工程造价管理水平和积累技术经济资料,为有关部门制订类似工程的建设计划与修订概预算定额指标提供资料和经验,都具有重要的意义。

1. 工程竣工决算的含义

工程竣工决算是以实物数量和货币指标为计量单位,综合反映在建设项目或单项工程完工后,从筹建到工程竣工验收投产的全部实际支出费用、建设成果和财务情况的总结性文件。竣工决算是正确核定新增固定资产价值,考核、分析投资效果,建立健全经济责任制的依据。

2. 工程竣工决算的作用

工程竣工后,应及时编制工程竣工决算。工程竣工决算主要有以下几方面的作用:

(1) 全面反映竣工项目的实际建设情况和财务情况。竣工决算反映竣工项目的实际建设规模、建设时间和建设成本,以及办理验收交接手续时的全部财务情况。

(2) 有利于节约基建投资。及时编制竣工决算,办理新增固定资产移交转账手续,是缩短建设周期、节约基建投资的有效方法。

(3) 有利于经济核算。及时编制竣工决算、办理交付手续,生产企业可以正确地计算已经投入使用的固定资产折旧费,合理计算产品成本,促进企业的经营管理。

(4) 考核竣工项目设计概算的执行情况。竣工决算用概算进行比较,可以反映设计概算的执行情况。通过对比分析,可以肯定成绩,总结经验教训,为今后修订概算定额、改进设计、推广先进技术、制订基本建设计划、努力降低建设成本、提高投资效果提供了参考资料。

9.3.2 工程竣工决算的内容

建设项目竣工决算应包括从筹建到竣工投产全过程的全部实际费用,即包括建筑工程费用、安装工程费用、设备及工器具购置费用及预备费等。按照财政部印发的财基字〔1998〕4 号关于《基本建设财务管理若干规定》的通知,国家计委颁布的计建设〔1990〕1215 号关于《建设项目(工程)竣工验收办法》和原国家建委建发施字〔1982〕50 号关于《编制基本建设工程竣工图的几项暂行规定》,竣工决算的内容包括竣工财务决算说明书、竣工财务决算报表、工程竣工图和工程造价对比分析四个部分,前两个部分又称为建设项目竣工财务决算,它是竣工决算的核心内容和重要组成部分。

竣工财务决算说明书主要反映竣工工程建设成果和经验,是对竣工决算报表进行分析和补充说明的文件,是全面考核分析工程投资与造价的书面总结。

竣工决算报表根据大中型建设项目和小型建设项目分别制订。大中型建设项目竣工决算报表一般包括建设项目竣工财务决算审批表、大中型建设项目概况表、大中型建设项目竣工财务决算表、大中型建设项目交付使用财产总表。小型建设项目竣工决算报表包括建设项目竣工决算审批表、竣工财务决算总表和交付使用财产明细表。

建设工程竣工图是真实记录各种地上、地下建筑物、构筑物等情况的技术文件,是工程进行交工验收、维护改建和扩建的依据,是国家的重要技术档案。国家规定:各项新建、扩建、改建的基本建设工程,特别是基础、地下建筑、管线、结构、井巷、桥梁、隧道、港口、水坝及设备安装等隐蔽部位,都要编制竣工图。为确保竣工图质量,必须在施工过程中(不能在竣工后)及时做好隐蔽工程检查记录,整理好设计变更文件。

对控制工程造价所采取的措施、效果及其动态的变化，需要进行认真的对比分析，总结经验教训。批准的概算是考核建设工程造价的依据。在分析时，可先对比整个项目的总概算，然后将建筑安装工程费用、设备及工器具购置费用和其他工程费用逐一与竣工决算报表中所提供的实际数据和相关资料及批准的概算、预算指标、实际的工程造价进行对比分析，以确定竣工项目总造价是节约还是超支，并在对比的基础上总结先进经验，找出节约和超支的内容和原因，提出改进措施。

9.3.3 工程竣工决算的编制

1. 工程竣工决算的编制依据

(1) 经批准的可行性研究报告及其投资估算书。

(2) 经批准的初步设计或扩大初步设计及其概算或修正概算书。

(3) 经批准的施工图设计及其施工图预算书。

(4) 设计交底或图纸会审会议纪要。

(5) 招标投标的标底、承包合同、工程结算资料。

(6) 施工记录或施工签证单及其他施工发生的费用记录，如索赔报告与记录、停(交)工报告等。

(7) 竣工图及各种竣工验收资料。

(8) 历年基建资料、历年财务决算及批复文件。

(9) 设备、材料调价文件和调价记录。

(10) 有关财务核算制度、办法和其他有关资料、文件等。

2. 工程竣工决算的编制步骤

(1) 收集、整理和分析有关资料。

在编制竣工决算文件之前，应系统地整理所有的技术资料、工料结算的经济文件、施工图纸和各种变更与签证资料，并分析它们的准确性。完善、齐全的资料，是准确而迅速地编制竣工决算的必要条件。

(2) 清理各项财务、债务和结余物资。

在收集、整理和分析有关资料时，要特别注意建设工程从筹建到竣工投产或使用的全部费用的各项账务、债权和债务的清理，做到工程完结账目清晰，既要核对账目，又要查点库存实物的数量，做到账与物相等，账与账相符。对于结余的各种材料、工器具和设备，要逐项清点核实，妥善管理，并按规定及时处理，收回资金；对于各种往来款项，要及时进行全面清理，为编制竣工决算提供准确的数据和结果。

(3) 核实工程变动情况。

重新核实各单位工程、单项工程造价，将竣工资料与原设计图纸进行查对、核实，确认实际变更情况。根据经审定的承包人竣工结算等原始资料，按照有关规定对原预算进行增减调整，重新核定建设项目实际造价。

(4) 编制建设工程竣工决算说明。

按照建设工程竣工决算说明的内容要求，根据编制依据材料填写在报表中的结果，编写文字说明。

(5) 填写竣工决算报表。

按照建设工程竣工决算表格中的内容，根据编制依据中的有关资料进行统计或计算各个项目和数量,并将结果填到相应表格的栏目内,完成所有报表的填写。

(6) 做好工程造价对比分析。

(7) 清理、装订好竣工图。

(8) 上报给主管部门审查。

将上述编写的文字说明和填写的表格进行核对,核对无误后装订成册,即为建设工程竣工决算文件。将其上报给主管部门审查,并把其中的财务成本部分送交开户银行签证。竣工决算在上报给主管部门的同时,抄送给有关设计单位。大中型建设项目的竣工决算还应抄送给财政部、建设银行总行,以及省、市、自治区的财政局和建设银行分行各一份。建设工程竣工决算文件由建设单位负责组织人员编写,在建设项目竣工后办理验收使用一个月之内完成。

9.3.4 工程竣工结算与竣工决算的关系

建设项目的竣工决算是以竣工结算为基础进行编制的,它是在整个建设项目竣工结算的基础上,加上从筹建开始到工程全部竣工为止,有关工程建设的其他工程和费用支出。二者的区别在于以下几个方面。

1. 编制单位不同

竣工结算是由施工单位编制的,竣工决算是由建设单位编制的。

2. 编制范围不同

竣工结算主要是针对单位工程编制的,单位工程竣工后便可以进行编制;而竣工决算是针对建设项目编制的,必须在整个建设项目全部竣工后才可以进行编制。

3. 编制作用不同

竣工结算是建设单位与施工单位结算工程价款的依据,是核实施工企业生产成果、考核工程成本的依据,是施工企业确定经营活动最终收入的依据,是建设单位编制建设项目竣工决算的依据;而竣工决算是建设单位考核基本建设效果的依据,是正确确定固定资产价值和正确计算固定资产折旧费的依据,同时也是建设项目竣工验收委员会或验收小组对建设项目进行验收交付使用的依据。

9.4 保修费用的处理

9.4.1 建设项目保修

1. 建设项目保修及其意义

2000 年 1 月国务院发布的第 279 号令《建设工程质量管理条例》中规定,建设工程实行质量保修制度。建设工程承包人在向发包人提交工程竣工验收报告时,应当向发包人出具质量保修书。质量保修书应明确建设工程的保修范围、保修期限和责任等。建设项目在保修期内和保修范围内发生的质量问题,承包人应履行保修义务,并对造成的损失承担赔偿责任。《中华人民共和国建筑法》第六十二条规定:“建筑工程实行质量保修制度。”《中华人民共和国合同法》规定:“建设工程的施工合同内容包括对工程质量保修的范围和保证期。”

建设工程质量保修制度是国家确定的重要法律制度，它是指建设工程在办理交工验收手续后，在规定的保修期限内(按合同有关保修期的规定)，因勘察设计、施工、材料等原因造成的质量缺陷，应由责任单位负责维修。项目保修是项目竣工验收交付使用后，在一定期限内由承包人对发包人或用户进行回访，对于工程发生的确实是由承包人施工责任造成的建筑物使用功能不良或无法使用的问题，由承包人负责修理，直到达到正常使用的标准。保修回访制度属于建筑工程竣工后的管理范畴。

工程质量保修是一种售后服务方式，是《中华人民共和国建筑法》和《建设工程质量管理条例》规定的承包人的质量责任。建设工程质量保修制度是国家所确定的重要法律制度，它对促进承包人加强质量管理、改进工程质量，保护用户及消费者的合法权益能够起到重要的作用。

2. 保修的范围和最低保修期限

1) 保修的范围

在正常情况下，建筑工程的保修范围应包括地基基础工程、主体结构工程、屋面防水工程和其他土建工程，以及电气管线、上下水管线的安装工程，供热、供冷系统工程等项目。一般包括以下问题：

(1) 屋面、地下室、外墙壁阳台、卫生间、厨房等处的渗水、漏水问题。

(2) 各种通水管道(如自来水、热水、污水、雨水等)的漏水问题，各种气体管道的漏气问题，通气孔和烟道的堵塞问题。

(3) 水泥地面有较大面积的空鼓、裂缝或起砂问题。

(4) 内墙壁抹灰有较大面积的起泡、脱落或墙面起碱脱皮问题，各种粉刷自动脱落问题。

(5) 暖气管线安装不妥，出现局部不热、管线接口处漏水等问题。

(6) 影响工程使用的地基基础、主体结构等存在质量问题。

(7) 其他由于施工不良而造成的无法使用或不能正常发挥使用功能的工程部位。

2) 保修的期限

保修的期限应当按照保证建筑物在合理寿命内正常使用，维护使用者合法权益的原则确定。具体的保修范围和最低保修期限由国务院规定，按照国务院颁布的《建设工程质量管理条例》第四十条规定执行。

(1) 基础设施工程、房屋建筑的地基基础工程和主体结构工程，为设计文件规定的该工程的合理使用年限。

(2) 屋面防水工程，有防水要求的卫生间、房间和外墙面的渗漏为5年。

(3) 供热与供冷系统为2个采暖期和供热期。

(4) 电气管线、给水排水管道、设备安装和装修工程为2年。

(5) 其他项目的保修期限由承、发包双方在合同中规定。建设工程的保修期，自竣工验收合格之日算起。

3. 保修的经济责任

(1) 由承包人未按施工质量验收规范、设计文件要求和施工合同约定组织施工而造成的质量缺陷所产生的工程质量保修，应当由承包人负责修理并承担经济责任；由承包人采购的建筑材料、建筑构配件、设备等不符合质量要求，或承包人应进行却没有进行试验或检验而进入现场使用造成质量问题的，应由承包人负责修理并承担经济责任。

(2) 由设计人造成的质量缺陷应由设计人承担经济责任。当由承包人进行修理时，费用数额应按合同规定，通过发包人向设计人索赔，不足部分由发包人补偿。

(3) 由于发包人供应的材料、构配件或设备不合格而造成的质量缺陷，或发包人竣工验收后未经许可自行改建而造成的质量问题，应由发包人或使用人自行承担经济责任；由发包人指定的使用人或不能肢解而肢解发包的工程，致使施工接口不好而造成质量缺陷的，或发包人或使用人竣工验收后使用不当而造成的损坏，应由发包人或使用人自行承担经济责任。

(4) 不可抗力造成的质量缺陷不属于规定的保修范围。所以，由于地震、洪水、台风等不可抗力原因造成的损坏，或非施工原因造成的事故，承包人不承担经济责任；当使用人需要责任以外的修理、维护服务时，承包人应提供相应的服务，但应签订协议，约定服务的内容和质量要求。所发生的费用，应由使用人按协议约定的方式支付。

(5) 有的项目经发包人和承包人协商，根据工程的合理使用年限，采用保修保险方式。这种方式不需扣保留金，保险费由发包人支付，承包人应按约定的保修承诺履行其保修职责和义务。

(6) 建设工程在保修范围和保修期限内发生质量问题的，承包人应当履行保修义务，并对造成的损失承担赔偿责任。凡是由于用户使用不当而造成建筑物功能不良或损坏的，不在保修范围内；凡是属于工业产品项目发生的问题，也不在保修范围内。以上两种情况应由发包人自行组织修理。

4. 保修的操作方法

1) 发送保修证书(房屋保修卡)

在工程竣工验收的同时(最迟不应超过 1 周)，由承包人向发包人发送建筑安装工程保修证书。保修证书的主要内容包括：

(1) 工程简况、房屋使用管理要求。

(2) 保修范围和内容。

(3) 保修时间。

(4) 保修说明。

(5) 保修情况记录。

(6) 保修单位(即承包人)的名称、详细地址等。

2) 填写“工程质量修理通知书”

在保修期内，工程项目出现质量问题而影响使用的，使用人填写“工程质量修理通知书”告知承包人，注明质量问题及部位、联系及维修方式，要求承包人指派人前往检查修理。修理通知书发出日期为约定起始日期，承包人应在 7 天内派出人员执行保修任务。

3) 实施保修服务

承包人接到“工程质量修理通知书”后，必须尽快派人检查，并会同发包人共同做出鉴定，提出修理方案，明确经济责任，尽快组织人力、物力进行修理，履行工程质量保修的承诺。房屋建筑工程在保修期间出现质量缺陷，发包人或房屋建筑所有人应当向承包人发出保修通知，承包人接到保修通知后，应到现场检查情况，在保修书约定的时间内予以保修。发生涉及结构安全或者严重影响使用功能的紧急抢修事故，承包人接到保修通知后，应当立即到达现场抢修；发生涉及结构安全的质量缺陷，发包人或者房屋建筑产权人应当立即向当地建设主管部门报告，采取安全防范措施，由原设计单位或者有相应资质等级的设计单位提出保修方案，承包人实施保修，原工程质量监督机构负责监督。

4) 验收

在发生问题的部位或项目修理完毕后，要在保修证书的“保修记录”栏内做好记录，并经发包人验收签认，此时修理工作完结。

9.4.2 保修费用及其处理

1. 保修费用的含义

保修费用是指保修期间和保修范围内所发生的维修、返工等的各项费用支出。保修费用应按合同和有关规定合理确定和控制。保修费用一般可参照建筑安装工程造价的确定程序和方法计算，也可以按照建筑安装工程造价或承包工程合同价的一定比例计算。

2. 保修费用的处理

根据《中华人民共和国建筑法》的规定，在保修费用问题的处理上，必须根据修理项目的性质、内容、检查及修理等多种因素的实际情况，区别保修责任的承担问题。对于保修的经济责任的确定，应当由有关责任方承担，由发包人和承包人共同商订经济处理办法。

根据《中华人民共和国建筑法》第七十五条的规定，建筑施工企业违反该法规定，不履行保修义务的，责令改正，可处以罚款；在保修期间因屋顶、墙面渗漏、开裂等造成的质量缺陷，有关责任企业应当依据实际损失给予实物或价值补偿；因勘察设计原因、监理原因或者建筑材料、建筑构配件和设备等原因造成的质量缺陷，根据民法规定，施工企业可以在保修和赔偿损失之后，向有关责任者追偿；因建设工程质量不合格而造成损害的，受损害人有权向责任者要求赔偿；因发包人或者勘察设计原因、施工原因、监理原因产生的建设质量问题，造成他人损失的，以上单位应当承担相应的赔偿责任，受损害人可以向任何一方要求赔偿，也可以向以上各方提出共同赔偿要求，有关各方在赔偿后，可以在查明原因后向真正责任人追偿。

思考题

1. 简述工程价款结算的概念、分类和特点。
2. 如何进行工程预付备料款的预收和抵扣的计算？
3. 简述工程竣工决算的概念和分类。
4. 简述工程竣工结算和竣工决算的关系。
5. 建设项目竣工验收的方式与程序是什么？
6. 建设项目保修的范围及最低保修期限是如何规定的？

Chapter 10

第10章 工程量清单编制实例

知识点

本章介绍了土建工程工程量清单编制实例，属于实践应用环节。通过对实践项目工程量清单的编制，在了解工程设计说明、读懂工程施工图纸的基础上，应掌握工程量计量方法，熟练掌握编制分部分项工程量清单的方法，并能解决相关实践问题。

重点

依据施工图确定计算基数，计算各分部分项工程量。

难点

编制分部分项工程量清单，包括确定项目编码、确定项目名称、描述项目特征等。

10.1 设计说明

(1) 本工程为二层办公室，框架结构。±0.00以下采用MU10标准机制红砖、M10水泥砂浆砌筑；±0.00以上采用非承重多孔砖，规格为240 mm×240 mm×115 mm，M5混合砂浆砌筑；图中未注明的墙厚均为240 mm。

(2) 现浇砼等级：基础垫层为C15砼，梁、柱为C30砼，楼梯为C20砼，其余均为C25砼。门窗过梁不考虑。砼楼梯的水平投影面积为11.30 m^2，女儿墙部分无柱。J1钢筋为螺纹钢，保护层为35 mm，直径14的重量为1 m长重1.21 kg。

(3) 地面及台阶做法：素土回填、150 mm厚3∶7灰土、60 mm厚C15砼垫层、素水泥浆（掺建筑胶）一道、20 mm厚1∶3水泥砂浆结合层、5 mm厚1∶2.5水泥砂浆黏结层、铺10 mm厚尺寸为600 mm×600 mm的地砖。

(4) 楼面做法：素水泥浆（掺建筑胶）一道、20 mm厚1∶3水泥砂浆结合层、5 mm厚1∶2.5水泥砂浆黏结层、铺10 mm厚尺寸为600 mm×600 mm的地砖。

(5) 散水做法：150 mm厚3∶7灰土垫层，宽度为1 200 mm；60 mm厚C15砼加浆一次抹光。

(6) 屋面做法：1∶6水泥焦渣找坡最薄处30 mm厚（平均厚度为80 mm）；90 mm厚憎水膨胀珍珠岩板；20 mm厚1∶2.5水泥砂浆找平，涂刷基层处理剂；2 mm厚SBS防水卷材一道，上翻300 mm；20 mm厚1∶3水泥砂浆。

(7) 外墙面做法：12 mm厚1∶3水泥砂浆打底、6 mm厚1∶2.5水泥砂浆找平、4 mm厚聚合物水泥砂浆黏结层、粘贴6 mm厚尺寸为50 mm×100 mm的面砖、1∶1聚合物水泥砂浆勾缝。

(8) 天棚做法：素水泥浆（掺建筑胶）一道、5 mm厚1∶0.3∶3水泥石灰砂浆打底、5 mm厚1∶0.3∶2.5水泥石灰砂浆抹面、满刮白水泥腻子一遍、刷乳胶漆两遍。

(9) 内墙面做法：

砖墙面：10 mm 厚 1：1：6 水泥石灰砂浆打底、6 mm 厚 1：0.3：2.5 水泥石灰砂浆打底、满刮白水泥腻子一遍(卫生间满刮白水泥腻子一遍)、刷乳胶漆两遍。

砼墙面：刷素水泥浆(掺建筑胶)一道、10 mm 厚 1：1：6 水泥石灰砂浆打底、6 mm 厚 1：0.3：2.5 水泥石灰砂浆抹面、满刮白水泥腻子一遍、刷乳胶漆两遍。

(10) 所有轴线都距 240 墙中，即距外墙皮 120 mm。(框架柱为偏轴线，距柱边分别为 120 mm 和 280 mm)。

(11) 门窗表如表 10-1 所示，不考虑门锁。

表 10-1　门窗表

名　称	洞口尺寸/mm	数量/个	类　别
C1	2 100×1 500	1	塑钢推拉窗、带纱窗
C2	1 200×1 500	1	塑钢固定窗
C3	1 800×1 500	5	塑钢推拉窗、带纱窗
M1	1 200×2 400	1	铝合金地弹门
M2	900×2 100	5	成品实木门、免漆
M3	800×2 100	1	成品实木门、免漆

10.2 施工图

该工程施工图如图 10-1 至图 10-9 所示。

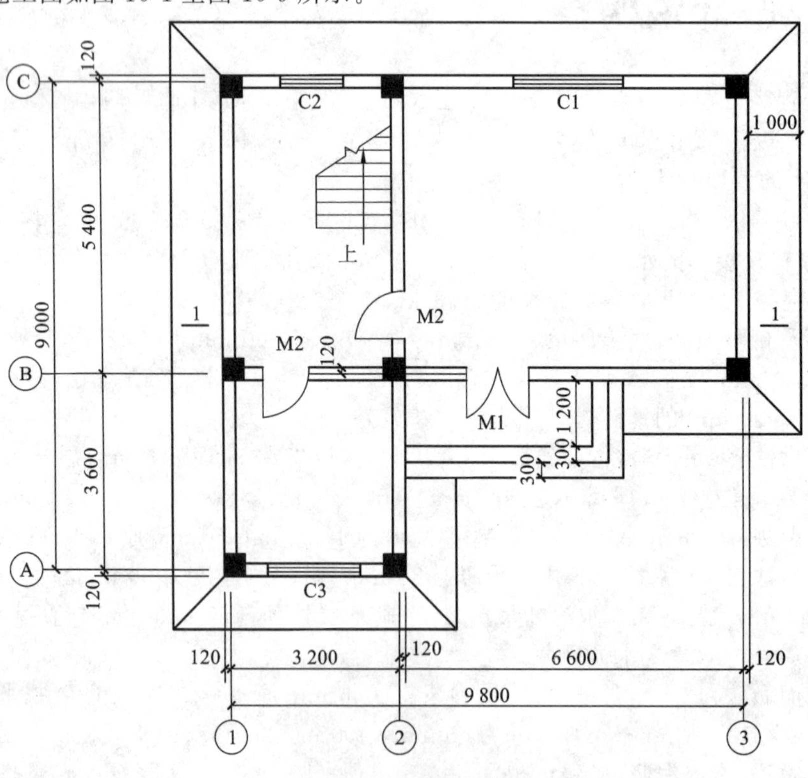

图 10-1　一层平面图

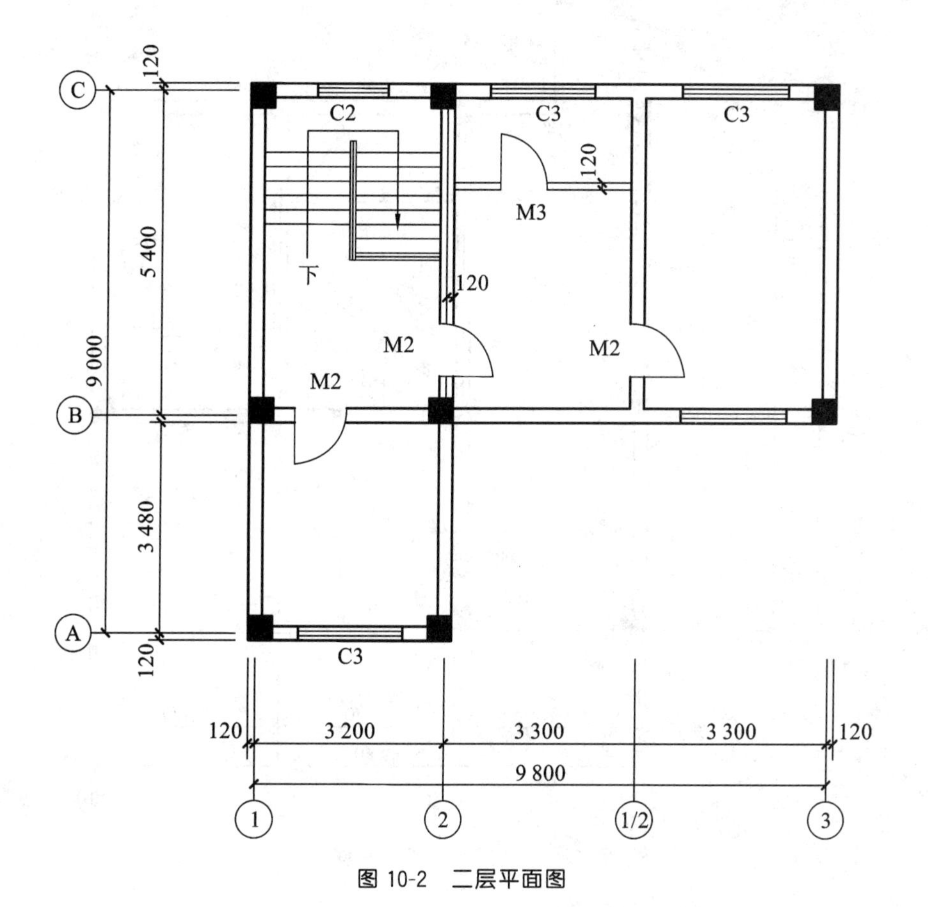

图 10-2　二层平面图

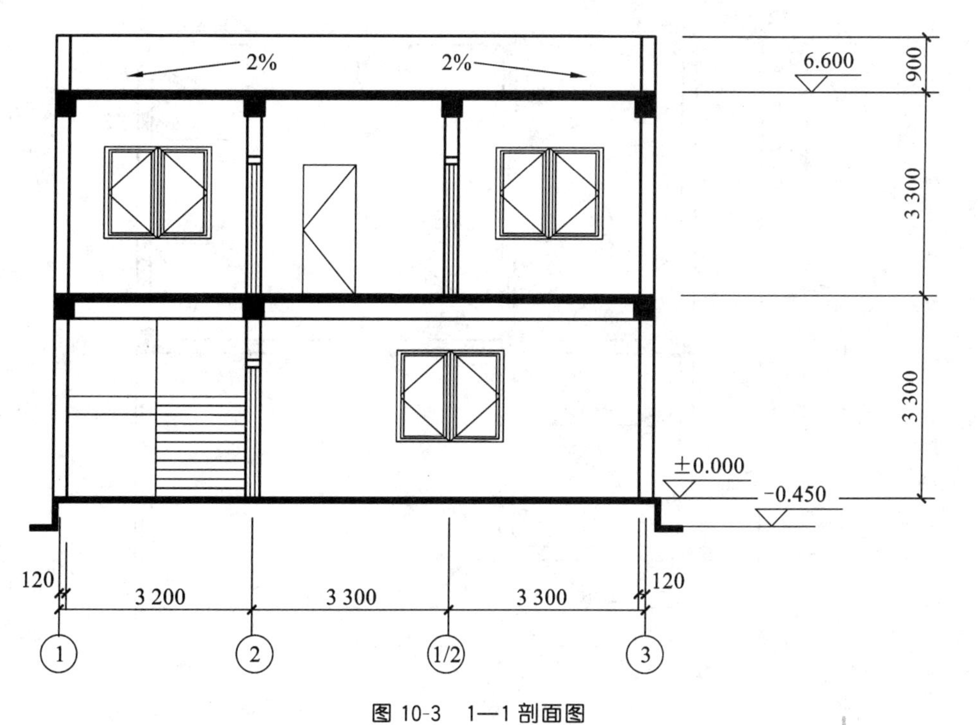

图 10-3　1—1 剖面图

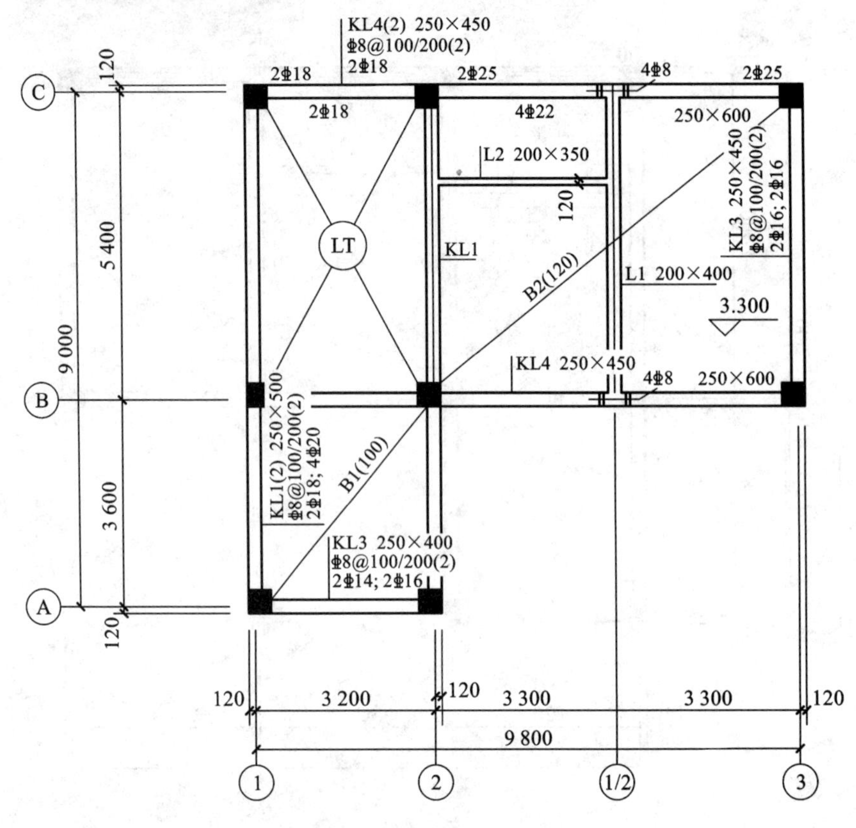

图 10-4　二层结构平面布置图

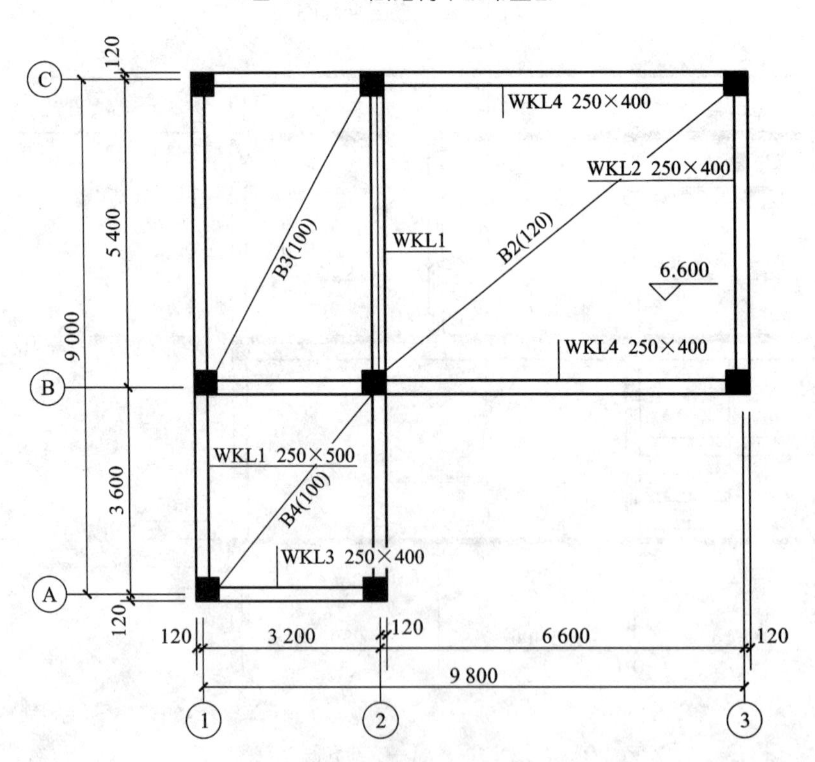

图 10-5　屋面结构平面布置图

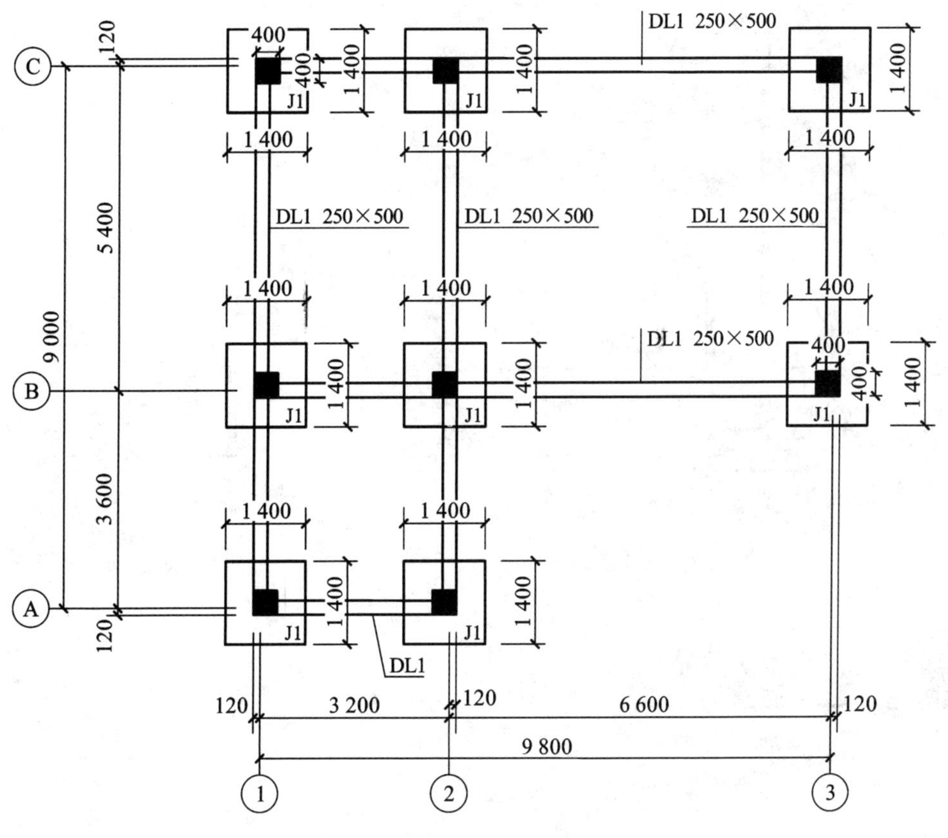

图 10-6　基础平面布置图

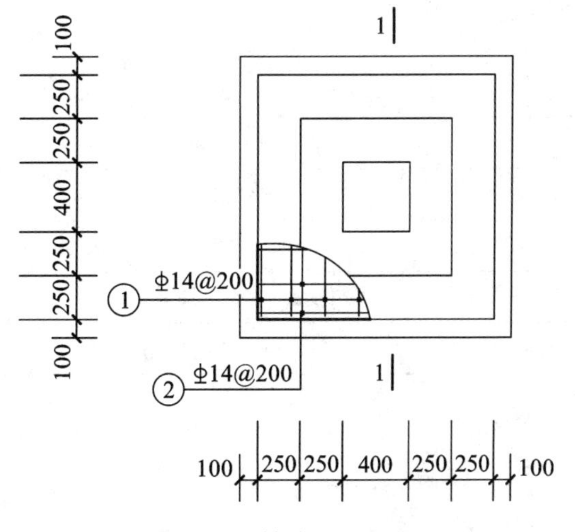

图 10-7　基础 J1 平面图

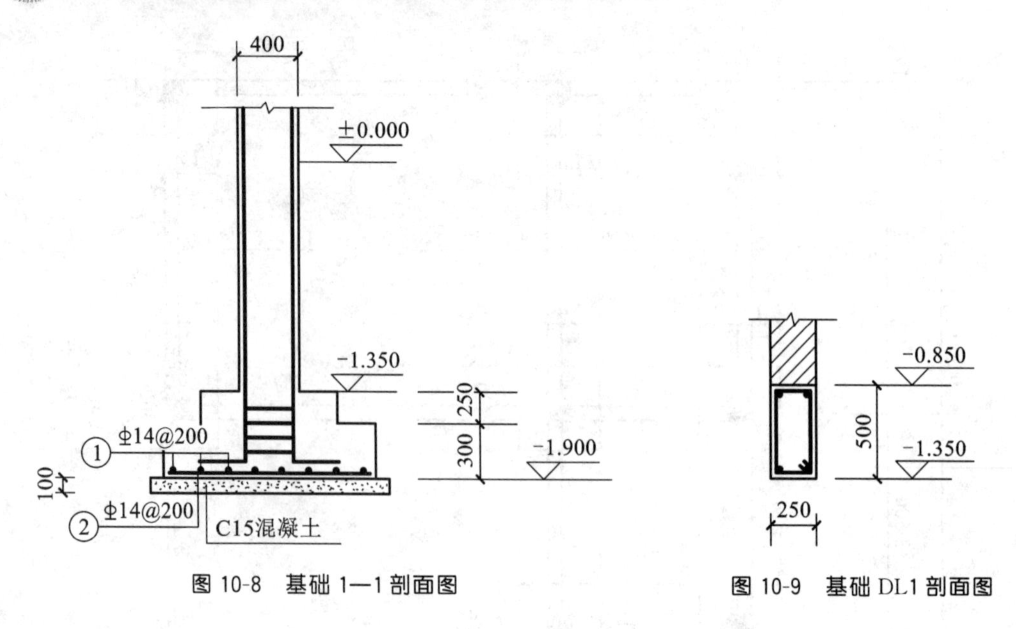

图 10-8 基础 1—1 剖面图

图 10-9 基础 DL1 剖面图

10.3 工程量计算

工程量计算按分部顺序列表计算如下。

10.3.1 计算基数

计算基数如表 10-2 所示。

表 10-2 计算基数

名　称	公　式	单　位	结　果
建筑面积	(3.2+6.6+0.24)×(5.4+0.24)+(3.2+0.24)×3.6	m^2	69.01
外墙中心线	(5.4+3.6+3.2+6.6)×2	m	37.6
外墙外边线	(3.2+6.6+0.24+5.4+3.6+0.24)×2	m	38.56
内墙净长线	(5.4+0.24−0.8)+(3.2+0.24−0.8)	m	7.48

10.3.2 分部分项工程量计算

分部分项工程量计算如表 10-3 所示。

表 10-3　分部分项工程量计算

名　　称	公　　式	单　　位	结　　果
	土方工程		
平整场地	$(3.2+6.6+0.24)\times(5.4+0.24)+(3.2+0.24)\times3.6$	m^2	69.01
挖基础土方	$V_{挖基础土方}=V_{挖独立基础}+V_{挖基础梁}$ $V_{挖独立基础}=1.6\times1.6\times(1.9+0.1-0.45)\times8$ $V_{挖基础梁}=(3.2-0.08\times2-1.6)\times0.25\times0.9\times3$ $+(5.4-0.16-0.16)\times0.25\times0.9\times3+(3.6-1.6)$ $\times0.25\times0.9\times2+(6.6-1.6)\times0.25\times0.9\times2$	m^3	39.30
基础回填	$V_{基础回填}=V_{挖基础土方}-V_{垫层}-V_{独立基础}$ $-V_{-0.45以下柱}-V_{-0.45以下梁}-V_{-0.45以下墙}$ $V_{垫层}=1.6\times1.6\times0.1\times8$ $V_{独立基础}=(0.3\times1.4\times1.4+0.25\times0.9\times0.9)\times8$ $V_{-0.45以下柱}=0.9\times0.4\times0.4\times8$ $V_{-0.45以下梁}=\begin{bmatrix}(3.2-0.28\times2)\times3+(6.6-0.4)\times2+\\(3.6-0.4)\times2+(5.4-0.28\times2)\times3\end{bmatrix}$ $\times0.25\times0.5$ $V_{-0.45以下墙}=\begin{bmatrix}(3.2-0.28\times2)\times3+(6.6-0.4)\times2+\\(3.6-0.4)\times2+(5.4-0.28\times2)\times3\end{bmatrix}$ $\times0.24\times0.4$	m^3	20.66
室内回填	$\begin{bmatrix}(3.2-0.24)\times3.36-(0.16\times0.16\times2)\\+(5.4-0.24)\times2.96-(0.16\times0.16\times4)\\+(5.4-0.24)\times6.36-(0.16\times0.16\times2)\end{bmatrix}\times0.15$	m^3	8.67
	砌筑工程		
实心砖墙	$\begin{bmatrix}(3.2-0.28\times2)\times3+(6.6-0.4)\times2+\\(3.6-0.4)\times2+(5.4-0.28\times2)\times3\end{bmatrix}\times0.24\times0.85$	m^3	8.41
空心砖墙 （外墙）	$V_{外墙}=L\times H\times B-V_{外墙上的门窗洞口}$ $=\begin{bmatrix}\begin{pmatrix}8.04\times2.8+5.82\times2.85+3.02\times2.7+4.84\times2.85\\+3.02\times2.7+3.18\times2.85+3.2\times2.8+2.64\times2.9\end{pmatrix}\\+(8.04+3.2)\times2.8+\begin{pmatrix}4.84+3.2-0.56+6.6\\-0.4+9.8+0.24-1.2\end{pmatrix}\times2.9\end{bmatrix}$ $\times0.24-\begin{pmatrix}1.2\times2.4\times0.24+2.1\times1.5\times0.24+2\\\times1.5\times1.2\times0.24+5\times1.8\times1.5\times0.24\end{pmatrix}$	m^3	40.45
空心砖墙 （240 内墙）	$\begin{pmatrix}2.64\times2.85+4.84\times2.8+2.64\\\times2.9+4.84\times2.8+5.16\times2.85\end{pmatrix}\times0.24-5\times0.9\times2.1\times0.24$	m^3	11.41

续表

名　　称	公　　式	单　　位	结　　果
	土方工程		
空心砖墙 (120 内墙)	(3.3−0.24)×3.3×0.115−0.8×2.1×0.115	m^3	0.97
空心砖墙 (女儿墙)	37.6×0.9×0.24	m^3	8.12
	混凝土工程		
独立基础	0.9×0.9×0.25×8+1.4×1.4×0.3×8	m^3	6.32
垫层	1.6×1.6×0.1×8	m^3	2.05
矩形柱	0.4×0.4×8×(1.35+6.57)	m^3	10.14
基础梁	[(3.2−0.28×2)×3+(6.6−0.4)×2+(5.4−0.28×2)×3+(3.6−0.4×2)]×0.5×0.25	m^3	4.71
KL1	[(3.6−0.4)+(5.4−0.28×2)]×2×0.25×0.5	m^3	2.01
KL2	(5.4−0.28×2)×0.25×0.45	m^3	0.54
KL3	(3.2−0.28×2)×0.25×0.4	m^3	0.26
KL4	[(3.2−0.28×2)+(3.3−0.12)]×2×0.25×0.45+(3.3−0.28)×2×0.25×0.6	m^3	2.22
WKL1	[(3.6−0.4)+(5.4−0.28×2)]×2×0.25×0.5	m^3	2.01
WKL2	(5.4−0.28×2)×0.25×0.4	m^3	0.48
WKL3	(3.2−0.28×2)×0.25×0.4	m^3	0.26
WKL4	(3.2+6.6+0.24−0.4×3)×0.25×0.4	m^3	0.88
L1	(5.4−0.13×2)×0.25×0.45	m^3	0.58
L2	(3.3−0.12−0.125)×0.2×0.35	m^3	0.21
B2 (有梁板)	[(3.3−0.12−0.125)×(5.4−0.13−0.2−0.13)+(3.3−0.13−0.125)×(5.4−0.13−0.13)−0.15^2×2]×0.12	m^3	3.68
B1(平板)	[(3.2−0.13×2)×(3.6−0.12−0.13)−0.15^2×2]×0.1	m^3	0.98
B2(平板)	[(6.6−0.25)×(5.4−0.13×2)−0.15^2×2]×0.12	m^3	3.91
B3(平板)	[(3.2−0.13×2)×(5.4−0.13×2)−0.15^2×4]×0.1	m^3	1.50
B4(平板)	[(3.2−0.13×2)×(3.6−0.12−0.13)−0.15^2×2]×0.1	m^2	0.98
散水	$S_{散水}=(L_{外}+4\times散水宽)\times散水宽-S_{台阶}$ =(38.56+4×1)×1−(4.2+0.8)×1	m^2	37.56
	门窗		
C1	2.1×1.5	m^2	3.15
C2	1.2×1.5	m^2	1.80

续表

名　称	公　式	单　位	结　果
门窗			
C3	1.8×1.5	m^2	2.70
M1	1.2×2.4	m^2	2.88
M2	0.9×2.1	m^2	1.89
M3	0.8×2.1	m^2	1.68
屋面及防水工程			
屋面卷材防水	$S=S_{底}+(L_{中}-4\times0.24)\times0.3$ $=69.01+(37.6-4\times0.24)\times0.3$	m^2	80.00
屋面保温	$S=S_{底}-L_{中}\times B=69.01-37.6\times0.24$	m^2	59.99
装饰装修工程			
一层 块料地面	(3.2−0.24)×(5.4−0.24)+(6.6−0.24) ×(5.4−0.24)+(3.2−0.24)×(3.6−0.24)	m^2	58.04
二层 块料楼面	58.04−(5.4−0.24)×0.24−11.3	m^2	45.50
竹木地板	$58.04-(0.4-0.24)^2\times8+1.2\times0.07+0.9\times0.24\times2$	m^2	58.35
块料台阶 面层	4.2×(1.2+0.3+0.3)−(4.2−0.3×3)×(1.2−0.3)	m^2	4.59
块料墙面 （外墙）	38.56×(6.6+0.45+0.9)−C1−C2−5C3−M1− (1.2+1.5+1.8)×0.15−(3.6+3.9+4.2)×0.15	m^2	282.79
块料墙面 （内墙）	6.32×2×3.17×2+11.52×2×3.15+ (8.22×2×2+3.06×2)×3.15+8.12×2×6.47 −M1−10M2−2M3−C1−C2−5C3	m^2	337.05
一层 天棚抹灰	58.04−(5.4−0.24)×(3.2−0.24)+(0.45−0.12) ×5.14×2+(0.35−0.12)×(3.3−0.12−0.125)×2	m^2	47.56
二层 天棚抹灰	58.04−(5.4−0.24)×0.24	m^2	56.80
内墙面 抹灰面油漆	6.32×2×3.17×2+11.52×2×3.15+ (8.22×2×2+3.06×2)×3.15+8.12×2×6.47 −M1−10M2−2M3−C1−C2−5C3	m^2	337.05
天棚 抹灰面油漆	$S_{天棚抹灰面油漆}=S_{一层天棚抹灰}+S_{二层天棚抹灰}=47.56+56.80$	m^2	104.36
钢筋工程			
J1 基础钢筋	单根长度=(1.4−0.035×2) m=1.33 m 每个基础根数=[(1.4−0.035×2)/0.2+1]根=7.65 根 取 8 根，两层共 16 根。 总重量=1.33×16×1.21×8 kg=205.99 kg=0.206 t	t	0.206

10.4 分部分项工程量清单

分部分项工程量清单如表 10-4 所示。

表 10-4　分部分项工程量清单

序号	项目编码	项目名称	项目特征	计量单位	工程数量
1	010101001001	平整场地	1. 三类土 2. 土方在坑边堆放	m^2	69.01
2	010101004001	挖基础土方	1. 三类土 2. 独立基础 3. 垫层 1.6 m×1.6 m 4. 挖土深度 1.55 m 5. 土方在坑边堆放	m^3	39.30
3	010103001001	回填方	1. 三类土 2. 基础回填 3. 土方在坑边堆放	m^3	20.66
4	010103001002	回填方	1. 三类土 2. 室内回填 3. 150 mm 厚 3∶7 灰土	m^3	8.67
5	010401003001	实心砖墙	1. MU10 标准机制红砖 2. 砖规格 240 mm×115 mm×53 mm 3. 基础墙 4. 墙体宽度 240 mm，高度 0.85 m 5. M10 水泥砂浆	m^3	8.41
6	010401005001	空心砖墙	1. 外墙 2. 非承重多孔砖，规格 240 mm×240 mm ×115 mm 3. M5 混合砂浆 4. 墙宽 240 mm	m^3	40.45
7	010401005002	空心砖墙	1. 内墙 2. 非承重多孔砖，规格 240 mm×240 mm×115 mm 3. M5 混合砂浆 4. 墙宽 240 mm	m^3	11.41

续表

序号	项目编码	项目名称	项目特征	计量单位	工程数量
8	010401005003	空心砖墙	1. 内墙 2. 非承重多孔砖，规格 240 mm×240 mm×115 mm 3. M5 混合砂浆 4. 墙宽 120 mm	m^3	0.97
9	010401005004	空心砖墙	1. 女儿墙 2. 非承重多孔砖，规格 240 mm×240 mm×115 mm 3. M5 混合砂浆 4. 墙宽 240 mm	m^3	8.12
10	010501001001	现浇混凝土垫层	C25 砼	m^3	2.05
11	010501003001	现浇混凝土独立基础	C15 砼	m^3	6.32
12	010502001001	现浇混凝土矩形柱	1. C30 砼 2. 断面尺寸 400 mm×400 mm	m^3	10.14
13	010503001001	现浇混凝土基础梁	1. C30 砼 2. 梁底标高－1.35 m 3. 梁截面尺寸 250 mm×500 mm	m^3	4.71
14	010503002001	现浇混凝土矩形梁 KL1	1. C30 砼 2. 梁底标高 2.8 m 3. 梁截面尺寸 250 mm×500 mm	m^3	2.01
15	010503002002	现浇混凝土矩形梁 KL2	1. C30 砼 2. 梁底标高 2.85 m 3. 梁截面尺寸 250 mm×450 mm	m^3	0.54
16	010503002003	现浇混凝土矩形梁 KL3	1. C30 砼 2. 梁底标高 2.9 m 3. 梁截面尺寸 250 mm×400 mm	m^3	0.26
17	010503002004	现浇混凝土矩形梁 KL4	1. C30 砼 2. 梁底标高 2.85 m，2.7 m 3. 梁截面尺寸 250 mm×450 mm，250 mm×600 mm	m^3	2.22
18	010503002005	现浇混凝土矩形梁 WKL1	1. C30 砼 2. 梁底标高 6.1 m 3. 梁截面尺寸 250 mm×500 mm	m^3	2.01

续表

序号	项目编码	项目名称	项目特征	计量单位	工程数量
19	010503002006	现浇混凝土矩形梁 WKL2	1. C30 砼 2. 梁底标高 6.2 m 3. 梁截面尺寸 250 mm×400 mm	m^3	0.48
20	010503002007	现浇混凝土矩形梁 WKL3	1. C30 砼 2. 梁底标高 6.2 m 3. 梁截面尺寸 250 mm×400 mm	m^3	0.26
21	010503002008	现浇混凝土矩形梁 WKL4	1. C30 砼 2. 梁底标高 6.2 m 3. 梁截面尺寸 250 mm×400 mm	m^3	0.88
22	010505001001	二层结构 B2 板	1. 板底标高 3.18 m 2. C25 砼 3. 板厚 120 mm	m^3	3.68
23	010505001002	L1 梁	1. C30 砼 2. 梁底标高 2.85 m 3. 梁截面尺寸 250 mm×450 mm	m^3	0.58
24	010505001003	L2 梁	1. C30 砼 2. 梁底标高 2.95 m 3. 梁截面尺寸 200 mm×350 mm	m^3	0.21
25	010505003001	二层结构 B1 板	1. 板底标高 3.2 m 2. C25 砼 3. 板厚 100 mm	m^3	0.98
26	010505003002	屋面结构 B2 板	1. 板底标高 6.48 m 2. C25 砼 3. 板厚 120 mm	m^3	3.91
27	010505003003	屋面结构 B3 板	1. 板底标高 6.5 m 2. C25 砼 3. 板厚 100 mm	m^3	1.50
28	010505003004	屋面结构 B4 板	1. 板底标高 6.5 m 2. C25 砼 3. 板厚 100 mm	m^3	0.98
29	010506001001	直行楼梯	C20 砼	m^2	11.30

续表

序号	项目编码	项目名称	项目特征	计量单位	工程数量
30	010507001001	散水	1. 150 mm 厚 3∶7 灰土垫层 2. 宽度为 1 200 mm 3. 60 mm 厚 C15 砼加浆一次抹光	m^2	37.56
31	010807001001	C1	1. 塑钢推拉窗,带纱窗 2. 尺寸 2 100 mm×1 500 mm	樘	1
32	010807001002	C2	1. 塑钢固定窗 2. 尺寸 1 200 mm×1 500 mm	樘	1
33	010807001003	C3	1. 塑钢推拉窗,带纱窗 2. 尺寸 1 800 mm×1 500 mm	樘	5
34	010802001001	M1	1. 铝合金地弹门 2. 尺寸 1 200 mm×2 400 mm	樘	1
35	010801001001	M2	1. 成品实木门,免漆 2. 尺寸 900 mm×2 100 mm	樘	5
36	010801001002	M3	1. 成品实木门,免漆 2. 尺寸 800 mm×2 100 mm	樘	1
37	010902001001	屋面卷材防水	2 mm 厚 SBS 防水卷材一道,上翻 300 mm	m^2	80.00
38	011001001001	屋面保温	1. 屋面保温 2. 90 mm 厚憎水膨胀珍珠岩板	m^2	59.99
39	011102003001	一层块料地面	1. 5 mm 厚 1∶2.5 水泥砂浆黏结层 2. 20 mm 厚 1∶3 水泥砂浆结合层 3. 铺 10 mm 厚 600 mm×600 mm 地砖	m^2	58.04
40	011102003002	二层块料楼面	1. 5 mm 厚 1∶2.5 水泥砂浆黏结层 2. 20 mm 厚 1∶3 水泥砂浆结合层 3. 铺 10 mm 厚 600 mm×600 mm 地砖	m^2	45.50
41	011104002001	竹木地板	1. 5 mm 厚 1∶2.5 水泥砂浆黏结层 2. 20 mm 厚 1∶3 水泥砂浆结合层	m^2	58.35
42	011107002001	块料台阶面层	1. 60 mm 厚 C15 砼垫层 2. 5 mm 厚 1∶2.5 水泥砂浆黏结层 3. 20 mm 厚 1∶3 水泥砂浆结合层 4. 铺 10 mm 厚 600 mm×600 mm 地砖	m^2	4.59

续表

序号	项目编码	项目名称	项目特征	计量单位	工程数量
43	011204003001	块料墙面（外墙）	1. 12 mm 厚 1∶3 水泥砂浆打底 2. 6 mm 厚 1∶2.5 水泥砂浆找平 3. 4 mm 厚聚合物水泥砂浆黏结层 4. 粘贴 6 mm 厚 50 mm×100 mm 面砖	m^2	282.79
44	011204003002	块料墙面（内墙）	1. 10 mm 厚 1∶1∶6 水泥石灰砂浆打底 2. 6 mm 厚 1∶0.3∶2.5 水泥石灰砂浆打底 3. 4 mm 厚聚合物水泥砂浆黏结层 4. 粘贴 6 mm 厚 50 mm×100 mm 面砖	m^2	337.05
45	011301001001	一层天棚抹灰	1. 5 mm 厚 1∶0.3∶3 水泥石灰砂浆打底 2. 5 mm 厚 1∶0.3∶2.5 水泥石灰砂浆抹面	m^2	47.56
46	011301001002	二层天棚抹灰	1. 5 mm 厚 1∶0.3∶3 水泥石灰砂浆打底 2. 5 mm 厚 1∶0.3∶2.5 水泥石灰砂浆抹面	m^2	56.80
47	011301001002	内墙面抹灰面油漆	1. 内墙 2. 满刮白水泥腻子一遍 3. 刷乳胶漆两遍	m^2	337.05
48	011301001002	天棚抹灰面油漆	1. 天棚 2. 满刮白水泥腻子一遍 3. 刷乳胶漆两遍	m^2	104.36

参考文献

[1] 四川省建设工程造价管理总站，住房和城乡建设部标准定额研究所. GB 50854—2013 房屋建筑与装饰工程工程量计算规范[S]. 北京：中国计划出版社，2013.

[2] 中华人民共和国住房和城乡建设部，中华人民共和国国家质量监督检验检疫总局. GB 50500—2013 建设工程工程量清单计价规范[S]. 北京：中国计划出版社，2013.

[3] 中华人民共和国住房和城乡建设部. GB/T 50353—2013 建筑工程建筑面积计算规范[S]. 北京：中国计划出版社，2013.

[4] 规范编制组. 2013 建设工程计价计量规范辅导[M]. 北京：中国计划出版社，2013.

[5] 全国一级建造师执业资格考试用书编写委员会. 建设工程经济[M]. 北京：中国建筑工业出版社，2014.

[6] 全国造价工程师执业资格考试培训教材编审委员会. 工程造价计价与控制[M]. 北京：中国计划出版社，2006.

[7] 财政部、国家税务总局《关于全面推开营业税改征增值税试点的通知》(财税〔2016〕36 号).

[8] 中华人民共和国住房和城乡建设部办公厅《关于做好建筑业营改增建设工程计价依据调整准备工作的通知》(建办标〔2016〕4 号).

[9] 李清奇. 建筑工程计量与计价[M]. 北京：北京理工大学出版社，2016.

[10] 刘泽俊. 工程估价[M]. 北京：北京理工大学出版社，2016.

[11] 赵平. 建筑工程概预算[M]. 北京：中国建筑工业出版社，2009.

[12] 闫文周，李芊. 工程估价[M]. 2 版. 北京：化学工业出版社，2014.

[13] 袁建新. 建筑工程预算[M]. 5 版. 北京：中国建筑工业出版社，2015.

[14] 谭大璐. 工程估价[M]. 4 版. 北京：中国建筑工业出版社，2014.

[15] 武建华，彭雁英. 建筑工程计量与计价[M]. 北京：北京理工大学出版社，2014.

[16] 王凯. 建设工程造价案例分析[M]. 北京：清华大学出版社，2015.

[17] 贾宏俊，吴新华. 建筑工程计量与计价[M]. 北京：化学工业出版社，2014.

[18] 黄昌铁，齐宝库. 工程估价[M]. 北京：清华大学出版社，2016.

[19] 张守健. 土木工程预算[M]. 2 版. 北京：高等教育出版社，2009.

[20] 李建峰. 工程计价与造价管理[M]. 北京：中国电力出版社，2005.